DROEMER

TIBOR RODE

DER WALD

THRILLER

ER TÖTET LEISE

DROEMER

Besuchen Sie uns im Internet:
www.droemer.de

Aus Verantwortung für die Umwelt hat sich die Verlagsgruppe Droemer Knaur zu einer nachhaltigen Buchproduktion verpflichtet. Der bewusste Umgang mit unseren Ressourcen, der Schutz unseres Klimas und der Natur gehören zu unseren obersten Unternehmenszielen. Gemeinsam mit unseren Partnern und Lieferanten setzen wir uns für eine klimaneutrale Buchproduktion ein, die den Erwerb von Klimazertifikaten zur Kompensation des CO_2-Ausstoßes einschließt. Weitere Informationen finden Sie unter: www.klimaneutralerverlag.de

FSC www.fsc.org MIX Papier | Fördert gute Waldnutzung FSC® C083411

Originalausgabe September 2023
Droemer Hardcover

Ein Imprint der Verlagsgruppe
Droemer Knaur GmbH & Co. KG, München

Redaktion: Birgit Förster
Das Zitat von Stephen Hawking stammt aus: Stephen Hawking. *Kurze Antworten auf große Fragen.* Aus dem Englischen von Susanne Held und Hainer Kober © Spacetime Publications Limited © 2018, 2020 Klett-Cotta – J. G. Cotta'sche Buchhandlung Nachfolger GmbH, Stuttgart.
Das Gedicht »Gingo biloba« von Johann Wolfgang von Goethe stammt aus: Johann Wolfgang von Goethe. *West-Östlicher Divan.* Originalausgabe erschienen bei Carl Armbruster, Wien. In der J. G. Cotta'schen Buchhandlung, Stuttgart, 1820.
Covergestaltung: ZERO Werbeagentur, München
Coverabbildung: Composing unter Verwendung von Motiven von Shutterstock.com
Satz: Adobe InDesign im Verlag
Druck und Bindung: CPI books GmbH, Leck
ISBN 978-3-426-28400-1

2 4 5 3 1

Sämtliche handelnden Personen, Namen, Orte und Vereinigungen in diesem Buch entspringen allein der Fantasie des Autors. Alles in diesem Buch ist Fiktion, bis auf diejenigen Fakten, die absolut unglaublich erscheinen, diese sind weitestgehend wahr.

Für meinen Vater

Das Aufkommen superintelligenter KI
wäre entweder das Beste oder das Schlimmste,
was der Menschheit passieren kann.

Stephen Hawking

PROLOG, MAI 2023

Das Päckchen kam mit der Post. Kaum größer als ein Briefumschlag und so leicht, als sei es leer. Es enthielt kein Anschreiben, keinen Absender, nur zwei durchsichtige Tütchen mit etwas, das Anette Walters, deren Name als Empfänger auf dem Paket stand, als Pflanzensamen identifizierte. Anette Walters besaß eine mittelgroße Farm in Cottonwood, Minnesota, inmitten des »Grain Belt«, der sogenannten Kornkammer der Vereinigten Staaten, und war mit der wundersamen Kraft des Pflanzenwachstums vertraut. Neben dem kommerziellen Anbau von Weizen, Hafer, Soja und Mais auf ihren saftigen Ackerflächen, die bis hinab zum Cottonwood Lake reichten, bewirtschaftete sie auch ein Gemüsebeet hinter der Scheune für den Eigenbedarf. Es war nicht ungewöhnlich, dass sie Post von den großen Agrarunternehmen erhielt oder auch von den Riesengemüse-Shows aus dem Matanuska-Susitna Valley, die ihre neuesten Rekordzüchtungen anpriesen. Und so machte sie sich wenig Gedanken darüber, dass jemand offenbar vergessen hatte, dem Päckchen das obligatorische Werbeschreiben beizulegen. Vielmehr war sie neugierig, was aus den Samen wuchs, denn sie hatte in ihrem Leben eine Menge Saatkörner gesehen, aber niemals zuvor welche wie diese. Farbe und Größe erinnerten an eine Kidneybohne, doch die Oberfläche war merkwürdig geschuppt wie bei einem kleinen Käfer und das Rot der Samen so leuchtend, dass sie in einem Reflex aus Urzeiten kurz zögerte, sie anzufassen. Sie pflanzte die Samen an einem sonnigen Samstagabend in ihrem Gemüsebeet in bester Lyon-County-Erde ein und vergaß nicht, etwas von dem besonders stickstoffreichen Fledermausguano aus Ägypten dazuzutun. An den folgenden Tagen brauten sich am Horizont für die Jahreszeit untypisch graue Regenwolken zusammen und sorgten für ein schwülwarmes Klima, das jede Arbeit auf der Farm zur Qual machte. Und weil sich mit dem Wetterumschwung Anette Walters' Asthma zurückmeldete, nutzte sie die kurze Pause vom Sommer, um im 14,5 Meilen entfernten Marshall den Arzt aufzusuchen und einige Besorgungen zu machen. Das etwas mildere Klima in der Stadt und die kurze Auszeit von der harten Feldarbeit taten Lunge und Rücken gut. Da ihr Bruder und dessen Frau in Marshall ein großes Haus besaßen und sie ihre drei Nichten ohnehin zu selten sah, blieb sie über das Wochenende dort.

Im Leben einer Pflanze sind wenige Tage normalerweise nur ein Augenzwinkern, doch als Anette Walters gegen Abend zu ihrer Farm zurückkehrte, schienen in dem Beet hinter der Scheune Wochen vergangen: Aus den unbekannten Samen waren innerhalb einer guten Woche Pflanzen gewachsen, die ihr bereits bis zur Hüfte reichten: feste Stängel von der Stärke eines Kinderarms und große, ausladende Blätter, deren Form an einen Baseballhandschuh erinnerte. Die Gärtnerin in ihr plädierte dafür, die Pflanzen herauszureißen, denn sie wusste, dass in der Natur alles Eilige meist Gefahr bedeutete. Doch dann fiel ihr Blick auf die ersten, prallen Knospen, die sich zwischen den Blättern bildeten und mit ihren feinen Härchen an kleine Seeigel erinnerten, und es siegte in ihr die Neugierde, welche Blütenpracht zum Vorschein kommen würde. Diesen Entschluss musste sie irgendwann revidiert haben, viel später, als die Pflanzen lange blühten.

Ihr Bruder fand Anette Walters' Leiche an genau dieser Stelle im Garten, nachdem er sie tagelang nicht hatte erreichen können. Neben ihr lag eine Motorsäge. Sie hatte Verbrennungen an den Händen und starrte mit leeren Augen in den blauen Himmel. Der Arzt konnte die Brandblasen ebenso wenig erklären wie die Tatsache, dass Pflanzen erste Wurzeln im Leichnam geschlagen hatten, und diagnostizierte einen Asthmaanfall als Todesursache. Die Tote wurde nach Marshall gebracht und dort auf Geheiß des Bruders bald eingeäschert. Die Farm blieb verlassen zurück, da der Bruder weder Zeit noch Kraft fand, sich alsbald um den Verkauf zu kümmern. Dabei hätte sich jeder Kaufinteressent, der die lange Zufahrt zur Farm hinaufgefahren wäre, schon von Weitem gewundert, was für eine Pflanze das war, die einen großen Teil der Fläche hinter der Scheune überwucherte und deren Blüten auch aus der Ferne weiß in der Sonne Minnesotas glänzten.

* * *

Zur gleichen Zeit wurde 7600 Kilometer entfernt, im österreichischen Bezirk Pinzgau in der Gemeinde Maria Alm im schönen Ortsteil Hintermoos, der Briefkasten des Holzhauses der Familie Enzinger geöffnet. Wie jeden Tag in den Sommerferien durfte die kleine Sophie die Post hereinholen. Auf dem Weg in die Küche, in der sich die Mutter anlässlich des Geburtstages von Sophies großer Schwester an Salzburger Nockerln und anderen Köstlichkeiten versuchte, erregte zwischen den langweiligen Briefen ein schmales Päckchen aus grauer Plastikfolie Sophies Aufmerksamkeit. Obwohl sie gerade erst sechs Jahre alt geworden war, konnte sie bereits lesen, und in den Ferien hatte sie gelernt, auf Briefen nach dem Absender zu suchen. Doch auf diesem Packerl fand sie keinen. Zurück in der Küche, nahm sie das Kuchlmesser, das die Mutter gerade benutzt hatte, und schnitt das Päckchen auf, schön vorsichtig, weg vom Körper, wie die große Schwester es ihr gezeigt hatte. Zum Vorschein kamen zwei durchsichtige Tütchen. Sie hielt sie gegen die Sonne, die vom nahen Hochkönigmassiv herab durch das Fenster schien. Das Sonnenlicht verstärkte das feurige Rot der Steinchen in der Tüte.

»Das sind keine Steinchen«, sagte die Mutter, als sie Sophie die Tüte aus der Hand nahm und sie vor ihrem Gesicht hin und her drehte, »das sind Houbulln!«

»Houbulln?«, fragte Sophie, die die Burgenländer Mundart ihrer Mutter oft nicht verstand.

»Samenkapseln, zum Einpflanzen«, erklärte sie und deutete auf das Päckchen. »Ist denn da kein Schreiben bei gewesen?«

Sophie reichte ihr das aufgerissene Päckchen. Kein Anschreiben, kein Absender. Die Mutter zuckte mit den Achseln, als es hinter ihr anfing, laut zu zischen, und sie sich fluchend der angebrannten Butter zuwandte. Sophie rutschte derweil mit dem Tütchen in der Hand vom Stuhl und verschwand unbeachtet durch die Hintertür in den kleinen Kräutergarten hinter der Küche, in dem sie vor nicht allzu langer Zeit mit der Mutter und der Schwester Bärlauch, Minze und Lavendel gepflanzt hatte. Sie strich mit der Hand über den Lavendel und roch an ihren Fingern. Dann nahm sie das kleine Schäufelchen aus der alten Obstkiste, die mittlerweile zur Aufbewahrung von Gartengeräten diente, und grub neben dem Bärlauch ein kleines Loch in die Erde, in das sie die roten Samen hineinfallen ließ, um hinterher alles wieder glatt zu streichen. Wie von der Mutter gelernt, nahm sie die eiserne Gießkanne und besprengte die Stelle mit Wasser. Das Plastik entsorgte sie vorschriftsmäßig in der gelben Mülltonne neben der Küchentür. Im nächsten Moment weckte die Katze des Nachbarn ihre Aufmerksamkeit, und sie lief ihr nach, um sie endlich zu streicheln.

In den folgenden Tagen legte der Sommer im Pinzgau noch

einmal an Kraft zu und zwang die Bewohner in die Häuser oder die Berge. Die Familie Enzinger zog es in eine Hütte kurz vor der Mittelstation am Arlberg, die von der Großmutter geerbt und Gott sei Dank behalten worden war.

So bemerkte niemand, wie im Garten der Familie Enzinger zunächst der Bärlauch starb und nach ihm der Lavendel und auch die Minze.

* * *

»Der Baum wünscht Ruhe, aber der Wind hört nicht auf«, stöhnte Huang Shihao. Er hievte die grüne Kiste vom Tresen und trug sie zu den anderen im Lager, auf denen das Logo der China Post, 中国 邮政, prangte.

»Du mit deinen Sprichwörtern«, entgegnete seine Kollegin Li. »War er schon wieder da?«

Huang kam aus dem Lager und schaute zur Tür des kleinen Postamts, welches in einer Straße etwas außerhalb von Hangzhou in der Provinz Zhejiang gelegen war. Als er sicher war, dass sie allein waren, hob er verschwörerisch die Augenbrauen. »Unheimlich ist, was in den Päckchen drin ist.«

Li riss die Augen auf. »Du hast doch nicht …?«

Huang zuckte mit den Schultern. »Ganz vorsichtig. Und hinterher habe ich es fein säuberlich verschlossen. Niemand wird es bemerken.«

Seine Kollegin bemühte sich, einen tadelnden Blick aufzusetzen. »Wenn die das in der Zentrale mitbekommen, werden sie dich feuern und der Polizei melden!«

»Unsinn!«, entgegnete Huang beinahe ärgerlich. »Wenn jemand so viele Päckchen ins Ausland versendet, ist es meine Pflicht als Leiter dieses Postamts, hineinzuschauen. Die Zentrale hat uns angewiesen, die Augen aufzuhalten und Verdächtiges zu melden.«

Li schüttelte den Kopf und schaute nun ihrerseits zur Tür. Sie waren weiterhin allein. Es war kurz vor Feierabend, um diese Zeit kamen nur noch selten Kunden.

»Und was war drin?«, fragte sie.

Huang lächelte. »Das darf ich dir nicht sagen. Postgeheimnis.«

»Nun sag schon!«

Abermals blickte Huang sich verschwörerisch um. Dann machte er einen Schritt auf Li zu, fasste in seine Hosentasche und holte einen kleinen feuerroten Gegenstand hervor.

»Das hast du nicht getan!«, entfuhr es Li.

Wieder grinste Huang. »Keine Sorge, da waren viele drin, es fällt nicht auf.«

Li nahm den Gegenstand und betrachtete ihn skeptisch. »Was ist das?«

Huang zuckte mit den Schultern. »Keine Ahnung. Sieht aus wie eine – Bohne.«

»War ein Schreiben dabei?«

Er schüttelte den Kopf. »Kein Anschreiben.«

»Und kein Absender«, ergänzte Li.

»Ich wüsste gern, wer der Mann ist, der die Päckchen bringt. Vielleicht sollten wir ihm einmal hinterherfahren«, sagte Huang.

»Lieber nicht«, sagte Li und schaute besorgt.

Huang nahm ihr derweil die kleine Bohne ab und steckte sie wieder in die Hosentasche. »Na los, wir haben noch genug zu sortieren, gleich kommt der Fahrer.«

Li presste die Lippen zusammen und folgte ihrem Kollegen widerwillig.

»Bohnen!«, stieß sie aus. »Es sind ja nur Bohnen.«

»Aber wer verschickt so viele Bohnen in die weite Welt?«, entgegnete Huang und fügte an: »1032!«

»Was soll das sein?«

»Die grauen Päckchen. 1032 Stück mit denen von heute. Und in jedem sind zwei Tütchen mit einer Handvoll Bohnen.«

»Bohnen?«

»Vielleicht pflanze ich sie ein«, ächzte Huang, während er nach einer weiteren Kiste griff, um sie auf eine andere zu stapeln.

»Lieber nicht! Und so wie ich dich kenne, lässt du sie vermutlich eingehen!«

Huang stellte die Kiste ab und drückte den Rücken durch. »Warum bist du immer so böse zu mir?«, sagte er mit gespielt beleidigter Miene.

Li lachte. »Du weißt doch: ›Wer Böses sät, wird Böses ernten.‹«

3 MONATE SPÄTER

1

HOLLAND

Portland, Oregon, 15. August 2023

Dicht gedrängt saß das Publikum im Powers Book Store. Hinter dem Auditorium aus Klappstühlen erstreckten sich die unendlichen Reihen von Bücherregalen, die einen ganzen Straßenblock einnahmen und den Buchladen zum angeblich größten der Welt machten.

Der heutige Gast kam aus Deutschland und hatte die letzte Stunde in nahezu perfektem Englisch aus seinem frisch in den USA erschienenen Buch *The Intelligence of Plants* gelesen.

»In unserer Kultur rangieren Pflanzen auf der untersten Stufe der Lebewesen«, tönte Marcus Hollands Stimme aus den provisorisch aufgestellten Lautsprechern. Selten hatten die Lesungen in Oregons Buchparadies so viele Besucher wie heute.

Zuletzt hatte »The German Ranger«, wie er am Anfang nicht ohne Augenzwinkern vorgestellt worden war, sich in Rage geredet.

»Würden morgen sämtliche Pflanzen von der Erde verschwinden, wäre die Menschheit bald dezimiert. Verschwinden hingegen wir Menschen, würden die Pflanzen binnen kürzester Zeit all das zurückerobern, was wir der Natur weggenommen haben!«

Er griff nach dem Wasserglas und nahm einen Schluck. Zur olivgrünen Hose trug er ein weißes Hemd und ein lässiges Jackett. Sein kantiges Gesicht wies die Art von Sonnenbräune auf, die im Freien arbeitende Menschen am Abend mit nach Hause brachten. Die Haare waren sehr kurz geschnitten, um erste Anzeichen einer fliehenden Stirn zu kaschieren, was aber nicht zuletzt wegen der Bräune eher attraktiv daherkam. Vom Erscheinungsbild wirkte er jedenfalls nicht wie ein Autor, der im Dunklen seines Arbeitszimmers Bücher schrieb. Dies war Teil seines Erfolgs in zahlreichen Ländern, und nun auch in den USA. Und so prangte sein Porträt auch auf einem großen Plakat, das die Mitarbeiter vom Powers Book Store hinter dem Rednerpult aufgespannt hatten, nicht ohne eine der provokantesten Aussagen seines Buches als Teaser mit aufzudrucken:

Plants are the true rulers – Pflanzen sind die wahren Herrscher.

»Würden Sie auf einem fremden Planeten landen und eine einzige Lebensform dort würde mehr als neunundneunzig Prozent aller Bioorganismen stellen – würden Sie dann nicht auch sagen, diese Lebensform beherrscht den Planeten?« Holland machte eine kurze Pause, um seine Worte wirken zu lassen. »Ganz recht: Die Pflanzen stellen mindestens neunundneunzig Prozent der Biomasse auf unserer Erde.«

Ein Tuscheln ging durch den Raum, während Holland erneut zum Wasserglas griff.

»Pflanzen stehen zudem am Anfang unserer Nahrungskette«, fuhr er fort. »Mais, Reis, Weizen, Kartoffeln und Soja ernähren Milliarden von Menschen. Der Großteil unserer fossilen Brennstoffe wie Kohle, Öl oder Gas ist über Jahrtausende von geologischen Zeitaltern durch Sonnenenergie und pflanzliche Organismen erschaffen worden. Die Mehrzahl unserer Arzneimittel wird aus pflanzlichen Molekülen gewonnen oder nach deren Vorbild nachgebildet. Und dann wäre da noch so eine Kleinigkeit wie die Fotosynthese, ohne die wir Menschen nicht überleben könnten … Und dennoch gestehen wir Pflanzen keinerlei Rechte zu, sondern behandeln sie kaum anders als Steine. So gesteht weltweit allein die Verfassung der Schweiz den Pflanzen Würde zu. Dies muss sich ändern! Vielen Dank!«

Marcus Holland nickte und lächelte ein wenig verlegen, als Applaus aufbrandete.

»Herzlichen Dank für den leidenschaftlichen Vortrag«, übernahm der Manager des Bookstores die Moderation. »Ich denke, ich habe zu Beginn nicht zu viel versprochen, als ich einen ganz neuen Blinkwinkel auf die Welt der Pflanzen ankündigte. Mr Holland, wenn ich es richtig verstanden habe, dann behaupten Sie in Ihrem Buch, Pflanzen würden auch über Intelligenz, Synapsen und so etwas wie ein Gehirn verfügen. Sie schreiben, Pflanzen seien wie wir Menschen in der Lage, zu sehen, zu schmecken und zu kommunizieren?«

»Das ist richtig«, bestätigte Holland. »Pflanzen besitzen allerdings keine Organe, also auch kein Gehirn. Sie ernähren sich ohne Mund, atmen ohne Lungen und kommunizieren beispielsweise über Duftstoffe oder Elektroimpulse mit anderen Pflanzen und der Tierwelt. Nach neuesten Erkenntnissen existiert unter der Erde sogar ein weitverzweigtes Pilzgeflecht, über das Bäume und Pflanzen miteinander Nährstoffe und Informationen austauschen. Man nennt es auch Wood Wide Web.«

»Dann haben die Pflanzen also ihr eigenes Internet!«, stellte der Moderator fest. Vereinzelte Lacher kamen aus dem Publikum.

»Jedenfalls verstehe ich nicht, warum wir Pflanzen bei all dieser Komplexität, die sie in ihrem Verhalten zeigen, nicht auch ein gewisses Denkvermögen zubilligen wollen. Die Antwort ist einfach: Weil wir Menschen Sorge davor haben, einem so mächtigen Organismus wie den Pflanzen intellektuelle Fähigkeiten zuzusprechen. Es ist wie mit den Computern. Auch hier haben wir lange Zeit nicht wahrhaben wollen, dass deren künstliche Intelligenz unserer schon sehr bald überlegen sein wird. Supercomputer schlagen uns heute schon im Schach. Und es fehlt nicht mehr viel, dann werden die Maschinen, die wir selbst erschaffen haben, uns an der Spitze der Evolution ablösen.«

Der Manager des Buchshops schaute auf die Moderationskarten in seiner Hand. »Man muss allerdings ehrlich sagen, und auch das gehört zu so einem Abend, dass es eine gewaltige Gegenmeinung zu Ihren Thesen gibt, Mr Holland. Schon 2017 haben sich unter dem Vorsitz des Nobelpreisträgers und Vorsitzenden der National Academy of Sciences Edgar Mortensen führende Wissenschaftler von über dreißig Institutionen gegen eine von Ihnen angeblich vorgenommene ›Vermenschlichung der Pflanzenwelt‹ gewandt. Gerade heute erschien im *Boston Globe* ein Interview mit Edgar Mortensen, der darin auch auf Ihr neues Werk eingeht. Er nennt Sie in dem Interview den ›Deutschen Pflanzenbeschwörer‹. Er sagt, sorry, das sind seine Worte, Sie seien ein Populist, ein Scharlatan. Was würden Sie ihm entgegnen, Mr Holland?«

Holland begann zu schmunzeln. »Ich bin für das Interview von Mr Mortensen wirklich dankbar. Bessere PR für mein Buch konnte ich nicht haben.«

Wieder gab es Lacher im Publikum.

»Nein, im Ernst, die Aussagen Mortensens zeigen, gegen welche Widerstände wir in der jungen Disziplin der Pflanzenneurologie noch immer zu kämpfen haben. Und wie wütend die Proteste gegen unsere Thesen mittlerweile sind. Die Wahrheit ist aber: Wir sind abhängig von der Pflanzenwelt, und das macht offenbar Menschen wie Mr Mortensen und anderen Wissenschaftlern Angst. Zudem fällt es ihnen schwer, ihre alten Denkmuster zu verlassen. Meine Behauptungen in dem Buch sind allesamt wissenschaftlich belegt.«

Die Zuhörer begannen begeistert zu klatschen.

»Ich denke, ein paar Fragen können wir zulassen, oder?«

Holland bejahte und schaute neugierig ins Auditorium, wo sich mehrere Hände in die Luft reckten. Der Buchhändler deutete auf eine Frau in der allerersten Reihe, die sich erhob. Sie war Anfang zwanzig und trug ein auffälliges schwarzes Kleid mit aufgedruckten rosa Kirschblüten, was ihr eventuell die Gunst der ersten Frage verschafft hatte. Eine Helferin übergab ihr ein Mikrofon.

»Guten Tag, Mr Holland«, sagte sie mit leiser Stimme.

»Bitte das Mikro näher an den Mund«, intervenierte der Moderator. Sie tat, wie ihr geheißen. »Ich möchte gern Ihre Meinung zu der invasiven Pflanze hören, die sich derzeit überall auf der Welt ausbreitet.«

Holland sah irritiert zum Moderator, als wolle er sich versichern, dass er richtig gehört hatte. Der zuckte mit den Schultern. »Ich weiß leider nicht, was Sie meinen«, sagte Holland und kniff die Augen zusammen, um gegen das Licht des Scheinwerfers, der auf sie gerichtet war, etwas zu erkennen.

»Vielleicht eine andere Frage«, sagte der Buchhändler und ließ seinen Blick durch die Reihen wandern.

»Verzeihung!«, rief die junge Frau, die noch immer stand. »Ich habe eine weitere Frage an Mr Holland.«

An Hals und Dekolleté der Frau hatten sich hektische Flecken gebildet. »Wenn man Ihre Theorie von den Pflanzen als wahre Herrscher dieses Planeten zu Ende denkt, wäre es dann nicht besser, man würde die Menschheit ausrotten und diesen Planeten endgültig den Pflanzen überlassen?«

Ein echauffiertes Raunen ging durch die Reihen. »Ich bitte Sie!«, intervenierte der Manager des Bookstores. »Wir wollen heute Abend über die Intelligenz der Pflanzen sprechen und keine klimapolitische Diskussion eröffnen.«

Holland hob beschwichtigend die Hand. »Schon gut!«, sprach er mit ruhiger Stimme ins Mikrofon und wandte sich direkt an die Frau, die noch immer mit hochrotem Kopf in der ersten Reihe stand.

»Wenn ich mehr Rechte für Pflanzen fordere, bedeutet das

nicht, dass ich gleichzeitig den Rückzug oder gar Untergang der Menschheit propagiere. Es geht gerade nicht darum, dass sich eine Spezies auf diesem Planeten durchsetzt, sondern dass wir lernen, zusammenzuleben und voneinander zu profitieren!«

Die Frau reckte erneut ihren Arm in die Höhe.

»Ich denke, das ist ein schönes Schlusswort!«, sagte der Moderator mit einem symbolischen Blick auf seine Uhr. »Es ist spät, und wir sollten die Veranstaltung hier beenden. Mr Holland steht Ihnen allerdings gleich noch im Foyer für Fotos und Fragen zur Verfügung. Und ich bin sicher, er wird Ihnen auch das eine oder andere Buch signieren.«

Kaum verhallte der abschließende Applaus, entstand Unruhe, als die Zuhörer zum Ausgang drängten, um am Büchertisch die Ersten zu sein. Holland trat hinter dem Rednerpult hervor und suchte nach einem Mitarbeiter des Buchgeschäfts, der ihn durch eine Seitentür ins Foyer lotsen sollte. In diesem Augenblick trat die Frau im schwarzen Kleid aus der ersten Reihe hervor und steuerte unbeirrt auf ihn zu. Holland deutete auf den Ausgang, vor dem sich bereits eine Traube von Besuchern gebildet hatte. »Ich muss mit Ihnen reden!« Abrupt blieb er stehen und wandte sich der Frau zu, die offenbar, wie er, Deutsche war. Jemand legte eine Hand auf Hollands Arm und schob ihn weiter in Richtung Tür. Er versuchte, sich zu befreien. »Bitte!« Sie klang flehentlich. »Er will Sie töten!«, rief sie nun auf Englisch und hob die Hand, in der sie einen schwarzen Gegenstand hielt. In diesem Moment rief hinter ihm jemand: »Sie hat eine Pistole!« Instinktiv riss Holland die Arme hoch, als auf das Geräusch zweier Schüsse panische Schreie folgten. Der erwartete Schmerz blieb aus. Als er die Augen wieder öffnete, sah er die Frau auf dem Boden liegen. Um ihr Kleid bildete sich eine rasch wachsende Blutlache. Holland trat erschrocken einen Schritt zurück und sah zu seiner Rechten einen Mann, der mit einer Waffe in der Hand auf die Frau zielte und sich zu ihr hinunterbeugte.

Dann spürte er, wie ihm plötzlich schlecht wurde und seine Knie nachgaben, bevor Powers Book Store sich zu drehen begann und er in eine unwillkommene Dunkelheit abglitt.

2

HOLLAND

Portland, Oregon, 15. August 2023

»Mr Holland?«

Als sein Name gerufen wurde, kam er wieder zu sich. Er öffnete die Augen und schaute in das runde Gesicht des Managers von Powers Book Store, das keine zwei Handbreit über seinem schwebte. Er hob seinen Arm, der sich ungewöhnlich schwer anfühlte, und strich sich mit der Hand über die Stirn, die nass und kalt war. Auf dem Gesicht über ihm breitete sich ein Lächeln aus. »Sorry, ich habe Ihnen ein Glas Wasser ins Gesicht geschüttet.« Er spürte, wie das Blut zurück in seinen Kopf schoss, und versuchte, sich langsam aufzurichten. Er lag auf einer Ledercouch, die er bereits bei seiner Ankunft in Powers Book Store im Büro der Geschäftsleitung gesehen hatte. Sofort fiel ihm der Anblick der auf dem Boden liegenden Frau wieder ein – und die Blutlache. Der Manager drückte ihn sanft zurück auf das Kissen unter seinem Nacken. »Machen Sie langsam, Sie waren lange weggetreten.«

»Die Frau …«, stammelte er.

»Polizei und Ambulanz sind vor Ort. Alles ist unter Kontrolle. Sie sind nicht mehr in Gefahr.«

Er schloss kurz die Augen, um zu verstehen, was passiert war, sah die Frau, wie sie die Hand hob und etwas auf ihn richtete. Dann waren die beiden Schüsse gefallen.

»Bin ich verletzt?«, fragte er.

»Nur eine Beule am Hinterkopf, weil Sie hart auf dem Boden aufgeschlagen sind. Ansonsten scheinen Sie okay zu sein.«

»Die Schüsse«, brachte er hervor. Sein Mund fühlte sich so trocken an, als hätte er auf einer Scheibe Toastbrot gekaut. Langsam richtete er sich auf, was eine Welle von Schmerzen in seinem Schädel auslöste. »Es ist alles gut«, sagte der Buchhändler. »Niemand außer der Frau wurde verletzt.«

Er griff hinter sich. »Bevor ich es vergesse, hier sind Ihre Sachen! Die haben Sie bei Ihrem Sturz verloren.«

Er reichte ihm sein Buch, aus dem er gelesen hatte, einen Montblanc-Kugelschreiber, den er zum Signieren hatte nutzen wollen, und ein kleines schwarzes Büchlein. Holland nahm die Sachen und legte sie neben sich ab. Er wollte etwas sagen, aber er vergaß es sofort wieder. Sein Kopf fühlte sich an, als habe man Zement hineingegossen.

»Die Frau, ist sie tot?«, fragte er.

In diesem Moment öffnete sich die Tür, und ein Mann im schwarzen Anzug trat herein, in der Hand hielt er einen Eisbeutel, den er ihm übergab. Dankbar presste Holland ihn gegen seinen Hinterkopf.

Der Buchhändler erhob sich und machte dem Mann Platz, der sich einen der Sessel nahm und ihn neben die Couch zog. Er wirkte nicht besonders groß, aber stämmig, der kurze Bürstenhaarschnitt verlieh ihm ein quadratisches Gesicht. Über seine eine Wange zog sich eine Narbe, die auf einen Unfall oder Kampferfahrung schließen ließ. Holland erinnerte sich daran, ihn mit der Waffe über der Frau am Boden gesehen zu haben.

»Mein Name ist Rick Dechambeau, vom Department of Homeland Security, kurz DHS«, stellte er sich vor. Er sprach leise, aber bestimmt.

»Sie haben auf die Frau geschossen«, brachte Holland hervor. Seine Hand wurde langsam kalt vom Eis.

»Sie wollte Sie angreifen. Können Sie sich erinnern? Sie rief, dass sie Sie töten will!«

»Sie kam auf mich zu und hat irgendetwas zu mir gesagt«, dachte er laut.

»Und was?«

»Ich weiß es nicht mehr. Ich glaube, ich habe es auch nicht richtig verstanden.«

»Versuchen Sie sich zu erinnern, vielleicht ist es wichtig.«

Holland schüttelte rasch mit dem Kopf, was er jedoch sofort wieder bereute.

»Hat sie auf mich geschossen?«, fragte er.

Dechambeau nickte. »Aber ich war schneller. So wie es aussieht, sind Sie vor Schreck in Ohnmacht gefallen.«

»Ist sie … tot?«, wiederholte er seine Frage.

Dechambeau nickte, jedoch ohne eine Spur des Bedauerns in seiner Miene.

»Oh, mein Gott, das ist schrecklich!«, brachte Holland hervor. »Ich verstehe nicht, warum wollte sie mich töten?«

»Das wird die Polizei ermitteln.«

»Hatte sie eine Waffe?«

»So sieht es aus.«

Holland schüttelte den Kopf, was in seinen Schläfen schmerzte. Es gab immer wieder hitzige Diskussionen bei seinen Lesungen, auch sehr emotionale. Ganz offensichtlich berührte das Thema Pflanzen die Menschen tief im Inneren. Aber dass jemand versuchen könnte, ihm wegen seiner Thesen auf der Bühne etwas anzutun, hatte er bislang für unmöglich gehalten.

»Ich denke, Sie haben Glück gehabt.«

Holland empfand das Wort »Glück« im Zusammenhang mit dem Tod eines Menschen irgendwie als unpassend. Für einen Moment versuchte er, seine Gedanken zu sortieren.

»Warum waren Sie überhaupt dort?«

Er hatte den Mann im Lesesaal noch nicht einmal gesehen.

Dechambeau lächelte erneut. »Ich bin im Auftrag von Homeland Security nach Portland gekommen, um mit Ihnen zu sprechen.«

Dechambeau griff neben sich und holte ein Smart Tablet hervor. Er strich über den Bildschirm und hielt es ihm entgegen.

»Fällt Ihnen hierzu irgendetwas ein?«

Das Tablet zeigte das Foto einer Pflanze in freier Natur. Holland nahm das Tablet und kniff die Augen zusammen, um es besser erkennen zu können. Er vergrößerte das Bild.

»Stängel und Wuchshöhe, auch Blattstiel und Blattspreite erinnern an Heracleum mantegazzianum, dazu passen allerdings nicht die Blüten und die Frucht. Ich bin offen gestanden gerade nicht in der Stimmung für Bilderrätsel. Was ist das?«

»Wir hatten gehofft, Sie könnten uns das sagen.«

Holland stand noch immer unter Schock. »Sie sind im Auftrag von Homeland Security zu meiner Lesung gekommen, um mir diese Pflanze zu zeigen?«

Dechambeau überging Hollands Frage, nahm sein Tablet und wischte zu einem anderen Foto. »Sagt Ihnen dann dies vielleicht etwas?«

»Sieht aus wie ein Samen der roten Bohne. Phaseolus vulgaris«, schoss es aus Holland heraus. »Aber auch nur auf den ersten Blick. Wenn man genauer hinschaut, erkennt man Unterschiede. Sorry, aber ich scheine gerade nicht in bester Verfassung zu sein.«

Er gab das Gerät zurück. Immerhin half ihm die Kühle des Eisbeutels dabei, wieder klar im Kopf zu werden. »Verzeihen Sie, aber Sie kommen zu meiner Lesung, erschießen vor meinen Augen eine Frau und zeigen mir nun Fotos von mir völlig unbekannten Pflanzen und Samen. Was geht hier vor?«

»Ich möchte Sie bitten, mich zu begleiten, Mr Holland.«

»Sie begleiten? Bin ich verhaftet?«

Dechambeau musste lächeln. »Nein, natürlich nicht. Am

Flugplatz wartet eine Maschine auf uns beide. Wir fliegen nach Cottonwood, Minnesota. Dort werden wir Ihnen alles erklären.«

»Ich habe morgen und übermorgen weitere Lesungen an der Ostküste. Aber ich vermute, ich kann nicht Nein sagen, oder?«

»Wir leben in einem freien Land, Sir. Aber damit das so bleibt, gibt es unsere Behörde. Daher wäre es sehr wichtig, dass Sie mitkommen.«

»Was sagt die Polizei dazu? Ich meine, eine Frau wurde getötet.«

»Machen Sie sich darum keine Sorgen, die werden uns gehen lassen.«

Holland überlegte kurz, dann erhob er sich langsam und legte den Eisbeutel auf dem Tisch ab. Seine Beine fühlten sich wackelig an. »Es war das viele Blut«, sagte er und erntete einen verständnislosen Blick des DHS-Agenten. »Weshalb ich ohnmächtig geworden bin. Ich kann kein Blut sehen. Jedenfalls nicht so viel. Nicht mehr.«

»Ich verspreche Ihnen, in Minnesota warten keine Blutlachen auf uns.«

»Sondern?«

Dechambeau zuckte mit den Achseln. »Wenn man manchem Pessimisten glauben darf, vielleicht der Anfang vom Ende der Welt.«

3

WAVERLY

Berlin, Oktober 2016

Waverly Park hielt dem grimmigen Blick Friedrich des Großen stand. Von seinem Ehrenplatz auf einem der Bücherregale im Forschungssaal des Geheimen Staatsarchivs Preußischer Kulturbesitz versuchte das Standbild des Preußenkönigs, ihr schon den ganzen Tag über Angst zu machen. Aber sie ließ sich nicht einschüchtern. Weder von der Vergangenheit noch von der Zukunft. Dabei hatte sie allen Grund dazu: Vor ihr lag ein über zweihundert Jahre alter Foliant voller verschlüsselter Geheimtexte, im Laptop daneben wartete die Software SCANDBOX auf ihre Eingaben. Bei der Namensgebung hatten die kanadischen Entwickler ihre ganze Kreativität bewiesen. Der Name der Software SCANDBOX stand einerseits für einen virtuellen Speicher, gefüllt mit Tausenden eingescannten Dokumenten, andererseits für die Schwedenkiste, aus der die Dokumente stammten.

Bis Waverly zu dem Forschungsprojekt gestoßen war, hatte sie noch nie von der Schwedenkiste gehört. Die legendäre Geheimtruhe geisterte durch die Jahrhunderte, bis sie schließlich hier im Archiv in Berlin-Dahlem ihr vorläufiges Zuhause gefunden hatte. Anfang des 19. Jahrhunderts war sie, vollgepackt mit geheimen Akten, Briefen, Manuskripten und Mitgliederlisten eines berühmten Geheimbundes, von Sachsen nach Schweden geschafft worden, was der Kiste auch ihren Namen einbrachte. Nachdem die Schwedenkiste ein halbes Jahrhundert später aus Skandinavien nach Deutschland zurückkehrte, wurde sie bald von den Nazis beschlagnahmt. Gegen Ende des

Zweiten Weltkriegs erbeutete die Rote Armee die Kiste und entführte sie nach Moskau. Erst Jahrzehnte später gelangte sie in die DDR und wurde dort mit dem Fall der Mauer von der Wissenschaft wiederentdeckt und ausgewertet.

Weil der Bauchnabel größer war als der Bauch, wie ihre koreanische Großmutter immer sagte, weil der Aufwand größer war als der Nutzen, hatte man sich mit der Software SCANDBOX zur Analyse des Inhalts der Kiste die Hilfe künstlicher Intelligenz gesichert – und seit acht Wochen auch die ihre.

Die Erforschung und Auslegung alter botanischer Berichte gehörte zu ihrem Forschungsgebiet. Sie war Archäologin mit dem Spezialgebiet Botanik, was sie zur Teildisziplin der Archäobotanik geführt hatte. Prähistorische Tier- und Pflanzenreste waren ihr Metier, sie lieferten wertvolle Erkenntnisse über Ernährung, Lebensweise und die Umwelt früherer Epochen. Und weil bei Ausgrabungen leider die besten Funde von Pflanzen- und Tierresten in den Latrinenabfällen gemacht wurden – das feuchte Milieu und das regelmäßige Kalken der Latrinen konservierte die Abfälle für Jahrtausende –, nannten die Kollegen sie, wenn man sie ärgern wollte, auch »Madame Toilette«. Nicht besonders freundlich, Respekt musste man sich erst verdienen. Dabei war dieses Forschungsprojekt ihre letzte Chance: Das Stipendium der Deutschen Forschungsgesellschaft lief bald aus. Wenn sie nicht langsam einmal spektakuläre Ergebnisse lieferte, die ihr eine Verlängerung des Stipendiums oder sogar eine Beschäftigung an einem der renommierten Institute bescherten, würde ihre Tätigkeit als Archäologin bald genauso Geschichte sein wie die Handschrift mit der Signatur »PK FM 6.2 D 30 Nr. 43« vor ihr. Es war eine von vielen Handschriften in der Schwedenkiste, die sich mit Biologie und Botanik befassten. Der Text war in Zahlen codiert, wobei einzelne Ziffern für Buchstaben standen. In der Kiste hatte man auch Tafeln zum Dechiffrieren gefunden.

Aber diese Mühe musste sie sich nicht machen: Die künstliche Intelligenz hinter SCANDBOX digitalisierte und archivierte nicht nur, sondern entschlüsselte auch. Und so konnte sie den Text vor sich im Laptop ohne Probleme lesen. Es handelte sich um einen Brief vom 20. Mai 1788, den der Verfasser namens Abaris geschickt hatte.

> *»Verehrter Meister,*
> *bin ich nun mehr in der vorzüglichen Lage, Euch endlich mitteilen zu können, dass ich ihrer Habhaft werden konnte. Es war der Überredenskunst viel und der Drohungen wenig von Nöten.«*

Sie stoppte und drehte sich zu dem Mann im Anzug am anderen Ende des Saals um. Zum ersten Mal war er ihr gestern aufgefallen, als er gemeinsam mit ihr als einer der Ersten den Saal betreten hatte. Einmal, als sie die Toilette besucht und sich dann einen Zitronentee aus dem Automaten im Foyer geholt hatte, hatte er mit ihrem Mantel in der Hand an ihrem Arbeitsplatz gestanden, und für einen Moment hatte sie geglaubt, dass er die Papiere auf ihrem Tisch betrachtete. »Er ist von der Lehne gerutscht«, hatte er stattdessen mit einem freundlichen Lächeln gesagt und ihr den Mantel in die Hand gedrückt. Gestern Abend allerdings hatte sie ihn in der Ehrbar gesehen, wo sie, wenn sie nicht gerade auf einer Ausgrabungsexpedition war, kellnerte. Er war allein, in einer Ecke des Lokals, die in den Zuständigkeitsbereich einer Kollegin fiel. Auch das konnte Zufall sein. Aber Berlin war groß. Und dass der Mann ausgerechnet in dem Lokal auftauchte, in dem sie bediente, gefiel ihr nicht. Jetzt saß er da, versunken in irgendeine Lektüre, und schien sie nicht zu beachten. Sie schüttelte sich und widmete sich wieder dem Text:

»Ein guter Mönch kennt seinen Herrn. Und wenn auch noch gefangen, in zwei Tränen Gottes, so bin ich doch frohen Mutes, dass ich bald in der Lage sein werde, sie Euch in wahrhaftiger Gestalt zu präsentieren: Die Urpflanze!«

Bei dem Wort Urpflanze begannen ihre Wangen zu glühen.

Als sie aufschaute, war der Mann verschwunden.

4

HOLLAND

Cottonwood, Minnesota, 16. August 2023

Nach einem dreistündigen Flug landeten sie auf dem Southwest Minnesota Regional Airport in Marshall.

Ein Polizeiwagen hatte sie vom Buchladen direkt in sein Hotel gebracht, damit er sein Reisegepäck holen konnte. Danach waren sie zum Flughafen gerast, wo auf dem Rollfeld bereits ein kleiner Embraer-Privatjet auf sie wartete.

Er hatte vergeblich versucht, seine Nachbarin in Deutschland zu erreichen, die sich während seiner Abwesenheit zu Hause um seinen Sohn Otto, seine beiden Katzen und die Sussex-Hühner kümmerte. Otto und er bewohnten seit einem guten Jahr ein kleines Holzhaus am Üdersee in der Schorfheide, weil sie beide nach dem Tod von Ottos Mutter die Leere des gemeinsamen Reihenhauses nicht mehr hatten ertragen können. Zudem grenzte ihr neues Zuhause direkt an seinen Wald, sodass er kürzere Wege zur Arbeit hatte und sich so besser um Otto kümmern konnte. Otto war gerade vierzehn Jahre alt geworden. Ein schwieriges Alter für sie beide. Holland wusste, dass der halbe Mann versuchte, seine Trauer vor ihm zu verbergen. Die Jugendpsychologin, die sie zuletzt aufgesucht hatten, meinte, dies sei in Ordnung. Jeder müsse seinen Weg der Trauer finden. Es war für ihn nicht einfach, die Arbeit und die Erziehung von Otto unter einen Hut zu bringen, aber sie bekamen es mittlerweile gut hin. Dabei half, dass auch Otto sich gern im Wald aufhielt. Die einzige Nachbarin, eine pensionierte ehemalige Sonderschullehrerin, kümmerte sich rührend um sie beide und auch um

Otto und die Tiere, wenn er einmal wie jetzt auf Reisen war. So wie es aussah, mussten sie zu Hause nun noch eine Weile ohne ihn auskommen.

Es war mitten in der Nacht, und der Abend im Powers Book Store hatte ihn Kraft gekostet, nicht nur weil die mutmaßliche Gehirnerschütterung schmerzte. Konnte man den Augenzeugenberichten glauben, war er nur knapp dem Tod entkommen. Für ihn kein Grund zur Freude, zumal direkt vor seinen Augen eine junge Frau gewaltsam zu Tode gekommen war. Die Frage nach dem Warum ließ ihm keine Ruhe, und nachdem auch Dechambeau sich nicht gesprächiger zeigte, war Holland nach dem Start schließlich eingeschlafen.

Als sie landeten, war es bereits hell, was ihn zunächst irritierte, bis er begriff, dass es eine gut zweistündige Zeitverschiebung zu Portland gab.

Dechambeau ließ ihn kurz in der Ankunftshalle warten.

Holland entdeckte eine Frau in einem grünen Kittel, die damit beschäftigt war, Blätter von einem Schwertfarn zu schneiden. Die Pflanze stand im großen Abstand mit Artgenossen vor der riesigen Scheibe, die den Wartebereich vom Flugfeld abtrennte. Die Blätter waren gelb-braun verfärbt, und die Wedel hingen noch mehr, als dies bei dieser Pflanze ohnehin der Fall war.

»Damit werden Sie keinen Erfolg haben«, sagte er zu der älteren Dame, die Gärtnerkleidung trug. Offenbar war sie hier für die Pflanzenpflege zuständig.

»Wie bitte?«, fragte sie.

»Mit dem Schneiden der Blätter zerstören Sie den Farn nur. Er steht zu nahe an der aufgeheizten Glasscheibe, wodurch die Luft austrocknet. Und er bekommt zu viel Wärme durch die Sonne, die im Spätsommer tiefer steht und den Farn förmlich verbrennt. Schwertfarne mögen es zwar feucht und hell, aber sie vertragen nur indirektes Licht.«

Die Frau hielt inne und schaute auf die Schere in ihrer Hand.

»Nehmen Sie etwas Niemöl. Das ist perfekt zur Befeuchtung der Blätter geeignet und schützt sie zudem vor Krankheiten. Und stellen Sie die Pflanzen näher zusammen. Sie werden in der Gruppe durch Transpiration ein optimales Mikroklima für sich erschaffen.«

»Wollen wir?«, fragte Dechambeau. Er leitete ihn zu einem Notausgang, der sie direkt auf das Flugfeld führte. Es war mitten ins Nirgendwo gebaut, und außer ein paar kleinen Privatflugzeugen stand auf dem Flugplatz nur noch ein schwarzer Hubschrauber, auf den Dechambeau zusteuerte.

»Wir fliegen mit dem Helikopter?«, fragte Holland.

»Die Einsatzzentrale ist gute zwanzig Meilen entfernt«, entgegnete Dechambeau. »Zudem haben wir so Gelegenheit, uns das Problem aus der Luft anzuschauen.«

»Einsatzzentrale! Jetzt hören Sie auf mit dem Versteckspiel und rücken Sie mit den Fakten raus«, sagte Holland ärgerlich und blieb wie angewurzelt stehen. »Oder ich bin weg!« Dechambeau schaute über Hollands Schulter auf das leere Rollfeld und konnte sich ein süffisantes Grinsen nicht verkneifen. »Sie sind weg? Wohin denn?«

Holland blieb ernst. »Sagen Sie mir endlich, was los ist!«

»Es geht um die Pflanze, die ich Ihnen gezeigt habe. Wir haben hier im Nordosten ein gravierendes Problem mit ihr. Und so wie es aussieht, nicht nur hier.«

»Ein gravierendes Problem?«

»Kommen Sie, ich zeige es Ihnen. In weniger als einer Viertelstunde sind wir dort.«

Dechambeau öffnete die Tür des Hubschraubers, begrüßte den Piloten, und Holland rutschte widerwillig auf die Rückbank. Dechambeau reichte ihm ein Headset, und der Helikopter hob ab. Sie flogen den Highway entlang über unbebautes

Gelände, das aus Weiden und Ackerflächen bestand. Ein See, eine Tankstelle, ein Baseballfeld neben einer Highschool. Das war's.

Dechambeau reckte den Kopf. »Jetzt kommt es!«, kündigte er an und gab dem Piloten vor ihm einen Klaps auf die Schulter, damit dieser tiefer ging. Der Helikopter beschrieb eine Kurve, in der Holland gegen das Fenster gepresst wurde. Er sah eine lang gestreckte Zufahrt, an deren Ende das Dach eines Hauses zu erkennen war. Dechambeau lehnte sich zu ihm hinüber und zeigte nach unten.

»Was zur Hölle ist das?«, stieß Holland aus.

»Das Problem!«, entgegnete Dechambeau.

Holland streckte sich. Ohne Zweifel war das unter ihnen einmal eine Farm gewesen. Eine Farm, die früher wie aus dem Bilderbuch oder dem Spiel »Hay Day«, einem Handyspiel, das Otto den ganzen Tag über zockte, ausgesehen haben musste. Mit der typischen Anordnung von Wohnhaus, Scheune, Ställen und Silo. Sogar die Silhouette eines Traktors konnte man von oben unter dem Urwald aus Pflanzen erahnen. Allerdings ragte nur noch ein Teil der Motorhaube heraus, denn er war wie alles andere von Pflanzen überwuchert. Es sah aus, als wäre die Farm seit einem halben Jahrhundert verlassen und als hätte die Natur sich in dieser Zeit all das zurückgeholt, was einst ihr gehörte. Zwischen den einzelnen Gebäuden war kein Boden zu sehen, so dicht war der Urwald aus Pflanzen, die bereits damit begonnen hatten, an der Fassade des Farmhauses hinaufzuklettern. Obwohl sie die Farm in gut hundert Meter Höhe überflogen, glaubte er, die Pflanze zu erkennen, die Dechambeau ihm auf dem Foto gezeigt hatte. Der Helikopter gewann wieder an Höhe, und nun sah Holland, dass die Pflanzen in langen Ausläufern auch bereits die Felder um die Farm herum besiedelten. Aus der Luft bot sich das Bild eines gigantischen Kreises aus Blättern, der an eine dicht bewachsene, grüne Insel erinnerte. Außen herum befand sich ein breiter, schwarzer Rand. Als habe man einen schwarzen Kreis um die grüne Insel gezogen.

»Was ist das Schwarze?«, fragte Holland.

»Eine Feuerschneise. Um die weitere Ausbreitung der Pflanzen zu stoppen«, entgegnete Dechambeau. Der Helikopter drehte ab, und am Rand der Schneise sah er zwei Personen in gelben Schutzanzügen mit Sauerstoffflaschen auf dem Rücken, die neben einem Feuerwehrwagen standen. Es waren Schutzanzüge, wie man sie aus apokalyptischen Filmen über Pandemien oder Strahlenkatastrophen kannte. Der Leiterwagen war eines von sechs Feuerwehrfahrzeugen, die um die Szenerie herum verteilt waren und jeweils im hohen Bogen eine Wasserfontäne über die Pflanzen spritzten.

Er zeigte auf die Männer in den Schutzanzügen und sah Dechambeau fragend an.

»Sie tötet«, entgegnete dieser. Holland war nicht sicher, ob er richtig verstanden hatte, und deutete auf die Kopfhörer des Headsets.

»Sie tötet!«, wiederholte Dechambeau. »Die Pflanze! Sie breitet sich immer weiter aus. Und so ziemlich alles an ihr ist tödlich. Sie ist ein Killer!«

Abermals gab er dem Piloten ein Zeichen, und der Hubschrauber beschleunigte in Richtung eines silbern glänzenden Punktes am Horizont. Holland drehte sich um und sah, wie die grüne Insel hinter ihnen langsam kleiner wurde.

Jetzt war es also so weit. Er hatte gehofft, dass sie noch ein wenig mehr Zeit haben würden.

5

AVA

Im Wald, Kanada, August 2023

Sie rang nach Luft und starrte auf den Stamm der Hemlocktanne vor ihr. AN stand für ihren Namen: Ava Nahanee.

Das mittlerweile getrocknete Blut an ihrem Daumennagel zeugte davon, wie sie die Initialen vor einer gefühlten Ewigkeit mithilfe eines spitzen Steins in die Rinde geritzt hatte.

Sie war im Kreis gelaufen.

Tränen stiegen in ihr auf, aber sie war zu erschöpft zum Weinen. Auch hätte es nichts genützt, denn dieser Wald war anders als andere Wälder. Er spendete keinen Trost. Seit Stunden hatte sie das Gefühl, dass die Bäume um sie herum enger und enger zusammenrückten, um sie zu erdrücken. Kein Sonnenstrahl drang durch das dichte Dach der sich berührenden Baumkronen. Ihre Lungen brannten, die Knie schmerzten vom ständigen Hinfallen. Äste, Nadeln und Dornen hatten ihre Arme und Beine zerkratzt, hatten versucht, sie auf jedem Meter, den sie zurücklegte, um von diesem schrecklichen Ort zu fliehen, aufzuhalten. Und nun stand sie wieder hier, an ihrem heutigen Ausgangspunkt, und konnte nicht glauben, dass sie im Kreis gelaufen war. Ihr Mund war ausgetrocknet vor Durst, und das Hungergefühl in ihrem Magen war regelmäßigen Krämpfen gewichen. Sie versuchte, sich zu erinnern, in welche Richtung sie von hier gelaufen war, versuchte, sich zu orientieren, doch dieser Wald verschluckte alles, auch die Himmelsrichtungen. Sie lehnte sich gegen den Baum und rutschte hinunter auf den Waldboden, der sich kalt und nass und feindlich anfühlte. In der Luft lag der leicht ätherische Geruch von Schierling und Zedernholz, Moos und feuchter Erde. Doch dies alles zusammen duftete für sie nicht mehr wie das erste Mal, als sie diesen Wald voller Faszination betreten hatte. Heute fand sie, es stank.

Sie musste sich konzentrieren. Niemand kannte sich so gut mit der Natur, mit Wäldern, mit Bäumen aus wie ihre indigenen Vorfahren. Irgendwo, tief in ihrem Inneren, musste sie ererbte Fähigkeiten besitzen, um diesem Albtraum zu entkommen. Sie hielt den Atem an und lauschte. Da war es wieder, das feine Surren, das man für einen aufgeschreckten Bienenschwarm hätte halten können, das aber keines natürlichen Ursprungs war. Er suchte nach ihr. Sie sprang zurück auf die Füße, befragte ihren Orientierungssinn, der ihr riet, nach links zu laufen, und folgte dann ihrem Instinkt in die entgegengesetzte Richtung.

6

HOLLAND

Cottonwood, Minnesota, 16. August 2023

Der silberne Punkt am Horizont entpuppte sich als ein riesiges Gewächshaus, in dem sich die Sonnenstrahlen spiegelten. Es war das Zentrum einer beeindruckenden mobilen Kleinstadt, die offenbar erst vor Kurzem am Rande von Cottonwood errichtet worden war. Aus der Luft hatte Holland zudem eine Reihe von Straßensperren gesehen, die die Gegend zum Sperrgebiet machten. Der Hubschrauber landete auf den Stoppeln eines abgemähten Weizenfeldes, wo sie von zwei Männern in Empfang genommen wurden. Dechambeau stellte ihn vor, was unnötig war, da er offenbar bereits erwartet wurde. Jedenfalls dankte der ältere der beiden, ein hagerer Mann mit grauen Schläfen und der Ausstrahlung eines Footballtrainers, ihm dafür, dass er den weiten Weg von Portland in Kauf genommen hatte. »Und das nach all dem, was in der Buchhandlung geschehen ist«, ergänzte der Mann, bevor er sich ihm als Frank Smith, Direktor von Homeland Security, vorstellte.

»Gut, dass unser Mann vor Ort war und die Attentäterin stoppen konnte!« Smith legte Dechambeau seine Hand auf die muskulöse Schulter und drückte einmal anerkennend zu.

»Allerdings!«, bemerkte Holland, als ein Golfcart vorfuhr und die kleine Gruppe einsammelte, wobei Dechambeau zurückblieb.

»Ich weiß nicht, was Rick Ihnen bereits erzählt hat«, sagte Smith, während sie zielsicher auf den Mittelpunkt der Ansammlung von Zelten, Vans und Wohnmobilen zuhielten. Auf dem Gelände herrschte aufgeregte Betriebsamkeit. Frauen und Männer in Businesskleidung mischten sich mit anderen in Arbeitskleidung. Einige trugen auch den typischen grünen Dress von Gärtnern.

»Er hat mir gar nichts erzählt«, entgegnete Holland. »Wir sind auf dem Weg hierher allerdings über eine Farm geflogen, die als solche kaum mehr zu erkennen war, weil sie vollständig von Pflanzen überwuchert war. Und er sagte etwas von einem Problem. Ich denke, es geht um die Pflanzen?«

Smith legte die Stirn in Falten. Vielleicht hatte Dechambeau damit schon mehr gesagt, als er befugt gewesen war. Das störte Holland aber nicht. Aus seiner Sicht war es aufgrund der dünnen Faktenlage ein Wunder, dass er sich überhaupt bereit erklärt hatte, mit herzukommen. Als deutscher Staatsangehöriger und Autor auf Lesereise in den USA fühlte er sich der amerikanischen Homeland Security zu nichts verpflichtet. Wenn er ehrlich war, hatte er Dechambeau weniger aus Pflichtgefühl als aus Neugierde begleitet, vielleicht ein wenig aus Dankbarkeit, weil dieser ihm augenscheinlich das Leben gerettet hatte. Es waren aber vor allem die Fotos gewesen, die Dechambeau ihm in Portland gezeigt hatte. Er war nicht nur »The German Ranger«, wie sein Verlag ihn hier in den USA werbewirksam vermarktete, also nicht nur Förster oder, wie man es im Amtsdeutsch nannte, Forstrevierleiter, sondern hatte neben dem Studium der Forstwissenschaften an der Universität in Wien auch Botanik studiert. Als Botaniker wusste er Pflanzen einzuordnen, kannte sämtliche Bestimmungsschlüssel. Aber die Pflanze, die ihm Dechambeau in Portland auf dem Foto gezeigt hatte, ließ sich nicht bestimmen. Sie wirkte so, als habe man sie aus mehreren Gewächsen verschiedener Familien zusammengestellt. Und dann der Samen, den nur Laien für eine Bohne halten konnten. Auch er war, falls nicht das Ergebnis von Photoshop, einzigartig.

»Da wären wir«, sagte Smith, als sie vor dem riesigen Zelt

hielten. Das Ganze erinnerte Holland an ein Lager römischer Legionen, kurz vor Beginn der entscheidenden Schlacht. Dazu passten allerdings nicht die vielen, teilweise armdicken Kabelstränge, die überall über dem Boden verliefen und bei denen man aufpassen musste, dass man nicht darüber stolperte.

Sie betraten das Zelt. Drinnen bekam er die Erklärung für die vielen Kabel draußen: Eine riesige Wand aus Monitoren erhob sich am hinteren Ende des Innenraumes, davor sah er die Rücken von zwei Leuten, die die Bildschirme beobachteten. Die Monitore zeigten Bilder von der Farm, die sie überflogen hatten, aber auch Arbeiter, die Bäume fällten, auf einem der Bildschirme brannte ein Feuer.

»Kommen Sie hier herüber, Mr Holland«, sagte Smith und deutete auf einen langen Tisch, der als Konferenztisch diente und an dem bereits mehrere Leute saßen, die Holland erst jetzt bemerkte.

»Das ist Marcus Holland, ›The German Ranger‹«, stellte Smith ihn vor, und wieder klang es so, als wüssten bereits alle Anwesenden Bescheid, wer er war und warum er hier war.

Smith zeigte auf eine Frau, die ihre rötlichen Haare streng nach hinten gebunden hatte und Holland mit einem kaum merklichen Nicken begrüßte. »Mrs French vom US-Landwirtschaftsministerium USDA.« Neben ihr saß Dechambeau, wie auch immer er es geschafft hatte, vor ihnen hier zu sein. »Rick kennen Sie ja bereits. Er ist unser Mann für Bioterrorismus beim DHS.«

Bei dem Wort Bioterrorismus schwante Holland nichts Gutes.

»Daneben haben wir Miss Meyers, die eine Professur an der University of California innehat und das DHS in Washington als Biologin berät. Also eine Kollegin von Ihnen. Sie hat uns auch auf die Idee gebracht, Sie dazuzuholen.« Greta Meyers erhob sich und streckte ihm die Hand entgegen. »Ich bin froh, dass Sie da sind, Mr Holland!« Sie war groß gewachsen und nicht zu schlank, was ihr ein sehr weibliches Aussehen verlieh. Ihr Blick war offen, ihr Händedruck sanft, aber bestimmt. »Kennen wir uns?«, fragte er. Er spürte, wie er verlegen wurde. Nicht weil Greta Meyers attraktiv war, sondern weil die Kollegin ihn offensichtlich wegen seiner Expertise empfohlen hatte, er hingegen weder ihren Namen noch ihr Gesicht einordnen konnte. Seit einigen Jahren war er auf vielen Kongressen zu Gast, und es passierte ihm immer wieder, dass Kollegen aus dem Bereich der Biologie oder Botanik ihn mit Namen ansprachen, ohne dass er selbst einen Namen zu dem Gesicht hatte. Das Schicksal vieler Redner oder Medienleute, die regelmäßig vor einer anonymen Masse von Zuhörern auftraten.

»Wir haben uns bislang noch nicht persönlich kennengelernt. Aber ich habe Ihre Aufsätze im *International Journal of Botany Studies* gelesen und zuletzt auch Ihr Buch! Großartig!«

»Herzlichen Dank«, sagte er und rang sich ein Lächeln ab.

»Ich habe gehört, was in Portland geschehen ist, und es tut mir schrecklich leid«, fügte sie hinzu. »Das muss ein großer Schreck für Sie gewesen sein. Leider gibt es auch hier bei uns immer wieder ein paar Verrückte.« Das Bild der jungen Frau kam ihm vor Augen. Sie hatte eher verängstigt als verrückt gewirkt.

»Und hier haben wir Mr Pierce vom US-Grenzschutz und Mrs McSally vom U.S. Postal Service«, unterbrach Smith ihre Konversation. Der Herr mit dem schütteren weißen Haar, der Ähnlichkeit mit dem US-Präsidenten hatte, und die Dame, die nur wenig jünger schien, bedachten ihn ebenfalls nur mit einem kaum merklichen Nicken. Holland hatte keine Ahnung, wie der US-Grenzschutz und ein Vertreter der amerikanischen Post in diese Runde passten. Vermutlich würde er es gleich erfahren. Bioterrorismus hallte es in seinem Kopf wider.

»Am besten bringen wir Sie kurz auf den Stand, Mr Holland, dann müssen wir gemeinsam Entscheidungen treffen.«

Smith deutete auf einen freien Stuhl inmitten der Runde, auf dem Holland Platz nahm.

Von hinten trat ein Mitarbeiter an Smith heran und reichte ihm ein Blatt Papier. Smith überflog es, zog die Augenbrauen sorgenvoll zusammen und legte es dann zusammengefaltet in ein dickes Notizbuch mit ledernem Einband auf dem Tisch vor ihm. »Vielleicht beginnen Sie, Mrs McSally?«, erteilte Smith der Dame von der US-Post überraschenderweise als Erstes das Wort.

»Gern!« Sie räusperte sich. »Gut drei Monate ist es her, dass Päckchen wie dieses zum ersten Mal in den USA auftauchten.« Sie griff zur Seite und schob einen großen Plastikbeutel über den Tisch zu Holland. Er schien an allen Seiten zugeschweißt. Darin befand sich ein deutlich kleinerer, grauer Plastikbeutel mit Adressaufkleber. Eine Adresse in Georgia.

»Dies ist ein Päckchen, das wir in Zusammenarbeit mit dem US-Grenzschutz vor drei Tagen abgefangen haben, das also niemals zugestellt wurde. Andere wurden leider ausgeliefert, wie viele, wissen wir nicht. Sie enthalten keinen Absender und kein Anschreiben.«

»In jedem der Päckchen befinden sich nur zwei Tütchen wie diese«, mischte sich der Mann vom US-Grenzschutz ein und schob nun auch einen vakuumierten Plastikbeutel zu Holland herüber. Darin waren, ebenfalls luftdicht eingeschweißt, zwei durchsichtige Tütchen, in denen Holland die roten Samen von Dechambeaus Foto wiedererkannte. »Darf ich?«, fragte er, bevor er den Beutel nahm und die Samen gegen das Licht hielt. Er betastete sie. Sie waren hart wie Stein. Durch die Schichten aus Plastik fuhr er mit dem Nagel seines Zeigefingers über die schuppige Oberfläche. Einer der Samen war aufgeschnitten und gab den Blick auf sein Inneres im Querschnitt frei. Normalerweise konnte man anhand eines Samens Pflanzenfamilie und oft sogar die genaue Gattung und Art bestimmen. Ging er im Geiste die verschiedenen Bestimmungsschlüssel durch, landete er bei diesen Exemplaren in einer Sackgasse. Die Form erinnerte an die Klausen von Lippenblütlern. Die schuppenartige Oberfläche mit viel Fantasie an die regelmäßigen Einsenkungen von Samen der Nachtschattengewächse. Die knallrote Farbe wiederum war äußerst ungewöhnlich. Er hätte ein Mikroskop gebraucht, um die Samen genauer zu untersuchen.

»Keine uns bekannten Samen«, kommentierte seine Kollegin Greta Meyers von der Seite, als habe sie seine Gedanken erraten. »Wir haben sie im Labor untersucht und so etwas noch nie zuvor gesehen. Ich stehe im Austausch mit Kollegen in Europa und Asien, und dort herrscht dieselbe Ratlosigkeit.« Holland verstand dies nur allzu gut.

»Insgesamt sind uns in den USA bis heute 287 Päckchen mit solchen Samen bekannt geworden«, erhob erstmals die Frau vom USDA, dem US-Landwirtschaftsministerium, die Stimme. »Wir schätzen aber, die Dunkelziffer ist viel größer, da natürlich nur die wenigsten Empfänger den Erhalt einer solchen anonymen Sendung melden.«

Holland ließ seinen Blick durch die Runde schweifen. Aufgrund der bisherigen Informationen fügte sich in seinem Kopf langsam ein Puzzle zusammen, das ihm überhaupt nicht gefiel.

»Wir haben die Samen auf Krankheiten untersucht, wie etwa Pospiviroid, auch auf Schädlinge, wie Samenkäfer oder Wespenlarven. Das war alles unauffällig, außer einigen Keimen, die uns bislang unbekannt waren«, fuhr die Vertreterin des USDA fort. »Aber wir haben die Samen auch in einem DNA-Labor untersuchen lassen, um herauszufinden, ob sie Pathogene enthalten, die potenziell eine Bedrohung für unsere US-Pflanzen darstellen.« Sie senkte die Stimme. »Und leider war das Ergebnis sehr beunruhigend.«

7

Wall Township, NJ, 16. August 2023

Die Schaufel des Caterpillar grub sich in den Boden und beförderte eine neue Ladung des Erdreichs nach oben. »Und siehst du schon etwas?«, rief der Arbeiter, der den Minibagger bediente. Sein massiger Körper war viel zu groß für den schmalen Sitz, über dem orangefarbenen T-Shirt trug er eine neongelbe Weste.

Sein Kollege stand tief gebeugt über dem Loch und nutzte die Pause, um mit der Schaufel nachzuarbeiten. »Was ist das für ein weißes Zeug in der Erde? Das ist widerlich!« Er stocherte im Aushub. Einer der langen weißen Fäden blieb an seiner Schaufel hängen, und er zog ihn in die Länge.

»Sieht aus wie ein … Spinnennetz!«

»Oder dieses Zeug, womit man Halloween dekoriert!«

Ein weiteres Mal fuhr der Baggerlöffel hinab und hob gute fünfzig Liter Boden heraus. »Stopp!«, rief der Kollege an der Grube. Auf seiner Weste prangte der Schriftzug von GRAND TELECOMMUNICATIONS, der Firma, die für den Landing Point hier in der Wall Township verantwortlich war. Nicht weniger als drei der großen Unterseekabel, die Europa und die USA miteinander verbinden, kamen hier, in der Kleinstadt in New Jersey, an. Seit gestern Abend machte TA-2, welches Internetdaten aus Großbritannien an die US-Ostküste schickte, Probleme, und auch die Durchmessung von Apollo, der Glasfaserstrecke, die aus Marseille anlandete, hatte Auffälligkeiten ergeben. Also musste nachgeschaut werden. Der Arbeiter lehnte die Schaufel an seinen Bauch und wischte sich mit einem Handtuch, das er über die Schulter trug, den Schweiß und Dreck aus dem Gesicht. Die Menschen glaubten immer, das Internet käme aus den Wolken oder der Luft zu ihnen. Dabei gab es ein ganz reales irdisches Netz: Über 1,2 Millionen Kilometer Glasfaserstrecke verliefen allein unter den Weltmeeren, um Datenpakete durch Kabel zu schicken. Wall Township war einer der großen Knotenpunkte der USA und verband das amerikanische Festland nicht nur mit Europa, sondern auch mit Brasilien. Wieder beugte er sich vor und starrte in das Loch. Die ersten Stränge der Glasfaserkabel waren in Sicht gekommen.

»Holy Shit, was ist das denn?«, rief er aus.

Sein Kollege mühte sich vom Sitz des Baggers, zog die Hose hoch und kam zu ihm. Gemeinsam starrten sie auf die gartenschlauchdicken Glasfaserkabel in der Erdwanne, um die sich jeweils ein dichtes Netz weißer Fäden geflochten hatte.

»Ich denke, wir müssen mal telefonieren!«

8

HOLLAND

Cottonwood, Minnesota, 16. August 2023

»Sie sagten, Sie sind mit Rick bereits über die Farm der Walters geflogen. Von dort kam die allererste Meldung. Ein Immobilienmakler wollte die Farm besuchen, um ihren Wert zu schätzen. Sie sollte im Auftrag des Bruders der vor Kurzem verstorbenen Besitzerin verkauft werden. Als der Makler dort ankam, hatte er Probleme, die Farm überhaupt zu finden, da alles völlig überwuchert war. Er rief den Bruder an, der sofort hinfuhr. Und als sie gemeinsam versuchten, den Eingang zum Haus mit einer Sense, die der Bruder auf dem Wagen hatte, frei zu schlagen, verätzte der Pflanzensaft das Gesicht des Maklers, er liegt noch heute in einer Spezialklinik in Minneapolis und wird vermutlich auf einer Seite das Augenlicht verlieren. Den Bruder erwischte es weniger schlimm, er bekam ein paar Dornenstiche ab, aber auch er musste zur Behandlung ins Hospital. Das Krankenhaus meldete den Vorfall der Polizei, die Polizei dem Ministerium für Landwirtschaft von Minnesota und dieses wiederum dem Landwirtschaftsministerium. Die vom USDA schickten schließlich jemanden vorbei, um sich die Situation vor Ort anzuschauen, und der gute Mann erkannte, dass hier etwas nicht stimmte. Zum Glück zählte jemand im Ministerium eins und eins zusammen und benachrichtigte uns bei Homeland Security. Und nun sitzen wir hier, statt mit unseren Enkeln zum Baseballspiel zu gehen.« Smith schenkte sich aus einer Karaffe Wasser in ein Glas, das er in einem Zug austrank. Er hielt Holland ein Glas entgegen, der dankend ablehnte.

»Dem Bruder fiel jedenfalls ein, dass seine Schwester vor einigen Monaten bei einem Besuch in Marshall erzählt hatte, ein Päckchen mit unbekannten Samen ohne Absender und ohne Anschreiben erhalten und die Samen im Gemüsebeet hinter dem Haus eingepflanzt zu haben. Sie erzählte es, weil sie solche Samen noch niemals zuvor gesehen hatte«, fuhr er fort. »Zu diesem Zeitpunkt mehrten sich auch beim USDA bereits die Berichte von lokalen Landwirtschaftsministerien aus zahlreichen Bundesstaaten, bei denen sich besorgte Bürger wegen des Erhalts ebensolcher Päckchen aus Übersee gemeldet hatten.« Wieder stockte Smith. »Die Walters-Farm ist also leider nicht der einzige Hotspot. Wir haben mittlerweile Berichte von«, er schlug sein Notizbuch auf und schaute hinein, »dreiundvierzig Orten, an denen es Probleme mit diesen Pflanzen gibt. Bis heute aber nirgends in solch einer Dimension wie hier, auf der Walters-Farm in Cottonwood. Die tote Besitzerin Anette Walters scheint eine der Ersten gewesen zu sein, die Samen zugesandt bekam – und sie einpflanzte. Und der Boden hier ist sehr fruchtbar, zudem haben wir auf der Farm Guanodünger gefunden, der das schnelle Wachstum weiter gefördert haben kann. Deshalb sind wir also alle hier. Wir hätten aber genauso gut irgendwo in Georgia oder Idaho oder in Washington sitzen können.«

»Und es ist unklar, um was für eine Pflanze es sich handelt?«, bemerkte Holland. Smith nickte und gab die Frage weiter an Meyers. »Es scheint so, als wenn niemand zuvor eine solche Pflanze gesehen hat«, bestätigte sie. »Wir haben sie natürlich eingehend untersucht und … wie soll ich sagen? …« Greta Meyers suchte nach Worten. »Sie ist gefährlich für die Gesundheit von Mensch und Tier. Nahezu alle Teile, außer den Früchten, sind giftig, und zwar offenbar nicht nur für Menschen, sondern auch für Tiere, selbst für Vögel. Die Früchte sind so extrem glucosehaltig, dass sie für Tiere auf

Dauer ebenfalls gesundheitsschädlich sind. Zudem ist der Saft der Pflanze ätzend. Er enthält nicht nur die vom Riesenbärenklau oder Schierlingskraut bekannten fototoxischen Furocumarine, die in Verbindung mit Sonnenlicht zu Verbrennungen auf der Haut führen, sondern tatsächlich Chlorwasserstoff, der in Oxonium- und Chloridionen protolysiert ist.«

»Salzsäure?«, fragte Holland.

Meyers nickte. »Das haben wir noch niemals bei einer Pflanze gesehen. Ich habe in den letzten Tagen die gesamte Fachliteratur durchstöbert und nichts dazu gefunden. Gott sei Dank haben wir in den USA bislang noch nicht viele klinische Berichte von Vergiftungsfällen und Verätzungen. Aber was bislang bekannt wurde, ist beängstigend. Das Hauptproblem sind aus meiner Sicht die Pollen der Pflanze, auf die einige Menschen hochallergisch reagieren.«

»Die botanischen Einzelheiten können Sie gern nachher durchgehen«, übernahm Smith wieder. »Das Fatale an der Pflanze ist aktuell ihre Ausbreitungsgeschwindigkeit. Das, was Sie bei der Farm gesehen haben, ist das Ergebnis nach zwölf Wochen! Die Pflanze wächst problemlos innerhalb von Tagen einen ganzen Meter, nicht Zentimeter. Allein die glatte Versiegelung der Dächer hat verhindert, dass die Pflanzen die Farm vollständig verschluckt haben. Anderenfalls hätten Sie aus dem Helikopter nichts mehr von der Farm erkannt. Und die Pflanze breitet sich rasend schnell auf allen Böden aus. Dabei braucht sie …«, Smith stockte und schluckte schwer, »… noch nicht einmal Erde.« Sein Blick verdüsterte sich.

»Wie meinen Sie das?«

Smith schlug das Buch vor sich auf, holte eine Fotografie hervor und reichte sie Holland. Der Anblick ließ ihn erschaudern. Was er dort sah, war offenbar die Leiche einer Frau, auf der, nein, aus der eine Pflanze wuchs. Die Wurzeln brachen durch ihre Haut. Angewidert schob er das Foto zurück. »Es hätte völlig genügt, sie mir zu beschreiben«, sagte er und hielt nach einem Schluck Wasser gegen die aufsteigende Übelkeit Ausschau.

»Ich dachte, Sie sollten das ganze Bild kennen. Offenbar genügt der Pflanze zum Gedeihen jede Art von Biomasse. Aber sie wächst auch im trockensten Lehm und selbst auf Beton. Und sie klettert. Ihre Triebe schlingen sich um alles, was sie als Rankhilfe nutzen kann. Sie ist wie eine Hydra, schlägt man einen Kopf ab, wachsen zwei neue nach!«

»Wie es für einen Neophyten typisch ist, scheinen die Wurzeln zudem pflanzliche Toxine in den Boden abzugeben, die benachbarte Pflanzen schleichend vergiften und deren Wachstum hemmen, sodass sie deren Lebensraum übernehmen kann. Sie vergiftet also eiskalt ihre Nachbarn«, ergänzte Meyers.

»Wie ich sagte: Die Pflanze ist ein Killer«, warf Dechambeau ein.

Holland lehnte sich zurück und atmete laut aus. Im Raum herrschte betretenes Schweigen.

»Sie sagten, Sie haben 287 Päckchen abgefangen?«, wandte er sich schließlich an die Vertreterin von der Post.

»Ja, aber viele Empfänger haben die zugesandten Samen nicht eingepflanzt, soweit wir wissen. Viele der Samen landeten unseren Untersuchungen zufolge einfach im Hausmüll.«

»Von wo sie sich über die Deponien immer noch bei uns ausbreiten können«, ergänzte Smith.

»Sie sprachen aber auch von einer hohen Dunkelziffer an Päckchen. Dann müssen wir davon ausgehen, dass die Pflanze sich bereits überall in den USA ausbreitet«, führte Holland seinen Gedanken zu Ende.

Smith schüttelte den Kopf. »Nicht nur überall in den USA, sondern überall auf der Welt. Wir haben bereits Berichte aus achtundzwanzig Ländern, und es werden täglich mehr. Gerade kam eine Nachricht aus Österreich. Dort scheint es noch schlimmer zu sein als hier. Und richtig hart trifft es den afrikanischen Kontinent. Der Informationsfluss von dort ist nicht besonders gut, aber es gibt Berichte, dass die Pflanze sich dort schon länger etabliert.«

Holland spürte, wie seine Beule am Hinterkopf zu pochen begann.

»Und weiß man, wer oder was dahintersteckt?« Dabei schaute er Dechambeau an. »Ich meine, irgendwer muss diese Päckchen mit den Samen doch verschicken?«

»Wir tappen absolut im Dunkeln! Bioterrorismus können wir derzeit ebenso wenig ausschließen wie Wirtschaftssabotage oder den feindlichen Akt einer fremden Staatsmacht. Wir arbeiten eng mit dem FBI und dem CIA und auch den Regierungen und Geheimdiensten anderer Länder zusammen. Unsere Ermittlungen haben ergeben, dass die Päckchen ganz überwiegend aus China versendet wurden. Soweit wir bislang wissen, alle von einem Postamt in der chinesischen Stadt Hangzhou in der Provinz Zhejiang. Das ist in der Nähe von Schanghai. Wir haben die Behörden in China um Unterstützung gebeten. Nach unseren Informationen wurde ein Mitarbeiter des Postamts verhaftet, bei dem zu Hause eine Pflanze, die zu den versendeten Samen passt, sichergestellt worden ist. Mehr wissen wir noch nicht, aktuell überlegen wir, jemanden nach China zu schicken, aber es ist derzeit politisch nicht ganz einfach, dort zu operieren.«

»Warum habe ich bis heute von der ganzen Sache noch nichts gehört?«, fragte Holland ungläubig.

Smith zuckte mit den Schultern. »Wir haben es verständlicherweise noch nicht an die große Glocke gehängt. Bis heute weiß niemand auf der Welt, womit wir es zu tun haben. Aber nun gibt es die ersten Todesopfer, auch in Europa. Besonders schlimm ist es in den wasserarmen Gebieten in Afrika. Wie

Miss Meyers bereits berichtete, scheinen in unseren Breiten den meisten Ärger die Pollen zu bereiten, die gerade bei Kindern schwere asthmatische Anfälle auslösen können. Und offenbar fliegen die Pollen mit dem Jetstream sehr weit. Wir haben noch in einer Pollen-Auffangstation in Kanada, in über einhundert Kilometer Entfernung, Pollen nachweisen können, die genetisch zu den Pflanzen hier in Cottonwood passen. Wir versuchen mittlerweile, die Pollen auf der Farm mit Wasser niederzuschlagen.«

Holland erinnerte sich an die Fahrzeuge der Feuerwehr, die die Pflanzen mit Wasserfontänen bespritzt hatten.

Smith deutete auf das Blatt, welches er zu Beginn des Treffens in sein Notizbuch gelegt hatte. »Die ersten Zeitungen in Österreich berichten seit heute. Noch zurückhaltend und zögernd. Aber ich bin sicher, wenn die Medien verstehen, womit wir es hier zu tun haben, werden sie geradezu explodieren und am Ende auch hier aufschlagen.«

»Sie müssen Warnungen herausgeben, wegen der Pakete mit den Samen!«, dachte Holland laut. »Damit nicht noch mehr davon eingepflanzt werden!«

»Das bereiten wir gerade vor. Auch werden wir gemeinsam mit dem US-Grenzschutz ein Importverbot für alle Samen erlassen.«

Zu spät, dachte Holland.

»Und was genau soll ich tun?«, fragte er.

Rechts neben ihnen flüsterte die Frau vom USDA etwas, was er nicht verstehen konnte, und erntete dafür von dem Mann vom US-Grenzschutz ein zynisches Lächeln. Holland wurde klar, dass nicht jeder im Raum von seiner Anwesenheit begeistert war.

»Wir hoffen, Sie können uns vielleicht helfen. Mit neuen Ansätzen«, sagte Smith, ohne die Störung zu beachten. »Ich hatte keine Zeit, mich mit Ihren Thesen auseinanderzusetzen.

Aber wenn ich es richtig verstanden habe, erforschen Sie das Verhalten von Pflanzen. Wir könnten jemanden gebrauchen, der schlauer ist als unsere Assassina incognita da draußen und der weiß, wie wir sie überlisten.«

»So haben Sie die Pflanze genannt?«, fragte Holland.

»Die, die sich hier Wissenschaftler schimpfen, haben sie so genannt, bis sie einen besseren Namen finden. Ich kann kein Latein und nenne sie das Höllenkraut. Also, sind Sie dabei?«

Holland schaute zu Meyers, die ihm hoffnungsvoll zulächelte.

»Ich möchte mir die Farm gerne näher ansehen. Besorgen Sie mir so einen Schutzanzug. Und einen Kaffee!«

9

WAVERLY

Berlin, Oktober 2016

Sie fuhr vom Geheimen Preußischen Staatsarchiv ins geheime Rechenzentrum. Waverly schien aus der Geheimniskrämerei gar nicht mehr herauszukommen. Die kanadischen Entwickler von SCANDBOX hatten ihr die Adresse der Serverfarm am Stadtrand von Berlin per SMS zugeschickt und darauf hingewiesen, dass sie diese vertraulich behandeln müsse. Nun saß sie mit Juri, Zach, Alex und Ava in einer Sitzecke des Rechenzentrums vor einem Getränkeautomaten, der nur Cola im Angebot hatte.

Alle vier waren Mitte zwanzig und damit kaum älter als sie. Sie hatten sich bereits vor einigen Wochen kennengelernt und sofort angefreundet. Ava war so wunderschön, dass Waverly ihren Blick gar nicht von ihr lassen konnte. Ihre smaragdgrünen Augen funkelten herausfordernd unter ihrem schwarzen Pony und stellten einen krassen Kontrast zu ihrem dunklen Teint dar. Juri und Alex waren typische Programmierer, die in ihrer eigenen Welt lebten. Zach schien hingegen direkt vom Strand verpflichtet und war derjenige, der die ganze Truppe zusammenhielt. Die letzten Tage erfasste sie bei dem Gedanken an Ava und die anderen Wehmut, denn diese hatte ihr bei einem ihrer nächtlichen Streifzüge durch Berlin eröffnet, dass sie alle zusammen in zwei Monaten zurück nach Kanada gehen würden. Die Fördergelder aus Berlin, die die Programmierung der Forschungssoftware SCANDBOX finanziert hatten, liefen aus, und in Kanada wartete bereits ein neues »geheimes« Projekt auf sie. »Heißer Scheiß zur Rettung der Welt«, hatten sie es genannt.

Waverly hatte gerade eine Führung durch den Serverraum erhalten, einem Verbund aus über fünfundzwanzigtausend Rechnern, die sich in einem großzügig dimensionierten und klimatisierten Raum über viele Regalmeter ausbreiteten. Neben Notstrombatterien gab es zudem einen mit tausend Litern Diesel befüllten Tank, der im Falle eines Blackouts drei Schiffsdieselmotoren im Keller versorgen konnte. Der Komplex war streng bewacht und der genaue Standort geheim, was erforderlich war, um die höchste Sicherheitszertifizierung zu erhalten, wie Alex erklärt hatte. Natürlich gehörte das Ganze nicht der Humboldt-Universität in Berlin, die die SCANDBOX betrieb, sondern diese hatte hier Rechnerkapazitäten angemietet.

»Auf diesen Servern lebt SB«, hatte Juri mit glänzenden Augen geäußert, und es hätte nur noch gefehlt, dass er mit der Hand liebevoll über einen der Server strich. Die vier nannten das Softwareprogramm SCANDBOX, wie einen alten Kumpel, meist bei der Abkürzung »SB«.

Waverly fand die Fakten aus der Welt der Technik zwar interessant, aber sie war ungeduldig. Denn sie war aus einem ganz anderen Grund hier. Nachdem sie in der Schwedenkiste den Brief mit dem Hinweis auf den Namen Abaris und die Urpflanze entdeckt hatte, hatte Ava ihr versprochen, SCANDBOX für sie arbeiten zu lassen. Die Urpflanze, worunter die Wissenschaft nicht nur die Mutter aller Pflanzen, sondern gleichsam ein geradezu magisches Wesen verstand, war so etwas wie das Einhorn oder der Heilige Gral der Botanik, ihre Entdeckung verständlicherweise der Wunschtraum einer jeden Archäobotanikerin.

»Was habt ihr für mich?«, fragte sie und nahm einen Schluck aus der Coladose.

Avas unterdrücktes Lächeln verriet ihr, dass sie nicht umsonst hier war.

»Du hattest uns den Scan des Briefs von diesem Abaris geschickt, und wir haben damit SBs Algorithmus beschäftigt. Er sucht in über einer Million historischen Dokumenten, auf die er auch über das Internet Zugriff nehmen kann, nach Querverbindungen und zieht daraus eigenständige Schlüsse. Wie ein digitaler Sherlock Holmes. Und voilà!« Sie schob eine dünne Mappe zu ihr. »Hier ist das Ergebnis!« Juri trommelte mit den Zeigefingern auf die Tischkante vor sich, während Waverly nach der Mappe griff und sie öffnete. Darin befanden sich mehrere Ausdrucke, die sie rasch überflog.

»Bernsteine?«, fragte sie schließlich. »Das muss ein Fehler sein!«

»SB macht keine Fehler«, sagte Alex.

»Hier steht, Ergebnis: Abaris, Klarname unbekannt, erhielt am 20. April 1788 im Kloster San Marino in Monreale zwei Bernsteine überreicht, bei denen es sich um die gesuchten Objekte handelt. Wahrscheinlichkeit: 98,89 Prozent«, zitierte sie aus den überreichten Ausdrucken.

»98,89 Prozent sind gut, das ist nahezu gesichert!«, rief Juri. Waverly schaute hilfesuchend zu Ava.

»SB ist in der Lage, unstrukturierte Informationen wie Texte, Bilder und Videos in numerische Werte umzuwandeln. Diese extrahierten Informationen werden dann zur Mustererkennung oder zum weiteren Lernen verwendet. Das nennt sich Deep Learning. Der Nachteil daran ist, dass wir häufig nicht wissen, wie SB zu ihren Vorhersagen kommt. Aufgrund der Dokumentation können wir es in diesem Fall allerdings ganz gut nachvollziehen. Darf ich …?« Sie bat um die Mappe in Waverlys Hand, die sie ihr überreichte. Ava schlug eine der hinteren Seiten auf.

»In deinem Brief schreibt Abaris von den Tränen Gottes. Wie SB rasch herausgefunden hat, ein damals gebräuchliches Synonym für Bernstein. Das hättest du mit etwas Google wohl auch noch herausfinden können.« Ava grinste vorwurfsvoll.

»SB hat nach weiteren Prozessen sodann den Schluss gezogen, dass es offenbar um Bernsteine mit sogenannten Inklusen geht. Das sind eingeschlossene Insekten oder Pflanzenteile. In diesem Fall, so SBs Annahme, Pflanzensamen.«

»Und weiter?«, fragte Waverly beeindruckt.

»SB hat infrage kommende Bernsteine identifiziert und deren Weg durch Europa nachverfolgt: Drei Steine mit unbekannten Samen wurden laut einem im Onlinearchiv der Villa Pedale in Venedig hinterlegten Inventarium 1715 in den Dolomiten bei Cortina d'Ampezzo entdeckt. Sie gelangten über Umwege in die Sammlung von Friedrich August dem Ersten in Dresden. Dort wurden sie in der sogenannten Historia Succinorum, einem ausführlichen Katalog seiner Bernsteinsammlung, erfasst. Diese Sammlung wurde später aufgelöst, und laut entsprechenden Inventarlisten gelangten die Bernsteine um 1745 zurück nach Italien, und zwar in das Kloster San Marino in Monreale. In dem Kloster gingen sie jedoch während eines Überfalls der Türken verloren, wurden aber später versteckt im Garten des Klosters wiederentdeckt. Laut SB wurden schließlich zwei der in Bernstein eingeschlossenen Samen 1788 einem fremden Deutschen übergeben. SB vermutet, dass dieser dein Abaris war. Letzteres ist dokumentiert im Digitalen Staatsarchiv von Palermo, allerdings ohne Nennung des Namens Abaris.«

»Ihr macht Scherze!«, sagte Waverly und nahm die Mappe zurück.

»Ein solches Ergebnis ist in diesem Fall nur möglich, weil entsprechende Dokumente und Daten existieren. Eine künstliche Intelligenz ist immer nur so gut wie die Daten, auf die sie zugreifen kann. Allerdings war es schon damals in Klöstern und Adelshäusern üblich, so ziemlich alles aufzuschreiben. Es ist also nichts, was du nicht auch hättest herausfinden können, meine Liebe. Nur hättest du dafür vermutlich drei Jahre in

Dutzenden Archiven sitzen und die richtigen Spuren finden und Schlüsse ziehen müssen.«

Waverly seufzte. »Ich fürchte, eine solche künstliche Intelligenz macht uns Archäologen irgendwann arbeitslos.«

»Mitnichten«, entgegnete Juri. »Aber ihr werdet am Ende zu Datensammlern degradiert. Die Schlüsse zieht dann der Computer.«

»In der Mappe sind auch noch weitere Auswertungen zum Begriff Urpflanze, aber nichts Bahnbrechendes«, sagte Ava. »Diese Urpflanze scheint eher ein Phantom zu sein.«

»Es gibt ziemlich gute Beweise für einen gemeinsamen Ursprung aller Pflanzen«, entgegnete Waverly. »Ihr müsst euch das so vorstellen, dass vor mehr als einer Milliarde Jahren ein tierischer Einzeller ein Bakterium verschluckte, welches mit Farbstoffen Licht einfing, um daraus Energie zu gewinnen. Statt es einfach zu verdauen, fusionierten die beiden, und die erste Pflanzenzelle war geboren. Man weiß ziemlich genau, dass die Evolution der Pflanzen später in zwei Schüben geschah, einmal vor etwa 375 Millionen Jahren und noch einmal vor 125 Millionen Jahren. Dazwischen gab es eine sogenannte Plateauphase, in der evolutionär bei den Pflanzen nicht viel ablief. In dieser Zeit gab es für Millionen von Jahren nur eine einzige Pflanze, die die Anlagen vieler Pflanzenarten in sich vereinte, um zu überleben. Diese Pflanze nenne ich die Urpflanze. Es muss ein faszinierender Hybrid gewesen sein.«

»Quasi eine Art Superpflanze«, sagte Ava.

»Genau! Und was wäre, wenn es diese Pflanze tatsächlich noch gibt? Meine Spur ist Abaris. Wer sich hinter dem verbirgt, konnte SB nicht herausbekommen?«

»Besser: Noch nicht, dafür fehlen ihm offenbar noch Daten. Aber es ist ein Tarnname, ein Pseudonym, wie es damals typisch war für Geheimbündler. Und SB hat ein Profil erstellt, ähnlich wie ein Profiler bei einem Mord. Alles da drin.« Sie deutete auf die Mappe.

Waverly wusste nicht, was sie sagen sollte. Einerseits fühlte sie sich, als sei sie gerade Zeugin eines billigen Zaubertricks geworden, die Ergebnisse von SCANDBOX erschienen ihr so vertrauenswürdig wie die Vorhersage einer Wahrsagerin. Andererseits musste es den Menschen genauso ergangen sein, als sie das erste Mal von einer Eisenbahn hörten oder ein Telefon benutzten. Vielleicht war das die natürliche Reaktion auf technischen Fortschritt.

»Unterstellt, das, was SB sagt, stimmt …«

»Es stimmt!«, unterbrach Juri sie.

»Also unterstellt, es stimmt. Warum in Bernstein eingeschlossen? Ich ging davon aus, es handelt sich um …« Sie wusste den Satz nicht zu beenden. »Ich meine, um echte, keimfähige Samen einer Urpflanze.«

»Das können wir dir nicht beantworten«, sagte Ava. »Ein bisschen musst du auch schon selbst tun.«

Waverly nickte. Ab jetzt suchte sie auf der Jagd nach der Urpflanze also nach zwei Bernsteinen.

10

Portland, Oregon, 16. August 2023

»Das ist mir egal!« Der Manager von Powers Book Store wurde langsam ärgerlich. »Ich habe diese Telefonnummer bekommen, und ich möchte mit jemandem sprechen, der zuständig ist! Die Reinigung des Teppichs kostet tausend Dollar, und wenn ich eins weiß, dann, dass die Kosten nicht Powers Book Store tragen wird!« Er lauschte einen Moment und gab dann widerwillig die Ziffern seiner Telefonnummer durch. »Heute noch!«, insistierte er und legte auf. Er ging zurück zu dem Pult, an dem am Abend zuvor noch »The German Ranger« gesessen hatte, und schaute auf den riesigen Blutfleck auf dem Teppichboden. Vergangenes Jahr erst war die Auslegeware erneuert worden, und obwohl der Verkäufer versichert hatte, dass das strapazierfähige Mohawk-Garn resistent gegen nahezu alle Arten von Schmutz war, hatten sie den gesamten Morgen vergeblich versucht, die roten Flecken herauszubekommen.

»Sir, was sollen wir hiermit tun?« Eine der studentischen Mitarbeiterinnen schaute schüchtern um das Bücherregal. In der Hand hielt sie eine Jacke.

»Was ist das?«

»Die Jacke blieb gestern Abend hängen. An der Garderobe.«

»Blieb hängen?«

»Sie wurde nicht abgeholt. Es ging ja ziemlich hektisch zu, nachdem …« Das Mädchen schaute auf den Fleck am Boden und begann beinahe zu weinen. »Aber am Ende wurden alle Kleidungsstücke abgeholt außer diesem.«

Der Manager verzog genervt die Mundwinkel, streckte dann, nach einem Moment der Überlegung, den Arm aus.

»Geben Sie schon her!« Die Mitarbeiterin überreichte ihm die Jacke und sah zu, dass sie den Raum verließ. Es war eine ultraleichte, weinrote Damen-Outdoorjacke mit blau abgesetzten Bündchen, wie man sie im Sommer auch fürs Wandern im Gebirge anzog. Er tastete die Taschen ab und stutzte, als er etwas Hartes fühlte. Ein Portemonnaie kam zum Vorschein. Es hatte gerade einmal Scheckkartenformat. Er öffnete es und zog eine der Kreditkarten heraus. Als er den Namen sah, runzelte er die Stirn. Er zog die nächste Karte heraus und schaute auf einen Führerschein. Das Foto zeigte ohne jeden Zweifel das Opfer von gestern. Darunter stand ihr Name und eine Adresse: Waverly Park, Berlin.

11

HOLLAND

Cottonwood, Minnesota, 16. August 2023

Er durfte nicht allein gehen.

Während er den Pappbecher mit einem schwarzen, viel zu dünnen Kaffee leerte, hatten ihn zwei Helfer von der ABC-Abwehr von Homeland Security in einen der Schutzanzüge gezwängt und die Übergänge der Kleidung mit Klebeband flüssigkeitsdicht abgeklebt, auch um ihn später in einer Dekontaminierungsanlage mit Wasser abspritzen zu können. Als Förster trug er dann und wann Körperschutz bei Baumarbeiten, und er hatte als Hobbyimker auch schon einmal einen Imkeranzug angehabt. Aber diesen Schutz, mit Überhandschuhen, Kopfhaube, Füßlingen, Gummistiefeln und Pressluftatmer auf dem Rücken, kannte er bislang nicht. Die hier verwendete Maske mit Filteraufsatz erlaubte zwar eine verbesserte Atmung, die Vorstellung, gleich Sauerstoff aus einer Flasche atmen zu müssen, bereitete ihm allerdings Unbehagen.

Und das alles nur wegen einer Pflanze. Die erhaltenen Informationen arbeiteten in ihm, und er hatte mehr Fragen als Antworten. Hob er in seinen Vorträgen die heimliche Macht der Pflanzen hervor, stellte dies eine neue Dimension dar: Pflanzen waren selten aggressiv. Zwar gab es die eine oder andere Art, die giftig war, und einige Pflanzen fingen als Fleischfresser sogar Fliegen, die tropischen Kannenpflanzen auch einmal eine Maus. Das waren aber Vorgänge, die der Nahrungsaufnahme dienten. Pflanzen bewegten sich nur sehr langsam und wurden daher von den Menschen in der Regel nicht als gefährlich wahrgenommen. Sie lebten quasi in einer anderen Geschwindigkeitsdimension. Ihre Überlebensstrategien waren zudem meist auf Verteidigung ausgerichtet. Einer Pflanze, die wie ein Krieger in kurzer Zeit massiv Territorium erobert und dabei offenbar tödlich für Mensch, Natur und Tierwelt ist, war er bislang noch nicht begegnet. Die Pflanze war allerdings gerade erst entdeckt worden, und er wunderte sich darüber, wie viel man hier bereits über sie zu wissen glaubte. Normalerweise dauerte es Monate oder Jahre, wenn nicht Jahrzehnte, bis man eine Pflanze wirklich erforscht hatte.

»Fertig!«, stellte einer der Helfer fest. Holland hielt nach dem versprochenen Begleiter Ausschau. Smith hatte darauf bestanden, dass er einen Führer an die Seite gestellt bekam. Tatsächlich steuerte jemand mit der schwerfälligen Eleganz eines Astronauten auf ihn zu, der bereits den gleichen Anzug trug wie er. Er spürte jetzt schon, wie ihm der Schweiß den Rücken hinablief.

»Dann wären wir so weit«, hörte er eine Stimme, die er trotz der Verzerrungen des Headsets, das man ihm in den Nacken geklebt hatte und das viel zu laut eingestellt war, sofort erkannte. Durch das Plastikvisier des Kopfschutzes sah er in Meyers' Augen, die ihn freundlich anblickten. Auf einmal war er froh, eine Begleitung zu haben. Diesmal wartete auf sie nicht eines der Golfcarts, sondern ein sogenanntes ROV, ein Recreational Off-Highway Vehicle, was nichts anderes war als ein geländegängiges Quad, und das Holland – in einer deutlich älteren Version – auch zu Hause in Brandenburg nutzte. Nur musste er dort nicht in einem Raumanzug aufsteigen. Nachdem sie es mithilfe des Fahrers, der einen sehr viel leichteren Schutzanzug trug als sie, aufs Fahrzeug geschafft hatten, schlängelten sie sich durch das Zeltdorf in Richtung des Highways.

»Waren Sie schon einmal dort?«, fragte er Meyers.

»Einmal. Aber wir haben einige Pflanzen auch in dem Gewächshaus hier untergebracht und können sie dort in Ruhe untersuchen.« Sie deutete auf den riesigen gläsernen Kasten neben der Kommandozentrale, der Holland schon bei seiner Ankunft aufgefallen war.

»Das ist hilfreich«, sagte er. »Ich habe mich schon gewundert, wie weit Sie mit Ihren Analysen sind. Aber ich finde, wer eine Pflanze verstehen möchte, muss sie in ihrem Lebensraum besuchen.«

»Der Begriff Lebensraum klingt im Zusammenhang mit dieser Pflanze irgendwie komisch. Todeszone wäre passender.«

»Aus Sicht der Pflanze ist es ein Lebensraum.«

»Aus Sicht der Pflanze?«, wiederholte Meyers. »Glauben Sie, Pflanzen haben eine eigene Sichtweise? Ein Bewusstsein?«

Holland konnte sich ein Lächeln nicht verkneifen. »Das ist derzeit die Eine-Billion-Dollar-Frage. Zunächst stellt sich ja bereits die Frage, wie man Bewusstsein definiert. Hier gibt es so viele Ansätze. Allgemein versteht man darunter wohl die Eigenschaft, etwas zu tun und darüber nachzudenken, dass man es tut. Noch besser gefällt mir als Pflanzenneurologe die Definition, dass es die Fähigkeit ist, sich mittels Rückkopplung und Feedback aus der Umwelt ein Modell der Welt zu erschaffen, um ein Ziel zu erreichen. Bezeichnet man dies als Bewusstsein, dann würde ich behaupten, dass auch Pflanzen ein solches haben.«

»Und Sie glauben, mehrere Pflanzen können ein gemeinsames Bewusstsein haben?«

»Sie meinen das Wood Wide Web? Das Mykorrhiza-Netzwerk? Die unterirdische Vernetzung aller Pflanzen durch Pilzfäden?«

Sie nickte.

»Ich gebe zu, der Name Wood Wide Web ist populistisch,

aber dass es ein Netzwerk aus Pilzen gibt, steht fest. Gerade hat eine Studie der University of the West of England gezeigt, dass das Mykorrhiza-Netzwerk empfindlich auf Licht reagiert und auch ständig elektrische Impulse hindurchgeleitet werden, also tatsächlich vergleichbar mit unserem Internet.«

»Ich habe die Studie auch gelesen. Den Sinn der elektrischen Signale konnte sie allerdings nicht herausfinden. Schade, dass Pilze nicht reden können, sonst wüssten wir, wozu die Impulse dienen.«

Holland musste lächeln. »Das sagen Sie. Computergestützte linguistische Analysen der elektrischen Impulse haben ergeben, dass die Signale Silben und Wörtern entsprechen, sie ähneln dem komplexen Muster von Sätzen der menschlichen Sprache. Sogar die Verteilung der Wortlängen stimmt in etwa überein.«

»Dann wollen Sie nun auch noch behaupten, Pflanzen können über das Mykorrhiza-Netzwerk miteinander sprechen?«

Holland schüttelte den Kopf. »Ich behaupte gar nichts, das sind alles Studien, die Sie im Internet nachlesen können.« Er bemerkte eine Veränderung in ihrem Blick. »Was?«, fragte er.

»Wenn man Ihre Bücher liest und Ihre Aufsätze, könnte man denken, das, was hier gerade geschieht, ist Ihnen vielleicht gar nicht so unrecht. Sie haben schließlich genau dieses Szenario, eine Pandemie invasiver Pflanzen, in Ihrem Aufsatz im *International Journal of Botany Studies* vorausgesagt. Die Pflanze, die Sie darin beschrieben haben, ähnelt der Assassina incognita. Sie haben sogar vorhergesagt, dass die Verbreitung aus Asien beginnt.«

»Nur weil man etwas vorhersieht, muss man es nicht gut finden«, sagte er.

»Und dennoch könnte man nach der Lektüre Ihrer Bücher denken, Sie stehen den Pflanzen näher als den Menschen.« Der Tonfall von Meyers' Stimme hatte sich verändert.

»Ich würde sagen, es gibt nicht diese zwei Lager, sondern nur diesen einen Planeten, den wir uns alle teilen müssen.«

»Dann sind Sie nicht darüber schockiert, dass die Assassina incognita Menschen tötet?« Wieder derselbe Ton, es wirkte, als habe sie die Frage lange vorbereitet.

»Doch, natürlich!«, antwortete er empört. Sie nickte, danach schwiegen beide.

Das Offroad-Cart manövrierte durch die Zeltstadt, und schon bald befanden sie sich auf dem Feld, wo noch immer der Helikopter von seiner Ankunft parkte. Sie fuhren weiter zum nahen Highway, legten darauf eine gute Meile zurück, was Holland länger vorkam, als er es vom Hinflug in Erinnerung hatte, und stoppten schließlich an einer Straßensperre. Dort bog der Fahrer auf eines der abgemähten Felder ab, und sie fuhren querfeldein, bis sie an einer Station zum Halten kamen, an der mehrere Armeelaster mitten auf dem Feld parkten. Erst auf den zweiten Blick erkannte Holland die riesigen armeegrünen Wassertanks und die aufgebaute Schleuse zur Dekontamination. Männer in Schutzanzügen brachten ihnen einen knappen Gruß entgegen, offenbar hatte man ihr Kommen angekündigt, denn auf der anderen Seite wartete bereits ein Quad wie ihres mit einem weiteren Fahrer. Die Wärme im Schutzanzug war kaum auszuhalten. Sie passierten die Schleuse in Zeitlupe. Dann stiegen sie auf das andere Fahrzeug um und wurden das letzte Stück erneut gefahren, bis sie an dem schwarz verbrannten Gürtel, den er bereits aus der Luft gesehen hatte, zum Stehen kamen. Mühevoll half er Meyers von dem Gefährt. »Wir haben der Feuerwehr Bescheid gegeben, dass sie die Bewässerung einstellen. Dreißig Minuten ab jetzt!«, rief der Fahrer und deutete auf den linken Unterarm, an dem wegen des Schutzanzuges keine Armbanduhr zu erkennen war. Erst jetzt bemerkte Holland die Stoppuhr in Meyers' behandschuhter Hand, deren Zeiger in dieser Sekunde zu laufen begannen.

»Viel länger reicht auch der Sauerstoff nicht!«, drang ihre Stimme mit schmerzhafter Lautstärke in sein Ohr. Er spürte, wie dankbar er für die zeitliche Begrenzung war, viel länger würde er es in dem Anzug auch nicht aushalten. Schon jetzt spürte er bei jeder Bewegung einen leichten Schwindel und versuchte, nicht zu hyperventilieren. Er gab acht, wo er hintrat, als sie über den breiten Streifen aus Asche marschierten. Der Boden federte unter seinen Schritten. Beim Anblick der Asche stutzte er kurz, doch als er ergründen wollte, warum, spürte er schon Meyers' Hand an seinem Arm. Sie deutete auf die Wand aus Pflanzen, die sich vor ihnen erhob. Wenn man direkt davorstand, wirkte es noch viel bedrohlicher als aus der Luft. Die Pflanzen waren groß, viel größer als erwartet, und deutlich dichter als ein Maisfeld. Aufgrund der tagelangen Bewässerung zum Niederschlagen der Pollen tropfte überall Wasser von den Blättern.

»Die Tropfen sind ätzend. Das Wasser nimmt, wenn es über die Blätter läuft, die Giftstoffe auf!« Er hielt den Handschuh unter einen der Tropfen und beobachtete, wie er über das Gewebe des Anzuges lief und zu Boden fiel.

Wie bei einem Maislabyrinth für Kinder war auch hier eine Schneise in die Pflanzen hineingeschlagen worden, in die von der Seite allerdings schon wieder erste Pflanzen hineinwuchsen, als wollten sie sich gegen den Eingriff wehren. Auch der Boden war nass und aufgeweicht.

»Smith hielt einen künstlichen Zugang zur Untersuchung der Pflanzen für eine gute Idee«, erläuterte Meyers. »Sie hatten zunächst überlegt, die Farm samt Pflanzen sofort niederzubrennen, aber Smith war wie Sie der Auffassung, man sollte die Pflanze zunächst in einem gesicherten Umfeld weiter beobachten und untersuchen. Am liebsten hätte er wohl eine Glaskuppel um die Farm herumgebaut, aber dies ließ sich technisch nicht so schnell realisieren.«

Obwohl sie nur langsam gingen, klang sie außer Atem. Er machte einen Schritt hinein in das Labyrinth und blieb stehen, um die Pflanzen erstmals aus der Nähe zu betrachten.

Sie überragten ihn um einen guten Meter, wenn nicht mehr. Es war weder Strauch noch Baum. An den grünen Blättern sah er verbrannte Stellen.

»Kommen Sie, wir gehen ein Stück weiter hinein. Hier außen sind die Pflanzen vom Brennen der Feuerschleuse etwas mitgenommen.«

Er folgte ihr. Wo die Spitzen der Pflanzen sich über ihren Köpfen berührten, bildeten sie dunkle Korridore. Aber der Weg war einen guten Meter breit und schien so weit sicher. Jeder Schritt fiel ihm schwer. Nachdem sie nach endlosen Metern die Fassade des Farmhauses erreicht hatten, die durch das Dickicht kaum zu erkennen war, blickte Holland sich um. Ihm schien es, als würden die Pflanzen hinter ihnen schon wieder näher zusammenrücken. Oder war das nur eine optische Täuschung? Schließlich blieben sie vor einem kniehohen, einfach zusammengezimmerten Holzkreuz stehen, das gemeinsam mit dem schmalen Weg von den Pflanzen freigeschnitten worden war.

»Hier wurde die Besitzerin der Farm tot aufgefunden«, sagte Meyers. Er schaute sich um. An dieser Stelle war eine weitere Schneise in die Pflanzen hineingearbeitet, die offenbar zur Hintertür des ehemaligen Farmhauses führte.

Langsam hob er den Handschuh und berührte damit einen der Pflanzenstängel, woraufhin von der Seite Meyers' Arm heranschoss und seinen niederdrückte.

»Vorsicht!«

Zum ersten Mal seit ihrer Begegnung klang sie beinahe ängstlich. Er schob ihren Arm sanft beiseite und berührte erneut mit seinen Handschuhen eine der Pflanzen, die leicht nachgab. Der hellgrüne Stängel hatte nicht ganz die Stärke eines Eishockeyschlägergriffs, war leicht gerippt und mit feinsten Härchen überzogen. Besonders auffällig waren die langen und extrem spitzen Dornen, die in regelmäßigen Abständen vom Stiel abgingen. Er legte den Kopf zur Seite und ging mit dem Gesicht näher heran. Weiter unten wirkte der Stängel nicht mehr grün, sondern braun und fühlte sich selbst durch den Handschuh härter an.

»Schauen Sie«, sagte er. »Die Sprossachse verholzt nach unten hin, wie bei Halbsträuchern!«

Meyers nickte. »Das hier ist eine der schon älteren Pflanzen.« Holland ließ den Blick über den Stiel wandern und blieb an einem rötlich schimmernden ballartigen Gebilde hängen, das sich an den Stängel schmiegte und entfernt an einen Seeigel erinnerte, von der Struktur aber ebenfalls eher holzig war. Der Schutzanzug störte ihn, verhinderte, dass er eine Verbindung zur Pflanze aufnehmen konnte. Er musste sie fühlen, riechen, von Nahem betrachten. Von klein auf waren Pflanzen Mittelpunkt seines Lebens gewesen. In den Baumschulen seiner Eltern hatte er hunderttausendfach den Lebenszyklus vom Samen über den Sämling bis zum Junggewächs beobachten können. Als Kind war er mit seinem Vater auf der Pflanzmaschine hinaus auf die Felder gefahren, und im Sommer hatte er mit seinen Freunden im Maisfeld Verstecken gespielt. Er hatte als Schüler Spargel gestochen und Erdbeeren gepflückt. Es war ausgemacht, dass er als einziger Sohn die Baumschule seiner Eltern übernehmen würde, doch sie gingen pleite, als er siebzehn Jahre alt war. Er hatte mitbekommen, wie ihr Land zwangsversteigert wurde und die ehemaligen Felder Neubausiedlungen und Industriegebieten weichen mussten. Sein Vater nahm einen Job als Verkäufer in einem Baumarkt an, und seine Eltern zogen mit ihm in eine kleine Wohnung in der nahen Stadt. Er fühlte sich im wahrsten Sinne des Wortes entwurzelt. Sooft er konnte, ging er in den nahen Stadtwald. So war es nur ein kleiner Schritt zum Studium der Forstwirtschaft. Und weil er Bäume und Pflanzen nicht nur beherrschen, sondern auch verstehen wollte, studierte er Botanik obendrauf. Und nun galt er für viele als einer der führenden Pflanzenexperten, auch wenn er damit immer noch fremdelte. All dies ging ihm durch den Kopf, als er nun zwischen den Pflanzen stand und sich wie ein Feigling unter einem Schutzanzug vor ihnen verbarg. Als seien sie ein Gefahrstoff. Der Tag, an dem er sich vor der Pflanzenwelt versteckte, war vielleicht nahe, aber noch nicht gekommen.

Er griff mit der linken Hand an den rechten Arm und begann das Klebeband vom Ärmel zu entfernen.

»Was tun Sie da?«, hörte er Meyers' Stimme tief in seinem Ohr, beachtete sie aber nicht. Endlich hatte er das Tape entfernt und zog erst den einen und dann den anderen Handschuh aus. Er schaute sich um und legte sie dann auf dem Boden ab. Seine rechte Hand war nun frei, was ihm half, den Kopfschutz zu lüften und die Atemmaske abzunehmen.

»Um Gottes willen, was machen Sie?«, wiederholte Meyers, diesmal beinahe hysterisch.

Als er die Sauerstoffmaske abgenommen hatte, widerstand er dem Reflex, sofort tief einzuatmen, und zog stattdessen ganz vorsichtig Luft durch die Nase. Nach einer milden Covid-Infektion im Frühjahr hatte er monatelang nicht richtig riechen können, doch in den vergangenen Wochen schien sein Riechnerv sich gänzlich erholt zu haben, und er spürte keine große Beeinträchtigung mehr. Die Luft war warm und roch nach grünem Apfel und stechend wie Ozon, wozu sich Brandgeruch und der Gestank von Schwefel mischte.

Meyers griff seinen Arm und stieß ihn, weil sie selbst Handschuhe trug, dabei beinahe um.

»Sind Sie verrückt geworden? Ziehen Sie das sofort wieder an!«

Nun klang sie tatsächlich panisch. Wieder machte er eine abwehrende Bewegung und verharrte. Es ging ihm gut. Er spürte noch nicht einmal einen Niesreiz.

»Ich bin es gewohnt, in der Natur zu sein«, sagte er. »Ich bin seit Jahrzehnten täglich im Wald unterwegs, und ich habe bislang niemals unter Heuschnupfen oder Allergien gelitten.«

»Es geht nicht nur um die Pollen! Wir haben einen ganzen Cocktail toxischer Alkaloide im Saft der Pflanze und allen Pflanzenteilen gefunden. Benzoylnaponin, Lyaconitin, Hypaconitin, Cytisin, Laburnin, Laburamin – die ganze Palette! Auch das Kontaktgift Aconitin, das wir vom Fingerhut kennen! Und Herzglykoside, die die Schlagkraft des Herzens steigern, die Frequenz aber gleichzeitig sinken lassen. Ohne Behandlung führen diese Giftstoffe innerhalb von Stunden zum Herzstillstand. Andere lähmen das motorische Rückenmarkszentrum, der Tod tritt dann durch Atemstillstand bei vollem Bewusstsein ein.«

Sie sprach schnell und aufgeregt.

Die genannten Alkaloide waren in der Tat heimtückisch. Aber er hatte nicht vor, die Pflanzen zu berühren, geschweige denn, etwas davon zu essen. Ihre Warnung ließ ihn allerdings vorsichtig sein.

»Es geht mir gut!«, sprach er in das Mikrofon. Dies war gelogen, denn sein Ohr schmerzte von Meyers' aufgeregter Stimme.

Sie musterte ihn und schien an Kampfeslust zu verlieren. »Es ist einfach – verantwortungslos!«

Ohne Handschuhe, Kopfschutz und Atemmaske fühlte er sich wie befreit. Bis eben war es so gewesen, als beobachtete er etwas durch eine Glasscheibe, nun erst war er der Pflanze wirklich nah.

Während Meyers missbilligend den Kopf schüttelte, widmete Holland sich wieder der Pflanze. Neben dem verholzten Seeigel, bei dem es sich ganz klar um eine Art Balgfrucht handelte, gab es weiter oben dicht zusammenstehende Blüten. Sie waren in kegelförmigen Blütenständen mit Durchmessern von zehn Zentimetern angeordnet und von spiralig zulaufenden Hochblättern umgeben. Manche der prächtigen Blüten waren weiß, andere rot.

»Sie färben sich offenbar rot, wenn sie bestäubt worden sind und in der Blüte kein Nektar mehr vorhanden ist«, erläuterte Meyers. »Ein praktischer Service für die bestäubenden Insekten.«

Holland konnte eine gewisse Begeisterung nicht verbergen. So ein Verhalten kannte er bislang nur von der Rosskastanie.

»Die Blüten sind zweihäusig, das heißt, es gibt weibliche und männliche Pflanzen. Aus den Blüten entstehen später die Balgfrüchte.« Sie hatte das seeigelartige Gebilde also so eingeordnet wie er.

»Und was ist das?« Er zeigte auf weitere Blüten an der Pflanze. Sie sahen vollkommen anders aus. Waren gelb, seitenständig und meist zylindrisch, fast traubig.

»Sie hat mehrere Blütenarten …«, sagte Meyers beinahe entschuldigend.

»Und wie sehen die Früchte dieser Blüten aus?«

Meyers schaute sich um, schob dann mit dem Fuß ein längliches, sichelförmiges Gebilde über den matschigen Boden in Hollands Richtung. Er bückte sich und hob es auf. Eine gelbbraune Hülse.

»Hülsenfrüchte?«, fragte er erstaunt.

Sie nickte. »Diese Früchte sind das Einzige, was nicht giftig zu sein scheint. Sie sind sogar sehr genießbar. Aber extrem zuckerhaltig.«

»Kein Wunder: Die Pflanze möchte, dass sie verbreitet wird. Sie lockt die Tiere mit der Süße an, und diejenigen Tiere, die die Früchte fressen, verbreiten die Samen dann mit ihrem Kot. Sie hätte nichts davon, wenn auch die Früchte giftig wären.«

»Eine perfekt durchdachte Vermehrungsmaschine. Nur übertreibt die Pflanze auch hier. Die Früchte sind so überzuckert, dass Tiere dadurch schwere gesundheitliche Schäden erleiden würden.«

Holland spürte, wie die vielen neuen Informationen in seiner Stirn ein Kribbeln verursachten. »Wir haben hier Merkmale und Strategien unterschiedlicher Pflanzenfamilien und Arten. Es lässt sich also noch nicht einmal eine Pflanzenfamilie bestimmen«, fasste er zusammen.

»Die Pflanze ist ein Hybrid. Als habe man im Labor ein Dutzend Pflanzenarten zu einer neuen Gattung, nein, einer neuen Familie, zusammengefügt. Daher nenne ich sie für mich persönlich auch Phyta Frankenstein.«

Holland betrachtete die einzelnen Pflanzenteile.

»Sie sagten vorhin, die Pollen sind das Problem?«

»Im Labor haben wir bei einer einzigen Pflanze mehr als eine Milliarde Pollen gemessen. Daher sollten Sie auch schleunigst die Schutzausrüstung wieder anziehen.«

Tatsächlich spürte Holland nun ein leichtes Kitzeln, tief im Rachen, vielleicht bildete er es sich aber auch nur ein. Er zögerte kurz, dann legte er Kopfschutz und Atemmaske wieder an. Er wollte seine Begleiterin, die vermutlich die Verantwortung für ihn hatte, nicht unnötig provozieren.

Durch sein Headset hörte er sie erleichtert aufseufzen.

Die Handschuhe zog er jedoch nicht wieder an. Sein Blick fiel auf den matschigen Boden. Er ging in die Hocke und griff in die verdorrten Reste einer Kürbispflanze. Zwischen den Kürbissen waren weitere abgestorbene Gemüsepflanzen zu erkennen.

»Sie waren im Gewächshaus mit anderen Pflanzen in einem Topf, und nach drei Tagen sind die anderen alle abgestorben«, kommentierte Meyers.

Holland nickte. Noch immer in der Hocke, entdeckte er zu seiner Rechten eine neue, weiße Gasflasche. Sie schien achtlos zwischen die Pflanzen geschoben. Er griff danach und zog sie heraus. An der Gasflasche war über einen orangefarbenen Schlauch ein gebogenes Brennrohr befestigt. Es handelte sich um einen etwas überproportionierten Anwärmbrenner, wie man ihn zum Entfernen von sprießendem Unkraut zwischen Wegplatten benutzte.

»Ein Flammenwerfer, damit machen die Arbeiter den Weg frei«, sagte Meyers. Er hatte sich schon gewundert, wie angesichts des ätzenden Pflanzensafts die Schneisen in den Urwald aus Pflanzen hineingetrieben worden waren. Tatsächlich säumten abgeschnittene Pflanzenstängel den Weg, die an der Schnittkante schwarz verbrannt waren. Offensichtlich versuchte man so zu verhindern, dass die Pflanzen neue Triebe bildeten.

»Sie lassen die Flammenwerfer nach der Arbeit hier liegen, weil sie in den Anzügen schwer zu tragen sind.«

Meyers hob den Arm und schaute auf die Stoppuhr, die sie noch immer in der Hand hielt.

»Wir haben nicht mehr viel Zeit.« Holland blinzelte, weil sein linkes Auge tränte. Er drehte die Gasflasche auf und betätigte die Piezozündung. Am vorderen Ende des Brennrohrs entzündete sich eine tiefblaue Flamme. Er hielt das Rohr senkrecht, sodass die Flamme die Blätter der Pflanze beinahe berührte. In diesem Augenblick glaubte er eine kaum merkliche Bewegung der Pflanze wahrzunehmen.

»Was haben Sie vor?«, fragte Meyers und trat einen Schritt zurück.

Holland hielt die Flamme kurz in Richtung Boden, dann hob er den Brenner erneut nah an eines der Blätter. Wieder glaubte er, eine Bewegung der Pflanze hin zur Flamme wahrzunehmen, und zog den Brenner vorsorglich einige Zentimeter zurück. Er runzelte verwundert die Stirn, was sich unter dem Kopfschutz anfühlte, als sei seine Kopfhaut gelähmt.

»Haben Sie das gesehen?«, stieß er begleitet von einem Hüsteln hervor.

»Was?«, entgegnete Meyers. »Wir müssen zurück!«

Holland schaute den Weg hinab, den sie gekommen waren, und erschrak. Keine drei Meter von ihnen entfernt hatten sich die Pflanzen gleich an mehreren Stellen so stark in ihre Richtung geneigt, dass sie sich nun in der Luft über dem Weg berührten und ihnen den Rückweg versperrten.

»Oh, nein!«, sagte Meyers, die es nun auch entdeckt hatte.

»Ist das schon einmal vorgekommen?«, fragte er. Wegen der trockenen Luft aus dem Sauerstoffgerät fühlte sich seine Kehle wie ausgetrocknet an.

»Nicht dass ich wüsste!«

Ohne zu zögern stellte er den Brenner in seiner Hand auf die höchste Stufe, machte einen großen Schritt auf die Pflanzen zu und betätigte den Zünder. Da er wusste, dass die Pflanzen zum Niederschlagen der Pollen seit Tagen bewässert wurden, fürchtete er nicht, ein Feuerinferno auszulösen. Die grünen Spitzen der Pflanzen, die er mit der bläulich schimmernden Flamme berührte, färbten sich im Feuer schwarz, dann kräuselten sich die Blätter und verbrannten langsam unter der Hitze. Erstaunlicherweise schien es ihm, als würden die Pflanzen sich weiter zur heißen Flamme neigen, sodass er immer größere Teile des Blattapparats versengen musste. Er arbeitete sich nur langsam vor, merkte, wie der Schweiß an ihm herunterlief, und sah zu, wie die Pflanzenteile langsam in der Hitze des Bunsenbrenners verbrannten. Nach schier endlosen Minuten hatte er zumindest einen schmalen Durchgang geschaffen. Er spürte, wie ihm das Atmen immer schwerer fiel. Er legte den Bunsenbrenner ab. »Lassen Sie uns schnell …« Durchgehen, hatte er sagen wollen, aber seine Stimme brach mitten im Satz. Er räusperte sich.

»Wir sollten …« Ein Hustenanfall hinderte ihn daran, vorzuschlagen, rasch zum Cart zurückzugehen. Seine Augen tränten, der Flammenwerfer glitt ihm aus der Hand.

»Alles in Ordnung?«

Es war nicht alles in Ordnung. Er hatte das Gefühl, als säße ein riesiger Frosch in seinem Hals, beim Atmen rasselte es in seinen Bronchien. Er versuchte, die Blockade wegzuhusten, was ihm jedoch nicht gelang und den Hustenreiz nur verstärkte.

»Verdammter Mist!«, hörte er Meyers fluchen. Er hatte das Bedürfnis, sich die Sauerstoffmaske vom Gesicht zu reißen, aber auch er konnte eins und eins zusammenzählen. Er war offenbar leichtsinnig, aber nicht dumm. Er versuchte einzuatmen, doch es war, als habe jemand Beton in seine Lungen gegossen. Langsam stieg Panik in ihm auf.

»Schaffen Sie es bis zum Cart?«, schepperte es in seinem Ohr. Dann riss er sich Kopfschutz und Sauerstoffmaske herunter, legte den Kopf in den Nacken und rang nach Luft.

12

OTTO

Schorfheide, Brandenburg, 16. August 2023

Melissa öffnete den Briefkasten und entnahm die Post. Marcus erhielt viel Post. Und mit dem Erscheinen seines Buches hatte es noch zugenommen. Nun war Marcus Holland ein richtiger Star. Sie hatte Rezensionen des Buches in der Zeitschrift entdeckt, einen längeren Artikel über ihren berühmten Nachbarn in der *BZ* gelesen. Und obwohl sie sich noch nicht lange kannten, war sie stolz auf ihn wie auf den Sohn, den sie nie gehabt hatte. »Komm schon, Otto, trödle nicht so«, sagte sie zu dem strohblonden Jungen, auf den sie jetzt schon seit ein paar Tagen aufpasste, was ihr mehr gefiel als ihm. Er war ein typischer Teenager, der der Auffassung war, dass er niemanden mehr benötigte, der auf ihn aufpasste. Als Marcus und Otto in das leere Haus nebenan eingezogen waren, hatte ihr Leben eine überraschende Wendung genommen, und diesmal in die richtige Richtung. Sie musste lächeln, als sie sah, wie Otto in Richtung des Hühnerstalls ging. Er liebte Tiere, seinen Vater, und manchmal glaubte sie, dass er auch sie sehr gernhatte. Die Post in der Hand, versuchte sie, an den Schlüssel zu kommen, und schloss die schwere Holztür zu Marcus' Haus auf. Ein Geruch, wie ihn nur unbewohnte Häuser verströmten, schlug ihr entgegen. Sie legte die Post auf den Tisch und stutzte. Mitten auf dem Tisch aus massiver Eiche stand die Gießkanne. Sie hätte schwören können, dass sie die Gießkanne beim letzten Besuch in der Spüle gelassen hatte. Sie schaute sich um, doch sonst schien alles unverändert. Außer ihr hatte nur Marcus einen Schlüssel, und der war Tausende Kilometer entfernt. Alzheimer ließ grüßen. Sie schüttelte den Kopf, nahm die Gießkanne und ließ Wasser hinein. Otto kam zurück und suchte nach dem Hühnerfutter, das sie auf den Tisch stellte. Sie musste aufpassen, denn tatsächlich besaß ausgerechnet der liebe Herr Förster einige Kunstpflanzen, die täuschend echt aussahen und in Marcus' Abwesenheit von ihr bereits die eine oder andere Dusche erhalten hatten. Der Schuster hat immer die schlechtesten Leisten, hatte Marcus sich mit einem breiten Lachen für diesen Frevel gerechtfertigt. Sie hörte, wie Otto laut in der Stube pfiff.

»Was ist das?«, rief er. Als sie endlich auch das große Elefantenohr im Schlafzimmer gegossen hatte, kam sie zurück und fand Otto am Tisch vor, wo er ein kleines graues Päckchen aufgerissen hatte. In der Hand hielt er eine durchsichtige Tüte, in der rote Kerne zu erkennen waren. Sie schaute auf das Päckchen, auf dem Marcus' Name und Adresse ohne weitere Angaben stand. Kein Absender, kein Anschreiben.

»Was ist das?«, wiederholte Otto seine Frage.

»Keine Ahnung, das ist für deinen Vater«, sagte sie und nahm ihm die Tüte ab. »Was öffnest du seine Post? Jetzt geh und füttere die Hühner, und schau, ob du heute Eier findest, dann mache ich dir eines von meinen Riesenomeletts!«

13

WAVERLY

Berlin, Oktober 2016

Sie war zurück im Forschungssaal des Geheimen Staatsarchivs. Vor sich hatte sie einen Laptop, auf dessen Bildschirm ihr Luigi Renis von der Universität in Padua entgegenlächelte. Seine strahlenden Augen hatten die Farbe von Bernstein, für den er Experte war. Ein hübscher Kerl, der mit Sicherheit ihr Interesse geweckt hätte, wenn sie nicht auf Frauen stehen würde. Dass SCANDBOX sie auf der Suche nach der in der Schwedenkiste erwähnten geheimnisvollen Urpflanze auf Bernsteinjagd geschickt hatte, hatte sie aus dem Konzept gebracht. Sie kannte sich mit prähistorischen Pflanzen und Tieren aus. Ihr Wissen über die goldgelben Steinchen war hingegen darauf beschränkt, dass sie einmal eines am Strand von Usedom gefunden hatte. Und so hatte sie per Videokonferenz Kontakt zu dem Experten für Bernsteinfunde in den Dolomiten aufgenommen, dem Ort, woher laut SCANDBOX Abaris' Bernsteinchen mit den eingeschlossenen Samen der Urpflanze stammten. Noch immer hatte sie Bedenken, der Spur eines Computers zu folgen. Aber wenn Maschinen uns zukünftig operieren sollten, war es vielleicht selbst für eine Archäologin an der Zeit, sich der Zukunft zu öffnen.

»Wir haben es hier in den Dolomiten mit einem Alter von 140 bis 220 Millionen Jahren zu tun, es sind die ältesten bekannten Bernsteineinschlüsse weltweit«, hatte Luigi, wie sie ihn nennen durfte, bereits erzählt. »Eine Zeit, in der noch die Dinosaurier lebten.« Diese Tatsache hatte bei Waverly für feuchte Hände gesorgt. Dies war nämlich genau die Epoche, in der die Entstehung der heutigen Pflanzenwelt vermutet wurde. Eine Zeit, in der die Urpflanze vermutlich gelebt hätte. »Sie müssen sich einen tropischen Koniferenwald vorstellen, feuchtes Klima. Äste brechen ab, die Bäume produzieren ›Pflaster‹ aus Harz, das den Baum hinabläuft. Insekten werden vom süßlichen Duft angelockt, bleiben kleben. Weiteres Harz läuft nach, und so werden die Tierchen Schicht um Schicht eingeschlossen. Irgendwann fallen die Harztropfen herunter, werden im Waldboden eingebettet und im versteinerten Bodenhorizont für Millionen von Jahren konserviert. Allerdings ist nur eine von tausend Inklusen pflanzlichen Ursprungs, warum das so ist, wissen wir nicht. Auch in Bernstein eingeschlossene Samen wurden schon gefunden, aber sehr selten!«

»Und könnte man solche Samen aus dem Bernstein befreien und wiederbeleben? Hätte man eine Chance, dass diese noch keimen?« Waverly spürte, wie ihr Puls sich beschleunigte. Ihr Gesprächspartner musste lachen. »Das wäre toll, oder? Leider ist es wohl nicht möglich, wie im Film *Jurassic Park,* aus einer eingeschlossenen Mücke Saurierblut und daraus wiederum Dinosaurier-DNA zu gewinnen. Von den im Harz eingeschlossenen Objekten bleibt meist nur eine äußere, hauchdünne Hülle erhalten. Die Terpene des Harzes durchsetzen den eingeschlossenen Körper normalerweise.«

»Normalerweise?«

»Ab und zu finden sich noch Gedärme oder Gewebeteile, die von innen an der Hülle kleben. Bislang ist es aber nicht gelungen, daraus DNA zu gewinnen.«

»Und bei Pflanzen?«

»Die standen nach meiner Kenntnis bislang nicht so sehr im Fokus der Wissenschaft …« Eine Resthoffnung blieb also.

»Gab es im 18. Jahrhundert bereits Funde in Ihrer Region?«, wollte sie das Ergebnis von SB überprüfen.

»Absolut!«, bestätigte Luigi. »Sogar sehr viele und sehr bedeutsame. Es ist wie mit der Goldsuche, wer zuerst kommt, findet die besten Nuggets. Bernsteine aus der Nähe von Cortina d'Ampezzo sind heute auf der ganzen Welt verteilt.«

»Und sind Bernsteine mit Inklusen viel wert?«

»Bei uns finden sich eher kleine Steine. Aber selbst ein in Bernstein eingeschlossener Floh aus dem Libanon kann schon einmal so viel wie ein Kleinwagen kosten.« Was war dann erst eine eingeschlossene Urpflanze wert?, dachte sie. Den unermesslichen wissenschaftlichen Wert einmal außen vor gelassen.

Sie bedankte sich höflich. »Kommen Sie gern einmal auf einen Espresso vorbei, es gibt noch so viel zu erzählen«, lud ihr italienischer Gesprächspartner sie zur Verabschiedung ein.

Nachdem der Bildschirm schwarz wurde, lehnte sie sich zurück. Auch wenn es der Suche nach der Nadel im Heuhaufen glich: Sie musste diese zwei Bernsteine finden, mit denen Abaris aus Italien zurückgekehrt war. Wenn die Steine so wertvoll waren, wie sie vermutete, würde irgendwer sie über die Jahrhunderte vor dem Untergang bewahrt haben. Sie nahm die Mappe, die die vier ihr im Rechenzentrum überreicht hatten, und schlug das Profil auf, das der Computer von Abaris erstellt hatte. Wenn SB so allwissend war, warum hatte er dann nicht auch gleich dessen Identität herausfinden können? »Männlich, Deutscher, weiß, dreißig bis vierzig Jahre alt, kulturell gebildet, resilient.« Dieses Profil brachte sie nicht weiter. Wollte sie die Bernsteine finden, musste sie herausbekommen, wer Abaris war, und dafür gab es nur einen Weg. Etwas berührte ihre Schulter. Sie drehte sich um und erschrak. Vor ihr stand der Mann im schwarzen Anzug und lächelte sie an.

14

HOLLAND

Cottonwood, Minnesota, 16. August 2023

Auch nachdem er den Kopfschutz und die Atemmaske wieder abgesetzt hatte, fehlte ihm noch immer Raum zum Atmen. Seine Brust fühlte sich an wie zugeschnürt, und er versuchte vergeblich, seinen angeschwollenen Hals durch Räuspern zu befreien. Obwohl er sich zwang, ruhig zu bleiben, konnte er das langsame Aufsteigen von Panik nicht verhindern. Ein Gehirn, das zu wenig Sauerstoff bekam, produzierte Stresshormone. Wieder wurde er von einem Hustenanfall geschüttelt. Meyers war mittlerweile bei ihm und zog ihn fort, ohne dass er wusste, wohin. Das Fahrzeug mit dem Fahrer parkte in der entgegengesetzten Richtung und zu weit entfernt, selbst wenn sie es erreicht hätten, mussten sie damit noch ein ganzes Stück fahren, um Hilfe zu bekommen. Aber sie hatten wegen der Schutzanzüge auch keine Mobilfunktelefone dabei. Jetzt verstand er, was Meyers vorhatte: Sie schob ihn durch die Schneise in Richtung der Hintertür des nahen Farmhauses. Mit tränenden Augen sah er, wie nun auch sie ihren Handschuh auszog, um die Klinke herunterzudrücken. Die Tür war nicht abgeschlossen. Mit einem lauten Ächzen bugsierte sie ihn hinein und manövrierte ihn in Richtung einer alten Polstergarnitur. Es war nicht das Einatmen, das ihm Probleme bereitete, sondern das Ausatmen. Jeder seiner Atemzüge wurde von einem lauten Pfeifen begleitet. Meyers ließ ihn allein, schloss die Tür hinter ihnen und verschwand im Flur. Vielleicht schaute sie nach dem Telefon. Er beugte sich vor, bog sich nach hinten, ging auf die Knie, suchte auf allen vieren, während er den

Hustenreiz unterdrückte, nach einer Position, um seiner Lunge mehr Platz zu geben. Irgendwo aus dem Haus hörte er ein Rumpeln, als würde jemand etwas auf dem Fußboden entleeren. Dann sah er, wie Meyers heranstürmte und ihm einen kleinen Gegenstand entgegenhielt. Mittlerweile hatte auch sie sich ihres Kopfschutzes und der Atemmaske entledigt.

»Ausatmen!«, befahl sie und schob seinen Kopf in den Nacken. Erst jetzt erkannte er das Asthmaspray in ihrer Hand. Nachdem er mit Gewalt die Luft aus seinem Brustkorb herausgepresst hatte, drückte sie ihm das Mundstück gegen die Lippen. »Atmen Sie ein!« Während er tat wie ihm geheißen, betätigte sie den Sprühkopf des Inhalators. »Warten Sie ein paar Sekunden, bis Sie wieder ausatmen!« Dieses Prozedere wiederholten sie mehrere Male. Er spürte, wie das Seil, das um seine Brust geschnürt schien, sich löste und er langsam das Gefühl hatte, wieder durchatmen zu können. Auch der Hustenreiz ließ nach. Sein Herzschlag verlangsamte sich. Einen Augenblick standen sie schweigend nebeneinander, während er sich auf seine Atmung konzentrierte.

»Sorry!«, brachte er schließlich heraus.

Meyers fuhr sich mit den Händen über das Gesicht. »Wie konnten Sie nur so leichtsinnig sein, den Schutz abzunehmen?«

Er suchte nach einer Antwort, fand aber keine. Offenbar hatte er die Gefahr, die von der Pflanze ausging, unterschätzt. Er, der große Pflanzenflüsterer, wie manche ihn spöttisch nannten. Sie ist ein Killer, kamen ihm Dechambeaus Worte in den Sinn. Er räusperte sich, seine Nase war noch immer verstopft, aber das Schlimmste des Asthmaanfalls hatte er überstanden. Er schaute auf das Spray.

»Was für ein Glück, dass Sie hier so etwas gefunden haben.«

»Ich wusste, dass Miss Walters Asthmatikerin war, deshalb habe ich gehofft, im Medizinschrank im Bad ein Asthmaspray zu finden. Sie haben großes Glück gehabt.«

»Ich habe nie zuvor unter Pflanzenallergien gelitten.«

»Anfangs hatten wir gehofft, dass die Pflanze nur für Menschen mit Vorerkrankungen ein Problem darstellt. Aber so ist es leider nicht«, entgegnete Meyers.

Er schaute sich um. Es war ein gemütlich eingerichtetes Wohnzimmer. Auf dem Tisch stand noch ein Kaffeebecher. Offenbar hatte niemand nach dem Tod der Besitzerin hier aufgeräumt.

»Sind wir hier drinnen sicher?«, fragte er mit Blick auf die Schutzanzüge.

Meyers zuckte mit den Schultern. »Die Fenster scheinen gut isoliert, aber wir sollten uns besser auf den Rückweg machen …«

»Einen Moment bitte noch«, sagte er und erhob sich. Tatsächlich fühlte er sich schon wieder ganz gut, es war vor allem der Schreck, der ihm noch in den Gliedern saß. Auch seine Knie waren noch etwas weich. Er machte ein paar Schritte. Das Wohnzimmer ging in eine offene Küche über. Er ging zum Wasserhahn und drehte ihn auf. Zunächst kam nur eine braune Flüssigkeit, dann klares Wasser. Er blickte sich nach einem Glas um, fand eines in einem Regal über dem Herd und trank in großen Zügen. Das Wasser war kalt und wohltuend. Während er trank, fiel sein Blick auf einen Stapel Papiere. Rechnungen. Die oberste war von einem Großhandel in den Niederlanden. 7543 Dollar für die Lieferung von Fledermausguano aus Ägypten und 1000 Liter Glyphosat. Das Beste und das Schlimmste, wie Menschen auf Pflanzen einwirken konnten, auf einer Rechnung: Dünger und Unkrautvernichter. Wobei letzterer Begriff beschönigend war, denn Glyphosat tötete als sogenanntes Totalherbizid so ziemlich jede Pflanze.

Er nahm die nächste Rechnung. Gebühren für das Legen eines Internetanschlusses. »Willkommen in der Welt der schnellen Datenübertragung!« stand direkt unter dem Briefkopf.

»Wir müssen zurück!« Er drehte sich um, Meyers stand im Eingang zur Küche. »Vermutlich haben sie schon ein Suchkommando nach uns losgeschickt!«

Er stellte das Glas zurück in die Spüle und folgte ihr ins Wohnzimmer. Dort zogen sie ihre Schutzanzüge wieder an und legten auch die Atemmasken an.

Das Asthmaspray nahm er vorsorglich mit.

»Smith muss ja nicht unbedingt davon erfahren«, sagte Meyers, während sie zur Tür gingen.

»Danke«, sagte er. Die Stoppuhr zeigte mittlerweile zweiunddreißig Minuten. Meyers öffnete langsam die Tür. Er folgte ihr hinaus. Die Wärme des Sommertages spürte er selbst durch den Schutzanzug, aber es hatte angefangen zu regnen. Erst nach wenigen Schritten wurde ihm bewusst, dass es kein Regen war, sondern die Feuerwehr wieder mit der Berieselung des Areals begonnen hatte. Nach einigen Metern erreichten sie den Flammenwerfer, der noch mitten auf dem Weg lag, und stoppten. Von allen Seiten hatten sich die oberen Spitzen der Pflanzen in den Weg hineingereckt, als versuchten sie, nach dem Brennrohr des Flammenwerfers zu greifen. Meyers schob den Brenner mit dem Gummistiefel zur Seite und drängte sich durch eine armbreite Lücke zwischen den Pflanzen. Er sah, wie die Dornen am Oberarm ihres Anzugs zerrten und ein kleines Loch hineinrissen. Dennoch machte er es ihr nach, entging nur mit Glück den Dornen. Als die Schneise vor ihnen wieder breiter wurde, drehte er sich noch einmal um. Jetzt schien es so, als hätten die Pflanzen sich schon wieder zurückgezogen. Sein Blick wanderte über die mächtigen Stängel und blieb an den kugeligen Früchten, den langen Dornen und weißen Blüten hängen. Er spürte, wie es in seinem Rachen kribbelte und sein Hals sich erneut zuschnürte. Aber es war nicht die Allergie. Zum ersten Mal in seinem Leben spürte er beim Anblick einer Pflanze Angst.

15

AVA

Im Wald, Kanada, August 2023

Mit der Dämmerung kamen die Geräusche. Oder schärfte die beginnende Dunkelheit nur ihren Gehörsinn? Sie erschrak bei einem Rascheln, direkt hinter ihr, konnte dessen Ursprung aber nicht ausmachen. Irgendwo in der Ferne schrie ein Kauz. Sie wusste nicht, ob die mangelnde Sicht oder das glitschige Moos für den Fehltritt verantwortlich gewesen war, aber nun kauerte sie an einen der mächtigen Stämme gelehnt und hielt sich den schmerzenden Knöchel. Er tat höllisch weh, aber sie konnte den Fuß noch bewegen und glaubte daher nicht, dass er gebrochen war. Ein lautes Knacken in der Nähe ließ sie erneut zusammenschrecken. Sie starrte in das tiefe Schwarz zwischen den Bäumen und lauschte, konnte aber kein weiteres Geräusch vernehmen. Ihr T-Shirt klebte schweißnass an ihrem Körper, und die einsetzende Abendkühle, die aus den Wipfeln der Bäume auf sie herabsank, ließ sie frösteln. Die Träger des Rucksacks hatten ihre Schultern wund gescheuert. Sie streckte ihre Arme aus und schob etwas Laub heran, welches sich kalt und feucht anfühlte und somit kaum zum Wärmen geeignet schien.

Wenigstens hatte sie vor Stunden an einem kleinen Bachlauf etwas trinken können, und sie hatte einen Strauch mit Brombeeren gefunden, von denen einige noch genießbar waren. Dieser Wald gab wenig und nahm viel. Ihr Rücken und ihre Beine schmerzten, sie wusste nicht, wie viele Kilometer sie gelaufen war. Sie schloss die Augen und atmete tief durch. Für einen Moment erschienen die lächelnden Gesichter von

Juri, Alex und Zach. Und sie sah vor ihrem geistigen Auge, wie sie miteinander angestoßen hatten, als Silva den ersten Cord Holz, 128 Kubikfuß bester Kanadischer Hemlocktanne, verkauft hatte. Sie sah Juris leuchtende Augen, wenn er über das Programmieren sprach, und Alex in seiner »Denkerpose«, wie sie es nannte, wenn er mit aufgestütztem Kinn vor sich hin sinnierte. Und sie hörte, wie Zach ihren Namen »Ava« aussprach mit seinem französischen Akzent. Nun waren sie alle tot, und sie war die Einzige, die noch lebte. Sie öffnete die Augen und starrte in die Dunkelheit. Keine drei Meter vor ihr schwebte hoch oben ein kleines rotes Licht. Sie wusste nicht sicher, ob es ein Sensor zur Erfassung von Wetterdaten war, ein sogenannter Bug Detector, oder einer der vielen anderen Sensoren. Vielleicht hatte sie ihn sogar selbst angebracht. Oder es war eine der Kameras, die vor wenigen Tagen geliefert worden waren und deren Sinn sie nicht gleich verstanden hatte. Vielleicht beobachtete er sie schon die ganze Zeit und wollte mit allen Mitteln verhindern, dass sie entkam. Sie tastete mit den Händen den Boden um sie herum ab, bekam einen kleinen Stein zu fassen und schleuderte ihn in Richtung des Lichts, verfehlte es jedoch. Wieder knackte es neben ihr, diesmal näher. Sie nahm ihren Rucksack, versuchte aufzustehen. Ihr Knöchel gab nach, als sie ihn belastete, aber sie ignorierte den stechenden Schmerz. Sie schwor sich, zu überleben. Sie würde nicht in diesem Wald sterben: Die Welt musste vom Projekt Silva erfahren.

16

HOLLAND

Cottonwood, Minnesota, 16. August 2023

Er hatte sich in einem extra für ihn freigeräumten Wohnmobil vom Ausflug zur Farm erholt. Mittlerweile war es Abend geworden. Seine Augen juckten, die Nase lief, aber der Asthmaanfall war vorbei. Einen Moment lang, als er keine Luft bekam, hatte er Todesangst verspürt. Vielleicht war ihm deshalb danach, mit seinem Sohn zu telefonieren. Aber die Zeitverschiebung ließ es nicht zu, zu Hause in Brandenburg war es mitten in der Nacht. So hatte er kurz gedöst und wieder einmal von seiner verstorbenen Frau geträumt, bis Dechambeau an die Tür des Wohnmobils geklopft und ihn abgeholt hatte. Gemeinsam gingen sie zu Smith' Zelt, wobei er immer noch kurzatmig war. »Gibt es irgendetwas Neues wegen der Frau, die mich in Portland angegriffen hat?«

Dechambeau schüttelte den Kopf.

»Ich habe versucht, etwas dazu zu googeln, aber nichts gefunden. Keine einzige Nachricht über den Vorfall.«

»Wir haben darum gebeten, es unter Verschluss zu halten.«

»Unter Verschluss halten?«

»Ich denke, wir haben hier aktuell andere Sorgen und können es nicht gebrauchen, dass die Presse hinter Ihnen und mir her ist.«

»Hinter mir?«, fragte er. »Ich habe nichts gemacht!«

»Sie sind ein Prominenter, und Sie wissen, wie die Klatschpresse drauf ist!«

Holland war empört. Er hatte mit dem Tod der Frau nichts zu tun, aber er schluckte seine Bemerkung hinunter. »Kann ich mit der Polizei in Portland sprechen?« Dechambeau zögerte nur kurz. »Klar, ich werde einen Kontakt herstellen.« Holland hätte ihn gern noch gefragt, ob ihn wegen der tödlichen Schüsse irgendwelche Gewissensbisse quälten, aber er schluckte auch dies herunter. Offenbar war es nicht so.

In diesem Moment erreichten sie die Zentrale inmitten der Zeltstadt.

»Es gab ein Problem mit dem Atemschutz, sagt Miss Meyers? Wir hatten begonnen, uns Sorgen zu machen, nachdem Sie nicht zurückgekommen waren«, begrüßte Smith ihn.

»Ich habe keine Ahnung, was passiert ist«, entgegnete er, ohne rot zu werden. »Plötzlich war der Sauerstoff ein wenig knapp. Wir haben eine kurze Pause im Farmhaus eingelegt und sind dann zurück. Alles halb so wild.« Als er es aussprach, bemerkte er die Löcher in seiner Geschichte.

»Der Arzt meinte, Sie hätten sich nicht untersuchen lassen wollen, aber es wirke auf ihn wie eine allergische Reaktion. Vielleicht war auch Ihr Anzug undicht«, stellte Smith fest.

»Mir geht es gut!«, sagte er und unterdrückte ein Hüsteln.

»Und haben Sie dort draußen irgendwelche neuen Erkenntnisse über das Höllenkraut gewonnen? Irgendetwas, das uns weiterhilft?«

Eher im Gegenteil, dachte er. Die erste Runde war eindeutig an die Pflanze gegangen. Auf der Rückfahrt von der Farm hatten Meyers und er schweigend nebeneinandergesessen, und auch die Dekontamination, die letztlich aus dem Absprühen mit einem harten Wasserstrahl und einer Seifenlauge bestand, hatten sie ohne Unterhaltung über sich ergehen lassen. Er wusste nicht, ob sie ärgerlich auf ihn war, weil er die Schutzausrüstung abgenommen hatte. Zumindest ärgerte er sich über sich selbst. Weniger über seinen Leichtsinn als darüber, dass sein an die Natur gewöhnter Körper allergisch auf eine Pflanze reagiert hatte.

»Wie werden wir dieses Höllenkraut Ihrer Ansicht nach wieder los?«, fragte Smith. »Nach der Covid-Pandemie und dem Krieg drüben in Europa mit all seinen Folgen fehlt uns eine solche weltweite Pflanzeninvasion gerade noch. Scheint so, als würden wir aktuell von den sieben Plagen heimgesucht. Mir erscheint das hier sogar noch schlimmer als Covid. Vor einem Virus haben alle Angst, und bei einem Virus wissen wir wenigstens, wie wir damit umgehen. Aber erklären Sie einmal einem Politiker, dass von einer Pflanze eine Gefahr ausgeht. Und: Es gibt wohl keine Impfung.«

Smith wandte sich an einen der Männer vor der Monitorwand und bat ihn, etwas auf dem großen Fernseher, der auf Rollen vor dem Konferenztisch stand, abzuspielen. Der TV-Bildschirm flackerte einmal, dann war darauf die Landkarte der USA zu sehen. »Wir haben einen unserer Epidemiologen gebeten, mittels seiner Modelle, die sie für die Verbreitung von Viren entwickelt haben, die zukünftige Verbreitung der Pflanze zu simulieren. Sie können sich vorstellen, dass er nicht begeistert war, da das Ganze natürlich nicht wirklich vergleichbar ist. Bei Viren arbeiten wir zur Bestimmung der Ausbreitungsgeschwindigkeit mit einem R-Wert, und es infizieren sich Menschen und keine Landstriche. Aber auch ein Virus ist ein kleines invasives Wesen, und daher ist der Vergleich mit einer Pflanze auch nicht zu weit hergeholt. Jedenfalls hat unser Mann seine Software modifiziert, und auch wenn es nur ein theoretisches Modell ist, sieht das, was er uns aus Connecticut heute Morgen rübergeschickt hat, nicht gut aus.«

Auf Smith' Geheiß wurde das Programm gestartet. Ein kleiner roter Kreis erschien im Norden der USA, kurz vor der Grenze zu Kanada, ihr Standort. Einige weitere, deutlich kleinere rote Kreise tauchten auf, verteilt über das gesamte Land. Wie in Zeitraffer schwollen die roten Tupfen zu großen dunkelrot eingefärbten Flächen, die sich langsam über das gesamte Gebiet der USA ausbreiteten und das Land schließlich tiefrot färbten. Eine schön dramatische, optische Spielerei, die vielleicht dazu geeignet war, Politiker aufzurütteln, ihn aber nicht besonders beeindruckte. Dass sich invasive Pflanzen über einen gesamten Kontinent ausbreiteten, wenn man sie nicht am Anfang ihrer Invasion stoppte, war für ihn nichts Überraschendes. Was ihn an der Vorführung allerdings beeindruckte, waren die Datumsangaben, die unten rechts, ebenfalls in Zeitraffer, mitliefen. Der tiefrote Zustand war in weniger als einem halben Jahr erreicht.

»Das Wachstum ist exponentiell«, erläuterte Smith. »Wie gesagt, dies ist nur eine Schätzung, aber eine realistische.«

Holland spürte einen Hustenreiz, den er unterdrückte.

»Wir müssen die Pflanze unbedingt jetzt stoppen. Nach den Berechnungen, die ich Ihnen eben gezeigt habe, ist der Kipppunkt bereits in vier Wochen erreicht. Danach können wir die exponentielle Ausbreitung nicht mehr aufhalten, und die Pflanze verbreitet sich in den USA unkontrollierbar. In diesem Fall müssen wir mit dem Schlimmsten rechnen. Auf der Walters-Farm konnten wir beobachten, wie die Pflanze sogar Weizen tötet, obwohl dieser bis zu einen Meter tief wurzelt. Stellen Sie sich vor, die Pflanze vernichtet unsere heimischen Getreidepflanzen! Wir hätten vermutlich schon bald mit Hungersnöten zu kämpfen. Laut unseren Veterinären nimmt die Pflanze zudem den Tieren Lebensraum, bedroht unser gesamtes Ökosystem. Vieh, das von der Pflanze frisst, verendet daran. Von den für viele Menschen hochallergischen Pollen mal gar nicht zu sprechen. Vielleicht müssen wir den Bürgern auch bald wieder verbieten, rauszugehen. Erinnern Sie sich noch, was beim Covid-Lockdown in diesem Land los war, als Mehl und Klopapier knapp wurden und die Geschäfte und Schulen schlossen? Noch einmal werden die Menschen das nicht mit sich machen lassen. Nicht wegen einer Pflanze! Wenn Sie mich fragen, kann dieses Höllenkraut einen Bürgerkrieg auslösen!«

Dieses Szenario klang für Holland nicht unrealistisch. Wenn man an den Schaden dachte, den invasive Pflanzen bereits in der Vergangenheit angerichtet hatten, war es nicht unwahrscheinlich, dass ein derart aggressives Gewächs, wie von Smith beschrieben, zum Kollaps von Natur und Landwirtschaft führen konnte. Er war seit einigen Jahren derjenige, der als einsamer Rufer im Wald auf die Abhängigkeit der Menschheit von der Pflanzenwelt hinwies. Kündigten die Pflanzen diese Partnerschaft nun auf, könnte es für die Menschheit tatsächlich bedrohlich werden. »Vier Wochen sind nicht viel Zeit, um zu reagieren«, dachte er laut. »Zumal unsere Möglichkeiten, die Pflanze zu bekämpfen, begrenzt sein dürften.«

»Für den Moment versuchen wir es mit Verbrennen«, sagte Smith. »Wenn Sie keine bessere Idee haben, werden wir die Pflanze, wo sie auftritt, mit Feuer bekämpfen. Wir werden hier in Cottonwood anfangen. Der Plan ist, die Farm morgen früh kontrolliert abzubrennen und hinterher zu untersuchen, ob Pflanzenteile überlebt haben. Wir werden mit Dieselöl und Kerosin experimentieren, um den Behörden anschließend landesweit Empfehlungen zum effektiven Abbrennen geben zu können.«

Holland spürte, wie ihn ein Frösteln überkam, ein Warnsignal, das er seit frühester Kindheit kannte und welches oft schneller war als seine Gedanken.

»Sie wollen sie verbrennen?«, wiederholte er.

»Haben Sie ein Problem damit?«

Wieder spürte er dieses leichte Kribbeln unter dem Haaransatz. Er hatte ein Problem damit, konnte aber nicht sagen, warum.

»Vermutlich tun die Pflanzen ihm leid«, ertönte hinter ihm eine Stimme. Diesmal stellten sich alle Haare an seinem Körper auf – aus Abneigung. Er drehte sich um und schaute auf einen groß geratenen Kerl, welchem die göttliche Fügung bei der Geburt von allem zu viel mitgegeben zu haben schien: Zu viel an Körpergröße, er überragte ihn, obwohl er selbst knappe ein Meter neunzig maß, um einen ganzen Kopf. Zu viel an Körpermasse, er wog bestimmt hundertfünfunddreißig Kilo, und zu viele Haare im Gesicht. Vor allem hatte die Natur Edgar Mortensen aber zu viel Selbstbewusstsein verliehen, was durch seinen Nobelpreis für Physiologie oder Medizin im Jahr 2012 leider nicht weniger geworden war. Für Holland eine tragische Fehlentscheidung, die aus einem extrem überschätzten Biologen einen extrem überheblichen Wissenschaftler gemacht hatte.

»Wenn ich vorstellen darf: Marcus Holland und Edgar Mortensen.«

»Wir kennen uns bereits«, entgegnete Mortensen.

Holland drehte sich zu Smith. »Was macht er hier?«

»Er berät uns als Vertreter der National Academy of Sciences. Ihm und seinem Team verdanken wir die rasche wissenschaftliche Analyse des Höllenkrauts.«

»Ich dachte, Ihre beratende Biologin ist Miss Meyers?«

»Miss Meyers oder, wie ich meine Verlobte nenne, Greta arbeitet für mich«, übernahm Mortensen das Antworten. »Und nur für das Protokoll: Ich war dagegen, dass man Sie hierherholt. Wir brauchen hier keinen Pflanzenflüsterer, sondern einen echten Notfallplan. Und der sieht aktuell vor, die Pflanzen mit ihrem ältesten Feind zu konfrontieren: Feuer!«

Meine Verlobte Greta, hatte er gesagt. Holland wollte nicht glauben, was er hörte. Wie konnte die ebenso kultivierte wie intelligente Greta Meyers mit so einem Unsympathen liiert sein?

Die Rivalität zwischen ihm und Mortensen dauerte bereits einige Jahre und war eigentlich gar keine, denn sie war einseitig. Nachdem er mit seinen Thesen zur Intelligenz der Pflanzen aus seinem Wald in der Schorfheide ins Licht der Öffentlichkeit getreten war, hatten etablierte Botaniker und allen voran Edgar Mortensen ihn heftig attackiert. Das Ganze verschlimmerte sich noch, als er begonnen hatte, Aufsätze in internationalen Fachzeitschriften zu publizieren und Vorträge zu halten. Mit der Autorität eines Nobelpreisträgers hatte Mortensen immer wieder versucht, ihn und seine Thesen von der unterschätzten Intelligenz der Pflanzen als unseriös zu brandmarken, in der wissenschaftlichen Welt durchaus mit Erfolg. Er würde lügen, wenn er behauptete, dass ihn die ständigen Angriffe und die Geringschätzung vonseiten der Wissenschaft nicht störten. Vor allem weil sie seine Mission behinderten, den Pflanzen auf diesem Planeten endlich ein größeres Forum zu bieten.

»Also, was haben Sie gegen das Abbrennen einzuwenden?«, riss Smith ihn aus seinen Gedanken. Holland suchte nach Worten. Er hatte etwas dagegen, aber es war derzeit nur ein Gefühl, welchem er noch nachgehen musste. Dies wurde jedoch überschattet von der unerwarteten Anwesenheit Mortensens.

»Ich habe Ihr Interview im *Boston Globe* gelesen«, sagte er stattdessen an Mortensen gerichtet. »Herzlichen Dank für die PR für mein neues Buch.«

Mortensen kniff die Augen zusammen und legte den Kopf zur Seite. »Ich habe es nicht gelesen, und ich werde es auch nicht lesen«, sagte er.

»Das sollten Sie aber. Eine Botanik, die Pflanzen nicht als intelligente Lebewesen wahrnimmt, ist einfach ignorant.«

»Ignorant? Wie ich hörte, hat Ihre Scharlatanerie einer Besucherin Ihres Lesezirkus sogar das Leben gekostet. Nachdem sie Sie kritisiert hatte, wurde sie erschossen …«

Holland spürte, dass er kurz davor war, die Fassung zu verlieren. Er ballte die Faust und machte einen großen Schritt auf Mortensen zu.

»Stopp!«, bellte Smith. »Was ist denn in Sie beide gefahren? Wir stehen hier vor einer der größten Naturkatastrophen in der Geschichte der Menschheit, und Sie zanken sich wie zwei Kinder?«

»Er ist es nicht wert«, murmelte Mortensen.

»Offenbar ist nicht jeder Nobelpreisträger wirklich nobel!«, entgegnete Holland.

»Er versucht nur, Sie zu provozieren«, vernahm er plötzlich Meyers' Stimme hinter sich. Sofort spürte er, wie er sich beruhigte. Mortensen warf sie einen tadelnden Blick zu.

»Mr Holland warnt uns davor, die Pflanze abzubrennen, er mag uns aber nicht verraten, warum wir es nicht tun sollten«, sagte Mortensen, während er zu seiner Verlobten ging, ihr den Arm um die Schulter legte und ihr einen Kuss auf den Kopf gab.

»Es ist aktuell nur ein Gefühl«, sagte Holland. »Ich kann es nicht erklären, noch nicht.« Er spürte, wie die Müdigkeit an seinen Gedanken zerrte. Der gestrige Abend und der nächtliche Trip hierher forderten ihren Tribut. »Sie müssen die Pflanzen hier als Teil eines großen Ganzen verstehen. Nichts geschieht zufällig. Invasive Pflanzen sind wie eine Armee, wobei jede Pflanze für einen Soldaten steht. Wir werden die weitere Ausbreitung nicht verhindern können, wenn wir einzelne Pflanzen verbrennen. Wir müssen verstehen, wie diese Pflanze denkt, handelt, plant. Was ihre Strategien sind, um sich auszubreiten und zu überleben. Wo kommt sie her, und was ist ihr evolutionäres Ziel? Zu alldem kann ich noch nichts sagen.«

»Wir sollen verstehen, wie die Pflanze denkt? Wie sie plant?« Mortensen schaute belustigt zu Smith.

Der bedeutete ihm mit einer Handbewegung, zu schweigen.

»Ich kenne mich mit Pflanzen nicht aus. Glaubt man meiner Ex-Frau, habe ich keinen grünen Daumen. Alle Pflanzen in meinem Büro sind aus Plastik. Aber ich weiß, dass die Pflanzen dort draußen an der Farm eine Frau getötet haben. Und dass sie täglich Milliarden von Pollen absondern, die sich über das ganze Land verbreiten. Ich mag Ihren ganzheitlichen Ansatz, Mr Holland. Aber jetzt müssen wir diesen Trupp von Pflanzen vernichten. Ich hätte es vermutlich schon vor einigen Tagen befehlen sollen. Nichtsdestotrotz bin ich weiterhin an Ihrer Meinung interessiert.«

Holland verstand Smith' Position. Als Direktor von Homeland Security musste er so handeln.

Er schaute zu Mortensen, der ihm noch immer herausfordernd entgegenblickte, dann zu Meyers.

»Ich brauche ein bisschen frische Luft«, sagte er schließlich und verließ den Raum ohne ein weiteres Wort. Draußen wandte er sich nicht in Richtung seines Wohnmobils, sondern blickte sich um. Direkt neben dem Eingang fand er, was er suchte: eines der Golfcarts, das vor dem Zelt parkte. Der Schlüssel steckte. Er war ein miserabler Golfspieler, aber er konnte mit einem Golfcart umgehen.

Noch vier Wochen, hatte Smith gesagt. Achtundzwanzig Tage, bis alle sehen würden, wer der wahre Herrscher auf diesem Planeten war.

17

WAVERLY

Berlin, Oktober 2016

Sie saßen in einem Coffeeshop gegenüber dem Staatsarchiv. Er gehörte zu keiner der großen Ketten, sondern war ein mit viel Liebe gestaltetes Café mit Kaffee aus eigener Röstung und köstlichem Gebäck. Obwohl ihr nicht nach Koffein war, standen vor ihnen zwei große Gläser Latte macchiato. Der Mann, der sich als Wagner vorgestellt hatte und ihr nun gegenübersaß, hatte darauf bestanden, sie einzuladen.

»Also, Sie bitten mich um etwas«, versuchte sie zu verstehen, was der Mann von ihr wollte. Sie hatte sich beinahe zu Tode erschrocken, als er sie ansprach. Dabei war er höflich und zurückhaltend aufgetreten. Er hatte seinen Namen genannt, aber irritierenderweise auch den ihren gewusst. Sodann hatte er auf die Dokumente aus der Schwedenkiste auf ihrem Arbeitsplatz gezeigt und ihr eröffnet, dass er Vertreter des Eigentümers der Dokumente sei, die sie erforschte. Sie gehörten eigentlich einer großen Freimaurerloge, die sie dem Archiv zu Forschungszwecken zur Verfügung stellte. Als er vorgeschlagen hatte, irgendwo einen Kaffee trinken zu gehen, er würde auch zahlen, hatte sie zunächst gezögert.

»Ich bitte Sie nur, mich über die Fortschritte Ihrer Forschung zu informieren«, wiederholte er und lächelte. Er sprach Englisch mit einem breiten amerikanischen Akzent.

»Und woher kennen Sie meinen Namen?«, kam sie zum Punkt.

»Sie fragen mich, woher ich Ihren Namen kenne? Sie haben um Erlaubnis gefragt, ob Sie Einsicht nehmen dürfen. Haben

Sie das vergessen? Ich habe irgendwo sogar noch Ihre E-Mail, Frau Park.«

Sie spürte, wie sie verlegen wurde. Das stimmte. Bevor sie in das Forschungsprojekt eingestiegen war, hatte sie auf Bitten der Berliner Humboldt-Universität eine entsprechende Genehmigung zur Bearbeitung der Dokumente einholen müssen. Aber es erklärte dennoch nicht alles.

»Ich habe Sie nicht nur heute, sondern auch in den letzten Tagen hier im Archiv gesehen«, sagte sie.

Der Mann nickte. »Ich nutze meinen Aufenthalt in Berlin, um einige Dokumente zu sichten.«

In der Tat hatte sie am Arbeitsplatz des Mannes einen Haufen unsortierter Unterlagen gesehen, auch wenn sie sich die meiste Zeit von ihm angestarrt gefühlt hatte.

»Und was wollten Sie in der Ehrbar?«

Wagner schaute sie verständnislos an.

»In der Bar, in der ich arbeite.«

»Das sagt mir leider gar nichts.«

Sie wurde unsicher. Hatte sie sich vielleicht geirrt? Der Kerl, von dem sie glaubte, dass es Wagner war, hatte am anderen Ende der Bar gesessen, außerhalb des Bereichs, für den sie als Kellnerin zuständig war. Gesichter wie das seine gab es in Berlin viele, und in der Bar war es naturgemäß dunkel.

Er lehnte sich in seinem Sessel weit zurück und lächelte. Er trug einen schwarzen Anzug, dazu eine dunkle Krawatte, dennoch wirkte die Kleidung an ihm nicht elegant, sondern eher zweckmäßig. Seine kurz rasierten blonden Haare, die ausgeprägten Wangenknochen und die schneeweißen Zähne verliehen ihm ein ebenso gesundes wie sportliches Aussehen, über die rechte Wange zog sich eine auffällige Narbe. Irgendetwas an seiner Art irritierte Waverly.

»Sie heißen Park – ist das koreanisch?«

Sie nickte. »Meine Mutter ist in Korea geboren.«

»Nord oder Süd?«

»Südkorea. Aber deshalb wollten Sie mich sicher nicht sprechen.«

Wagner lächelte. »Verzeihen Sie meine Neugierde, aber Korea fasziniert mich. Man sagt, die Mütter dort seien sehr streng.«

»Meine Mutter ist die liebste Mutter auf der Welt.« Langsam wurde ihr unwohl.

»Eine gute Kinderstube ist Gold wert. Stellen Sie sich vor, Sie lassen jemand Wildfremden auf Ihrem Dachboden stöbern. Würden Sie nicht auch erwarten, dass derjenige Ihnen Bericht erstattet, wenn er die Leiter wieder hinabsteigt?«

Es waren seine Augen. Sie lächelten nicht mit, obwohl er freundlich sprach.

»Ich habe keine Ahnung, worauf Sie hinauswollen«, sagte sie, nun etwas ärgerlich.

»Ich will Sie darum bitten, Frau Park, dass Sie mir Bericht erstatten über Ihre Erkundigungen. Sie arbeiten sich nun schon seit einiger Zeit durch unsere Unterlagen, und ich würde mich freuen, wenn Sie mich informieren, sollten Sie etwas …«, er suchte nach den richtigen Worten, »… Besonderes finden.«

»Besonderes?«, wiederholte sie.

»Ich meine etwas Außergewöhnliches, Spektakuläres«, korrigierte er sich. »Wonach suchen Sie überhaupt?«

Eine gute Frage. Allerdings war sie nicht bereit, die Antwort mit einem Fremden zu teilen.

»Sie sind Archäologin mit dem Spezialgebiet Botanik, korrekt? Uns war nicht bewusst, dass die Kiste auch für Botaniker interessant sein könnte …«

Sie war nicht sicher, ob sie ihre Fachrichtung in ihrer E-Mail erwähnt hatte.

»Es gibt in den alten Briefwechseln Hinweise auf altertümliche Pflanzen. Schriftliche Berichte sind eine wertvolle Erkenntnisquelle, wenn wir verstehen wollen, wie die Flora und Fauna sich in früheren Epochen präsentiert und entwickelt hat.«

»Interessant!«, bemerkte ihr Gegenüber. »Und ist Ihnen bereits etwas Besonderes ins Auge gesprungen?«

Die Urpflanze. Ich suche nach der Urpflanze, und ich habe herausgefunden, dass sich ihre Samen in zweihundert Millionen Jahre alten Bernsteinen erhalten haben könnten. Nun hoffe ich, diese Bernsteine zu finden und mit deren Hilfe die Urpflanze wiederzubeleben, dachte sie im Stillen.

»Nein, bislang nicht«, sagte sie stattdessen. »Aber wenn ich auf etwas wissenschaftlich Bedeutsames stoße, werde ich es veröffentlichen, und dann können Sie es lesen.«

»Sie verstehen nicht, Frau Park. Ich bitte Sie, Ihre Ergebnisse mit mir zu teilen, bevor Sie damit an die Öffentlichkeit gehen. Ich bin der Ansicht, das schulden Sie uns als Eigentümern der Dokumente.« Jetzt erstarb sein Lächeln.

Waverly spürte, wie ihr kalt wurde. Sie wollte das Gespräch nur so schnell wie möglich beenden. »Sie haben sich deutlich genug ausgedrückt«, stellte sie fest, ohne klein beizugeben.

Wagner schien nachzudenken. »Hier ist meine Karte.« Er griff in die Innentasche seines Jacketts und übergab sie ihr. In goldenen Lettern stand auf der schweren Karte nur eine Mobilfunknummer. Kein Name, keine Adresse, keine E-Mail-Adresse.

»Ich bin viel unterwegs«, sagte er, als habe er ihre Gedanken erahnt.

Sie steckte die Karte ein. »Ich werde mich melden«, log sie.

Nun kehrte das Lächeln in Wagners Gesicht zurück. »Das ist schön«, sagte er. »Nur einen Rat möchte ich Ihnen noch mitgeben: Unterschätzen Sie die Informationen nicht, die Sie in der Kiste finden. Vieles, was damals geheim gehalten wurde, ist auch heute noch, wie soll ich sagen … brisant. Manchmal muss man vorsichtig sein, wenn man etwas aus der Dunkelheit ins Licht zerrt. Wer sich mit den Geheimnissen der Illuminaten beschäftigt, muss sich dessen bewusst sein, dass es gefährlich werden kann.«

»Wollen Sie mir drohen?« Sie wusste nicht, was sie dem entgegnen sollte.

Ihr Gesprächspartner setzte einen empörten Gesichtsausdruck auf. »Wie könnte ich Ihnen drohen? Ich möchte Sie vielmehr beschützen.«

Einen Augenblick starrten sie einander an, dann löste sie ihren Blick. »Ich muss gehen, das Archiv schließt bald!«

»Absolut«, sagte er und erhob sich langsam.

Waverly war froh, dass ihre Unterhaltung dem Ende entgegenging.

»Was steht am Wochenende an?«, fragte er, während sie zum Ausgang des Cafés gingen und er ihr die Tür aufhielt. »Besuchen Sie wieder Ihre Mutter in Meißen?«

Ein kühler Luftzug erfasste sie und sorgte für Gänsehaut auf ihrem Rücken. »Meißen?«, fragte sie.

»Die Adresse Ihrer Mutter haben Sie in Ihrer E-Mail an uns angegeben«, sagte Wagner mit einem verschmitzten Augenzwinkern. »Offenbar wohnten Sie da noch nicht in Berlin.«

Wieder hatte er recht, und dennoch fühlte sie sich unbehaglich.

»Mal schauen«, murmelte sie.

Nun standen sie draußen vor dem Café.

»Ich muss«, sagte sie und deutete auf den Eingang des Archivs gegenüber.

»Es war mir eine Freude, Sie persönlich kennenzulernen, Frau Park«, sagte Wagner. »Vielleicht komme ich einmal in diese Bar in Kreuzberg, die Sie erwähnt haben. Und vergessen Sie nicht, sich zu melden, wenn Sie etwas finden!« Er blinzelte ihr noch einmal zu, bevor er sich verabschiedete und hinunter in Richtung U-Bahn-Station schlenderte, ohne sich noch einmal umzudrehen.

Sie sah ihm eine Weile nach und begann erneut, zu frösteln.

Sie hatte niemals erwähnt, dass die Ehrbar in Kreuzberg lag.

18

Garissa County, Kenia, 16. August 2023

Ali Ibrahim fand die Elefantenkuh, wie sie ihr Tierkind mit dem Rüssel sanft anstupste und versuchte, ihr Junges aufzuwecken. Als sie ihn entdeckte, begann sie wütend zu trompeten und mit dem Fuß zu scharren, sodass er den Rückwärtsgang einlegte und mit seinem alten Cherokee langsam zurückrollte. Er hatte auch aus einiger Entfernung sofort erkannt, dass es keinen Zweck hatte, den Kenya Wildlife Service zu informieren. Das Elefantenkalb war bereits länger tot, vermutlich seit ein oder zwei Tagen. Verdurstet, wie so viele andere Tiere in den vergangenen Wochen. Die Straßen waren übersät mit Kadavern von Ziegen, Kühen und sogar Kamelen. Wut stieg in ihm auf. Er wendete seinen Wagen und gab Gas, um Meter zwischen sich und das Drama zu bringen. Die staubige Straße machte einen Bogen nach rechts und hielt auf das Ufer des Tana River zu, an dem die Teufelspflanzen in Sicht kamen. Sie standen dicht an dicht und versperrten nicht nur ihm den Weg zum Wasser, sondern auch den Tieren. Dasselbe Bild bot sich oben an einem der wenigen Wasserlöcher in der Gegend.

Er stoppte und ging zum Kofferraum.

Wasser war in dieser Region Kenias ein knappes Gut, das über Leben und Tod entschied. Seit die Teufelspflanzen vor Wochen wie aus dem Nichts aufgetaucht waren, stahlen sie nicht nur ihr Land, sondern auch das Wasser. Zudem wuchs in ihrem Schatten am Ufer kein Gras. Alles, was die Tiere, auch das Vieh der Hirten, noch fanden, waren die süßlichen Früchte der Teufelspflanze. Ihr Fruchtfleisch klebte am Gebiss und führte nach Vermutung des Tierarztes zu Karies und Diabetes. Oft hörten sie nachts die Schmerzensschreie der Tiere, denen die Zähne im Mund verfaulten. Zusammen mit den Bewohnern der anderen Dörfer hatten sie versucht, die Pflanzen zu roden. Doch einige der Männer und Frauen hatten von dem Saft, der sich in den massiven Stielen verbarg, so schwere Verbrennungen erlitten, dass sie ins Krankenhaus gebracht werden mussten. Die Wurzeln der Pflanzen hatten sich zudem bereits viele Meter tief in die trockene Steppe gefressen, sodass ihnen mit ihren einfachen Spitzhacken kaum beizukommen war. Sie hätten schwere Schaufeln benötigt, doch wegen der großen Benzinkrise, die hier, nahe der somalischen Grenze, herrschte, gab es keine funktionierenden Bagger mehr.

Er griff nach dem Kanister und machte sich auf zum Ufer.

Nachdem in den vergangenen Wochen auch noch die Brunnen auf den Farmen plötzlich versiegten, war eine Mitarbeiterin vom Garissa Office des Kenya Forestry Research Institute zu ihnen hinausgekommen und hatte ihnen erklärt, dass die Teufelspflanzen mit ihren langen Wurzeln nun auch ihr Grundwasser raubten.

Die Teufelspflanze war ein Tierkiller, Landfresser und Wasserdieb. Die sengende Hitze schien ihr nichts auszumachen. Gelangten Teile oder Samen von ihr in den nahen Fluss, etwa wenn man versuchte, sie zu roden, trug der Fluss sie weiter, und die Pflanze siedelte sich flussabwärts überall am Ufer an. Gleichzeitig vergiftete sie das Wasser, zuletzt hatten sie Hunderte toter Fische aus dem ohnehin Niedrigwasser führenden Fluss gefischt, die allesamt ungenießbar waren. Gestern hatten sie eine Sitzung im Dorf abgehalten. Durch die Dürre, die niemals enden wollte, hatten sie ohnehin schon Not gelitten. Und dann waren auch noch die vielen Flüchtlinge aus Somalia herübergekommen. Ihre Ersparnisse waren schon lange aufgebraucht, aber es gab auch nichts mehr, das sie von ihrem Geld hätten kaufen können. Mit allem waren sie fertiggeworden, aber nicht mit dem Auftauchen der Teufelspflanze. Sie hatten weder die Mittel noch die Energie, sie wirksam zu bekämpfen. Vor allem aber fehlte ihm selbst die Kraft. Sein rechter Unterarm war seit Tagen geschwollen und schmerzte, die Stelle um die Wunde herum war zuletzt immer schwärzer geworden. Bei ihrer Fällaktion hatte er sich an einer der Dornen der Teufelspflanze gestochen. Es war eine tiefe Verletzung, und sie hatte sich in den Tagen danach böse entzündet. Als er diesen Morgen im Garissa County Referral Hospital gewesen war, hatte der Arzt ihm eröffnet, dass er wahrscheinlich den Arm amputieren müsse. Er hatte für weitere Untersuchungen warten sollen, war aber einfach gegangen. Ohne seinen rechten Arm würde er nicht mehr auf dem Feld arbeiten können, wäre hier draußen in der Steppe nutzloser Ballast für seine Familie. Und alles nur wegen dieser Pflanze. Er war nach Hause gefahren und hatte die letzten Benzinreste zusammengetragen. Nun stand er vor der geschlossenen Reihe von Teufelspflanzen, machte einen langen Schritt mitten hinein, spürte, wie die Dornen versuchten, ihn zurückzuhalten, öffnete den Schraubverschluss und leerte den Kanister bis zum letzten Tropfen. Das Benzin stank bestialisch, brannte in Nase und Augen. Er nahm das Feuerzeug, zögerte ein paar Sekunden, dann hielt er es an seine in Benzin getränkte Kleidung und zündete sich an.

19

HOLLAND

Cottonwood, Minnesota, 16. August 2023

Man konnte junge Erbsen trainieren wie Hunde. Bestrahlte man sie mit blauem Licht, richteten sie ihre Blätter in Richtung der Lichtquelle, um Fotosynthese zu betreiben. Irgendwann hatten seine Kollegen vom Botanischen Institut und er die Erbsen, während das blaue Licht leuchtete, zusätzlich mit einem Ventilator angeblasen. Dann hatten sie eines Tages das blaue Licht ausgeschaltet gelassen und die Erbsen nur mit dem Ventilator angepustet. Und dennoch hatten die Erbsen sich zur vermeintlichen Lichtquelle ausgerichtet. Die Erbsenpflanzen hatten gelernt: Bläst der Ventilator mich an, gibt es Fotosynthese. Das bedeutete aber, dass Erbsen lernfähig waren. Offenbar lernfähiger als er, denn trotz des Asthmaanfalls am Morgen war er nun wieder ohne Schutzausrüstung auf dem Weg in Richtung Farm. Er musste seiner Intuition folgen, die ihm regelrecht zuschrie, die Pflanzen nicht zu verbrennen. Irgendetwas hatte sich auf ihrer morgendlichen Tour in seinem Kopf verhakt, etwas, das er nicht benennen konnte, das er aber gesehen hatte und das dagegensprach, die Pflanze mit Feuer zu bekämpfen. Hinzu kam, dass er sich abermals von Mortensen herausgefordert fühlte. Auch wenn er wusste, dass er nur provozierte, wurmte es ihn doch jedes Mal, wenn hochdekorierte Wissenschaftler sich ihm gegenüber arrogant und despektierlich verhielten. Vielleicht lag es daran, dass er der Erste aus seiner Familie war, der studiert hatte, seine Vorfahren Baumschuler oder Landwirte waren. Insgeheim hoffte er auf einen Effekt der Hyposensibilisierung – wie man ihn auch bei

Birkenpollenallergikern nutzte –, was allerdings jeder medizinischen Kenntnis entbehrte. Und er hatte das Asthmaspray dabei, welches Meyers ihm gegeben hatte.

Dass sie die Verlobte von Mortensen war, konnte er noch immer nicht nachvollziehen. Sie machte auf ihn einen selbstbewussten und überaus mitfühlenden Eindruck und war mindestens zwanzig Jahre jünger als Mortensen. Allerdings war sie es laut Smith, die empfohlen hatte, ihn in das Projekt miteinzubeziehen. Wenn sie mit Mortensen zusammenlebte, musste sie um dessen Abneigung gegen ihn wissen. Dies sprach dafür, dass die Welt der beiden Turteltauben nicht ganz so heil war, wie der Begriff des »Verlobtseins« suggerierte. Zumindest fachlich schien es bei den beiden erhebliche Differenzen zu geben. Die Vorstellung, wie Meyers abends neben Mortensen im Bett lag und sein Buch las, amüsierte ihn.

Er war diesmal nicht mit einem der geländegängigen Quads unterwegs, allerdings war auch ein Golfcart dazu geeignet, einen hügeligen Golfplatz zu befahren. Dennoch musste er sich, auch in der Hoffnung, nicht gleich entdeckt zu werden, Wege suchen, auf denen er mit dem Golfcart nicht im Morast stecken blieb. So konnte er nicht den direkten Weg nehmen, und es dauerte, bis er endlich an dem schwarz verbrannten Gürtel angekommen war, der das »Höllenkraut«, wie Smith es nannte, als Feuerschneise umgab. Er parkte den Cart im Schutz einer kleinen Ansammlung von Buschwerk am Rande eines Feldes und kniete vor dem Ring aus Asche. Sein Blick fiel auf die Pflanzen, die sich dahinter wie eine grüne Phalanx erhoben. Noch spürte er nichts außer dem rauen Hals, den ihm sein letzter Asthmaanfall beschert hatte. Die Wasserwerfer waren offenbar bereits abgestellt worden – nur einigermaßen trockene Pflanzen konnten morgen früh brennen.

Er suchte den Boden ab, fand einen Stock und begann damit in der Asche herumzustochern. Nachdem man die Pflanzen hier kontrolliert abgebrannt hatte, war der ökologische Zustand der Erde vergleichbar mit dem nach einem Waldbrand. Ein Käfer kam zum Vorschein. Fluginsekten kehrten in der Regel als Erste in verbrannte Wald-Areale zurück. Er wandte sich nach rechts und stutzte. Vorsichtig beugte er sich vor und beförderte mit den Fingern einen kleinen, weißen Sprössling hervor, der ihn an einen Mungobohnenkeim erinnerte. Bei genauerem Hinsehen entdeckte er weitere. Nun erinnerte er sich, dass ihm die weißen Fäden schon aufgefallen waren, als er mit Meyers das erste Mal über den rußschwarzen Streifen gelaufen war. Jetzt zeigte sich, dass die Asche voller kleiner weißer Sprösslinge war. Er erhob sich und betrachtete ihn.

Es gab Pflanzen, die sich nach einem Schadereignis wie einem Waldbrand rasch verjüngten, und offensichtlich hatte er es hier mit einer solchen Art zu tun.

Plötzlich spürte er ein Brennen in den Fingern und ließ den Spross instinktiv fallen. An seinem Zeigefinger bildete sich eine kleine Rötung, wie eine Brandblase. Er schüttelte ungläubig den Kopf und schaute erneut zu den Pflanzen hinüber, die sich trotzig im Rhythmus des Windes hin und her bewegten. Beinahe wirkte es so, als würden sie, Arm in Arm, schunkeln und ihn dabei auslachen. An ihren Stängeln, auf etwa halber Höhe, konnte er die verholzten Früchte erkennen, und jetzt wurde ihm alles klar.

Sie waren dabei, der Pflanze auf den Leim zu gehen.

Er musste sofort zurück ins Camp.

20

WAVERLY

Moskau, November 2016

Waverly hatte einen günstigen Flug von Berlin-Brandenburg nach Istanbul und von dort in die russische Hauptstadt genommen und war das letzte Stück mit der Metro gefahren. Von der Station Vodny-Stadion waren es zu Fuß gut zehn Minuten bis zum Russischen Staatlichen Militärarchiv. In der Tasche trug sie das Empfehlungsschreiben der Humboldt-Universität. Bis in die Neunzigerjahre war die Existenz dieses Archivs geheim und Zugang nur russischen Geheimdienstlern und Staatsanwälten gewährt worden. Heute durfte es auch von Ausländern zu Forschungszwecken betreten werden, wenn man über die Empfehlung einer Forschungsinstitution verfügte und sein Kommen vorher ankündigte, beide Voraussetzungen hatte sie erfüllt. Als Forschungsthema hatte der Dekan »Die Evaluation des Dokumentenbestands des Ernst von Sachsen-Gotha-Altenburg zur Situation der Geheimbünde im 19. Jahrhundert« angegeben. Eine sehr verklausulierte Beschreibung für das, was sie im Zentrum zur Aufbewahrung historisch-dokumentarischer Sammlungen im Norden Moskaus eigentlich vorhatte: Einsichtnahme in den legendären Band Nummer zehn der Schwedenkiste. Es war der einzige der zwanzig Foliobände aus der Schwedenkiste, der von Russland niemals an Deutschland zurückgegeben worden war, sondern seit dem Ende des Zweiten Weltkriegs noch immer in Moskau lagerte. Und dies nicht ohne Grund: Es war der Band, der das geheime Mitgliederverzeichnis der Illuminaten enthielt. Sie hoffte, in Moskau herauszufinden, wer sich hinter dem Pseudonym Abaris verbarg, dem Illuminaten, der in Italien die Bernsteine mit den Samen der Urpflanze entgegengenommen hatte.

Im Archiv hatte ihre Anfrage für Aufregung gesorgt, denn der Band musste erst einmal gesucht werden, war tief im Register des Magazins vergraben. Offenbar war er seit Jahrzehnten nicht eingesehen worden, und dies bedeutete, dass sie die erste ausländische Wissenschaftlerin war, die sich dafür interessierte. Dies und das Reisefieber hatten Waverly einen nervösen Magen beschert, den Snack im Flugzeug hatte sie kaum herunterbekommen. Nun stand sie vor der schweren Eingangstür eines unscheinbaren Gebäudes und wartete darauf, dass jemand den Summer betätigte. Empfangen wurde sie von einer ernst dreinblickenden Frau, deren Alter man nicht erraten konnte und die mit ihrem streng geflochtenen Dutt und knielangem Rock den Charme einer Gefängnisaufseherin im Dienst versprühte. Die Frau sprach nur Russisch und prüfte ihren Reisepass intensiver, als dies an der Grenzkontrolle geschehen war. Dann führte sie Waverly ins Innere des Archivs. Jede Tür, die sie passierten, wurde von ihrer Begleiterin hinter ihnen mit einem großen Schlüssel wieder verschlossen, was das Unbehagen, das Waverly seit dem Betreten des Gebäudes verspürte, nur noch verstärkte. Schließlich erreichten sie einen langen dunklen Flur, in dem es penetrant nach Bohnerwachs roch und von dem verschiedene Räume abgingen. Eine der dunkelgrünen Holztüren schloss die Aufsicht auf und bedeutete ihr mit einer Handbewegung, hineinzugehen. Waverly zögerte kurz, doch dann folgte sie der Anweisung. In dem Raum standen nur ein Tisch und ein Stuhl, die immerhin großen Fenster waren von außen mit schweren Eisenstäben vergittert. Die Tür fiel hinter ihr ins Schloss, und sie hörte, wie sie von außen wieder verschlossen wurde. Nun war sie gefangen. Panik stieg in ihr auf. Sie machte zwei schnelle Schritte zur Tür und rüttelte an dem Griff, doch sie war verschlossen. Sie schlug mit der Hand gegen das schwere Holz des Türblatts, das jedoch so massiv war, dass die Lautstärke ihrer Schläge einfach verschluckt wurde. Waverly rieb sich die Faust und blickte sich um. Ihr Herz schlug ihr bis zum Hals. Jetzt entdeckte sie auf dem Tisch ein Telefon. Als sie den Hörer von der Gabel hob, ertönte kein Geräusch. Das Telefon war tot. Sie ging zum Fenster und schaute hinaus, doch alles, was man sah, war ein schmuckloser Innenhof, von allen Seiten begrenzt durch grau getünchte Wände. Eingeschlossen zu sein erzeugte bei ihr klaustrophobische Gefühle. Sie ging zurück zur Tür und wollte gerade wieder dagegenschlagen und anfangen zu rufen, als sie hörte, wie der Schlüssel im Schloss umgedreht wurde. Die Tür wurde geöffnet, und vor ihr stand die humorlose Babuschka, in beiden Händen einen schweren Folianten. Sie deutete mit einem Nicken auf den Tisch, und Waverly machte einen Schritt zur Seite, um sie eintreten zu lassen. Nachdem sie den Band auf dem Tisch abgelegt hatte, sagte sie etwas auf Russisch, hob den Telefonhörer ab und drückte eine Taste mit dem stilisierten Bild einer Glocke. Waverly hörte ein Freizeichen. Die Russin legte den Hörer auf, brachte tatsächlich so etwas wie ein Lächeln zustande, sagte erneut etwas, das Waverly nicht verstand, und verschwand wieder durch die Tür, nicht ohne diese sorgsam hinter sich zu verschließen. Waverly zog den Stuhl zurück und nahm vor dem zweihundert Jahre alten Folianten Platz. Sie atmete tief ein und schämte sich ein wenig für ihre heftige Reaktion, nachdem sie hier kurzzeitig eingesperrt worden war. Vermutlich war es nicht überraschend, dass in einem russischen Militärarchiv gewisse Sicherheitsstandards galten, und dazu gehörte es offenbar, Türen verschlossen zu halten. Sie schaute auf den Band, auf dessen Rücken ein goldenes X prangte. Der lateinische Buchstabe für 10. Sie griff nach dem Einband und öffnete ihn vorsichtig mit zittrigen Händen. Ein Lufthauch trug einen Geruch von Leder, Papier und altem Keller zu ihr. Ein Geruch, den sie liebte. Es gehörte zu ihrem Job als Archäologin, lange verborgene Dinge aus der Dunkelheit ans Licht zu zerren, wie Wagner es ausgedrückt hatte. Aber man gewöhnte sich niemals an die Euphorie, die einen überkam, wenn man als Erster ein Tor in die Vergangenheit durchschritt. Sie spürte, wie ihr heiß wurde, zog ihre Jacke aus und hängte sie über die Stuhllehne. Dann versuchte sie sich in der Sammlung von Dokumenten zu orientieren. Wie vermutet, enthielt der Band Verzeichnisse von Mitgliedern eines Geheimbundes, und zwar eines ganz speziellen, der Ende des 18. Jahrhunderts in Deutschland gegründet wurde und rasch eine Reihe angesehener und intellektueller Persönlichkeiten für sich hatte gewinnen können: die Illuminaten. Ihr ging es wie allen, auch sie hatte, als der Begriff in der Schwedenkiste das erste Mal auftauchte, an das berühmte Buch von Dan Brown und den Film mit Tom Hanks gedacht. Doch schon bald hatten ihre Forschungskollegen aus dem Fachbereich Geschichte ihr versichert, dass die wahren Illuminaten mit den heutigen Verschwörungsmythen so viel gemeinsam hätten wie ihr Job mit dem von Indiana Jones. Tatsächlich handelte es sich bei den Illuminaten, was übersetzt »die Erleuchteten« bedeutete, um einen geheimen Bund aufklärerischer Gelehrter, die zur damaligen Zeit gegen Kirche und Staat aufbegehrten – und deswegen verfolgt wurden. Wer Mitglied der Illuminati war, riskierte Stand und Leben. Dies war auch der Grund dafür, dass ihre geheimen Unterlagen, versteckt in der Schwedenkiste, durch Länder und Zeit reisten. Und es war der Grund dafür, dass die Illuminaten ihre Dokumente verschlüsselten, sogar geheime Decknamen trugen. Einige dieser Pseudonyme waren bereits entschlüsselt: So verbarg sich hinter dem Namen »Spartakus« deren Gründer, der Hochschullehrer Adam Weishaupt. Als »Philo« agierte der

Schriftsteller Adolph Knigge, dessen Name heute als Synonym für Anstand und Benimm galt. Doch wer verbarg sich hinter dem Namen Abaris? Wer hatte in Italien die in Bernstein eingeschlossenen Samen der Urpflanze an sich genommen und war damit durch Europa gereist?

Ihr Herzschlag beschleunigte sich, als sie die alten Seiten Blatt für Blatt umschlug. Sie sah Beitrittserklärungen bekannter und unbekannter Persönlichkeiten, Namen, echte Unterschriften. Und dann, als sie schon nicht mehr daran glaubte, blieb ihr Blick an dem Namen Abaris hängen. Er war in angeschrägter altertümlicher Handschrift mit schwarzer Tinte auf einem durch die Jahrhunderte vergilbten Papier geschrieben. Sie entzifferte die Wörter und Sätze des kurzen Textes. Es handelte sich um eine Verpflichtungserklärung, die jeder unterzeichnen musste, der dem Geheimbund beitrat:

»Ich indes unterschriebener, verpflichte mich bei meiner Ehre und gutem Namen meine Aufnahme in eine geheime Gesellschaft betreffend gegen niemanden, weder durch Worte, Zeichen noch Blicke niemals nicht das geringste zu offenbaren.«

Sie schaute auf die Unterschrift und stutzte. Sie legte den Kopf zur Seite, beugte sich vor, las den Namen immer wieder. Doch es gab keinen Zweifel: Abaris war niemand anderes als Johann Wolfgang von Goethe.

21

HOLLAND

Cottonwood, Minnesota, 16. August 2023

Als er zurück in das Camp kam, fand er alle im Gewächshaus. Sie standen um einen Glaskasten herum. Hinter der Scheibe, die mit einer Luftschleuse ausgestattet zu sein schien, befanden sich in langen Wannen mehrere der Pflanzen. Er erkannte in den Bottichen Steinwolle, ein keimfreies Substrat, welches mit Wasser und einer Nährstofflösung versorgt wird, damit die Pflanzen schneller wachsen. Am Boden des Gewächshauses waren Auslasse zu erkennen, aus denen vermutlich Kohlenstoffdioxid strömte, ebenfalls, um das Wachstum zu beschleunigen.

Über eine der Pflanzen war ein Metallnetz gespannt, an den Blättern der anderen klemmten kleine Sensoren, deren Kabel aus dem Glaskasten hinaus zu einer großen Apparatur führten. Über der dritten Pflanze leuchtete eine UV-Lampe. Er passierte ein sogenanntes Wurzelwaschsystem, welches dazu diente, Wurzeln von Bodenmaterial zu befreien, um anschließend die Durchwurzelungsvorgänge einer Pflanze zu analysieren. Schon lange hatte die Technik in der Pflanzenbiologie Einzug gehalten, und man hatte anscheinend keine Kosten und Mühen gescheut, die modernsten Gerätschaften herbeizuschaffen. Allein der komplexe Aufbau des Gewächshauses beeindruckte ihn. Hier mussten verschiedene Taskforces des Katastrophenschutzes in kürzester Zeit zusammen Großes geleistet haben, froh, ihre aufgestockten Budgets und reichlich gefüllten Magazine endlich einmal zu rechtfertigen. Meyers bemerkte ihn zuerst und schenkte ihm ein erfreutes Lächeln.

»Sie dürfen die Pflanzen nicht verbrennen!«, verzichtete er auf sämtliche Grußformeln, als er die kleine Gruppe erreichte. Nun drehten sich auch Smith und Mortensen zu ihm um.

»Sie dürfen die Pflanzen nicht verbrennen!«, wiederholte er, während er nach Atem rang. Er hörte, wie Mortensen einen verächtlichen Laut ausstieß.

»Es sind Pyrophyten«, fuhr Holland unbeirrt fort.

»Pyrophyten?«, fragte Smith.

»Die Pflanze wird durch Feuer nicht vernichtet, sondern gefördert. Sie verbreitet sich durch Pollenflug, aber sie ist auch an Feuer angepasst. Sie trägt zusätzlich verholzte Früchte, deren Samenhüllen sich erst durch Feuer öffnen.«

»Und woher wollen Sie das wissen?«, fragte Mortensen.

»Als ich heute Morgen draußen bei der Farm war, habe ich einen dort zurückgelassenen Feuerwerfer in die Nähe der Pflanze gehalten, und sie hat sich zum Feuer hinbewegt. Miss Meyers kann es bestätigen. Die Pflanze sucht das Feuer!«

Wieder lachte Mortensen laut auf. »Hört, sie wärmt sich am Feuer!«, rief er aus. »Ich habe doch gesagt, wir hätten ihn nicht hierherholen sollen. Wir haben die Pflanzen bereits erfolgreich gebrandrodet. Haben Sie nicht die Feuerschneise rund um die Farm bemerkt?«

»Ich war gerade da, und zwischen der Asche in dem Brandgürtel sind überall neue Sprösslinge!«

Mortensen wandte sich an Smith. »Sir, er will uns weismachen, die Pflanzen würden sich aktiv in Richtung Feuer bewegen. Entweder Sie schicken ihn fort, oder ich stelle meine Arbeit ein. Ich kann nur in einem seriösen Umfeld arbeiten!«

Smith hob beschwichtigend die Arme. »Gibt es solche Pyro…?«

»Ja, die gibt es!«, mischte sich erstmals Meyers ein. »Sie nutzen das Feuer zur Verbreitung ihrer Samen!«

»Laubbäume!«, ergänzte Mortensen. »Was soll diese Pflanze

noch alles sein? Ein Pyrophyt? Er möchte sich nur wichtigmachen oder die Pflanzen vor dem Verbrennen retten. Und das, obwohl sie Millionen, nein Milliarden Menschen bedrohen. Assassina incognita oder das Höllenkraut, wie Sie es nennen, Sir, wendet sich stets dem Sonnenlicht zu. Das nennt man Heliotropismus. Wie bei den Sonnenblumen verfolgt die Knospe die Sonne von Ost nach West, während sie sich nachts oder in der Morgendämmerung nach Osten zurückdreht. Vielleicht hat sie seinen Bunsenbrenner mit der Sonne verwechselt …«

»Sir«, wandte Holland sich an Smith. »Heliotrope Pflanzen reagieren auf blaues Licht, nicht auf Wärme! Fahren Sie bitte mit mir hinaus zum Aschering und schauen Sie selbst!«

»Wer sagt, dass die Sprösslinge, wenn dort überhaupt welche sind, tatsächlich von dieser Pflanze stammen?«, hielt Mortensen weiter dagegen. »Die Sprösslinge können genauso von Fluginsekten eingeschleppt worden sein oder aus Pollen anderer Pflanzen stammen.«

»Glauben Sie mir, die Sprösslinge stammen von Ihrer Assassina incognita! Sie haben mir die Hand verbrannt!«

»Wir haben keine Zeit mehr! Jeden Tag sondern diese Pflanzen Milliarden von Pollen ab. Milliarden! Wir wissen, dass zum Beispiel die Pollen von Ambrosia artemisiifolia Hunderte Kilometer weit fliegen. Wenn dies hier auch der Fall ist, dürfen wir keine Sekunde zögern, alle Pflanzen auf unserem Kontinent zu vernichten. Ich halte es für einen Fehler, dass wir es bislang noch nicht getan haben. Wir können die Pflanze in Gewächshäusern wie diesem in geschützter Atmosphäre untersuchen!«

»Wer weiß, ob die Pflanzengeneration, die aus den im Feuer aufgeplatzten Samenkapseln erwächst, nicht noch gefährlicher ist!«, warf Holland ein.

»Mr Holland«, mischte Smith sich ein. »Haben Sie eine bessere Idee, als sie zu verbrennen?«

Tatsächlich hatte er noch keine bessere Idee. »Wie gesagt, ich hatte noch nicht genügend Zeit. Vielleicht hat die Pflanze natürliche Feinde, wie die Evippe-Motte. Züchtet man diese und setzt sie auf die Pflanze an, kann sie deren Verbreitung eventuell gezielt verhindern. Sogenannte Biocontrol Agents sind eine sehr natürliche Art der Bekämpfung und versprechen große Erfolge gegen invasive Arten. Aber dafür bräuchte es weitere Experimente!«

»Und wenn die Pflanzen alle tot sind, haben wir mit der Invasion der Motten das nächste Problem!«, sagte Mortensen.

Smith blickte resigniert zu Meyers. »Was meinen Sie dazu?«

Holland sah, wie ihr Blick zwischen ihm und Mortensen hin und her wanderte.

»Wir wissen einfach zu wenig über diese Pflanze. Daher halte ich es weiterhin für vertretbar, sie durch Feuer zu zerstören, solange wir noch keinen besseren Weg der Bekämpfung gefunden haben.« Holland sah, wie über Mortensens Gesicht ein zufriedenes Lächeln huschte. »Zwei gegen einen«, sagte er zu Smith und streckte seinen Arm aus, um ihn um Meyers' Hüfte zu legen.

»Dann bleiben wir bei unserem Plan«, verkündete Smith nach einer kurzen Denkpause.

»Mr Mortensen hat ausnahmsweise einmal recht«, sagte Holland. »Drei sind einer zu viel. Und wir haben ein ganz unterschiedliches Verständnis von Pflanzen. Aber auch Miss Meyers hat recht«, fuhr er fort. »Niemand auf der Welt hat je zuvor solch ein Gewächs wie dieses hier gesehen. Die Pflanze scheint die Eigenschaften vieler verschiedener Pflanzen in einer einzigen zu vereinen. Es ist dringend notwendig, nach ihrem Ursprung zu forschen. Stellen Sie sich vor, die Pflanze wäre ein Tier: Würden Sie dann nicht auch schauen, wo dieses Tier herkommt und wie es sich in seiner Heimat verhält?«

»Und was schlagen Sie vor?«, fragte Smith.

»Ich reise nach China. Sie sagten, die Samen kämen von dort. Und Sie sagten, es sei für Sie als Regierung derzeit politisch nicht einfach, dort aktiv zu werden. Das gilt für mich nicht. Ich bin bloß eine Privatperson, und ich habe Verbindungen nach China. Ich werde dort hinfliegen und schauen, ob ich die Quelle dieser Pflanzen, der Samen, ausmachen kann.«

Smith sagte noch immer nichts. Es war förmlich zu sehen, wie es in seinem Gehirn arbeitete.

»Um so viele Samen zu produzieren, wie verschickt wurden, benötigt man sehr viele Pflanzen, eine ganze Plantage. Wir können hier noch so große Anstrengungen unternehmen, um das Auftreten der Pflanze zu bekämpfen: Wenn von dort immer wieder neue Samen verteilt werden, werden wir erfolglos sein. Wie wollen Sie einen Fluss zum Versiegen bringen, wenn Sie die Quelle nicht trockenlegen?«

»Wir könnten dort vor Ort in China nicht viel für Sie tun. Sie wären auf sich allein gestellt«, sagte Smith. »Sollte man in China den Eindruck gewinnen, dass Sie in unserem Auftrag ermitteln, kann dies zu politischen Verwicklungen führen. Vielleicht würden Sie sogar als ausländischer Agent verhaftet.«

»Mein neues Buch ist bislang in einigen Ländern erschienen, darunter auch in China. Ich werde meinen Verlag in Schanghai besuchen und bei der Gelegenheit eine kleine Rundreise unternehmen. Wenn ich innerhalb von zweiundsiebzig Stunden weiterreise, kann ich mich in China sogar visafrei bewegen. Ich kann also beispielsweise auch das Postamt aufsuchen, das sie erwähnten. Meine Kenntnisse der Pflanzenwelt helfen mir, ich weiß, wonach ich suchen muss. Ich schicke Ihnen eine Postkarte.«

Smith schien zu einer Entscheidung gelangt zu sein. »Dann bin ich einverstanden. Wie lange brauchen Sie, bis Sie reisefertig sind?«

Holland dachte an seinen Sohn Otto, von dem er nun bereits einige Tage getrennt war und den er, wenn er nach China flog, noch deutlich länger nicht sehen würde. Er dachte an die Fotos von der Leiche der Farmerin, die Smith ihm gezeigt hatte. Daran, wie er heute Morgen auf der Farm beinahe erstickt wäre. An die Grafik mit der Prognose zur weiteren Ausbreitung der Pflanzen. Früher oder später würde die Pflanze auch nach Deutschland kommen, zu ihm nach Hause. Es musste alles dagegen unternommen werden, was möglich war. »Ich bin reisefertig«, sagte er. »Es wäre hilfreich, wenn mir jemand die schnellste Verbindung nach Schanghai heraussuchen und ein Ticket buchen würde. Und ich brauche alle Informationen, die Sie bislang zu der Pflanze zusammengetragen haben.«

Smith nickte und schaute fragend zu Mortensen. »Keine Einwände«, sagte der. »Ich bin froh, wenn er weg ist.«

Smith' Blick wanderte zu Meyers. »Ich reise mit ihm«, sagte sie und drehte sich zu Mortensen, dessen Gesichtszüge entgleisten.

22

AVA

Im Wald, Kanada, August 2023

Ihre Großmutter hatte ihr oft von Bukwus erzählt, auch bekannt als »Wilder Mann in den Wäldern«. Er beschützte die Wälder vor Eindringlingen und Schaden. Nach der Legende des indigenen Volkes der Kwakwaka'wakw, die in Vancouver Island lebten und deren Nachfahrin ihre Großmutter und somit auch sie war, lauerte Bukwus im Schatten des dunklen Waldes. Kaum größer als ein Kind und giftgrün, bot er verlorenen Wanderern Nahrung, um sie in seine Unterwelt zu locken. Die Seelen, die er für sich stehlen konnte, waren zu ewigem Elend, Hunger, Rastlosigkeit und Bosheit verdammt. Wenn man es wusste und genau hinsah, konnte man die von ihm gefangenen Seelen sogar um Bukwus' Haupt herumschweben sehen.

Es war ihre Idee, ihn heimlich Bukwus zu taufen, weil Silva ihr irgendwann nicht passend vorgekommen war. Und die anderen hatten den Namen irgendwann aus Spaß übernommen. Sie hatten nicht ahnen können, dass sie vier, dass Alex, Juri, Zach und sie selbst, in Wirklichkeit die verlorenen Seelen waren, die die ganze Zeit um Silva alias Bukwus herumschwebten. Sie wusste nicht, ob er es mitbekommen hatte, dass sie ihn scherzhaft Bukwus nannten. Aber er hatte ohnehin keinen Sinn für Humor.

Jetzt lag sie verborgen im aufgegebenen Bau irgendeines Tieres, unter einem Haufen Blätter, die sich zunächst kühl und feucht angefühlt hatten, nun aber tatsächlich etwas Wärme spendeten. An ihren Armen und Beinen kribbelte und krabbelte es, vermutlich war das Laub voller Käfer, Spinnen und anderem Getier, sie traute sich jedoch nicht, nachzuschauen. Ihr Gesicht hatte sie mit Dreck beschmiert, sodass sie beinahe unsichtbar sein musste. Sie hatte nicht geschlafen, vielleicht ein wenig gedöst. Im Zwielicht der Morgendämmerung bildeten die wenigen Lichtstrahlen, die die Wipfel in den Wald ließen, immer neue Schemen vor den mit grünem Moos bewachsenen Bäumen, und für einen Moment glaubte sie sogar, darin Bukwus' fratzenhafte Gestalt zu erkennen. Es musste der Hunger sein, der sie zusehends schwächte. Sie wünschte, sie könnte ein Eichhörnchen fangen und es über einem Feuer braten. Oder eines der Rehe, die ihr auf ihrem Weg dann und wann verwundert aus dem Unterholz entgegenblickten. Ihre Vorfahren hätten sie jagen können. Vielleicht sogar ihre Großmutter. Sie konnte so etwas nicht mehr, dafür konnte sie einen Computer bedienen. Aber sie musste sich sowieso vor den Männern vorsehen. Zwar hatte sie noch keinen von ihnen entdeckt. Aber sie war sich sicher, dass die Männer ihr dicht auf den Fersen waren. Silva hatte sie hergeholt, vor einer Woche hatten sie eines Morgens plötzlich schwer bewaffnet vor der Tür des Bunkers gestanden und ihnen die Nachricht gezeigt, die Silva ihnen über das Darknet geschickt hatte. Silva hatte sie in Bitcoins bezahlt, die einzige Währung, die er kannte. Erst hatte Juri sie nicht hereinlassen wollen, doch Silva hatte die Tür geöffnet und ihnen die Entscheidung abgenommen. Die Männer waren roh und gewalttätig, und einer hatte sie, begleitet von ordinären Sprüchen, mit seinem Gewehrlauf zwischen den Beinen berührt. Vielleicht war dies der Moment gewesen, wo sie hätten versuchen sollen, zu gehen. Doch bei Zach und Alex hatte die Freude über Silvas initiatives Handeln überwogen. »Seine Freunde sind auch unsere Freunde. Silva weiß schon, was er tut«, hatte Zach gesagt. O ja, er hatte es gewusst, aber anders als von Zach gedacht.

Sie nahm eine Bewegung wahr, keine drei Meter von ihr entfernt. Es war keine kleine grüne Kreatur. Kein Bukwus, der gekommen war, um ihr etwas zu essen anzubieten.

Es war einer der schwarz gekleideten Männer, der, eine Armbrust im Anschlag, mit vorsichtigen Schritten durchs Unterholz schlich. Auf der Suche nach ihr.

Um auch sie zu töten.

23

HOLLAND

Über dem Pazifik, 17. August 2023

Der Hubschrauber hatte Meyers und ihn am frühen Morgen zum Flugfeld nach Marshall gebracht, von wo sie von Homeland Security weiter nach New York geflogen wurden. Es hatte sich herausgestellt, dass direkte Flugverbindungen aus den USA nach Schanghai rar waren. Beim Start des Helikopters hatten sie ein letztes Mal die Farm passiert, um die herum zum Sonnenaufgang bereits Hochbetrieb herrschte. Als der Learjet wenig später in Marshall mit ihnen an Bord gestartet war, hatte er am Horizont bereits schwarze Rauchschwaden aufsteigen sehen. Projekt Höllenfeuer hatte begonnen. Die Amerikaner mussten allem einen pathetischen Namen geben. Meyers war am Morgen wenig gesprächig. Vermutlich war Mortensen nicht begeistert gewesen, dass sie mit ihm reiste. In der Nacht hatte er aus Mortensens Wohnmobil, welches nicht weit von seinem entfernt parkte, einen lauten Streit gehört.

Holland hatte in der Nacht lange mit Otto gechattet und auch seinen Literaturagenten in Deutschland in alles eingeweiht. Dieser hatte dem Verlag in Schanghai, der die Auslandslizenz für sein Buch in China erworben hatte, seinen Besuch angekündigt. Dort war man überrascht, aber erfreut. So hatten sie für die chinesischen Behörden das perfekte Alibi für ihren Besuch in Schanghai. Am John F. Kennedy Airport hatte er vor ihrem Weiterflug mit Air China in einem Zeitungsständer für internationale Zeitungen die *Kronen Zeitung* aus Österreich gefunden. Meyers im Sitz neben ihm schien zu schlafen, und so nahm er die Zeitung und las.

Wie von Smith angekündigt, entdeckte er auf Seite drei einen großen Artikel mit der Headline »Mysteriöse Alien-Pflanze löst Allergie aus – 1 Tote«. Berichtet wurde von einer Familie aus Österreich, in deren Garten sich ein unbekanntes Gewächs ausbreitete, nachdem die kleine Tochter Samen eingepflanzt hatte, die per Post gekommen waren. Nach längerer Abwesenheit in den nahen Bergen hatte die Familie ihren gesamten Garten überwuchert vorgefunden. Bei dem Versuch, das Kraut zu entfernen, hatte die Mutter, die laut dem Artikel an Vorerkrankungen litt, einen Asthmaanfall erlitten, an dem sie später im Spital gestorben war. Vermutet würde ein Zusammenhang mit der »Alien-Pflanze«. Zitiert wurde ein Biologe, der eine solche Pflanze »noch niemals zuvor gesehen« hatte. Die Pflanzen würden von der Bezirkshauptmannschaft Umwelt entfernt, einzelne Exemplare vom Fachdienst am Institut für Botanik in Innsbruck weiter untersucht. Verwiesen wurde auf Berichte, dass auch in anderen Landesteilen Haushalte mysteriöse Samen per Post aus Asien erhalten hätten. Es wurde davor gewarnt, diese einzupflanzen. »Entsorgen Sie die Samen in der Tüte im Restmüll, auf keinen Fall im Biomüll, und informieren Sie die Behörden über den Erhalt«, riet der Biologe. Neben dem Artikel fanden sich Fotos der verstorbenen Mutter, eines idyllischen Hauses im typisch österreichischen Baustil, welches mit rot-weißem Warnband abgesperrt war, und ein Bild der Samentüte, die genauso aussah wie die, die man Holland in Cottonwood präsentiert hatte. Sein Blick verharrte einen Moment auf dem Porträt der Frau, die fröhlich in die Kamera lachte, dann faltete er die Zeitung zusammen und seufzte laut.

»Was ist?«, fragte Meyers mit verschlafener Stimme.

»Schlechte Nachrichten«, sagte er und fasste ihr die Meldung kurz zusammen. Dann verstaute er die Zeitung in dem Netz seines Vordersitzes.

»Es ist wirklich besorgniserregend«, sagte sie und presste die Lippen zusammen. Sie richtete sich in ihrem Sitz auf. Trotz der Müdigkeit sah sie auch heute wieder blendend aus.

»Warum wollten Sie mich unbedingt begleiten? Ich denke, er war davon nicht begeistert.«

Sie lächelte. »Waren wir so laut?«, fragte sie und strich sich mit beiden Händen über das Gesicht. »Edgar neigt oft zu Dramatik, aber glauben Sie mir, er hat auch seine guten Seiten. Wir kennen uns schon sehr lange, und er war für mich da, als sich niemand sonst um mich gekümmert hat.«

Eine Erklärung, um die Holland gar nicht gebeten hatte. Insgeheim rechnete er zurück, wie alt Meyers wohl war und wie lange die beiden ein Liebespaar sein konnten, wenn sie sich bereits sehr lange kannten. Er schätzte sie auf vielleicht Mitte dreißig.

»Sind Sie verheiratet?«, fragte sie.

»Ich war.«

»Geschieden?«

»Meine Frau ist gestorben.«

»Das tut mir sehr leid.«

»Ich danke Ihnen. Es ist schon länger her.«

»Wie hieß sie?«

»Hanna.«

»Ein schöner Name.«

Er nickte. »Sie war ein toller Mensch.«

Einen Moment schwiegen beide. »Ich schulde Ihnen noch die Antwort, warum ich Sie begleiten wollte«, sagte Meyers schließlich und lächelte. »In Cottonwood werde ich aktuell nicht mehr gebraucht. Ich kann diese Pflanze offen gestanden auch nicht mehr sehen. Aber ich bin fest davon überzeugt, dass wir in China Antworten finden. Die eine Frage ist, wie wir die Pflanze stoppen können. Diese muss vermutlich im Labor beantwortet werden. Die andere Frage ist aber: Wer verschickt diese Samen, und wo kommen sie her? Tierähnliche Lebewesen fallen schließlich nicht einfach so vom Himmel.«

Sie hatte die Pflanze ein tierähnliches Lebewesen genannt, eine Bezeichnung, auf der er seit Jahren bestand, wenn die Menschen Pflanzen wie Steine behandelten.

»Und ich mag Ihre Bücher«, ergänzte sie und schenkte ihm erneut ein Lächeln.

Die Stewardess erreichte ihre Sitzreihe und schenkte Getränke aus. Meyers nahm einen Tomatensaft mit Salz, er einen Wein. Er trank nicht oft Alkohol, aber er flog nicht gern, und Wein half.

»Und warum haben Sie mich mitgenommen?«, fragte sie.

Um Ihren Verlobten zu ärgern, lag ihm als Antwort auf der Zunge. Aber es war nicht die Wahrheit. Er schätzte ihre Gegenwart. Sie schien nicht nur fachlich bewandert zu sein, sondern er fühlte sich einfach wohl in ihrer Nähe.

»Offenbar benötige ich ab und zu jemanden, der mir das Leben rettet«, sagte er.

Sie lachte, beugte sich vor, kramte in ihrer Handtasche und holte ein Asthmaspray hervor. »Ich bin vorbereitet.«

Er mochte es, wie ihre Augen mitlachten.

Einen Moment nippten beide an ihren Getränken.

»Neophyten«, sagte Holland schließlich.

Meyers schaute irritiert auf.

»Ihr Tomatensaft. Tomatenpflanzen sind auch Neophyten. Sie waren in Europa nicht heimisch, sondern sind bewusst eingeschleppt worden. Anders als meine Trauben im Wein.« Er hob seinen Plastikbecher mit dem Weißwein. »Wobei Trauben ursprünglich nur rot waren und erst durch eine doppelte Mutation in zwei nebeneinanderliegenden Genen in einem einzigen Rebstock auch weiß wurden. Hätte es diese zufällige Mutation nicht gegeben, hätten wir heute nur Rotwein.«

Der Alkohol auf nüchternen Magen ließ ihn dozieren. Er musste sich zusammenreißen.

»Nur sind Tomaten nicht invasiv«, sagte Meyers. »Sie schaden unserer heimischen Ökologie nicht. Wir unterscheiden ja immer noch gute und böse Neophyten. Absichtlich eingeschleppte Pflanzen und Pflanzen, die sich ungebeten ausbreiten.«

Er nickte. Natürlich wusste sie das alles.

»Unsere Assassina incognita ist, anders als die Tomate, extrem invasiv, ein Neophyt, wie er im Drehbuch eines Horrorfilms steht. Der aktuell offenbar weltweit gleichzeitig durch die Paketsendungen verteilt wird. Was ich mich die ganze Zeit über frage«, kam er endlich zum Punkt seiner Überlegungen, »wer profitiert davon, wenn diese Pflanze, dieser Krieger unter den Neophyten, sich unkontrolliert auf unserem Planeten ausbreitet? Außer der Pflanze selbst gibt es meines Erachtens nur Verlierer. Aber die Pflanze kann ihre Samen ja nicht selbst verschickt haben.«

Meyers starrte ihn an und zuckte mit den Schultern.

»Ich meine, es würde am Ende kein Landstrich verschont bleiben. Letztlich ist die Verbreitung einer solchen Art ökologischer Selbstmord. Aber irgendwer muss die Päckchen gepackt und verschickt haben.«

»Vielleicht wusste derjenige nicht, was er damit anrichtet?«, warf Meyers ein.

»Das glaube ich nicht. Dazu ist die Aktion zu koordiniert. Wer würde Hunderte oder sogar Tausende Samen in alle Welt verschicken, wenn er nicht wüsste, welche Gefahr von diesen Samen ausgeht?«

»Vielleicht eine Weltuntergangssekte? Klimafanatiker? Es gibt genügend Menschen, die der Natur ein Comeback und der menschlichen Rasse den Niedergang wünschen.«

»Comeback der Natur ist gut«, sagte Holland. Er dachte an

die Simulation, die Smith ihm gezeigt hatte, einen möglichen Ernteausfall von Getreide, seinen Asthmaanfall, den Artikel in der Zeitung aus Österreich. »Es ist eher ein Feldzug.«

»Fest steht, dass sie jemand gezüchtet, verpackt und versendet haben muss«, sagte Meyers. Sie hatten entschieden, nachdem sie dem Verlag einen Anstandsbesuch abgestattet hatten, als Erstes das Postamt in Hangzhou aufzusuchen, in dem die Samen nach den Ermittlungen der chinesischen Behörden aufgegeben worden waren. »Und wir werden denjenigen finden!«

»Eine solche Menge Pflanzen, wie man für die Produktion der Samen braucht, kann man jedenfalls schwer verstecken«, entgegnete Holland.

»Wenn überhaupt, dann allerdings in so einem großen Land wie China. Smith sagte, man habe einen der Angestellten verhaftet. Mit ihm werden wir wohl kaum sprechen können«, bemerkte Meyers.

»Ich habe von Dechambeau vor dem Abflug einen Kontakt zur chinesischen Polizei erhalten«, sagte Holland und kramte aus der Tasche einen kleinen Zettel hervor, auf dem Dechambeau den Namen und eine Telefonnummer notiert hatte.

»Ich dachte, wir sollen uns von der Polizei fernhalten?«

»Es wirkte so, als wüsste Smith nichts davon.«

»Na super!« Meyers lehnte sich in ihrem Sitz zurück. »Ich versuche lieber noch ein bisschen zu schlafen!« Sie wickelte sich in die Decke der Fluggesellschaft und schloss die Augen.

Er nahm einen weiteren Schluck vom Wein und beschloss, zu arbeiten. Er erhob sich und holte aus dem Gepäckfach über ihnen seinen Rucksack hervor. Einen alten Rucksack aus seiner Zeit als Wehrpflichtiger bei der Bundeswehr, von dem er sich seit fünfundzwanzig Jahren nicht trennen konnte. Er öffnete ihn und kramte im engen Flugzeuggang nach seinem iPad, als er etwas Hartes fühlte. Er zog ein kleines schwarzes

Büchlein hervor. Es gehörte nicht ihm. Angestrengt dachte er nach, dann sah er plötzlich das Bild vor sich, wie er im Büro des Managers vom Powers Book Store auf der Couch gelegen hatte, noch wie betrunken von der Ohnmacht, und der Buchhändler ihm seine Sachen von der Lesung überreicht hatte, darunter dieses Büchlein, das er noch nie zuvor gesehen hatte. Holland nahm sein iPad und das Büchlein und rutschte zurück in seinen Sitz. Es musste an seiner Ohnmacht oder der Beule am Kopf gelegen haben, dass er nicht mehr daran gedacht hatte. Vielleicht hatte er den Vorfall auch einfach nur verdrängt. Er knipste die Leseleuchte über seinem Sitz an.

»Johann Wolfgang von Goethe, *Sämtliche Gedichte*« stand auf dem Einband. Er musste schmunzeln. Wie lange war es her, dass er sich mit Goethe befasst hatte?

Er öffnete das Buch. Auf der ersten Seite stand in ordentlicher Mädchenschrift »Waverly Park«. War dies der Name der erschossenen Frau? Das schlechte Gewissen packte ihn, dass er noch nicht einmal ihren Namen kannte. Wusste die Polizei in Portland überhaupt ihren Namen? Ein kalter Schauer fuhr ihm über den Rücken. Nach wie vor fand er es merkwürdig, dass er so wenig über sie erfahren hatte. Er hatte mehrmals bei Dechambeau nachgehakt, aber es schien beinahe so, als wollte der ihn von der Sache fernhalten. Vielleicht tatsächlich, damit er sich auf das Problem mit den Pflanzen konzentrieren konnte. Oder Dechambeau mochte sich selbst nicht darum kümmern, weil er es gewesen war, der die Frau erschossen hatte. Man merkte ihm zwar nicht an, dass es ihn in irgendeiner Weise berührte, aber wenn er etwas im Wald gelernt hatte, dann, dass sich hinter der scheinbar dicksten Borke die meisten Käfer einnisteten. Holland schloss kurz die Augen und erinnerte sich an die Szene bei der Lesung, wie die Frau auf ihn zugekommen war, plötzlich etwas Schwarzes in der Hand gehalten hatte. Er öffnete die Augen, betrachtete das Buch. Eine Waffe hatte er nicht gesehen, allerdings erinnerte er sich daran, wie Dechambeau, seine Pistole in der rechten Hand, über die Frau gebeugt stand, eine zweite Pistole in der anderen Hand. Er nahm sein Handy, wählte das WLAN des Flugzeugs an und gab den Namen »Waverly Park« ein. Die Suchmaschine spuckte mehrere Porträtfotos aus. Gleich auf dem ersten Foto erkannte er die junge Frau aus dem Buchladen. Er klickte das Bild an und vergrößerte es mit zwei Fingern. Es zeigte eine junge Frau asiatischer Abstammung, mit einem Blick, der gleichermaßen Zurückhaltung wie auch Neugierde verriet. Ihre Haare waren zum Zopf gebunden, dazu trug sie eine weiße Bluse. Er öffnete die Website, die zu dem Foto gehörte. Es war der Internetauftritt des Archäologischen Instituts Potsdam, für das Waverly Park offenbar an einem Projekt gearbeitet hatte. Also war sie Archäologin oder Biologin oder beides. Er seufzte und nahm sich wieder den Gedichtband vor.

Er blätterte weiter, fand nur wenige Gedichte, die er kannte. Zwischen zwei Seiten entdeckte er das getrocknete Blatt eines Baumes. Auf einer der Seiten war ein Gedicht Goethes mit dem Titel »Gingo biloba« abgedruckt.

Holland, der eine Lesebrille als Eingeständnis seines Alterns ansah und sich daher bislang dagegen wehrte, streckte den Arm noch ein wenig weiter aus und las:

Gingo biloba
Dieses Baum's Blatt, der von Osten
Meinem Garten anvertraut,
Gibt geheimen Sinn zu kosten,
Wie's den Wissenden erbaut.
Ist es ein lebendig Wesen?
Das sich in sich selbst getrennt,

Sind es zwei, die sich erlesen,
Dass man sie als eines kennt.
Solche Fragen zu erwidern
Fand ich wohl den rechten Sinn;
Fühlst du nicht an meinen Liedern
Dass ich eins und doppelt bin?

Daneben befanden sich Notizen, die er nicht entziffern konnte.

Er las das Gedicht noch einmal, dann nahm er das gepresste Laubblatt und betrachtete es. Es war knochentrocken und schien sehr alt. Es sah aus, als habe es jemand zwischen den Seiten eines Buches getrocknet. Er glaubte, darin eine Hälfte eines Ginkgo-Blattes zu erkennen, was zum Gedicht passte. Vielleicht hatte Waverly Park es vor langer Zeit in das Buch zum Trocknen hineingelegt.

Er schaute zu Meyers, die noch immer ruhig und gleichmäßig atmete. Dann blätterte er weiter, fand ein weiteres, wie ein Lesezeichen in das Buch hineingelegtes Blatt und erstarrte. Es zeigte die feine Zeichnung einer Pflanze, welche allerdings eher wie ein Schaubild aus der Schule wirkte. Von einem langen Pflanzenstiel, der auch ein Stamm hätte sein können, gingen allerlei Pflanzenteile ab, wie Wurzeln, Blätter und Äste, die zum Teil Früchte trugen. Kurioserweise war dabei so ziemlich alles an Wurzel- und Blattformen sowie Fruchtarten vertreten, was die Pflanzenwelt hergab. Er spürte, wie sich sein Puls beschleunigte, und brauchte einen Moment, bis er verstand, dass die Abbildung durch die Vereinigung von Merkmalen verschiedener Pflanzenfamilien etwas mit der Pflanze in Cottonwood gemein hatte. Er strich über das Bild, als wollte er die Darstellung erfühlen. Ein Unwohlsein erfasste ihn. Er kannte diese Zeichnung, die gar keine war. Es handelte sich um einen alten Holzschnitt von Turpin, entstanden Anfang des 18. Jahrhunderts, und er zeigte die nach den Vorstellungen Goethes erstellte Urpflanze. Er hatte in einem seiner ersten Bücher ein Kapitel über die Urpflanze aufgenommen, und sein Verlag und er hatten selbst überlegt, diese Abbildung in sein Buch mit aufzunehmen, sich dann aber dagegen entschieden. Er nahm das Bild heraus und hielt das Büchlein ein wenig weiter entfernt, um im Halbdunkel der Flugzeugkabine besser sehen zu können. Die Pflanze ähnelte tatsächlich der Assassina incognita. Konnte es sein, dass es sich dabei um diese Urpflanze handelte? Jene Pflanze, von der der vielen nur als Dichter bekannte Naturforscher Goethe seinerzeit behauptet hatte, sie sei die Mutter aller Pflanzen, und nach der er sein Leben lang gesucht hatte?

Naturwissenschaftlich betrachtet, glaubte wohl niemand, dass es eine solche Urpflanze einmal gegeben hatte. Aber er hatte die Pflanze in Cottonwood selbst gesehen! Und es würde passen: Die Urpflanze musste ein Generalist gewesen sein, das heißt eine Pflanze mit vielen verschiedenen Eigenschaften. Die Pflanzenwelt hatte sich erst danach, im weiteren Verlauf der Evolution, weiter spezialisiert und diversifiziert, in der Folge hatten die vielen Eigenschaften sich auf einzelne Pflanzenarten verteilt. Er schloss das Buch und lehnte sich zurück. Zu gern hätte er sich mit dieser Waverly Park unterhalten. Plötzlich erfasste ihn eine große Trauer um die erschossene Frau, obwohl er sie gar nicht gekannt hatte. Waverly war ein besonderer Name. Park deutete auf eine asiatische Abstammung hin, vielleicht koreanisch. Wer war diese Frau gewesen, und was hatte sie von ihm gewollt? Er erinnerte sich an die Frage, die sie ihm auf der Veranstaltung gestellt hatte. Sie wollte seine Meinung über die invasiven Pflanzen erfahren, die sich seinerzeit überall ausbreiteten. Bis zu dem Zeitpunkt hatte er noch nichts davon mitbekommen, anders als sie. Und sie hatte, wie Dechambeau meinte, gesagt, dass sie ihn töten wolle. Aber warum? Sein Kopf begann zu schmerzen, noch immer spürte er die Beule am Hinterkopf, die von seinem Ohnmachtsanfall während der Lesung stammte. Er steckte auch den Gedichtband in das Gepäcknetz des Vordersitzes und schaute auf den Rest des Tomatensafts, der beinahe dieselbe Farbe wie Waverly Parks Blut auf dem Teppich hatte. Ihm wurde schlecht. Er schloss die Augen und versuchte zur Ablenkung im Kopf die Zeilen des Ginkgo-Gedichts aufzusagen. »Dass ich eins und doppelt bin«, sagte er leise und fühlte sich davon merkwürdig berührt.

24

WAVERLY, AVA

Berlin, November 2016

Waverly war zurück aus Moskau und traf sich mit Ava zu ihrem wöchentlichen Ritual. »Mehr aus der Schulter!« Ava trat vor und korrigierte Waverlys Haltung. Waverly spannte die Sehne, und der Pfeil schlug nahe der Mitte der Zielscheibe ein. »Klasse!«, lobte Ava.

Sie standen am Schießstand des Bogensportvereins in Berlin-Steglitz. Vier Monate war es her, dass ihre kanadische Freundin sie erstmals zum Bogenschießen mitgenommen hatte. Ava übte dieses Hobby seit ihrer Kindheit aus. »Zu Ehren meiner indigenen Vorfahren«, wie sie Waverly erklärt hatte. Ihre Großmutter stammte von einer der sogenannten First Nations in British Columbia ab, und Ava versuchte, das kulturelle Erbe ihrer Ahnen, so gut es ging, hochzuhalten. Zu ihrem Geburtstag hatte Ava ihr einen traditionellen Traumfänger aus ihrer Heimat geschenkt. Waverly liebte Ava auch dafür, wie stolz sie auf ihre Herkunft war. Als Halbkoreanerin war es Waverly selbst oft schwergefallen, sich zu ihren Wurzeln zu bekennen. Immer wenn sie, die in Deutschland geboren war, in der Schule wieder einmal nur »die Chinesin« war oder ihre Klassenkameraden sie sogar mit deutlich schlimmeren Ausdrücken ausgrenzten, hatte sie ihre Herkunft verflucht, sich gewünscht, auszusehen wie alle anderen. Erst als sie älter wurde, hatte sie erkannt, welchen Schatz sie mit ihrer asiatischen Abstammung in sich trug, und nachdem sie als Teenager mit ihrer Mutter ihre letzten Verwandten in Südkorea besucht hatte, war sie endgültig mit ihren familiären Wurzeln versöhnt.

Mittlerweile beschäftigte sie viel mehr, dass sie ihren Vater nicht kannte. Und so standen nun eine Kanadierin und eine Deutsche mit gespannter Sehne und zielten auf die Scheiben vor sich. Waverlys nächster Pfeil traf wieder knapp neben das Gelbe in der Mitte. »Du wirst immer besser!«, lobte Ava.

»Im Vergleich zu dir bleibe ich eine Anfängerin!«

»Du musst mich in Kanada besuchen. Zu Hause habe ich viel bessere Bögen als diese.«

Avas Worte versetzten Waverly einen Stich ins Herz. Bald würden Ava, Juri, Zach und Alex weiterziehen, auf der anderen Seite vom Atlantik wartete ihr nächstes Projekt.

»Genug trainiert! Komm, wir gehen etwas essen!«, rief Ava und legte ihren Armschutz ab. Kurz darauf saßen sie in einem Dönergrill um die Ecke und aßen Kebab. Das Fladenbrot mit dem hauchdünnen Kalbfleisch und Salat war Avas Lieblingsessen.

»Das werde ich in Kanada echt vermissen«, sagte sie.

Waverly aß die vegetarische Variante und mochte nicht daran denken, wie es ohne die vier sein würde.

»Und was ist mit mir?«

Avas Mund verzog sich zu einem schelmischen Grinsen. »Vielleicht werde ich auch dich ein kleines bisschen vermissen, aber nicht so sehr wie den Döner!« Beide lachten.

»Es freut mich, dass du SCANDBOX vertraust«, wechselte Ava, die kein großer Freund davon war, über ihre Gefühle zu sprechen, das Thema.

»Wer sagt, dass ich das tue?«, entgegnete Waverly. Sie trank einen Schluck vom türkischen Ayran, der Joghurtdrink gehörte zu jedem ihrer gemeinsamen Dönerexzesse dazu.

Tatsächlich war ihr immer noch unwohl dabei, das Schicksal ihrer archäologischen Studien in die Hände einer Maschine zu legen. Was auch damit zu tun hatte, dass sie nicht genau verstand, wie SB, jetzt nannte auch sie den Algorithmus schon so, zu seinen Ergebnissen gelangte. Andererseits bestand Archäologie aus nichts anderem als daraus, viele kleine Rätsel zu lösen, die die Zeit einem stellte, und warum sollte dies ein Computer nicht besser leisten können als ein Mensch?

»Und wird die künstliche Intelligenz, die hinter SB steckt, uns alle irgendwann ersetzen?«, fragte sie mit vollem Mund.

Ava lachte. »Davon bin ich fest überzeugt.«

»Dann habt ihr als Informatiker den besten Job.«

»Das denkst aber auch nur du. Das Erste, was eine künstliche Intelligenz können wird, ist programmieren. Sie wird ihre eigenen Computerprogramme programmieren und uns damit als Erstes arbeitslos machen.«

»Und dennoch arbeitet ihr daran, eine künstliche Intelligenz zu entwickeln? Ihr schaufelt euch selbst euer eigenes Grab!«

»Derzeit sind wir noch weit davon entfernt.«

»Dann ist ja gut«, sagte Waverly. »Goethe …«, brachte sie zwischen zwei Bissen hervor.

Ava musste erneut lächeln. »Ich verstehe die Obsession der Deutschen für diesen Mann nicht. Ich habe gelesen, in Deutschland sind mehr als zweitausend Straßen nach ihm benannt. Zweitausend! Ich habe versucht, etwas von ihm zu lesen, aber es ist, wie soll ich sagen, langweilig.«

»Und hast du SB nach ihm befragt? Goethe ist Abaris, also muss es Goethe gewesen sein, der die zwei Bernsteine mit den Einschlüssen der Urpflanze aus Italien mit nach Deutschland gebracht hat. Wie finde ich die?«

»Ich weiß nicht, ob es eine zweite historische Persönlichkeit in Deutschland gibt, über die so viele Dokumente existieren wie über Goethe … Aber das ist gut! Große Datenmengen sind für SB kein Problem, im Gegenteil, je mehr Daten, umso besser.«

»Jetzt spann mich nicht so auf die Folter! Hat SB etwas gefunden?«

»Du weißt, dass dieser Goethe ständig von der Urpflanze fantasiert hat?«

Sie nickte. Tatsächlich hatte ihre erste Recherche ergeben, dass Goethe immer wieder über die Urpflanze geschrieben hatte, regelrecht auf der Suche nach ihr war. »Mich interessiert, ob Goethe die Urpflanze gefunden hat und, wenn ja, was er damit gemacht hat. Stichwort Bernsteine.«

»Das Innere eines Pudels«, entgegnete Ava. Waverly verstand nicht, und Ava holte ein Blatt Papier hervor und las auf Deutsch ab, mit stark amerikanischem Akzent: »Des Pudels Kern.«

Waverly verstand noch immer nicht.

»SB meint, der Kern des Pudels sei ein von Goethe verwendetes Synonym für die Urpflanze.« Sie säuberte sich die Hände mit einer Serviette und übergab Waverly das Blatt. Es handelte sich um einen Brief ohne Anrede, schwungvoll unterzeichnet mit »Johann Wolfgang von Goethe«. Sie überflog die Worte:

»War ich dennoch seinerzeit voller Vorahnung, indem ich einen der beiden Tropfen aus Sizilien zurückerhielt. Denn suchte ich meine alte Grille, die Urpflanze, heute, so weiß ich, dass sie ist des Pudels Kern. Von der Natur eingesperrt auf ihrer Reise durch die Jahrmillionen brachte ich es nicht über das Herz, mich an die Stelle des Schöpfers zu setzen und sie für alle Zeit zu vernichten. So bin ich ihr Kerkermeister, man wird mir das kleine Spiel mit den Worten verzeihen.«

»Und jetzt?«, fragte Waverly enttäuscht. »›Des Pudels Kern‹ ist eine Redewendung aus Goethes berühmtestem Werk. *Faust.*«

Ava zuckte mit den Schultern.

»Ich würde sagen, jetzt bist du dran. Finde die Bernsteine!«

Waverly fühlte Enttäuschung in sich aufsteigen. Vermutlich hatte sie zu viele Erwartungen in die Möglichkeiten eines Computers gesetzt.

»Ach ja, und dann hat SB auch noch das Inventar von Goethes Nachlass im Netz gefunden. Hier!« Sie schob Waverly ein weiteres Blatt Papier hin, auf dem in einer Zeile etwas markiert war.

»Ein Kästchen mit Bernsteinen ist auch dabei!«

»Du bist …« Waverly schlug mit der Serviette nach Ava, die laut lachend auswich.

25

OTTO

Schorfheide, Brandenburg, 17. August 2023

Sie waren gekommen, um Ottos Schulsachen für die nächsten Tage zu holen. Heute hatte sie ihn auf einer Berliner Polizeiwache abholen müssen. Zusammen mit anderen Jugendlichen hatte er sich in Berlin an der Frankfurter Allee mit Sekundenkleber auf die Straße geklebt, um gegen den Klimawandel zu protestieren. Es hatte ein riesiges Verkehrschaos gegeben, und Otto und die anderen waren, nachdem die Polizisten die Hände mühsam mit Sonnenblumenöl vom Asphalt gelöst hatten, in Polizeigewahrsam genommen worden. Obwohl sie die Natur liebte, seit Jahren die Grünen wählte und früher für Abrüstung demonstriert hatte, hatte sie Probleme, die Aktion gut zu finden. Es war ein Unterschied, ob man Parolen rief oder ob man sich aus Protest auf eine viel befahrene Straße klebte. Sie hatte mit ihm geschimpft und er gemault. Am Ende hatten sich beide darauf geeinigt, es besser nicht seinem Vater zu erzählen. Der hatte auf seiner Reise genügend Stress. Über zweihundert Euro würde die Aktion kosten, hatte der Polizist beim Abholen geschätzt, und sie hatte Otto klargemacht, dass er es von seinem Taschengeld würde zahlen müssen. Zudem drohte eine Anzeige. Nun saß sie mit Ärger im Magen am Tisch in der Diele und wartete, bis Otto fertig mit dem Umziehen war.

Sie hatte den Katzen bereits neues Futter und Wasser hingestellt und sortierte jetzt die in den vergangenen Tagen aus dem Briefkasten geholte Post nach Briefen und Werbung.

Ihr Blick fiel auf das aufgerissene Paket und die beiden Tüten mit den roten Kieseln. Sie nahm sie und hielt sie unter das Licht der Deckenleuchte. Als ehemalige Biologielehrerin war sie sich bei näherer Betrachtung sicher, dass es sich um besondere Samen handelte. Sie schaute noch einmal, kein Anschreiben, kein Absender. Als Förster erhielt Marcus vermutlich häufiger solche Zusendungen. Otto kam zurück, in der Hand hielt er sein Skateboard.

»Wo willst du hin?«, fragte Melissa.

»Zu Freunden.«

»Du hast Hausarrest«, entgegnete sie.

»Du bist nicht meine Mutter!«

»Das ist richtig. Sonst hätte ich dir die Leviten gelesen. Wir können auch deinen Vater anrufen …«

Otto zögerte. Ihr Blick fiel auf die Samen. In der Schule hatte sie mit den Schülern zweimal im Jahr Pflanzaktionen im Schulgarten durchgeführt und wusste, wie viel Spaß es den Kindern gemacht hatte, Gemüsesamen einzupflanzen und den Wuchs der Pflanzen bis zur Ernte zu verfolgen. Samen waren wie Wundertüten, besonders wenn man nicht wusste, um welche es sich handelte.

»Wollen wir deinen Vater überraschen?«, fragte sie und griff die Tüte. »Du und deine neuen Freunde, ihr seid doch so fürs Bäumepflanzen. Wir suchen uns jetzt einen schönen Platz im Garten, und dann pflanzen wir die hier ein! Und dann wollen wir mal schauen, was daraus wird.«

Begeisterung sah anders aus.

26

HOLLAND

Schanghai, 18. August 2023

Es war sein erster Besuch in China. Er hatte bereits viele Teile der Welt gesehen, war sogar als Student in Neuseeland gewesen. Aber die Volksrepublik China war noch ein weißer Fleck auf seiner persönlichen Landkarte. Nach der langen Reise fühlte er sich erschöpft, anders als Meyers, die den größten Teil des Fluges neben ihm geschlafen hatte. Die Einreise in Schanghai absolvierten sie problemlos, und auch ihre Koffer waren mitgekommen, wobei sein Gepäck nur aus einer Reisetasche und dem Rucksack bestand. Sein Aufenthalt in den USA war nur auf eine Woche ausgelegt gewesen. Die Lesereise sollte während seiner Sommerpause als Förster stattfinden und hatte in Seattle begonnen. Als weitere Stationen waren nach der Lesung in Seattle und Portland die Städte Boston, New York und Washington geplant gewesen, bevor es zurück nach Berlin ging. Sein Agent war empört gewesen, als er ihn angerufen und die Veranstaltungen kurzfristig gecancelt hatte. Er hatte ihm die Wahrheit gesagt, ihm von der Pflanze erzählt, aber er wusste nicht, ob sein Agent die wahre Tragweite der Bedrohung erfasste. Man einigte sich darauf, eine plötzliche Erkrankung vorzuschieben. »Und wer ersetzt uns den finanziellen Schaden?«, hatte sein Agent verzweifelt gefragt. Eine gute Frage, aber Geld spielte für Holland nur eine untergeordnete Rolle. Er hatte genug davon, um das Leben zu führen, das er führen wollte, und er schrieb die Bücher nicht um des Geldes wegen. Nichtsdestotrotz versprach er seinem Agenten, ihm einen Kontakt zu Homeland Security zu vermitteln, damit dieser wegen einer Entschädigung verhandeln konnte. Seine Sorge galt vielmehr dem Wald in seiner Heimat. Der Frühherbst stand vor der Tür und damit das Auszeichnen der Bäume. Als Forstwirt markierte er in diesen Tagen jene kranken Bäume, die zur Durchforstung entnommen werden mussten. Aber er zeichnete auch die sogenannten Zukunftsbäume aus, bei denen ein besonders hoher Holzzuwachs zu erwarten war und die von bedrängenden Bäumen im Kronenraum befreit werden mussten. Zudem stand die Lese des Saatguts an. Nun geriet sein Zeitplan ins Wanken. Er hatte am Flughafen in New York bereits mit der Landeswaldoberförsterei telefoniert und um weiteren Urlaub gebeten. Für einen Moment dachte er darüber nach, was geschah, wenn die Pflanze sich in Deutschland ausbreitete und sein Zuhause in der Schorfheide erreichte. Seinen Wald. War die Pflanze in Deutschland bereits angekommen? Er hatte das Internet nach Meldungen dazu durchforstet, aber nichts gefunden. Vielleicht wurde es dort auch noch geheim gehalten. Er hatte sich vorgenommen, wenn die Zeitverschiebung es erlaubte, in Deutschland ein paar Freunde anzurufen, die es wissen mussten.

Sein Agent hatte zudem dafür gesorgt, dass ein Fahrer seines chinesischen Verlages sie am Flughafen abholte, und so hatten sie sich durch den Verkehr gequält und waren irgendwann am Jin Mao Tower angekommen. In den unteren fünfzig Stockwerken beherbergte er verschiedene Unternehmen, darunter auch seinen Verlag Yulin Publishing House. In den achtunddreißig Stockwerken darüber befand sich das Grand Hyatt, in dem sein Agent ihnen zwei Zimmer gebucht hatte. Nachdem sie eingecheckt hatten, hatte der Besuch beim Verlag auf dem Programm gestanden, der ihnen als Vorwand für die gesamte Reise diente und daher absolviert werden musste.

Man hatte ihm die chinesische Ausgabe seines Buches präsentiert, was für ihn unter anderen Umständen ein feierlicher

Moment gewesen wäre. Er war verdammt stolz darauf, dass sein Buch mittlerweile in so vielen Ländern verlegt wurde. Dies bedeutete, dass er Menschen auf der ganzen Welt mit seinen Ideen begeistern konnte. Vor allem aber bedeutete es, dass er den Pflanzen mit seinen Büchern ein internationales Forum verschaffte. Er hatte einige Bücher signiert und verschiedenen Mitarbeitern des Verlages die Hände geschüttelt, bevor Meyers und er sich wieder auf den Weg machten. Nun saßen sie schwitzend in einem der Qiangsheng-Taxis auf dem Weg nach Hangzhou. Da die Fahrer der über 50 000 Taxis in Schanghai in der Regel kein Englisch sprachen, hatten sie sich vom Concierge die Adresse des Postamtes im Schanghaier Vorort in chinesischen Schriftzeichen aufschreiben lassen. Die Fahrt dauerte ganze zwei Stunden, und es war ein Wunder, dass sie sie überlebten, offenbar gab es in China keine Verkehrsregeln. Die Klimaanlage arbeitete auf Hochtouren, hatte gegen das schwülwarme Klima aber keine Chance. Die ersten Kilometer durchfuhren sie Downtown, wo sich Gigantismus und Flair abwechselten, die europäischen Einflüsse waren in der ehemaligen Koloniestadt auch heute nicht zu übersehen. Immer wieder ertappte Holland sich dabei, dass er vergaß, in China zu sein. Dieser Eindruck änderte sich, als sie die Stadt verließen und sich den Vororten näherten, wo Reihen großer Mietskasernen dominierten.

Meyers nahm ihr Smartphone und hielt es ihm entgegen. »Jetzt geht es los«, sagte sie und zeigte ihm eine Website von Yahoo. »Killerpflanze bedroht Amerika« stand auf der Titelseite, und darunter war ein Foto der Pflanze zu sehen, wie Holland sie in Cottonwood kennengelernt hatte. Meyers wischte zur Seite, und es erschien die Titelseite von CNN: »Neophyt bedroht die heimische Natur«. Auch dort waren die Pflanzen zu sehen, daneben ein Feuer, welches eine Luftaufnahme aus Cottonwood zu sein schien. Meyers wischte weiter, und er sah die Titelseite der *New York Times*. Auch hier eine reißerische Schlagzeile. Er griff nach seinem Smartphone und öffnete einige deutsche Nachrichtenseiten. Auf der dritten fand er einen ähnlichen Bericht. »Killerpflanze auch in Deutschland?« Er überflog den Artikel, der über das Auftauchen der Pflanzen in den USA, in Österreich und anderen Ländern berichtete, aber die Lage in Deutschland noch als unklar bezeichnete. »Nach Auskunft des Umweltministeriums in Berlin gibt es erste Verdachtsfälle.« Auf internationalen Websites fand er mehr. Kommentare von Experten, Liveberichte aus Cottonwood. Er schloss den Browser und steckte das Handy zurück in seine Tasche. »Der Geist ist aus der Flasche«, sagte Meyers. »Nun werden die Medien uns alle überrennen.«

Meyers' Telefon vermeldete mit einem lauten Ping den Eingang einer Nachricht. »Sie haben recht«, sagte sie. »Es ist ein Pyrophyt. Nach dem Abbrennen finden sich überall in Cottonwood Sprösslinge in der Asche.« Diese Mitteilung überraschte ihn nicht. Dasselbe hatte er bereits im Brandgürtel gesehen. »Aber es kommt noch schlimmer«, fuhr Meyers fort. »Edgar schreibt, neue Laborergebnisse weisen darauf hin, dass die Pflanze resistent gegen die meisten herkömmlichen Herbizide ist.«

»Erstaunlich«, entgegnete Holland.

»Erstaunlich ist ja wohl bodenlos untertrieben! Feuer verschlimmert das Problem, Herbizide wirken nicht. Wie sollen wir die Pflanze jemals wieder loswerden?«

Eine berechtigte Frage, dachte er. Zunächst mussten sie erst einmal verstehen, woher die Pflanze so plötzlich kam, deshalb waren sie hier. Stammten die Samen von hier, musste es irgendwo hier eine riesige Plantage geben. Und Leute, die sie pflegten.

Der Taxifahrer bremste plötzlich scharf und deutete nach rechts: Sie hielten vor einem gelben Backsteingebäude, an dessen Front ein großes grünes Schild prangte, auf dem unter gelben chinesischen Schriftzeichen die Wörter »China Post« und »Postal Savings« geschrieben standen. Holland bezahlte, und sie stiegen aus. Die Luft war warm und feucht, und es roch nach den typischen Abgasen von Zweitaktmotoren. Sie gingen auf die Tür zu und entdeckten erst jetzt das blau-weiße Plastikband, das den Eingang versperrte. Weiße Papiere mit großen chinesischen Schriftzeichen waren auf der Tür aufgeklebt und über dem Türspalt zwei längliche Siegel angebracht. Meyers ignorierte dies alles, griff über das Band und ruckelte an der Tür, die verschlossen war.

»Abgeriegelt«, sprach Holland das Offensichtliche aus.

»Das hatte ich befürchtet«, sagte Meyers und schaute sich hilflos um. »Scheint, als wären wir umsonst hierhergekommen.«

»Vielleicht auch nicht!« Holland deutete auf eine ältere Frau, die keine zehn Meter von ihnen entfernt mit einem Rollator langsam über den Bürgersteig lief. Im Korb der Gehhilfe lag ein großes Paket. Mit langsamen Schritten folgten sie der Frau, die hinter dem Postamt nach links abbog und schließlich vor einem Kellerabgang stehen blieb. Dort stellte sie ihren Rollator ab und begann mühselig, das Paket herauszunehmen. Holland eilte ihr zu Hilfe. Als die ältere Dame den Europäer sah, huschte einen Moment lang Verwunderung über ihr Gesicht, dann überwog die Dankbarkeit. Sie zeigte auf die Treppen, die hinunter zu einer offen stehenden Eisentür führten, und Meyers und Holland halfen ihr hinab. Unten angekommen, betraten sie einen Kellerraum, der vom fahlen Licht der Neonlampen beleuchtet war. Hinter einem Tresen aus gestapelten Kisten stand eine junge Frau, in ihrem Rücken türmten sich Pakete. Ein provisorisches Postamt. Sie warteten, bis die Frau ihr Paket abgegeben hatte, dann traten sie an den Schalter. Meyers deutete auf die alte Chinesin, die sich am Treppenaufgang, an dem ein Geländer fehlte, mit der ersten Stufe mühte. Holland eilte erneut zu Hilfe und begleitete sie die Treppe hinauf, während er hörte, wie Meyers versuchte, die Angestellte auf Englisch anzusprechen. Er hatte die alte Dame nach scheinbar endlosen Minuten der Dankesbezeigungen auf den Weg gebracht und wollte gerade wieder hinuntergehen, als Meyers ihm bereits entgegenkam. »Komm, gehen wir«, sagte sie und hakte sich bei ihm unter, um ihn fortzuziehen. »Sie hatte Bedenken, mit uns zu sprechen, weil wir Ausländer sind. Ich konnte sie überzeugen. Aber nicht jetzt und nicht hier, in einer Stunde hat sie Pause«, konterte sie seinen verdutzten Blick. »Sie sagt, ihr Kollege sei unschuldig, und sie könne das beweisen.«

27

AVA

Im Wald, Kanada, August 2023

Mit der Morgendämmerung wurde sie entdeckt. Sie hatte ihn nicht gesehen, als sie an einem kleinen, moosbewachsenen Hang aus der Deckung kam. Es musste an seiner Tarnkleidung gelegen haben. Er hatte regungslos zwischen zwei Kiefern gelauert. Das Adrenalin, das durch ihren Körper schoss, als sie ihn bemerkte, ließ sie ihren schmerzenden Knöchel vergessen. Sie begann zu rennen, wie sie noch niemals in ihrem Leben gerannt war. Er folgte ihr. Zweige peitschten ihr ins Gesicht, eine Fichte rempelte sie so hart von der Seite an, dass sie beinahe das Gleichgewicht verlor. Doch als sie es nach einigen Metern wagte, sich umzudrehen, war er näher gekommen. Vor Anstrengung und Panik bekam sie keine Luft mehr. Dann hörte sie das laute Zischen, und während sie sich noch fragte, was das war, schlug in einen Stamm neben ihr der Pfeil ein. Sie zog nach rechts und sah aus dem Augenwinkel, wie ihr Verfolger erneut seine Armbrust hob, und wieder zischte es, diesmal vor ihr. Der Wald wurde dichter, sie bückte sich, um einem ausladenden Ast zu entkommen. Sie konnte nicht mehr. Zu auszehrend waren die letzten Tage gewesen. Sie hatte zu wenig gegessen, zu wenig getrunken und war für eine solche Jagd, bei der sie die Beute war, nicht bereit. Sie würde aufgeben. Sich einfach fallen lassen und alles über sich ergehen lassen. Sie spürte, wie ihre Oberschenkel erschlafften. Das Knacken der Äste und Zapfen unter den schweren Schuhen des Menschenjägers hinter ihr kam näher. Sie verlangsamte ihre Schritte, begann auszutrudeln, und dann sah sie es: das Gerätehaus, wie

Zach es immer genannt hatte. Genauer gesagt, das Gerätehaus Nummer drei. Es war eines von fünf im Wald. Es war eher eine Hütte, aus Baumstämmen gezimmert, vielleicht sechs mal sechs Meter groß mit einem Dach aus Metall. Sie war mehrfach zum Arbeiten hier gewesen, hatte mit Zach sogar einmal eine Nacht dort drinnen verbracht, damit sie nicht im Dunkeln zurück zum Kern mussten, wie sie die Zentrale im alten Bunker nannten. Neue Hoffnung keimte in ihr auf. Der Wald lichtete sich, und sie beschleunigte mit letzter Kraft, hielt auf die Tür zu. Ein Zischen, etwas streifte ihre Schulter, aber sie spürte keinen Schmerz. Sie spürte gar nichts mehr. In den Tiefen ihres Gehirns suchte sie nach dem Zugangscode, war sich nicht ganz sicher. 28928 oder 29829. Sie legte sich fest, entschied sich zweimal um und tippte schließlich 29829 in das Feld neben der schweren Eisentür. Es ertönte ein lautes Summen. Sie hörte schon den wütenden Atem von Silvas Handlanger, als sie die Tür aufriss, die so schwer war, dass die Bewegung ihre Schulter zu zerreißen schien, zwängte sich durch den Spalt, als er groß genug war, zog die Tür hinter sich zu, tastete nach dem Riegel und rastete ihn in dem Augenblick ein, als etwas von außen mit solcher Gewalt gegen die Tür schlug, dass diese beinahe aus den Angeln gehoben wurde. Doch die Tür hielt. Die Schläge gegen die Tür wiederholten sich, erst zornig, dann langsamer, dann war es schließlich ruhig. Sie saß schwer atmend von innen gegen die Tür gelehnt, den Rucksack als Polster, und stemmte ihr Gewicht dagegen. Etwas Warmes lief ihren Arm herab, und als sie an ihre Schulter fasste, fühlte es sich feucht an. Sie versuchte, ihre Atmung zu beruhigen. Die Hütte verfügte über zwei Fenster, durch die das schwache Licht des frühen Morgens hineinfiel und im Raum vor ihr erste Silhouetten erzeugte. Ein dumpfer Schlag ließ sie kurz aufschreien, sie robbte zur Seite und schaute zum Fenster, vor dem eine Gestalt erschien. Er versuchte es einzuschlagen. Sie stützte sich an der Tür ab, zog sich am Riegel hoch. Ihr Fuß versagte beim Auftreten, aber sie schaffte es zum Fenster und schaute hinaus. Davor stand der Mann. Tatsächlich trug er Tarnkleidung. Seine Schirmmütze warf einen Schatten im Gesicht, aber sie glaubte, in ihm denjenigen wiederzuerkennen, der ihr im Kern kurz nach der Ankunft unter dem Jodeln seiner Kollegen seinen Gewehrlauf zwischen die Beine gesteckt, sie Scheißlesbe genannt hatte, nachdem sie das Gewehr wütend zur Seite geschoben hatte. Nun hatte auch er sie entdeckt und kam mit dem Gesicht näher heran an die Scheibe. Er grinste und eröffnete so den Blick auf einen fehlenden Schneidezahn. Dann trat er einen Schritt zurück und hob seine Armbrust, bereit zum Schlag. Bereit, das Fenster einzuschlagen, um zu ihr hineinzukommen. Ein schmerzverzerrtes Lächeln huschte über ihr Gesicht, mit dem sie noch näher an das Glas heranrückte. Gerätehaus Nummer drei. Lager und Außenstelle. In ihrem Rücken lagerte technisches Equipment im Wert von einer halben Million Dollar. Der Söldner trat noch einen Schritt zurück und kam dann herangestürmt, den Schaft der Armbrust hoch in der Luft, bereit, ihn durch die Scheibe direkt in ihr Gesicht zu rammen.

28

HOLLAND

Hangzhou/Schanghai, 18. August 2023

Sie saßen in einer kleinen Bar, einige Straßenzüge vom Postamt entfernt, vor sich jeder ein fast leeres Glas mit Kombucha, ein Getränk aus fermentiertem Tee. An der Wand neben dem Eingang hing eine Tafel, auf der in englischer Sprache »Im Himmel gibt es das Paradies, auf der Erde gibt es Hangzhou« geschrieben stand. In der Tat war das, was er auf ihrer Fahrt hierher von der Stadt, die an einem großen See gelegen war, gesehen hatte, beeindruckend: Idyllisch anmutende Steinbrücken über romantischen Wasserwegen wechselten sich ab mit riesigen, gepflegten Gärten, und das alles vor dem Panorama einer der modernsten Skylines, die die Welt zu bieten hatte. Auch der Verkehr wirkte hier deutlich entspannter als in Schanghai. Aber für Sightseeing hatten sie keine Zeit. Sie waren beide müde gewesen und hatten wenig geredet, während sie auf die Mitarbeiterin des Postamts warteten. Meyers war einmal zum Telefonieren um die Ecke verschwunden und hatte darauf geachtet, dass er nicht zuhören konnte. Er vermutete, dass sie mit Mortensen sprach. Nachdem sie zurückgekehrt war, hatte ihre Miene noch sorgenvoller als ohnehin schon gewirkt. »Eine bereits veröffentlichte Studie aus Israel zeigt, dass die Pflanze ätherische Öle produziert, die Isopren enthalten«, erzählte sie, während sie den Rest des Kombuchas austrank. »Ein äußerst flüchtiges und leicht entzündbares Gas, dessen Dämpfe schwerer sind als Luft und sich am Boden unter der Pflanze sammeln. In heißen und sonnigen Regionen kann es durch Öltropfen, die wie ein Brennglas wirken, zu Selbstentzündungen kommen. Sie hatten recht: Die Pflanze will brennen. Hinzu kommen neue Berichte aus Cottonwood. Der Rauch der verbrannten Pflanzen führt noch mehrere Hundert Meter entfernt zu erheblichen Irritationen der Sehkraft. Allerdings nur vorübergehend.«

»Das ist sehr ungewöhnlich«, sagte Holland nachdenklich. Er nahm eine Zeitung mit chinesischen Schriftzeichen, die vor ihm auf dem Tisch lag, und zeigte Meyers das Titelblatt, auf dem eine der Pflanzen abgebildet war. »Sie breitet sich aus!«

Eine ganze Weile saßen sie schweigend zusammen.

»Vermissen Sie sie sehr?«, fragte Meyers plötzlich.

Holland schaute sie verständnislos an.

»Ich meine Ihre verstorbene Frau.«

Holland dachte über seine Antwort nach, suchte nach den richtigen Worten. »Sie fehlt überall. Man sagt immer, die Zeit heilt alle Wunden, aber das stimmt nicht. Ich denke aber, vor allem für meinen Sohn Otto ist es schwer. Sosehr ich mich auch bemühe, kann ich ihm die Mutter nicht ersetzen.«

»Wie alt ist er?«

»Auf dem Papier vierzehn. Tatsächlich manchmal zwölf und ein andermal erwachsener als ich. Wie Teenager halt so sind.«

Sie lächelte. »Wo ist er jetzt?«

»Bei meiner Nachbarin. Sie passt auf ihn auf.«

»Das ist großartig.«

»Ich wüsste nicht, was ich ohne sie tun würde.«

Wieder hingen sie beide eine Weile ihren Gedanken nach. Solange er nicht an Otto dachte, hielt er sich gut. Doch immer wenn sein Name fiel, spürte er Heimweh. So gern er in jungen Jahren gereist war, so sehr genoss er es heute, zu Hause zu sein. »Wollen Sie einmal Kinder?«, fragte er schließlich.

»Ich ja, Edgar nicht.«

Ein weiteres Rätsel der Beziehung der beiden. Er verbot sich eine Bewertung. In diesem Augenblick betrat die junge Angestellte aus dem Postamt die Bar, schaute sich ängstlich um, warf ihnen, als sie sie passierte, einen wissenden Blick zu und verschwand dann durch einen Vorhang hinter der Bar. Meyers und er sahen sich unschlüssig an, erhoben sich und folgten der Frau schließlich unter den kritischen Blicken des jungen Chinesen an der Bar, wobei Holland nicht vergaß, die Zeitung mitzunehmen. Hinter dem Vorhang aus Bambusperlen kamen sie in einen deutlich kleineren, abgedunkelten Raum, in dem nur drei kleine runde Tische standen, an einem saß ihre Verabredung. Sie deutete ernst auf die beiden Stühle neben ihr. »Die Bar gehört meinem Cousin«, eröffnete sie das Gespräch in gutem Englisch. Dabei sprach sie leise, aber bestimmt.

»Warum erkundigen Sie sich nach Huang?« Sie schaute zu Meyers. »Sie sagten, Sie seien Botaniker aus Amerika. Ich könnte Probleme bekommen, wenn ich mit Amerikanern spreche.«

»Ich bin aus Deutschland«, sagte er, vermutete aber, dass es die Sache nicht besser machte. »Es geht um die Samen«, ergänzte er. Dann zeigte er ihr die chinesische Zeitung, auf der eine der Pflanzen abgebildet war. »Was steht hier?«, fragte er und deutete auf den Text. Sie zog die Zeitung näher heran und runzelte die Stirn. Offenbar kannte sie die Meldung noch nicht. »Hier steht, dass es in der Provinz Zhejiang den Ausbruch einer neuen Pflanzenart gegeben habe, die den heimischen Pflanzen schaden könne. Die Pflanze sei aus dem Ausland eingeschleppt, und es werde befürchtet, dass sie unbekannte Krankheiten mit sich trage. Das Ministerium für Landwirtschaft und Angelegenheiten des ländlichen Raums und das Chinesische Zentrum für Krankheitskontrolle und -vorbeugung hätten Maßnahmen zur Vernichtung befohlen, um die weitere Ausbreitung zu stoppen. Nach Auskunft eines Staatssekretärs bestehe keine Gefahr.«

Sie schob die Zeitung von sich. Der Bambusvorhang bewegte sich, der Barkeeper kam und stellte vor der Frau eine Schüssel mit Suppe und ein Glas Tee ab. Dabei warf er einen neugierigen Blick auf die Zeitung, bevor er wieder verschwand.

»Die Pflanze breitet sich überall auf der Welt aus. Sie ist sehr viel gefährlicher, als in diesem Artikel hier steht. Sie ist eine Gefahr für die ganze Menschheit. Wir versuchen, sie zu stoppen, dafür müssen wir aber verstehen, woher die Samen kommen. Niemand kennt eine solche Pflanze bisher«, fasste er den Grund ihres Kommens zusammen.

Sie nahm die Suppe und schlürfte Nudeln vom Löffel.

»Ich bin Li«, sagte sie schließlich.

»Schön, Sie kennenzulernen, Li.« Meyers zeigte auf sie beide und nannte ihre Namen.

»Wir haben Informationen, wonach die Samen von Ihrem Postamt aus an Adressen in aller Welt verschickt worden sind«, setzte Meyers erneut an.

»Das stimmt«, sagte sie mit beinahe trauriger Stimme. »Aber ich habe nichts damit zu tun!«

Holland und Meyers warteten ab und ließen sie erzählen.

»Alles begann vor einigen Monaten. Ein junger Mann kam in unser Postamt und gab vielleicht zehn Päckchen auf. Mehr als manch anderer, aber daran war noch nichts ungewöhnlich, nur das Fahrrad, das er fuhr – und die Handschuhe, die er trug. Ich machte gerade Pause und rauchte vor dem Nebeneingang, und daher sah ich ihn.«

»Und was war an dem Fahrrad so ungewöhnlich?«

»Es war ein Lastenrad, so eins, was aussieht, als wäre es hundert Jahre alt, aber es hatte einen kleinen Elektromotor. Na ja, und dann wie gesagt die Handschuhe. Ich meine, es war warm, und er trug dennoch welche. Weiße, aus Stoff, wie die Frauen in der Volksmiliz sie tragen. Jedenfalls kam er zwei Tage später wieder, auch mit Handschuhen, diesmal habe ich die Päckchen selbst angenommen. Es waren vielleicht zwanzig. Alle gingen ins Ausland, die meisten in die USA.« Sie machte eine Pause und schlürfte drei weitere Löffel von der Suppe. »Am nächsten Tag waren es dreißig und zwei Tage später fünfzig Päckchen, dann hundert und einmal sogar 183. So ging es immer weiter. Am Ende waren es über tausend Sendungen.«

»Wie viel genau?«, fragte er.

»1485.«

»Wissen Sie, ob auch welche nach Deutschland gingen?«

Li nahm die Schüssel und trank die Suppe daraus, bevor sie antwortete. »Es waren alle Länder dabei, die ich kannte, und auch welche, die ich noch nicht kannte.«

»Und hat man irgendeine Idee, wer der Mann auf dem Fahrrad war oder wer hinter dieser ganzen Sache steckt?«

Sie schob die Schüssel zur Seite und nahm einen Schluck vom Tee. Ihr Gesichtsausdruck wurde düster. »Sie haben Huang mitgenommen, meinen Kollegen. Eines Tages standen sie bei uns im Postamt und haben es geschlossen. Dann haben sie uns mitgenommen und unsere Apartments durchsucht. Bei Huang fanden sie eine Pflanze, die aus einem der Samen gewachsen sein soll, die in den Päckchen waren, und haben ihn verhaftet. Seitdem habe ich ihn nicht mehr gesehen.«

»Und hat er etwas damit zu tun?«

Holland bemerkte ein kurzes Zögern.

»Nein!«, sagte sie schließlich.

»Woher wissen Sie das?«

Wieder zögerte sie. Ihr Blick wanderte zum Vorhang, als würde sie befürchten, jemand würde sie belauschen.

»Ich helfe Ihnen, wenn Sie mir versprechen, mich auf dem Laufenden zu halten. Huang sitzt im Gefängnis, das Postamt ist in die Notunterkunft im Keller umgezogen, und die Polizei schaut immer noch jeden Tag bei uns vorbei. Ich gebe Ihnen meine Handynummer, und wenn Sie etwas herausbekommen, rufen Sie mich an oder schreiben mir besser und wir treffen uns wieder.«

Holland schaute zu Meyers, die ihm zustimmend zunickte. Dies genügte Li offenbar als Zusage. »Huang hat eines der Päckchen geöffnet und einen der Samen gestohlen.« Während sie sprach, schaute sie auf die Tischplatte. »Er hatte mir den Samen gezeigt.«

»Haben Sie das der Polizei gesagt?«

Sie schüttelte den Kopf. Tränen stiegen ihr in die Augen.

»Hat Huang das der Polizei gesagt?«

»Ich weiß es nicht, ich habe ihn seitdem nicht mehr gesehen.«

»Und der Mann, der die Pakete brachte? Haben Sie von dem erzählt?«

Sie nickte.

»Und hat die Polizei ihn gefunden?«

»Ich glaube nicht.« Eine Träne lief über ihre Wange. Immer noch schaute sie auf die Kante des Tisches vor ihr. »Sie wissen nicht …« Sie stockte.

»Was wissen sie nicht?«, fragte Meyers.

»… dass ich ihm hinterhergefahren bin.«

»Sie sind ihm hinterhergefahren?«, fragte Holland und konnte die Aufregung in seiner Stimme nur schwer unterdrücken.

Sie nickte. Meyers holte ein Taschentuch aus ihrer Handtasche hervor und reichte es ihr.

»Beim letzten Mal, als er abends, kurz vor Schließung, wieder Päckchen vorbeibrachte, bin ich ihm mit meinem Roller hinterhergefahren. Ich denke, er hat es nicht bemerkt, und ich trug meinen Helm.«

»Und wohin ist er gefahren?«

»Zunächst kreuz und quer durch Hangzhou. Ich hatte schon

Angst, er habe mich entdeckt. Aber dann steuerte er auf den Botanischen Garten zu. Es gibt dort ein größeres Gebäude, vor dem er hielt und hineinging. Roller sind in dem Garten nicht erlaubt, ich ging zu Fuß und entdeckte ihn nicht mehr. Nach einiger Zeit bin ich gegangen, das war's.«

»Er fuhr in den Botanischen Garten?«, dachte Holland laut.

»An dem Gebäude ist ein Schild. Leute wie ich kommen dort nicht hinein. Hier …« Sie hob eine kleine pinkfarbene Handtasche vom Boden, nahm ihr Handy, suchte etwas und zeigte ihnen schließlich ein Foto. »Hangzhou Seed Bank, Plant Resource Library« war in ein Schild aus Holz hineingefräst.

»Ich habe keine Ahnung, was das bedeutet«, sagte sie.

Hollands und Meyers' Blicke kreuzten sich, und Holland spürte, wie sein Puls sich beschleunigte.

»Und warum haben Sie der Polizei nichts davon erzählt?«

»Ich bin ihm während meiner Arbeitszeit gefolgt. Wenn das herauskommt, werde ich gefeuert.«

»Und was ist mit Huang?«, fragte Meyers.

»Er hat damit nichts zu tun! Sie werden ihn wieder freilassen. Aber ich mache mir Sorgen. Als sie ihn verhafteten, ging es ihm nicht gut. Er hatte Probleme mit der Lunge.«

»Asthma?«, fragte Holland.

»Ich weiß es nicht. Eigentlich war er zuvor immer sehr gesund.«

»Wenn Sie der Polizei erzählen, was Sie gesehen haben, hilft es ihm vielleicht«, sagte Holland.

»Ich kann nicht erzählen, dass ich während der Arbeitszeit umherfahre! Ich brauche den Job! Meine Großmutter ist sehr krank, und ich kümmere mich um sie. Im Postamt habe ich ein gutes Gehalt und regelmäßige Arbeitszeiten! 996 kann ich mir nicht leisten!« Zum ersten Mal wurde sie lauter, ihre Wangen waren gerötet.

»996?«

»Von neun bis neun, sechs Tage die Woche. So arbeitet man woanders. Ich aber brauche den Job! Und Huang hätte das Päckchen nicht öffnen und den Samen nicht nehmen dürfen. Ich hatte ihn gewarnt!« Wieder liefen Tränen über ihre Wangen.

Der Cousin steckte den Kopf durch den Vorhang und fragte etwas auf Chinesisch. Sie antwortete knapp, und er verschwand wieder. »Wenn Sie etwas herausbekommen ... vielleicht hilft das Huang.«

»Wir sind keine Polizisten!«, sagte Meyers.

»Schade«, sagte Li. »Ich hätte nämlich noch etwas.«

Meyers schaute unsicher zu Holland. Offenbar dachte sie wie er an Smith' Warnung, man dürfe in China nicht den Anschein erwecken, dass man heimlich ermittelte. »Wir schauen, was wir tun können ...«, sagte Holland. »Was haben Sie noch?«

Li nahm erneut ihr Mobiltelefon und drehte es so, dass sie beide das Display erkennen konnten. »Ein Foto von dem Mann«, sagte Li.

29

WAVERLY

Weimar, November 2016

Am Morgen war sie mit dem Zug vom Berliner Hauptbahnhof in Richtung Weimar gestartet. In Weimar befand sich Goethes Nachlass, bei dem sie auch das Kästchen mit den Bernsteinen vermutete.

Ihre Schicht in der Bar hatte sie wegen einer angeblichen Migräneattacke früher beendet und in der Nacht kaum ein Auge zubekommen. Am Bahnsteig hatte sie bis zuletzt gewartet, bis sie in den ICE in Richtung München gestiegen war. Ebenso war sie beim Umsteigen in Erfurt vorgegangen. Insgesamt dauerte die Fahrt mit der Bahn knappe drei Stunden. Genügend Zeit, um ihre Gedanken zu sortieren.

Nach dem Gespräch im Café mit Wagner fühlte sie sich verfolgt. Sie hatte ihn entgegen seiner Bitte nicht in ihre neuesten Entdeckungen eingeweiht. Dabei war die von ihr in Moskau herausgefundene Tatsache, dass Goethe Mitglied der Illuminati war, eine wissenschaftliche Sensation. Allein diese Entdeckung würde ihr eventuell ein neues Stipendium bescheren. Aber sie wollte mehr. Die Illuminaten interessierten sie nicht. Sie wollte die Urpflanze finden. Ihr Schwerpunkt waren die Archäologie und die Botanik. Und für sie gab es keine großartigere Vorstellung, als eine urzeitliche Pflanze wiederzuentdecken. Die Erde hatte mehrere Aussterbeereignisse erlebt, wodurch frühzeitliche Pflanzen und Tiere für immer verloren gegangen waren – und mit ihnen deren schöpferische Geheimnisse und deren Potenzial für die Menschheit. Der wilde Reis, von dem unser heutiges Grundnahrungsmittel abstammt, war vom Aussterben bedroht – was, wenn wir diese Pflanze niemals für uns entdeckt und kultiviert hätten? Wer weiß, was die Urpflanze für Überraschungen bereithalten würde? Vielleicht enthielt sie wichtige heilmedizinische Stoffe, essbare Früchte oder Pflanzenteile? Nährstoffe, die wir heute gar nicht mehr kannten. Von der genetischen Bedeutung einer Hunderte Millionen Jahre alten Pflanze für das Verständnis der heutigen Flora gar nicht zu sprechen.

Sie war etwas früh, und so hatte sie auf dem Weg vom Bahnhof zum Goethe-Haus in einem urigen Frühstückslokal noch einen Cappuccino getrunken. Um Punkt zehn Uhr traf sie im Goethe-Nationalmuseum ein und wurde direkt zum Leiter des Stabsreferats Forschung vorgelassen. Sie hatte den Termin per E-Mail vereinbart, um im Vorwege unbequemen Fragen aus dem Weg zu gehen. Ihr Ansprechpartner war ein freundlicher älterer Herr mit langen schlohweißen Haaren, die zum Zopf gebunden waren. Auf seiner Nase thronte eine schmale eckige Brille. Sie hatte im Internet recherchiert, dass er Professor an der Universität in Leipzig im Fachbereich Literaturgeschichte war.

»Wir haben häufig Besuch von wissenschaftlichen Kollegen, aber ich denke, zum ersten Mal von einer Archäobotanikerin.« Sie saßen in einem modern eingerichteten Büro im Verwaltungstrakt des Museums. »Es geht mir um die Urpflanze«, kam sie ohne Umschweife zum Grund ihres Gespräches. Sie hatte sich entschieden, mit offenen Karten zu spielen, zumindest zum Teil.

»Die Urpflanze?« Über das Gesicht ihres Gegenübers huschte ein erfreutes Lächeln. *»Ob ich nicht unter dieser Schaar die Urpflanze entdecken könnte? Eine solche muss es denn doch geben!«*

»Goethe, aus dem *Tagebuch über die Italienische Reise 1786*«, gab sie zurück. Sie hätte es nicht auswendig aufsagen können, aber sie verfügte über so etwas wie ein fotografisches Gedächtnis, und diese Zeilen hatte sie in den letzten Tagen bereits mehrmals gelesen. Goethe war nach Italien gereist, um dort nach der Urpflanze zu suchen. In seinen Reisetagebüchern und Briefen in die Heimat hatte er immer wieder von seiner Suche nach der Urpflanze geschrieben. Und nach ihren Informationen diese, oder zumindest ihre Samen, versteckt in jahrhundertealtem Bernstein in Sizilien auch gefunden. So zumindest das Ergebnis ihrer bisherigen Recherchen, die sie mithilfe von Ava, SCANDBOX und dem Bernsteinexperten aus Italien angestellt hatte. Aber dies alles behielt sie noch für sich.

»Sehr gut!«, lobte der Professor. »Sie wissen auch, dass Goethe seine Suche nach der Urpflanze später bereute? In seinem Brief an Nees von Esenbeck im Jahre 1815 schrieb er von seinen seltsamen vegetativen Umwandlungen bei der Suche nach der Urpflanze. Das zeichnete Goethe aus: Wenn er sich irrte, gab er es meistens auch zu.«

Auch das wusste sie bereits.

»Die Urpflanze war nur ein Konzept, ein theoretisches Modell, das er suchte. Aber es gab diese Pflanze nicht wirklich. Ich hoffe daher, Sie suchen keine echte Pflanze?«

All dies wusste Waverly natürlich. Zumindest ordnete die Wissenschaft es mittlerweile so ein: Goethes Urpflanze als Hirngespinst. Aber die Wissenschaft wusste eben nicht alles über den deutschen Dichterfürsten, oder zumindest nicht so viel wie sie.

»War Goethe eigentlich Illuminat?« fragte sie.

Sie erntete schallendes Gelächter.

»Wie kommen Sie denn darauf? Goethe war zwar Geheimer Legationsrat im Staatsdienst, aber sicher kein Geheimniskrämer. Er muss die Illuminaten für eine Gruppe von Spinnern gehalten haben.«

Waverly musste innerlich schmunzeln. Der Professor lag das zweite Mal daneben. Nun nahm er die Brille ab und legte die Stirn in tiefe Falten. »Sind Sie deshalb hier, weil Sie glauben, Goethe sei Illuminat gewesen?«

Sie schüttelte den Kopf. »Mir geht es um etwas aus seinem Nachlass, was laut Inventarliste hier bei Ihnen verwahrt wird. Die Bernsteine, von denen ich schrieb.«

»Und was sollen die mit der Urpflanze zu tun haben?« Immer noch wirkte ihr Gesprächspartner skeptisch.

»Ich hoffe auf archäologisch wertvolle Inklusen. Einschlüsse!«

Endlich hellte sich die Miene des Museumsforschers auf.

»Jetzt verstehe ich! Und ich hatte schon befürchtet, Sie meinen es ernst mit der Urpflanze. Die werden Sie in den Bernsteinen hier wohl kaum finden. Ich weiß, dass Goethe einen seiner Bernsteine nach China gesandt hat. Lassen Sie uns schauen.« Er setzte sich die Brille wieder auf, zog die Tastatur seines Computers heran, bediente ihn mit der Maus, gab mit erstaunlicher Geschwindigkeit etwas ein und betrachtete den Monitor über seine Brille. »Raum 7, Schublade 4 A im Arbeitszimmer«, sagte er schließlich.

Waverly war beeindruckt. Sie spürte, wie ihr Pulsschlag sich beschleunigte. Die Bernsteine waren also tatsächlich hier, SCANDBOX hatte recht gehabt.

»Mir sind die Steine gar nicht als etwas Besonderes erinnerlich. Wie kommen Sie gerade auf diese?«

Im Laufe des Gesprächs hatte Waverly ihren Entschluss, ehrlich zu sein, revidiert. »Ich bin in Briefen auf sie gestoßen. Nach meinen Informationen stammen sie aus den Dolomiten, könnten zweihundert Millionen Jahre alt sein. Ich möchte schauen, was sie beinhalten. Solche Steine sind selten. Sie sagten, Goethe übersandte auch einen nach China?«

Er erhob sich mit einem sibyllinischen Lächeln, ging zu einem Aktenschrank im hinteren Teil des Büros und kam mit einigen Papieren zurück.

»Vielleicht haben Sie schon einmal von Goethes Spätwerk *West-östlicher Divan* gehört, seinem Gedichtband *Chinesisch-deutsche Jahres- und Tageszeiten* oder seinem Gedicht *Der Chinese in Rom?* Seit er 1783 Pierre Sonnerats *Reise nach Ostindien und China* gelesen hatte, war er fasziniert von China. Und der chinesischen Botanik.«

»Der chinesischen Botanik?« Dieser Satz weckte ihr Interesse.

»Aus diesem Briefwechsel hier geht hervor, dass Goethe im engen Austausch mit einem Missionar in Schanghai stand. Dieser besorgte ihm in einem buddhistischen Kloster auf seinen Wunsch hin Samen eines Ginkgo-Baumes. Sie können den Baum heute noch besichtigen, er steht hier in Weimar hinter der Hochschule für Musik, im Osten von Goethes Garten.«

»Und die Bernsteine?«

»Er bezahlte den Ginkgo mit einem Bernstein. Der Missionar vermittelte einen Briefwechsel zwischen Goethe und den Mönchen, übersetzte Goethes Briefe ins Chinesische und die Mitteilungen der Mönche ins Deutsche. Die Briefe liegen heute leider nur noch in chinesischer Schrift vor. Ich habe sie vor einiger Zeit vom Goethe-Institut in Schanghai zugesandt bekommen und noch nicht inventarisieren können.«

Er gab ihr die Blätter, die zum Schutz in Folie eingeschweißt waren. Chinesische Schriftzeichen zogen sich in senkrechter Anordnung über das Papier. Während die einen kunstvoll auf goldmeliertem Papier aufgebracht waren, wirkten die Zeichen auf dem anderen, einfachen Papier eher etwas ungelenk.

»Kann ich davon eine Kopie haben?«

»Sehr gern! Aber lassen Sie uns erst einmal nach den Bernsteinen in unserer Sammlung schauen.« Der Professor erhob sich. »Es wäre nicht das erste Mal, dass wir in der Sammlung des Alten Kurioses entdecken.« Er schaute auf seine Armbanduhr. »Die Ausstellung ist jetzt allerdings für den Publikumsverkehr geöffnet, und wir haben heute Schülertag, eine ganze Reihe von Schulklassen ist hier. Würde es Sie stören, kurz vor Museumsschluss, so gegen 17:30 Uhr, noch einmal wiederzukommen?«

Damit hatte sie nicht gerechnet. Sie fühlte, wie die Erregung in ihr zusammenfiel. Aber sie hatte wohl keine Wahl, und die Steine würden nicht davonlaufen.

»17:30 Uhr ist prima«, sagte sie und erhob sich ebenfalls.

»Melden Sie sich bitte am Eingang, ich komme dann zu Ihnen!«

Sie bedankte sich, und kurz darauf stand sie vor dem Museum und atmete tief die kühle Herbstluft ein. Auf der anderen Straßenseite stand jemand in einem schwarzen Mantel. Sie erkannte ihn sofort: Es war der Mann aus dem Archiv – Wagner.

30

HOLLAND

Hangzhou/Schanghai, 18. August 2023

Der Botanische Garten von Hangzhou, an der nordwestlichen Ecke des Westsees gelegen, wäre allein eine Reise wert gewesen. Meyers und er hatten beide schon davon gehört. Der Garten war als Studien- und Forschungsort an die Zhejiang-Universität angeschlossen und Gegenstand regelmäßiger Veröffentlichungen in der botanischen Fachpresse. Auf dem Weg dorthin hatten sie beschlossen, die wissenschaftliche Berühmtheit des Gartens als Vorwand für ihren spontanen Besuch zu nehmen: Ein deutscher Förster auf Lesereise in Begleitung seiner befreundeten Botanikerin aus den USA statteten der Pflanzensamenbank im legendären Botanischen Garten von Hangzhou einen Besuch ab. Wenn Holland in den vergangenen vierzig Jahren seines Lebens etwas gelernt hatte, dann, dass es stets auf das richtige Narrativ ankam: Die Menschen wollten Erzählungen hören, an die sie glauben konnten. Narrative waren die Religion des Alltags. Und so gingen sie durch die Blumenwelt des Botanischen Gartens, vorbei an dem jetzt blühenden Lotus, dem Bambus, den Pflaumenbäumen und einem Heilgarten, der mit Sicherheit mehr medizinisch wirksame Pflanzen zu bieten hatte als alle anderen Kräutergärten der Welt zusammen.

Die Sonne schien, und Meyers hatte ihre Jacke ausgezogen. Darunter trug sie ein ärmelloses Top, das ihre gebräunte Haut zeigte. Wie er schien auch sie viel im Freien unterwegs zu sein.

»Wie sind Sie zur Botanik gekommen?«, fragte Holland.

Wieder schenkte sie ihm ihr Lächeln, das ihn von der ersten

Sekunde an eingefangen hatte. »Sind Sie auch auf dem Land aufgewachsen?«

»Überhaupt nicht!«, entgegnete sie. »Ich bin ein Stadtkind. Meine Eltern und ich lebten in Nolita.«

»Nolita?«

»North of Little Italy. Meine Mutter kommt ursprünglich aus Italien.«

Ihre dunklen Haare, die dunkelbraunen Augen, nun erkannte er ihre italienische Abstammung. »Dort, mitten in der Stadt, gab es wenig Grün. Die einzigen Pflanzen, die ich bis zu meinem achtzehnten Lebensjahr gesehen habe, waren, glaube ich, die Basilikumblätter auf der Pasta meiner Mama und das Marihuana in der Schule.« Nun musste auch er grinsen. »Beides mochte ich gern, und so beschloss ich, Botanik zu studieren.«

»Eine herzzerreißende Geschichte«, sagte er.

»Tatsächlich glaube ich, dass der Mensch immer nach dem sucht, woran es ihm gerade mangelt. Vielleicht habe ich als Stadtkind einfach die Natur vermisst. Jedenfalls haben Blumen und Pflanzen mich schon immer fasziniert. Sie haben alle denselben Bauplan, und dennoch gibt es eine unendliche Vielfalt an Farben, Formen und Überlebensstrategien.«

»Darf ich Ihnen noch eine Frage stellen?«

»Ui, was kommt jetzt?« Sie schaute ihn erwartungsvoll an.

»Ihre Beziehung zu Mortensen. Wie viel älter als Sie ist er?«

Er glaubte in ihrem Gesicht Enttäuschung zu erkennen, vielleicht war sie von dieser Frage auch genervt. »Es sind zweiunddreißig Jahre. Und nein, wenn ich eben gesagt habe, wir suchen stets nach dem, was uns fehlt: Ich habe keinen Vaterkomplex. Und ich suche auch nicht nach väterlicher Liebe. Mein Vater lebt noch, und man kann sich keinen besseren Papa vorstellen als ihn.«

»Es tut mir leid. Ich wollte Ihnen nicht zu nahe treten«, sagte er. »Es ist nur …«

»Was?« Nun schaute sie ihn direkt an.

»Ich finde, er hat Sie nicht verdient. Sie sind so großartig, und er …« Er beendete den Satz nicht.

Nun huschte ein Lächeln über ihr Gesicht. »Ich nehme das mal als Kompliment«, sagte sie, während sie einen künstlich angelegten See passierten, an dem kleine Häuser mit den typisch geschwungenen, überragenden chinesischen Dachsparren die Besucher des Gartens zum Verweilen einluden. Doch dafür hatten sie keine Zeit.

»Ich war nicht immer so fokussiert wie heute. Wenn ich sagte, dass Cannabis lange Zeit die einzige Pflanze war, für die ich mich interessiert habe, war das nicht untertrieben. Vielleicht gab es sogar noch die eine oder andere weitere verbotene Pflanze, mit der ich in Kontakt geraten bin. Dann habe ich an der Uni einen Kurs von Edgar besucht. Er war mein Professor, und wenn ich jetzt sage, er erkannte mein Potenzial, dann wirst du das vielleicht falsch interpretieren, aber so war es. Ihm verdanke ich alles, was ich heute bin. Und glaub mir, es war nicht so, dass er mich verführt hat, es war andersherum. Er hatte die sehr viel größeren Bedenken wegen unseres Altersunterschieds.«

»Wie gesagt, ich wollte Ihnen nicht zu nahe treten.«

»Das bist du nicht«, sagte sie und lächelte ihn an.

Sie hatte »du« gesagt.

Der Park war noch größer als gedacht, und so dauerte es, bis Greta und er endlich das Forschungszentrum erreichten, dessen Schild Li abfotografiert hatte. Tatsächlich war dort neben einem Museum auch eine Pflanzensamenbank beherbergt. Das moderne Gebäude war nicht für die Öffentlichkeit bestimmt, und so mussten sie eine riesige Klingel benutzen, woraufhin endlose Sekunden nichts geschah, bis ein Wachmann erschien und ihnen öffnete. Er sprach kein Englisch, was darauf hindeutete, dass nicht häufig ausländische Besucher den Weg ins Forschungszentrum fanden. Es dauerte, bis endlich eine Person auftauchte, die gutes Englisch sprach: die Leiterin des Zentrums, eine kleine Chinesin um die sechzig. Ihr war die chinesische Gastfreundschaft zu eigen, und nachdem sie herausbekommen hatte, dass Greta die Lebensgefährtin von Edgar Mortensen war, zeigte sie sich begeistert über den Besuch der ausländischen Kollegen. Holland gelang es rasch, das Gespräch auf die Samenbank zu lenken. Es dauerte etwas, bis der richtige Schlüssel für diesen Bereich des Zentrums gefunden war, dann öffnete sich für sie die Tür zur Plant Resource Library, dem Archiv für Pflanzensamen.

»Nehmen Sie«, sagte die Leiterin und reichte ihnen zwei dunkelblaue Jacken, die aussahen wie Bomberjacken. »Sie werden sie brauchen!« Auch sie zog sich eine Jacke über. Hollands war ein wenig zu klein, sodass er den Reißverschluss nicht schließen konnte.

»Gut zweitausend Samen haben wir mittlerweile gesammelt«, begann ihre Gastgeberin die Führung voller Stolz.

»Viele der Pflanzen in dieser Region sind endemisch, kommen also nur hier vor. Auf diese Art bewahren wir unser pflanzliches Erbe. Zwar stehen viele Pflanzen unter dem Schutz des UNESCO-Welterbes, selbst diese sind aber bedroht.«

Sie erreichten eine weitere Tür, die wie die Tür eines riesigen Kühlschranks aussah. Ihre Gastgeberin öffnete sie mit einem altmodisch anmutenden Schlüssel. »Hinter dieser Klimaschleuse haben wir verschiedene Räume«, erläuterte sie. »Der erste ist unsere Doppel-Fünfzehn-Kammer, die nennen wir so, weil hier 15 Grad bei 15 Prozent Luftfeuchtigkeit herrschen. Hier trocknen wir alle Samen, um sie resistent gegen Schimmel und andere Einflüsse zu machen. Erst wenn sie eine Luftfeuchtigkeit von unter 15 Prozent erreicht haben, werden sie eingelagert.« Sie öffnete die Schleuse, und ihnen schlug tatsächlich eisige Kälte entgegen. Daher also die Jacken. »Dies ist die Kühlkammer für die langfristige Lagerung.« Sie zeigte auf ein Display neben dem Eingang, welches minus 15 Grad zeigte. Holland fröstelte trotz der Jacke. In den Regalen standen Behälter, die aussahen wie Marmeladengläser. Sie enthielten Samen in unterschiedlichsten Formen und Farben. Sein Blick fiel auf ein Glas mit knallroten Samen, aber es waren nicht die ihrer Killerpflanze. Auch Greta schien auf der Suche, sie schlenderte durch die Regale und betrachtete Glas für Glas von Nahem.

»Lagern hier Samen von Pflanzen, die wir heute nicht mehr kennen?«, fragte sie.

»Unser Labor ist noch sehr jung«, antwortete die kleine Chinesin. »Wir befinden uns im Aufbau, daher dürften die Pflanzen, deren Samen wir hier lagern, noch nicht ausgestorben sein.«

»Und was sind die ältesten Exemplare?«, hakte er nach.

»Die Samen erneuern wir spätestens alle zwei Jahre.«

»Erneuern?«

»Wir pflanzen sie im Gewächshaus ein und gewinnen neue Samen aus ihnen, die wir dann wieder trocknen und hier einlagern. Ein immerwährender Kreislauf, wie in der Natur.«

Sie lächelte.

»Wie lange bleiben Samen Ihrer Ansicht nach keimfähig?«, fragte er. Samen waren wie Zeitkapseln, die Lebewesen durch die Zeit trugen und in einer ungewissen Zukunft zum Leben erweckten.

»Sie kennen bestimmt die berühmte Judäische Dattelpalme. Wie lange lagen die Samen in der Festung Herodes', bevor sie gefunden und erfolgreich zum Keimen gebracht wurden?«

»Zweitausend Jahre«, antwortete er. Heute standen die Datteln im Garten der Hadassah-Universität und trugen Dattelfrüchte, von denen bereits Jesus gegessen hatte. Ein von der *Science*-Zeitschrift gefeierter Erfolg.

»Es scheint also, als gebe es kein Zeitlimit«, sagte die Chinesin.

»Und die älteste Pflanzen hier?«, versuchte Greta es auf anderem Wege.

»Das ist immer unser Ginkgo!« Wieder lächelte sie. »Vermutlich die älteste Pflanze auf unserem Planeten und doch vom Aussterben bedroht.«

In der Tat hätte man eigentlich den Ginkgo als Urpflanze bezeichnen müssen. Obwohl er resistent gegen viele Schädlinge und Krankheiten war, wäre er in der freien Natur ausgestorben – hätte er nicht den Menschen zu seinem besten Freund gemacht. Allein der Mensch hatte durch fleißiges Aussäen auf der ganzen Welt dessen Weiterleben gesichert. Ein gelungenes Beispiel von Koexistenz zwischen Menschheit und Natur.

Die Chinesin führte sie durch eine weitere Tür direkt in ein riesiges Gewächshaus unter einer futuristisch anmutenden Glaskuppel. »Hier ziehen wir die Samen groß, um neue zu generieren.« Aus extremer Kälte kamen sie in schwüle Hitze. Die Luft roch nach Erde und Dünger, und sofort begann er zu schwitzen. Wieder scannte Holland den Wald aus Topfpflanzen um sie herum nach ihrer Pflanze, konnte sie aber nicht entdecken. Zwischen den Pflanzen arbeiteten junge Frauen und Männer. »Das sind Studenten, die uns im Archiv helfen«, kommentierte ihre Begleiterin Gretas und Hollands neugierige Blicke. »Wenn das Wetter es erlaubt, gehen wir hinaus und sammeln neue Samen. Manchmal dauern unsere Exkursionen auch bis zu zwei Wochen. Dann zelten wir oder übernachten in den buddhistischen Klöstern oben in den Bergen. Die jungen Leute sind ganz verrückt danach, uns zu begleiten.« Ihre chinesische Führerin sah, wie eine Studentin keine fünf Meter von ihnen entfernt versuchte, vertrocknete Blätter von einer kleinen Palme zu entfernen. Sie begann auf Chinesisch zu schimpfen und lief zu ihr, um sie davon abzuhalten.

Holland schaute zu Greta, die während der Besichtigung erstaunlich schweigsam und in sich gekehrt schien. Auch sie suchte nervös die Umgebung ab.

»Alles klar?«, raunte er ihr zu.

»Ich fürchte, wir verschwenden hier unsere Zeit. Und mir ist zu warm«, flüsterte sie zurück. Sie zog die Jacke über ihre Schultern, sodass diese frei lagen, und pustete sich eine Strähne aus dem Gesicht. Ihre Wangen waren gerötet, er wusste nicht, ob noch von der Kälte oder der Hitze. Aber sie sah umwerfend aus.

Holland spürte ein Kitzeln in der Nase. Ein Indiz dafür, dass ihre Assassina incognita in der Nähe war? Zwischen einer Reihe von Gewächsen stand ein Mitarbeiter in einem gelben Kapuzenpullover und war offenbar mit der Bewässerung der Töpfe beschäftigt. Das Kitzeln wurde stärker, und Holland musste laut niesen. Erschrocken drehte der junge Mann sich zu ihm um, und Holland spürte, wie das Adrenalin in seine Blutbahn schoss. Es war der Mann von Lis Foto. Er wusste nicht, ob es seine europäische Erscheinung oder sein Blick war, doch der junge Mann drehte sich sofort wieder weg, zog die Kapuze seines Hoodies tiefer und entfernte sich mit dem kleinen Wagen mit der Wasserpumpe, den er vor sich herschob. Holland stieß Greta fester an als beabsichtigt und zeigte auf den Mann, der sich nun schon ein gutes Stück entfernt hatte. Greta schüttelte leicht den Kopf. »Ich weiß nicht«, flüsterte sie und irritierte ihn damit. Er war sich so sicher gewesen.

»Es kann weitergehen!«, sagte ihre Gastgeberin. Er zögerte. »Ich bin gleich wieder da«, hörte er sich schließlich sagen, während er die Verfolgung des jungen Mannes aufnahm. Es war eine instinktive Handlung, vermutlich noch nicht einmal besonders klug. Aber was hatte er zu verlieren? Und wenn er derjenige war, den Li vom Postamt verfolgt hatte, und er nun verschwand, war die Wahrscheinlichkeit groß, dass sie ihn nie wiedersahen. Ihre einzige Spur. Holland umrundete einen Blumentopf und quetschte sich in die Reihe zwischen den Palmen und Nadelgehölzen, die hier austrieben. Er ging schnell, ohne zu laufen. Der Mann drehte sich zu ihm um und schien zu beschleunigen. Dann stellte er den Wagen ab und lief ohne das Gefährt auf den Ausgang des Gewächshauses zu. Wenn er floh, hatte er etwas zu verbergen. Diese Erkenntnis ließ Holland noch schneller gehen, nun rannte er beinahe. Der gelbe Pulli verschwand hinter ein paar großen Thujagewächsen, dann sah er ihn an einer Glastür, die nach draußen führte. Er nahm weiter Tempo auf, die feuchtheiße Luft war nur schwer zu atmen. Die Tür führte direkt in den Park. Hier war die Luft kühler und klar, und er versuchte, den Sauerstoff tief zu inhalieren. Der junge Mann war langsamer als er.

Vielleicht war er keine Sportskanone, aber er war gut durchtrainiert. Nicht nur die tägliche Arbeit im Wald hielt ihn fit: So albern es klingen mochte, absolvierte er auch mindestens zweimal in der Woche den Trimm-dich-Pfad, einen fünf Kilometer langen Rundkurs durch den Wald, bei dem alle zweihundert Meter ein Turngerät aufgestellt war. Von der örtlichen Gemeinde gefördert.

Der Mann hielt auf ein Lastenrad zu, das so aussah wie das, welches Li beschrieben hatte. Kein Zweifel: Er war's. Wenn der Mann das Rad erreichte, das laut Li über einen Elektromotor verfügte, würde er ihn verlieren. Seine Oberschenkel brannten, seine Lunge schmerzte, was ungewöhnlich war. Vielleicht eine Nachwehe seines Asthmaanfalls. Mittlerweile erregten sie die Aufmerksamkeit anderer Parkbesucher. Einige, die sie schnitten, riefen ihnen ärgerliche Sätze hinterher, andere schauten ihnen ängstlich nach. Smith' Warnung, keine Aufmerksamkeit zu erregen, ging ihm durch den Kopf. Doch dafür war es nun zu spät. Der Abstand zu Mister Gelber Pulli betrug vielleicht noch zehn Meter, doch dieser hatte sein Lastendreirad erreicht, griff hektisch nach dem Lenker, trat mit dem Fuß den Ständer weg und schwang sich auf den Sattel. Ein Rattern wie bei einem startenden Rasenmäher ertönte, dann trat der Mann im Stehen in die Pedale, und das Rad schoss nach vorn. Holland spürte, dass ihm die Kraft ausging, und er wollte die Verfolgung schon aufgeben, als er hinter dem wegfahrenden Lastenrad ein Fahrrad entdeckte. Er sah kein Schloss oder Ähnliches, schwang sich auf den Sattel und nahm die Verfolgung auf. Irgendwo ertönte eine chinesisch klingende Unmutsbekundung, dann sah er eine Frau auf ihn zurennen. Offenbar gehörte das Fahrrad ihr. Kein Aufsehen erregen, hörte er erneut im Geiste Smith' Worte. Zu spät. Sein Fahrrad hatte keinen Elektromotor. Auch er stieg aus dem Sattel, seine Muskeln schmerzten noch mehr als ohnehin. Der Schweiß brannte in seinen Augen. Das Lastenrad schien ihn mit seinem Motor mühelos abzuhängen. Er trat in die Pedale, so fest er konnte. Kies spritzte unter den breiten Reifen. Sie folgten dem Weg durch den Park, wieder vorbei an kleinen Seen und spektakulären Anpflanzungen tropischer Blumen. Schließlich erreichte das Lastenrad den Ausgang zur Straße, während er noch gute hundert Meter Rückstand hatte. Gleich im Verkehr würde er ihn verlieren. Der junge Mann drehte sich zu ihm um, er glaubte, in dessen Mimik Triumph zu erkennen. Dann ging alles ganz schnell. Das Fahrrad schoss auf die Straße, Holland sah ein heranrasendes Auto, ein schnell beschleunigender, schwarzer SUV, wollte noch etwas rufen, doch schon verschwand das Lastenrad samt gelbem Pullover unter dem Fahrzeug. Er hörte keine Bremsen, aber das knirschende Geräusch von sich verbiegendem Metall, dann war es gespenstisch still. Holland rollte auf den Ausgang zu. Die Straße war übersät mit Teilen des Fahrrads, er erkannte den abgerissenen Elektromotor, traute sich kaum, genauer hinzusehen.

Von überall strömten Menschen herbei und bildeten eine Traube um einen auf der Straße liegenden Körper. Vergeblich hielt er nach dem Unfallwagen Ausschau. Ein Frösteln erfasste ihn trotz der Wärme. Er wusste nicht, wie lange er dort so gestanden hatte, als sich eine Hand auf seine Schulter legte. »Mein Gott, was ist passiert?«, hörte er Gretas dünne Stimme. Als er sich umdrehte, sah er sie zusammen mit der Leiterin des botanischen Forschungszentrums stehen, neben ihnen je ein Elektroroller. Sirenengeheul ertönte, von überall kamen Polizeifahrzeuge herangefahren, plötzlich wimmelte es von Polizisten. Eine Frau kreischte etwas auf Chinesisch, redete aufgeregt auf einen der Polizisten ein und zeigte auf ihn. Er brauchte einen Moment, bis er verstand, dass es die Besitzerin des Fahrrads war, auf dem er saß und – welches er gestohlen hatte. Weitere Menschen kamen aus dem Park, sprachen mit den Ordnungshütern und deuteten auf ihn, bis die kleine Gruppe von Polizisten sich in Bewegung setzte und auf ihn zukam. Er sah Smith' ernstes Gesicht vor seinem geistigen Auge. Erregen Sie in China keine Aufmerksamkeit, hatte er gesagt. Zu spät.

31

AVA

Im Wald, Kanada, August 2023

Gerätehaus Nummer drei. Das Techniklager. Nach einigen Einbrüchen hatten sie sich bei der Auswahl der Fenster für Panzerglas aus Polycarbonat entschieden. Mit Durchbruchhemmung. Ava hatte die Rechnung gesehen, und sie war auch dabei gewesen, als Zach versucht hatte, es mit einer Axt einzuschlagen, und die zurückprallende Axt ihm beinahe den Schädel gespalten hätte. Der Schaft der Armbrust prallte auf das Glas, und auch jetzt riss der Rückstoß den Mann vor dem Fenster beinahe von den Beinen. Die Scheibe hatte nicht einmal einen Kratzer abbekommen. Das Schauspiel wiederholte sich mehrmals, das Gesicht des Söldners verzerrte sich vor Wut. Schließlich trat er mit seinem schweren Stiefel gegen die Scheibe, versuchte es auf der anderen Seite und zog sich dann schwer atmend zurück auf einen Fels, der keine zehn Meter vor der Hütte auf der Lichtung lag. Sie sah, wie er in ein Funkgerät sprach. Vermutlich würde er Hilfe holen. Der Wald war riesig, und es mochte einige Zeit dauern, bis die Verstärkung kam. Aber wie lange es auch dauern würde, sie saß in der Falle. Sie würden schon einen Weg finden, wie sie hier hineinkamen, oder vielleicht zündeten sie die Hütte auch einfach an und schauten gemeinsam mit Silva zu, wie sie darin verbrannte. Sie war sicher, dass Silva diese Hütte überwachte, auch wenn sie es nicht genau wusste, da sie die Kameras nicht installiert hatten.

Sie fand den Lichtschalter neben der Tür. Die Lampe an der Decke benötigte mehrere Anläufe, bis sie flackernd ansprang und die Hütte in grellem Neonlicht ausleuchtete. Sie griff an ihre Schulter und betrachtete die Wunde. Der Pfeil hatte sie gestreift und auf einer Länge von vielleicht zehn Zentimetern die Haut fingerbreit aufgerissen. Jetzt erst spürte sie den brennenden Schmerz. Sie versuchte, Fetzen ihres T-Shirts aus der Haut zu entfernen, hielt den Schmerz aber nicht aus. Ihr Blick wanderte durch die Hütte. Wie das letzte Mal, als sie hier gewesen war, lagen noch immer Rollen mit Kupferkabeln und noch nicht verlegten Schläuchen auf dem Boden, daneben wetterfeste Rohre, Sprinkler, die auf ihre Montage warteten. Über den Kisten mit Relais stapelten sich originalverpackte Infrarotdetektoren für die Gasanalyse. Daneben reihten sich die Kartons mit Radio- und Dendrometern. Viele dieser Messgeräte hatte sie in den vergangenen Monaten mit Juri, Zach und Alex im Wald installiert, doch sie waren nicht fertig geworden, es gab einfach zu viele Bäume in diesem Wald. Auf einem der Regale fand sie, was sie suchte, eine Rolle mit Panzerklebeband. Sie bahnte sich einen Weg durch das Lager, nahm das Klebeband und biss mit den Zähnen einige Stücke ab, mit denen sie die Wunde an der Schulter zusammenklebte. Danach wickelte sie es sich um das Fußgelenk, immer wieder, bis es sich stabil anfühlte. Als sie fertig war, war ihr speiübel und schwarz vor Augen. Sie ignorierte es, ging zurück und spähte vorsichtig aus dem Fenster. Der Kerl saß noch immer auf dem Stein und rauchte eine Zigarette, wobei er feindselig zu ihr hinüberstarrte. Die Armbrust lehnte neben ihm. An seinem Gürtel erkannte sie ein Halfter, aus dem eine Waffe herausragte. Offenbar wartete er noch immer auf Verstärkung. Seine Aufgabe war gewesen, sie zu finden, und das hatte er getan. Mehr noch: Er hatte sie in die Enge getrieben. Zwar kam er aktuell nicht hinein, aber sie kam auch nicht hinaus. Ihr Blick fiel auf das Nagel- und Klammergerät, mit dem sie Tausende von Krampen in Stämme geschossen hatte. Kurz stellte sie sich vor, wie sie damit hinauslief und auf den Kerl schoss, verwarf die Idee aber sofort wieder. Mit ihren Verletzungen war sie viel zu langsam, die Nägel viel zu harmlos. Er würde sie erschossen haben, bevor sie auch nur in seine Nähe kam. Sie war nicht bereit, hier zu sterben. Sie trat auf eine der riesigen Elektrodenmatten und blickte auf eine Reihe von Stromspeichern, sogenannte Powerwalls, die auf ihren Einsatz warteten. Jeder kostete zehntausend Dollar, aber Silva hatte genügend Bitcoins, um Tausende davon zu kaufen. Warum war sie nicht schon früher darauf gekommen? Sie lief zu dem Eisenschrank in der Ecke und öffnete ihn. Sie seufzte laut vor Erleichterung, als sie darin den besonders robusten Laptop für den Außeneinsatz fand. Sie wusste, dass Silva ihre Zugangsdaten zum System gesperrt hatte. Aber Juri hatte, wie bei allen Systemen, einen Hintereingang für sie programmiert. »Cat Door« hatte er es genannt. Einen Zugang, der vor der KI verborgen blieb. Wenn dieser noch funktionierte, würde sie unbemerkt von Silva ins System kommen. Der Computer fuhr hoch, und sie gab das Passwort, welches aus einer fünfzehnstelligen Buchstaben- und Zahlenfolge bestand, ein. Sie war schon immer gut gewesen im Merken von Gedichten, Zahlenreihen und eben Passwörtern. Einen Augenblick hielt sie die Luft an, dann war sie erfolgreich eingeloggt. Sie war nicht nur mit dem System verbunden, sondern auch mit dem Internet. Konnte es sein, dass Silva es nicht bemerkte? Ihr Blick fiel auf die Batterieanzeige des Laptops, sie war rot und blinkte. Daneben stand »3 %«. Der Laptop hatte kaum noch Saft, würde gleich auf Stand-by schalten. Sie suchte nach einem Netzkabel, fand aber keins. Die Batterie blinkte weiter. Sie hatte nicht mehr viel Zeit! Entweder würde Silva sie aus dem System werfen, oder die Batterie des Laptops ging zur Neige. Sie öffnete den Browser und ließ ihre Finger über die Tastatur fliegen. »Liebe Wave«, begann ihre E-Mail. Sie hatte keine Zeit für lange Erklärungen. »Juri, Zach und Alex sind tot.« Sie holte den USB-Stick aus ihrer Tasche und steckte ihn in den Laptop, lud die Dateien herunter, fügte sie der E-Mail an. »Wenn ich nicht überlebe, sorge bitte dafür, dass die anliegenden Dateien in die richtigen Hände kommen.« Sie spürte, wie sich ihr die Kehle zuschnürte. Sie schaute auf die Batterieanzeige. Gleich war der Akku leer. Sollte sie Wave wirklich hier mit hineinziehen? Sie zögerte eine Sekunde, dann drückte sie auf »Senden«. Wieder ertönte das Geräusch eines zischenden Pfeils, doch dieses Mal war es das E-Mail-Programm. Die E-Mail war versendet. Sie schloss alle Fenster und öffnete das Betriebssystem, das Juri geschrieben hatte. Es öffnete sich eine Karte, auf der ein Waldgebiet aus der Vogelperspektive zu sehen war. Sie suchte nach dem Gerätehaus Nummer drei, und der Bildausschnitt zoomte hinein, bis sie ihre Hütte von oben sah, davor die Lichtung. Ein Blick auf die linke Leiste zeigte ihr das Symbol eines Wassersprinklers. Sie wählte mit dem Cursor einen Ausschnitt und aktivierte ihn. Draußen erhob sich lautes Fluchen. Sie ging zum Fenster und sah, wie der Kerl aufgesprungen war und schimpfend auf den Sprinkler schaute, der jetzt die Lichtung, aber auch die Baumreihen darum herum bewässerte, ihn nass spritzte. Er warf die Zigarette fort und zog seinen Kragen höher. Wasser würde ihn nicht verjagen, das war klar. Jetzt wechselte sie das Menü und öffnete die Karteikarte mit dem Symbol, das einen Blitz zeigte. Wieder zoomte sie in eine Karte, wählte ein Areal des Waldes aus und begann auf eine Reihe von Bäumen zu klicken. Zehn, zwanzig, fünfzig, immer mehr. Ein Warngeräusch ertönte, ein Fenster öffnete sich, welches sie wegklickte. Sie umrahmte weitere Bäume aus der näheren Umgebung, die anschließend rot leuchteten, bis ein Areal von gut tausend Bäumen um die Lichtung herum rot markiert war. Dann zoomte sie zur Hütte, fand den Fels, der tatsächlich auf der Karte verzeichnet war, und markierte großzügig das Areal um ihn herum. Drei mal drei Meter. Sie wählte das Einsatzgebiet nicht zu groß und nicht zu klein. Sie schaute aus dem Fenster, versicherte sich, dass der Mann noch immer neben seiner Armbrust ausharrte, zusammengekauert, verärgert, nass. Dann zog sie mit der Maus einen Regler hoch, von einer Sekunde auf zwei, schließlich auf zehn Sekunden. Sie hatte keine Ahnung, ob die Energie genügte, wusste nicht, ob das System überhaupt schon funktionierte. Der Akku des Laptops hatte nur noch zwei Prozent. Sie wich vom Fenster zurück und klickte auf einen Button, auf dem »Power« stand. Wieder öffnete sich ein Fenster, und sie bestätigte ihr Vorhaben mit »O. K.«. Sie hockte sich in eine Ecke der Hütte und schaute auf das Fenster. Nichts geschah. Sie schaute auf den Laptop, der in dieser Sekunde ausging. Immer noch passierte nichts. Schon spürte sie, wie die Enttäuschung sich in ihr ausbreitete, als es vor dem Fenster einen Blitz und einen lauten Knall gab, dem ein entsetzlicher Schrei folgte, dann hörte sie ein lautes Knistern, schließlich flackerte es wie bei entfernten Blitzen. Sie zählte leise bis zehn, dann war wieder alles ruhig. Sie stieß den Computer von ihrem Schoß und ging vorsichtig zum Fenster. Draußen sah alles aus wie zuvor, nur dass dort, wo gerade noch der Söldner gestanden hatte, nun ein schwarz verkohlter Körper lag, von dem weißer Rauch aufstieg. Sie ging zur Tür und öffnete sie. Der Geruch von verbrannten Haaren zog in ihre Nase. Sie streckte langsam den Fuß aus und berührte mit ihrer Fußspitze vorsichtig die nasse Erde. Nichts geschah. Sie musste hier so schnell wie möglich fort. Sie drehte sich um, griff die Druckluftnagelpistole und steckte sie in den Hosenbund. Dann lief sie auf die verkohlte Leiche zu, hielt die Luft an, legte sich die Hand vor die Augen, um nicht hinschauen zu müssen, und sah doch zu viel. Sie lief zu der Stelle im Wald, die sie eben auf der Karte im Computer als kürzesten Weg zur Küste identifiziert hatte. Noch war sie nicht besiegt.

32

Cottonwood, Minnesota, 18. August 2023

Smith blickte mit sorgenvollem Gesicht auf den Wandbildschirm vor ihnen. »Es schreitet schneller voran als gedacht«, sagte er mit ernster Stimme. »Unser Epidemiologe hat die Software mit neuen Daten gefüttert. Wir haben viel weniger Zeit, als wir dachten.«

Neben ihm saß Edgar Mortensen, beide hatten ein Glas Cognac vor sich stehen.

»Haben Sie von den Problemen mit den Kabeln gehört?«, fragte Mortensen.

»Sie meinen die weißen Fäden?«

»Nein, die Telefon- und Stromkabel. Eine Mitteilung vom US Forest Service. Berichten die nicht an Sie?«

Smith schaute auf den Stapel unbearbeiteter Meldungen auf seinem Schreibtisch, der täglich wuchs.

»Die Pflanze hat anscheinend großen Spaß daran, mit ihren Wurzeln die Wurzeln benachbarter Pflanzen zu malträtieren. Sie bildet einen Gewebering, auch Haustorium genannt, der die Wurzeln anderer Pflanzen in einem Umkreis von bis zu hundert Metern umschließt. In dem Gewebering befindet sich eine hydraulisch betriebene Klinge, die die Wurzeln der anderen Pflanzen kappt, damit Assassina incognita deren Saft trinken kann.«

»Eine Klinge?«, fragte Smith ungläubig.

»Sie besteht aus Lignin, ich habe hier Fotos, das sieht aus wie ein geschwollener weißer Ehering. So etwas kennt man wohl schon vom Australischen Weihnachtsbaum. Jedenfalls ist die Pflanze anscheinend dumm, denn sie umschließt auch ihre eigenen Wurzeln, auf den Boden gefallene Äste und leider auch Kabel. In Frankreich wurden bereits Hunderte von Kabeln zerstört. Vor allem Telefonkabel. Die Telefongesellschaften schieben schon Überstunden.«

»Was denkt die Pflanze sich denn noch alles aus?«, sagte Smith und nahm einen weiteren Schluck. »Irgendwelche Neuigkeiten aus China?«, fragte er.

Mortensen schüttelte den Kopf. »Die verschwenden dort ihre Zeit. Der Pflanzenflüsterer hat stundenlang seinen Verlag besucht. Das Postamt, von dem aus die Samen verschickt wurden, ist von den Behörden geschlossen worden, und er hat mit niemandem versucht, Kontakt aufzunehmen. Greta sagt, sie machen quasi Sightseeing. Als ich mit ihr sprach, saßen sie gerade in einer Bar.«

Smith hob die Augenbrauen.

»Ich sage Ihnen, es war ein Fehler, ihn dazuzuholen. Und Sie hätten ihn auf seinen Artikel ansprechen sollen. Wieso er in der Lage war, diese Katastrophe so detailliert vorherzusagen. Ich glaube nicht an Glaskugeln.«

»Wir haben ihn durchleuchtet, waren sogar in seinem Haus in Deutschland. Es spricht nichts dafür, dass er irgendwie involviert ist. Ihre Verlobte meinte, eine Ausbreitung invasiver Pflanzen, so wie es jetzt geschieht, sei gar nicht so unwahrscheinlich.«

»Ich sage Ihnen: Es war ein Fehler.«

Smith nahm einen Schluck vom Cognac. »Haben Sie mal den Fernseher eingeschaltet?«, fragte er.

»Dazu habe ich keine Zeit.«

»Die Medien sind außer Rand und Band! Mittlerweile findet man das Höllenkraut überall. Meist nur vereinzelte Pflanzen, selten haben sie sich so vermehrt wie hier, aber es gibt auch Berichte von Kolonien. In Manchester, New Hampshire, sollen die Pflanzen sich auf einem Hektar ausgebreitet haben, vier Bewohner sind im Krankenhaus, ein Farmer ist an einem Asthmaanfall gestorben. Verätzungen von Kindern einer Schulklasse in Fort Worth. Im Napa Valley hat das Höllenkraut einen Golfplatz besiedelt. Auf Vancouver Island in British Columbia ist eine Highschool geräumt worden, weil die Pflanze sich auf dem Schulgelände ausbreitet. Die Meldungen kommen minütlich. In Europa ist es nicht besser.« Smith schüttelte den Kopf. »Wir brauchen ein Gegenmittel, irgendeine Idee, wie wir die Pflanzen stoppen können. Holland hat recht gehabt: Das Feuer hat es verschlimmert. Die Kapseln sind aufgesprungen, der Auftrieb der durch das Feuer erhitzten Luft hat die Samen in große Höhen und danach über weite Strecken transportiert. Wie Holland sagte, die Pflanze hat nur darauf gewartet, dass wir sie verbrennen. Und nun kommen Sie mit der Hiobsbotschaft, dass Pflanzenschutzmittel nicht hilft. Wie kann das sein? Was ist das für ein verdammtes Höllenkraut?!«

»Agent Orange funktioniert! Und kein Lebewesen ist unsterblich«, entgegnete Mortensen. »Gott sei Dank sind die Pflanzen noch nicht intelligenter als wir Menschen. Ich möchte nicht zu große Hoffnungen wecken, aber das, was ich von meinen Mitarbeitern aus Baltimore höre, klingt Erfolg versprechend. Das Heilmittel heißt ›Gene Drive‹.«

»Gene Drive?«

»Genetik. Wenn wir die Pflanze nicht von außen bekämpfen können, tun wir es von innen. Wir gehen in ihre DNA und verändern ihre Erbsequenz. Vereinfacht gesagt, schneiden wir einzelne Gene einfach heraus, wir nehmen ihr so die Möglichkeit, sich zu vermehren.«

»Und das funktioniert?«

»Bei invasiven Tieren wird es schon angewandt. Bei Pflanzen war die Wissenschaft noch nicht so weit. Aber mein Team und ich sind kurz vor dem Durchbruch.«

»Wie kurz?«

Mortensen deutete zwischen Daumen und Zeigefinger einen Abstand in der Größe einer Eincentmünze an.

»Irgendwelche Nachteile?«

Mortensen zuckte mit den Schultern. »Gesetzlich ist der Einsatz von genetisch veränderten Pflanzen nicht ganz einfach.«

»Gesetze kann man im Angesicht einer großen Gefahr rasch ändern. Man denke an Covid zurück. Unsere Behörde hat eine kurze Leitung zum Weißen Haus.«

»Und anders als bei invasiven Tieren wirkt der Gene Drive bei Pflanzen nicht sofort. Es kann länger dauern, bis die genetisch veränderte Population sich durchsetzt. Vielleicht sogar Jahre. Es scheinen bereits eine Menge Samen von Assassina incognita in der Atmosphäre, in der Erde zu sein. Die bekommen wir mit unserem Genetik-Werkzeugkoffer natürlich nicht weg. Einige davon werden auskeimen. Aber anscheinend bewirkt Glyphosat zumindest bei den Samen etwas. Wenn wir das breitflächig ausbringen und damit die natürlichen Samen von Assassina incognita vernichten, könnten die genetisch veränderten Pflanzen sich schneller durchsetzen.«

»Ist Glyphosat nicht auch problematisch?«, wollte Smith wissen.

»Alles auf der Welt ist problematisch. Hat man zwei Probleme, muss man sie gegeneinander abwägen und sich entscheiden, welches man lösen möchte.«

»Dann beeilen Sie sich mit Ihrem Gene Drive.«

»Ich werde nach Baltimore reisen mussen, sofort«, entgegnete Mortensen und trank den Cognac aus.

»Meinetwegen. Hier brechen wir die Zelte ohnehin ab. Ich fliege heute Abend zurück nach Washington.«

Beide erhoben sich und gaben sich die Hand.

»Vielleicht haben wir sehr bald etwas Bahnbrechendes zu verkünden«, sagte Mortensen mit einem Lächeln.

Smith' Miene hellte sich auf. »Wenn Ihnen das gelingt, Mortensen, ist Ihnen der nächste Nobelpreis sicher!«

33

HOLLAND

Schanghai, 18. August 2023

Holland saß in einem weiß getünchten Raum. Kein Spiegel, aber zwei moderne Kameras, in jeder Ecke eine. Vor ihm stand ein weißer Tisch, der wirkte, als sei er neu. Man hatte ihn vom Ort des Unfalls mit einem Mannschaftswagen der Polizei fortgebracht, in dessen Fond er eingepfercht zwischen acht Polizisten gesessen hatte. Greta hatte versucht, mitzukommen, war aber zurückgedrängt worden. Sie waren zurück nach Schanghai gefahren und hatten vor einem riesigen Gebäudekomplex gehalten, der sich als Zentrale der hiesigen Polizei entpuppte. Dort hatte man ihn in diesen Raum gebracht und seinen Reisepass inspiziert. Darüber waren vier der Polizisten in eine Art Diskussion verfallen und schließlich mitsamt seinem Pass verschwunden. Offenbar sprach niemand von ihnen genug Englisch, um sich mit ihm verständigen zu können.

Vor ihm auf dem Tisch lag säuberlich aufgereiht der Inhalt seiner Taschen. Erfreulicherweise trug er keine Handschellen, aber er wartete nun bereits seit gut zwei Stunden, ohne dass etwas geschah und ohne dass man ihn hatte auf die Toilette gehen lassen. Er wusste nicht genau, warum er hier war: weil er zur Verfolgung des jungen Mannes das Fahrrad gestohlen hatte – er würde von Leihen sprechen – oder weil der von ihm Verfolgte vor den SUV geraten war. Der Schock saß ihm noch in den Knochen. Einen so schrecklichen Unfall hatte er noch nie zuvor so hautnah erlebt. Er wusste nicht, ob der Mann den Unfall überlebt hatte, aber er konnte es sich nicht vorstellen. Von dem Todesdrama einmal abgesehen, schien es so, als sei damit auch ihre letzte Spur zu den versandten Todessamen gestorben. Die Tür öffnete sich, und ein Mann trat ein. Anders als die anderen Polizisten trug er zivile Kleidung. Jeans und Sakko mit hochgekrempelten Ärmeln. In der einen Hand hielt er eine Tüte, in der anderen einen Kaffeebecher, in den er etwas hineinspuckte, bevor er ihn begrüßte. Unter seinem Arm klemmte eine Akte. Er schloss die Tür mit dem Fuß, legte die Sachen auf dem Tisch ab, ging erst zu der einen Kamera, reckte sich und schaltete sie aus. Dann wiederholte er es bei der anderen Kamera und setzte sich schließlich auf den leeren Stuhl ihm gegenüber. Holland wusste nicht, ob das Ausschalten der Kameras ihn beruhigen oder beunruhigen sollte.

»Mein Name ist Zheng Long«, stellte er sich in bestem Englisch vor. Sein Gegenüber nahm einen Kern aus der Tüte, steckte ihn sich zwischen die Lippen, zerbiss ihn gekonnt mit den Schneidezähnen und spuckte die Hülle in den Becher.

Holland entschied sich, erst einmal abzuwarten.

Der Polizist beugte sich vor, nahm einen Stift und notierte etwas in der Akte. »Wussten Sie schon, dass bei uns nicht mehr allein Staatsanwälte entscheiden, wer angeklagt wird, sondern Computer?« Wieder ertönte das laute Knacken berstender Samenschale. »System 206 heißt die Software, die wir gerade testen. Sie entscheidet ohne menschliche Beteiligung über eine Anklageerhebung. Die Trefferquote des Computers liegt bei 97 Prozent. Das heißt, dass nur 3 Prozent Unschuldige angeklagt werden. Das ist gut!« Wieder nahm sein Gegenüber einen der Kerne, Holland tippte auf Sonnenblumen, zerteilte ihn mit einem lauten Knacken und spuckte ihn aus. Holland glaubte, an den Vorderzähnen des Mannes eine kleine Kerbe zu erkennen, die verriet, dass er dies regelmäßig tat.

Der Polizist beugte sich vor und schaute in die Akte, in der Holland einen Folienumschlag mit seinem Reisepass entdeckte.

»In Ihrem Fall empfiehlt die Software eine Anklage wegen Fahrraddiebstahls. In Bezug auf Totschlag zweiten Grades, was in etwa dem Vorwurf der fahrlässigen Tötung entspricht, rät 206 zur Einholung weiterer Informationen. Wissen Sie, wie eine KI funktioniert?« Er schaute ihn an, während er sich mit der Zunge über die Zähne fuhr.

»Grob«, entgegnete Holland. Seine Welt war im Freien, in der Natur. Computer empfand er als notwendiges Übel. Aber ihn beschäftigte, dass sein Gesprächspartner von Totschlag gesprochen hatte. Dies bedeutete wohl, dass der junge Mann gestorben war.

»Die meisten Leute haben keine Ahnung davon. Sie stellen sich eine KI wie einen als Roboter verkleideten Menschen vor oder glauben, künstliche Intelligenz sei vergleichbar mit der unseren. Tatsächlich ist ein Algorithmus nur ein Wiederkäuer. Wie eine Kuh. Er kann nur das verarbeiten, womit er vorher gefüttert wurde. Wie effektiv eine künstliche Intelligenz ist, hängt davon ab, wie gut die Daten sind, die ihr zur Verfügung stehen. Ich habe von einem mit wissenschaftlichen Daten gespeisten Algorithmus gehört, der ein Kuchenrezept erfinden sollte und dafür Limonade, Chilis und Pilze empfahl, aber Butter und Backpulver vergaß. Weil er zwar in seiner Datenbank Millionen von komplizierten Daten speicherte, aber kein einziges Backrezept. Wir haben also 206 mit Daten von Millionen von Kriminalfällen gespeist, und daraus berechnet er im konkreten Fall die Wahrscheinlichkeit, ob ein Vergehen vorliegt, das zu einer Verurteilung führt.« Er machte eine Pause und steckte sich einen weiteren Kern zwischen die Lippen, dessen Reste kurz darauf in der Kaffeetasse landeten. Der Polizist musste Hollands Blick bemerkt haben. »Wollen Sie auch?« Er hielt ihm die Tüte entgegen, doch Holland lehnte dankend ab.

»Am Ende des Tages hängt die Frage, ob Sie angeklagt und womöglich verurteilt werden, also davon ab, was ich zu dem

Fall in den Computer tippe«, fuhr der Polizist fort. »Sie verstehen?«

Holland war sich nicht ganz sicher, ob er tatsächlich verstand. Ob sein Gegenüber ihm nun helfen wollte oder ihm gerade drohte.

»Wir müssen nun gemeinsam entscheiden, was wir in den Computer eintragen, und dafür wäre es wichtig, dass Sie mir die Wahrheit erzählen. Verstanden?« Diesmal knackte er keinen der Kerne.

»Sie haben von der invasiven Killerpflanze gehört?«, fragte Holland. Jetzt benutzte er selbst schon diesen populistischen Begriff.

»Killerpflanze?«

»Ein Gewächs, das sich derzeit auf der ganzen Welt verbreitet.«

»Was haben Sie damit zu tun?«, entgegnete Long.

Holland dachte an den geschönten Artikel in dem chinesischen Newsblatt, den die Angestellte aus dem Postamt ihnen übersetzt hatte. »Diese Pflanze sorgt überall auf der Welt für Chaos, und es sterben sogar Menschen, die mit ihr in Kontakt geraten, zum Beispiel weil sie allergisch gegen die Pollen der Pflanze reagieren.«

Der Polizist presste die Lippen aufeinander. »Und was hat das mit dem … Unfall zu tun, weshalb wir Sie zu diesem Gespräch hier eingeladen haben?«

Eingeladen war gut, dachte Holland. Sie hatten ihn verhaftet.

»Ich bin Botaniker. Meine Kollegin Greta Meyers und ich sind nach China gekommen, um nach dem Ursprung der Pflanze zu suchen. Die Samen wurden nach unseren Informationen alle von einem Postamt in Hangzhou versandt. Wir haben das Postamt besucht und dort erfahren, dass sämtliche verdächtigen Päckchen von einem jungen Mann aufgegeben wurden, der offenbar im Botanischen Garten in Hangzhou arbeitet. Also sind wir dorthin gefahren, um mit dem Mann zu reden. Aber als er uns entdeckte, lief er weg. Ich habe die Verfolgung aufgenommen und mir dabei ein Fahrrad ausgeliehen.« Das letzte Wort betonte er. »Der junge Mann geriet auf der Flucht leider unter ein Auto. Ist er tot?«

Der Polizist starrte ihn an, ohne zu antworten, griff in die Tüte und aß einen weiteren Kern.

»Das ist alles. Ich habe nichts getan, außer mir das Fahrrad auszuleihen. Das mit dem jungen Mann tut mir unendlich leid. Tragisch ist aber auch, dass er offenbar die einzige Spur zur Herkunft der Samen ist.«

Sein Gegenüber verschränkte die Arme und schien einen Moment nachzudenken. »Und wer schickt Sie?«, fragte er schließlich.

»Niemand. Wir sind Wissenschaftler und aus fachlichen Gründen hier. Eine Pflanze wie diese ist zuvor noch niemals beschrieben worden. Und wir haben keine vier Wochen mehr Zeit, sie zu stoppen. Das ist die Wahrheit.«

»Und wer hat Ihnen erzählt, dass der junge Mann die Samen im Postamt eingeliefert hat?« Der Polizist hielt den Stift wieder schreibbereit.

Holland zögerte. Sein Bauchgefühl meldete sich.

»Denken Sie daran, Mister Holland: die Wahrheit!«

»Eine ältere Frau, die dort ein Päckchen abgegeben hat, erzählte mir von einem jungen Mann, der jeden Tag Pakete abgeben würde. Ich hatte ihr die Treppe zum Postamt hinauf- und hinabgeholfen, und wir kamen ins Gespräch.«

Der Polizist kniff die Augen zusammen. »Und woher wusste die Dame, dass er im Botanischen Garten arbeitet?«

»Das Lastenrad, das er benutzt hat, trug eine Aufschrift vom Botanischen Garten«, log er, ohne zu zögern.

Sein Gesprächspartner hob die Augenbrauen. »Dann hatten Sie großes Glück, die ältere Frau dort zu treffen.«

»Und großes Pech, weil der junge Mann vor uns weggelaufen und unter das Auto geraten ist.«

Sein Gegenüber lächelte. Er beugte sich vor und starrte auf die Akte.

»Ich denke, wenn ich die Geschichte, wie von Ihnen geschildert, in den Computer eingebe, wird das Programm Ihre Freilassung und Abschiebung empfehlen.«

»Abschiebung?«

»Es ist besser für uns und besser für Sie, wenn Sie das Land rasch verlassen.«

»Und was ist mit den Samen und dem jungen Mann?«

»Ich danke Ihnen für Ihre Hinweise. Ich werde dem persönlich nachgehen.«

»Die Polizei hat bereits einen Mitarbeiter aus dem Postamt verhaftet?«

»Woher wissen Sie das?«

»Die alte Frau …«, log er erneut.

»Die alte Frau«, wiederholte der Polizist und notierte erneut etwas.

»Was ist mit dem verhafteten Mitarbeiter aus dem Postamt?«, hakte Holland nach.

Sein Gesprächspartner zögerte kurz, dann gab er sich einen Ruck. »Er hatte eine der ›Killerpflanzen‹, wie Sie sie nennen, bei sich zu Hause.«

»Eine einzige?«

»Er sagt, er habe eines der Päckchen geöffnet und einen der Samen gestohlen.«

»Und der gestorbene junge Mann – kennen Sie seinen Namen?«

»Er war ein Informatikstudent, der in dem Botanischen Garten jobbte. Schwer zu glauben, dass er etwas mit den Samen zu tun hatte.«

»Was ist mit dem SUV, der ihn überfahren hat?«

»Wir suchen noch nach ihm. Es gibt eine Menge Autos in China. Vielleicht hat er den Unfall gar nicht bemerkt.«

»Das kann nicht sein!«, warf Holland ein. »Es war ein schwarzer SUV, die Marke konnte ich nicht erkennen.«

»Zurück zur Killerpflanze«, setzte der Polizist an. »Gibt es ein Gegenmittel?« Plötzlich klang der Ton seiner Frage anders. Weniger bestimmend, eher verbindlich.

In diesem Moment klopfte es, und die Tür öffnete sich. Greta trat in Begleitung eines Polizisten und eines weiteren Mannes ein.

Holland spürte, wie sein Puls sich beschleunigte. Er hatte keine Zeit gehabt, sich mit ihr abzustimmen. Sollte sie von der jungen Angestellten im Postamt erzählt haben, wäre er der Lüge überführt. Als sie ihn sah, kam sie zu ihm und umarmte ihn kurz. Sie roch gut nach einem leichten Parfüm.

»Kommen Sie«, sagte Greta zu ihm gewandt. »Ich habe mit der deutschen Botschaft gesprochen.« Der Mann, der sie begleitete, überreichte dem Polizisten ein Dokument, das dieser aufmerksam durchlas und dann zurückgab.

»Sie können gehen, Mr Holland«, sagte er mit einem undurchsichtigen Lächeln. Er erhob sich und reichte ihm seinen Reisepass aus der Akte. »Denken Sie daran, dass Sie China in weniger als 48 Stunden verlassen müssen. Ohne Visum können Sie sich als Transittourist hier maximal 72 Stunden aufhalten, bevor Sie weiterfliegen. Hören Sie auf meinen Rat und sehen Sie zu, dass Sie weiterkommen. Und denken Sie besser nach, bevor Sie sich wieder etwas leihen.« Er nahm die Tüte vom Tisch und steckte sich einen neuen Kern in den Mund. Holland raffte seine Sachen vom Tisch zusammen, verabschiedete sich und folgte Greta und dem Mann nach draußen in den Gang.

»Der arme Junge«, sagte Holland, als sie vor der Tür standen. »Er ist gestorben.« Mittlerweile war es tiefe Nacht.

»Es war schrecklich«, entgegnete Greta und strich ihm über die Schulter. »Wie geht es dir?«

»Alles gut«, seufzte er.

Greta wandte sich dem Mann zu, der sie begleitete und ihm nun lächelnd die Hand entgegenstreckte. »Ich bin Taylor Foo, Mr Holland, vom Ministerium für Sicherheit. Schön, Sie kennenzulernen. Mein Freund Dechambeau hat Ihr Kommen bereits angekündigt.«

34

WAVERLY

Weimar, November 2016

Sie hatte versucht, Wagner zu konfrontieren, aber als sie auf den Mann auf der gegenüberliegenden Straßenseite zulief, drehte er ab und war im nächsten Moment im Strom herannahender Schulklassen verschwunden. Schülertag, wie der Forschungsdirektor im Museum ihr erklärt hatte. Konnte es wirklich sein, dass der Mann aus Berlin ihr bis hierher gefolgt war? Oder war sie nun völlig paranoid geworden, sah Gespenster, wo keine waren? Ein Gefühl von Angst und Wut vermischte sich in ihrer Brust, schließlich nahm sie die Visitenkarte, die er ihr im Café gegeben hatte, und wählte die Mobilfunknummer darauf, doch niemand beantwortete ihren Anruf. So hatte sie schließlich eine Weile dort gestanden, unschlüssig, wie sie die Zeit bis zum Abend überbrücken sollte, ständig nach Wagner Ausschau haltend. In der Folge entschied sie sich für drei Dinge, die ihr später zum Verhängnis werden sollten: Als Erstes ging sie in ein Geschäft in der Innenstadt, dessen Schaufenster mit Gitterstäben geschützt war und das Waffen jeglicher Art führte. Der Verkäufer, ein unheimlicher Kerl mit stechendem Blick und einem zu Zöpfen geflochtenen Bart, empfahl ihr nach einigem Hin und Her den Kauf von Pfefferspray und eines sogenannten Kubotans. Ein etwa fünfzehn Zentimeter langer, gedrechselter, vorn spitz zulaufender Eisenstab, der als Schlüsselanhänger konzipiert war und, wenn man ihn auf bestimmte Weise zwischen die Finger klemmte, als effektives Schlagwerkzeug genutzt werden konnte. »Besonders für Frauen geeignet«, hatte der Mann gesagt und sie damit überzeugt. Mit den neuen Waffen zur Selbstverteidigung in der Handtasche fühlte sie sich augenblicklich sicherer, auch wenn von Wagner nichts mehr zu sehen war. Als Nächstes ging sie in ein Internetcafé und versuchte online, einen Plan der Räumlichkeiten des Museums zu finden, inklusive Nebenausgängen und etwaigen Fluchttüren, damit sie es am Abend vielleicht verlassen konnte, ohne dass Wagner sie beobachtete. Schließlich kam sie an einem Fossilien- und Mineralienhandel vorbei und beschloss, weil sie viel Zeit hatte, sich nach Bernsteinen zu erkundigen. Der Besitzer war ein aufgeschlossener und freundlicher Mann und bestätigte, was der Bernsteinexperte aus Italien ihr bereits mitgeteilt hatte: Bernsteine konnten ein Vermögen wert sein. Ob sie wertvolle Bernsteine besitzen würde, hatte der Verkäufer sie gefragt, und sie hatte, auch weil er sich mit der Beratung so viel Mühe gegeben hatte, geantwortet: »Noch nicht, aber vielleicht bald.«

Dies führte sie zu der berechtigten Frage, wie sie die Bernsteine aus dem Goethe-Museum, wenn sie denn die erwarteten Inklusen enthielten, loseisen konnte. Sie würde auf die Mitarbeit der dortigen Museumsleitung bauen und somit die vollkommene Wahrheit über die Steine und deren vermutliche Bedeutung offenbaren müssen. Die Reaktion des Professors auf den Begriff »Urpflanze« am Morgen stimmte sie allerdings nicht gerade zuversichtlich. Nach einem ausgiebigen Stadtbummel – Weimar war eine wunderschöne Stadt –, einem Besuch im Stadtschloss und einem Spaziergang durch den Park an der Ilm blieb sie vor dem auf Geheiß Goethes gepflanzten Ginkgo stehen. Er befand sich vor der Musikschule und war über zwanzig Meter hoch. Mit seinem Wuchs und dem Grün der besonderen Blätter verströmte er eine angenehme Aura. Neben ihr besichtigte eine Schulklasse den Baum und bekam gerade die Geschichte um dessen Entstehung sowie einige Fakten zum Ginkgo erzählt. Sie hörte eine

Weile zu, dann schaute sie auf die Uhr und eilte zum Museum, wo sie um Punkt 17:30 Uhr nach dem Professor fragte. Sie sah nur noch vereinzelte Jacken an der Garderobe hängen, der Besucheransturm schien abgeebbt. Der Professor begrüßte sie mit aufrichtiger Freundlichkeit. Als Erstes überreichte er ihr die Kopien von Goethes Briefwechsel mit den chinesischen Mönchen. Danach befragte er sie höflich, wie sie den Tag verbracht hatte, und führte sie schließlich in den Hauptteil des Museums, das Haus, in dem Goethe die letzten fünfzig Jahre seines Lebens gewohnt hatte. In achtzehn Räumen konnten viele originale Stücke und Möbel aus Goethes Nachlass besichtigt werden, doch sie steuerten direkt auf das Arbeitszimmer zu.

»Ich habe noch einmal über Goethes Passion für die Urpflanze nachgedacht«, sagte der Professor, während sie durch die langen Gänge des Hauses schritten. »Und ich glaube, ich weiß, warum er sich damals so sehr nach ihrer Existenz gesehnt hat.«

»Warum?«, wollte Waverly wissen.

»Es war sein Streben, die Welt in ihren Grundfesten zu verstehen. Wenn man nicht zurück zum Ursprung geht, wird man die Gegenwart niemals verstehen.«

Die Sätze berührten Waverly auf merkwürdige Weise. Sie dachte an ihren Vater, den sie niemals kennengelernt hatte.

»Hier sind wir«, sagte ihr Begleiter. »Es ist der authentischste Raum, hier wurde kaum etwas verändert. Die türkisgrüne Farbe an der Wand sollte für wenig Ablenkung sorgen und stand nach Goethes Farbenlehre für die Natur. Am großen Tisch in der Mitte saßen die Schreiber, während Goethe durch das Zimmer lief und diktierte. In den Regalen und Schränken finden sich Goethes persönliche Bibliothek, Utensilien zum Experimentieren und einige Erinnerungsstücke – und die Bernsteine. Der Professor ließ sie an einer Sperre vorbei in das

Zimmer, während er die Schränke mit einem Plan in seiner Hand abglich.

»Diese müsste es sein«, sagte er und öffnete eine der langen Schubladen unter einem Rednerpult.

Das Schubfach war voll mit kleinen Gegenständen, Waverly erkannte Schreibfedern, Tintenfässchen, eine Schnupftabakdose – und mehrere Bernsteine. »Wenn Sie einmal selbst schauen mögen, aber bitte nichts anfassen«, sagte der Professor und trat einen Schritt zur Seite.

Sie kam heran und beugte sich hinunter. Die Bernsteine waren viel kleiner, als sie erwartet hatte. Es war dunkel, und so nahm sie die Taschenlampenfunktion ihres Smartphones zu Hilfe. Im Licht wirkten die hellgelben Steine durchsichtig, sodass der Blick auf die Inklusen frei war. Hätte es denn welche gegeben. Keine Einschlüsse. Keine Samen der Urpflanze. »Das sind nicht die richtigen«, stellte sie irritiert fest.

Ihr Begleiter hob die Schultern. »Das sind nach unserem Inventar die einzigen.« Er beugte sich vor, um selbst einen Blick darauf zu werfen. »Es tut mir leid!«

Waverly fühlte eine Mischung aus Enttäuschung und Scham. Das kam dabei heraus, wenn man einem Computer vertraute. Sie richtete sich auf und spürte eine unendliche Leere in sich aufsteigen. Dies war ihre derzeit einzige Spur gewesen. Sie hatte keine Ahnung, wo sie jetzt weitersuchen sollte.

Plötzlich erstarrte sie.

»Was ist das?«, fragte Waverly und deutete auf eine weiße Skulptur auf dem Schreibtisch gegenüber.

Ihr Begleiter folgte ihrem Blick. »Sie meinen die Porzellanfigur? Das ist ein Pudel!«

Waverly spürte, wie ihr Herz zu pochen begann.

35

HOLLAND

Schanghai, 19. August 2023

Sie saßen in der leeren Lobby des Hotels, Holland hatte sich nach dem Verhör in der chinesischen Polizeistation einen doppelten Whiskey bestellt. Greta und Taylor Foo tranken Tee. Es war weit nach Mitternacht. Der Jetlag machte es möglich, dass er sich nicht müde fühlte.

Der Whiskey brannte im Rachen, aber die Wärme, die er im Magen verströmte, entspannte ihn. »Wie haben Sie das hinbekommen, mich bei der Polizei rauszuholen?«, fragte er.

Foo lächelte. »Ich arbeite bei einer Regierungsstelle, die über der Polizei steht.«

Holland fühlte sich ausgelaugt. Es war das zweite Mal innerhalb weniger Tage, dass direkt vor seinen Augen ein junger Mensch ums Leben gekommen war. Und dieses Mal fühlte er eine gewaltige Schuld in sich aufsteigen. Hätte er den Studenten nicht auf dem Fahrrad verfolgt, würde dieser jetzt noch leben.

»Es ist besser, Sie verlassen China so schnell wie möglich«, sagte Taylor Foo. »Sie hatten großes Glück, so schnell freizukommen.«

Holland nickte. »Ich werde uns ein Ticket nach Deutschland buchen. Von dort fliege ich dann weiter nach Oakland«, schlug Greta vor. Wieder nickte er nur. Vermutlich hatten beide recht.

»Warum ist der Student vor uns weggelaufen? Er muss große Angst gehabt haben«, dachte er laut.

»Wenn er derjenige war, der für das Versenden der Samen verantwortlich war, wohl zu Recht«, entgegnete Greta.

»Aber wo sollte ein IT-Student diese speziellen Samen herhaben? Wie Sie neulich sagten: Lebewesen fallen nicht so einfach vom Himmel.«

»Vielleicht von seiner Arbeit im Samenarchiv.«

Das klang durchaus plausibel.

»Wir müssten noch einmal mit der Leiterin des Archivs sprechen«, sagte Holland.

»Ich dachte, wir waren uns einig, dass wir nach Hause fliegen«, entgegnete Greta. Ihre Augen lagen in tiefen Höhlen, auch ihr war die Übermüdung anzusehen.

»Ich kann das übernehmen«, bot Foo an. »Mit dem Studenten haben wir, was diese Pflanze betrifft, einen ganz neuen Ermittlungsansatz. Und den verdanken wir Ihnen beiden. Ich werde Sie und Dechambeau auf dem Laufenden halten.«

»Ich muss mit meinem Sohn telefonieren«, sagte Holland schließlich und erhob sich.

»Dann sehen wir uns morgen früh, ich werde versuchen, Flüge zu buchen.« Auch Greta stand auf.

»Ich werde Sie beide zum Flughafen bringen«, sagte Foo.

Kurz darauf lag Holland frisch geduscht auf seinem Bett im Hotelzimmer. Immer noch glaubte er nicht, schlafen zu können. Der Jetlag und die Ereignisse der letzten Stunden und Tage hielten ihn wach, obwohl er sich hundemüde fühlte.

»Hallo, Großer«, sprach er ins Handy, als das Videobild seines Sohnes erschien.

»Uns geht's gut«, rief die Nachbarin, die hinter dem etwas gelangweilt wirkenden Gesicht von Otto in die Kamera winkte. Die Verbindung war nicht besonders gut, aber sie hielt.

»Wann kommst du nach Hause?«, stellte Otto die unvermeidliche Frage.

»Bald«, lautete seine unbestimmte Antwort. »Und dann gehen wir beide in den Kletterpark.«

»Was machst du da überhaupt?«

»Habt ihr von diesen komischen Pflanzen gehört?«, lautete seine Gegenfrage.

»Du weißt, ich habe keinen Fernseher. In der Welt ist alles nur noch schrecklich«, antwortete die Nachbarin.

»Ich habe ein Video auf TikTok gesehen. Sie verbreitet sich schneller, als man Bäume pflanzen kann. Ist für unseren Planeten doch gut.«

Holland überlegte, ob er ihnen von der Gefährlichkeit der Pflanze erzählen und erklären sollte, warum er in China war, sie vielleicht sogar vor ihr warnen sollte. Aber er wollte sie nicht unnötig beunruhigen. Nach dem Tod seiner Mutter hatte Otto genügend Verlustängste entwickelt.

»Also, was macht ihr so?«

»Wir haben Bäume gepflanzt«, sagte Otto mit etwas Stolz in der Stimme.

»Wieder mit deinen Aktivistenfreunden?« Holland begrüßte zwar jedes gesellschaftliche Engagement, aber die Gruppe, der Otto sich in den vergangenen Monaten angeschlossen hatte und die sich »Die letzten Menschen« nannte, war ihm zu radikal.

Melissa knuffte Otto von hinten in die Seite. »Das ist doch eine Überraschung«, flüsterte sie. Otto bog sich und versuchte, sie wegzuschieben.

Auch wenn er Otto ansah, dass er von seiner Nanny genervt war, wirkte der Anblick seines Sohnes wie ein Brustlöser für ihn.

»Dann hoffe ich, ihr lasst wenigstens meine Blumen nicht eingehen«, sagte Holland.

»Sie wissen doch, ich gieße sogar die Plastikpflanzen!«

Diesmal musste er wirklich lachen, da er wusste, dass es stimmte. Schließlich verabschiedete er sich mit der üblichen Kusshand, die Otto, seit er in die Pubertät gekommen war, so hasste und die er daher umso lieber benutzte.

Nach dem Telefonat fühlte er sich noch einsamer in seinem

Hotelzimmer. Auch der Student hatte eine Familie gehabt, einen stolzen Vater wie ihn. Und nun war er tot.

Ein Klopfen an der Tür riss ihn aus seinen Gedanken. Er schaute auf die Uhr, es war halb zwei nachts. Er trug nur Boxershorts und T-Shirt. Er erhob sich und öffnete die Tür einen Spalt. Davor stand Greta. In einem Bademantel. Ihre Haare waren zu einem Zopf gebunden, abgeschminkt war sie noch schöner.

»Ich kann nicht schlafen«, sagte sie. Er zögerte kurz, dann trat er zur Seite und ließ sie hinein.

»Sorry, ich war schon im Bett.«

Sie schaute an ihm hinab und grinste. »Sieht doch gut aus.« Er lächelte verlegen und machte eine einladende Geste. »Ich habe leider keine Couch.« Das Hotelzimmer bestand lediglich aus dem Bett, einer Anrichte, auf dem das TV stand, und einem Stuhl, der als Ablage für sein Gepäck diente.

»Das macht nichts«, sagte sie und ging an ihm vorbei.

Er folgte ihr. Sie verströmte einen angenehmen Duft, er tippte auf Bodylotion.

»Ich kann schauen, was in der Minibar ist.«

Sie drehte sich zu ihm um und versperrte ihm den Weg. »Als ich sagte, dass ich dich nach China begleitet habe, weil ich deine Bücher mag, habe ich gelogen«, sagte sie. Jetzt erst fiel ihm auf, wie kristallblau ihre Augen waren. »Ich bin mitgekommen, weil ich dich mag«, vollendete sie den Satz und kam näher an ihn heran.

»Was ist mit Mortensen?«, fragte er, während sie ihm ihre Hände auf die Schultern legte.

»Er ist jetzt nicht hier«, entgegnete sie und küsste ihn. Ihre Lippen fühlten sich fantastisch weich an und schmeckten nach Erdbeere. Nun legte auch er seine Hände um ihre Hüften und erwiderte den Kuss. Langsam zog sie ihn zum Bett, und er öffnete ihren Bademantel.

Eineinhalb Stunden später lag er im Bett und schaute aus dem Fenster auf die Leuchtreklame eines gegenüberliegenden Hochhauses. Greta war auf seiner Brust eingeschlafen. Nun lag sie neben ihm, die Augen geschlossen. Ihr Gesichtsausdruck wirkte friedlich. Nach dem Sex hatten sie sich lange schweigend aneinandergeschmiegt und sich gegenseitig umarmt.

Verwirrung und Unsicherheit machten sich in ihm breit. Es war das erste Mal nach dem Tod von Hanna, dass er mit einer Frau zusammen war. Als alleinerziehendem Vater hatten sich ihm kaum Gelegenheiten geboten. Und wenn er einmal auf einem Elternabend oder bei der Arbeit das Interesse einer Frau geweckt hatte, hatte er sich sofort zurückgezogen, so wie eine Mimosa pudica, die bei Berührung ihre Blätter einklappte. Und obwohl Hanna bereits vor langer Zeit von ihm gegangen war, hatte er das Gefühl, sie gerade betrogen zu haben. Er war sich sicher gewesen, dass er nie wieder jemanden so sehr lieben könnte wie die Mutter seines Sohnes. Dies war die eine Sache. Die andere war, dass Greta mit einem anderen Mann verlobt war. Mit einem Seufzen strich er ihr über das Haar, was ihr ein sanftes Murmeln entlockte. Wie konnte ein Mensch so viele Gefühle gleichzeitig empfinden? Schuld, Glück und, wenn er ehrlich war, auch ein wenig Neid auf den Mann, der offiziell zu ihr gehörte.

Langsam zog er seinen Arm zurück und griff nach dem Goethe-Gedichtband, der auf dem Nachttisch lag. Er schlug ihn vorsichtig auf, las erneut Waverly Parks Namen auf der ersten Seite. Er war kein großer Lyrikfan, aber es gab einige Gedichte, die er mochte. Beim Blättern in dem Band fand er im hinteren Teil ein weiteres eingelegtes Blatt, das er im Flugzeug übersehen hatte. Eine Kopie mit ausschließlich chinesischen Schriftzeichen. Er tippte auf einen Brief. Das Original musste sehr alt gewesen sein. Er richtete sich auf, darauf bedacht, Greta nicht zu wecken, nahm sein Smartphone und machte ein Foto davon. Vielleicht konnte ihm jemand das Blatt übersetzen. Er blätterte weiter, ein Vierzeiler:

Zwischen heut' und morgen
Liegt eine lange Frist;
Lerne schnell besorgen,
Da du noch munter bist.

Er las es noch einmal. Dann schaute er zu Greta, die weiterhin tief schlief. Er gab ihr einen Kuss auf das Haar, stieg vorsichtig aus dem Bett, zog sich an und verließ das Zimmer. Auch wenn es früher Morgen war oder, wie Goethe es ausgedrückt hatte, »zwischen heut' und morgen«, hatte er etwas zu erledigen.

36

Thessaloniki, Griechenland, 19. August 2023

Der Doktor schaute ungläubig auf die E-Mail vom Labor. Sie enthielt die Blutwerte des Patienten, um dessen Leben sie nun schon seit Tagen kämpften.

»Es ist wieder Plasmodium vivax, der zweiundvierzigste, nein, mit dem von heute Morgen der dreiundvierzigste Fall«, stellte er fest und kratzte sich mit dem Stift an der fliehenden Stirn.

Die Krankenschwester schaute ihrem Chef über die Schulter. »Das kann nicht sein«, sagte sie. »Ich arbeite hier seit über zwanzig Jahren, und wir hatten noch nie so viele Fälle von Malaria. Die Krankheit muss eingeschleppt worden sein!«

»Ich habe mit dem Patienten gesprochen, ein Bauer aus Aristotelis, er war noch niemals im Ausland.«

»Beschäftigt er vielleicht Migranten als Feldarbeiter?«

»Vermutlich, wie alle anderen hier auch.«

»Dann müssen diese die Krankheit eingeschleppt haben!«

»Selbst wenn, muss sie aber hier im Land weiterübertragen worden sein. Ich wüsste nicht, dass in diesem Landesteil von Griechenland Anopheles-Mücken heimisch wären! Dreiundvierzig Fälle! Es müssen ganze Schwärme unterwegs sein. Und das, obwohl wir dort kaum Sumpfgebiete haben. Jedenfalls nicht vergleichbar mit der Region um Karditsa.«

Der Arzt rollte mit dem Bürostuhl zur Seite und verschränkte die Arme hinter dem Kopf. »Das muss der Klimawandel sein.« Sein Telefon, das er mit einem Clip an der Brusttasche seines Arztkittels befestigt hatte, vibrierte. Er nahm den Anruf entgegen und gab der Schwester ein Zeichen.

»Ein Professor von der Universität in Patras«, flüsterte er und stellte den Lautsprecher auf laut.

»Wir haben uns das angeschaut«, kam der Professor gleich zur Sache. »Es scheint, als beschränkten sich die vierzig Malariafälle auf den Osten von Chalkidiki.«

»Dreiundvierzig!«

»Dreiundvierzig sind es nun? Oh, mein Gott.«

»Den meisten Patienten geht es besser. Zwei, drei bereiten uns allerdings Sorgen.«

»Ich bete für die Erkrankten. Jedenfalls haben wir uns die Region angeschaut. Tatsächlich lässt sich dort eine Moskitoplage feststellen. Wir haben von der TU Delft neuartige Moskitofallen geliefert bekommen, die Wärme verbreiten, um die Mücken anzulocken und sie dann einzusaugen. Tatsächlich haben wir in unseren provisorisch aufgestellten Fallen einige Anopheles-Mücken gefunden.«

»Der Klimawandel?«

»Eben nicht! Regenmenge, Temperatur, alles scheint im normalen Mittel. Das Einzige, was dieses Jahr anders ist, fiel einem unserer Studenten auf.«

»Und das wäre?«, fragte der Doktor.

»Haben Sie von dem Deimos-Gewächs gehört, wie die Presse die Pflanzen in Anlehnung an den Gott des Schreckens genannt hat? Die Pflanze, die sich derzeit auch bei uns ausbreitet?«

»Allerdings! Wir haben schon ein paar extreme Verbrennungen durch den Saft behandelt, und auch einige Fälle schwerer Allergien bis hin zu Asthma bei Kindern. Und die langen Dornen verursachen tiefe Fleischwunden. Oft bricht die Spitze ab und führt zu Sepsis. Wir hatten sogar schon Patienten wegen dieser Pflanze auf der Intensivstation!«

»Das ist ja schrecklich! Das war mir gar nicht bewusst. Vielleicht sollten wir eine interdisziplinäre Runde einberufen. Jedenfalls liegen die derzeitigen Hotspots der Verbreitung dieser Pflanze wohl vor allem auf der dortigen Halbinsel. Wir vermuten einen Zusammenhang zwischen der Pflanze und der erhöhten Moskito-Population.«

»Wie das?«, fragte der Arzt verblüfft und schaute zu seiner Kollegin.

»Die Blüten! Der Nektar des Deimos-Gewächses ist laut den Biologen unserer Universität extrem süß, der Zuckergehalt beträgt siebzig Prozent und mehr! Ihren Energiebedarf decken Stechmücken durch die Aufnahme von süßen Pflanzensäften und Blütennektar. Und diese neue Pflanze scheint davon viel anzubieten. Probleme mit Moskitos hatten wir die letzten Jahre schon dann und wann, aber diese neue Nahrungsquelle scheint ihnen einen wahren Booster verpasst zu haben. Mit der Vegetation verändern sich auch die Insektenpopulationen.«

»Dann verdanken wir dieser Pflanze die Malaria?«

»Das ist die Theorie, die wir derzeit verfolgen.« Doktor und Schwester schauten sich an. »Wenn das stimmt, Professor, sind die derzeitigen Erkrankungen nur die Spitze des Eisbergs.«

»Ganz genau. Und wir sitzen auf der Titanic.«

37

AVA

Im Wald, Kanada, August 2023

Dass sie fast das Ende des Waldes erreicht hatte, erkannte Ava an den großen Zucker-Ahornbäumen. Sie wuchsen am Rand des Waldes und lieferten den edlen Vogelaugenahorn, das Holz, mit dem sich auf dem Weltmarkt die mit Abstand höchsten Preise erzielen ließen. Damit war sie nun auch außerhalb des von den Kameras überwachten Bereichs. Sie war noch nicht in Sicherheit, aber sie war bereits weiter gekommen, als sie sich bei ihrem Aufbruch erhofft hatte.

Vermutlich würden die Männer vor den Grenzen des Waldes keinen Halt machen, erst recht, nachdem sie einen von ihnen umgebracht hatte. Ihm war das neue eRooter-System zum Verhängnis geworden, dessen Installation Juri noch in Auftrag gegeben hatte und welches zumindest in jenem Teil des Waldes, rund um das Gerätehaus Nummer drei, nahezu abgeschlossen war. Juri hatte vorgehabt, mit Silvas Unterstützung mit dieser genialen Idee ein Start-up zu gründen, an die Börse zu gehen. Einer von vielen Plänen, die sie mit Silva gemeinsam hatten umsetzen wollen. Daraus würde nun nichts mehr werden. In eRooter steckte der Begriff »root«, wie Wurzel, das vorangestellte »e« stand für Elektrizität. Das System nutzte die Tatsache, dass die Bäume mithilfe des grünen Farbstoffs in den Blättern während der Fotosynthese Kohlendioxid und Sonnenlicht in Sauerstoff und Glucose umwandelten. Der für die Menschheit wichtige Sauerstoff war für die Pflanze dabei nur ein Abfallprodukt. Aber mit der Glucose, die nichts anderes als Traubenzucker war, arbeiteten die

Pflanzen. Juri hatte mithilfe der von Silva gesammelten Daten entdeckt, dass die Bäume überschüssigen Traubenzucker über ihre Wurzeln massenhaft in den Boden abgaben, welcher dort sofort von Mikroorganismen zersetzt wurde. Dabei, und das war die eigentliche Entdeckung, wurden so viele frei schwebende Elektronen und Protonen freigesetzt, dass man sie mit Membranen und Elektroden einfangen und in Strom umwandeln konnte. Mit zehn Quadratmetern Bäumen hatten sie so ein Smartphone aufgeladen. Mit Strom aus tausend Quadratmetern Wald hatte sie ihren Verfolger auf dem nassen Waldboden gegrillt.

Bei dem Gedanken, wie der Kerl, der an der Ermordung ihrer Freunde teilgenommen hatte und der auch sie mit der Armbrust hatte töten wollen, in Flammen aufgegangen war, musste sie grinsen. Nun war er bei Bukwus. Sie stolperte über eine Baumwurzel und schrie vor Schmerz leise auf. Ihr verstauchter Fuß wurde immer steifer, und auch die Schulter schmerzte. Sie drehte sich um, doch von ihren Verfolgern war nichts zu sehen. Schwer atmend blieb sie stehen und versuchte, sich die Landkarte ins Gedächtnis zu rufen. Keine halbe Meile von hier entfernt mussten die Bauarbeiten für den Ausbau der Copper Bay Mainline in Sicht kommen. Ein Bauprojekt, für das Tausende von Bäumen gerodet worden waren und das nicht nur die indigene Bevölkerung, sondern auch Silva auf den Plan gerufen hatte, weil er sich durch die Rodungen bedroht fühlte. Eine ganze Heerschar von Anwälten aus Vancouver hatte er beauftragt und in Bitcoins bezahlt, den Ausbau hatten sie jedoch nicht verhindern können. Sie stützte sich an einem Baumstamm ab und hielt kurz inne. Hinter der Baustelle lagen die Teersandminen. Sie musste auf ein Auto hoffen, das sie als Anhalterin mitnahm, und darauf, dass darin nicht Silvas Männer saßen. Ein helles Summen lenkte ihre Aufmerksamkeit gen Himmel. Keine drei Meter über ihr schwebte eine Drohne und bewegte sich auf und ab. Ein leises Rascheln ließ sie herumfahren. Zwischen zwei Buckelbeerensträuchern, stand ein Schwarzbär und blickte sie an.

38

WAVERLY

Weimar, November 2016

»Ein Pudel?«, fragte Waverly geistesabwesend. Sie versuchte, sich den Wortlaut des Briefes, den SB gefunden hatte, in Erinnerung zu rufen. Die Urpflanze sei des Pudels Kern, hatte es dort geheißen. Eine Redewendung aus Goethes berühmtem Werk *Faust,* wobei eigentlich der Teufel in Gestalt Mephistos als Kern des Pudels bezeichnet wurde. Doch vielleicht war es viel wörtlicher gemeint als gedacht. »So bin ich ihr Kerkermeister« hatte in dem Brief auch gestanden. Ein Kerkermeister sperrte andere ein. Oder etwas anderes.

»Ich gebe zu, der Pudel ist nicht besonders schön. Aber alt. Wenn ich mich nicht irre, stammt er aus dem Jahr 1788.«

1788, das Jahr, in dem Goethe mit den Bernsteinen aus Italien wiedergekommen war!

»Kann ich ihn mir anschauen?«, fragte sie.

»Nur zu. Mit den Bernsteinen sind wir fertig?«

Waverly antwortete nicht, sondern ging hinüber zu der Figur, die die Größe eines Toasters hatte. Der Pudel war grob gearbeitet, aber gar nicht so schlecht getroffen.

»Darf ich die Figur anfassen?«

»Tun Sie es!«

Sie hob den Pudel vorsichtig an. Er war schwerer als gedacht. Sie schüttelte ihn kaum merklich. Kein Klappern, keinerlei Geräusch. Sie konnte noch nicht einmal erfassen, ob er innen hohl war.

»Eine Auftragsarbeit aus der Meissener Porzellanmanufaktur. Eigentlich mochte Goethe das weiße Porzellan nicht besonders gerne, aber in diesen Pudel schien er ganz vernarrt. Ein interessantes Gegenstück zu dem schwarzen Pudel im *Faust*. Aufgrund des Konträren mag man bei Goethe nicht an einen Zufall glauben.«

Waverly suchte bei der Figur nach einer Naht oder Öffnung, doch sie schien in einem Stück gearbeitet zu sein. Sie erinnerte sich an die Reaktion des Professors, als sie die Urpflanze erwähnt hatte. Kurz überlegte sie, ihren Verdacht zu äußern, aber es klang zu verrückt. Nach dem Reinfall mit den Bernsteinen konnte sie den Porzellanpudel weder öffnen noch darum bitten, ihn mitzunehmen, um ihn im Institut röntgen zu lassen.

»Wollen wir?«, fragte ihr Begleiter. Sie stellte die Figur wieder zurück.

»Es ist kurz vor sechs. Wir schließen in wenigen Minuten. Ich muss noch eine Kontrollrunde drehen, unser Datenschutzbeauftragter hat uns die Videoüberwachung in den Räumen aus Datenschutzgründen verboten. Finden Sie allein hinaus?«

Sie nickte und bedankte sich bei ihm.

»Einfach den Weg zurückgehen, den wir gekommen sind.«

Sie schien nun die Letzte im Museum zu sein. Sie durchquerte einen Raum mit weißen Skulpturen, weitere Räume mit antiken Möbeln und diversen ausgestellten Devotionalien des Dichters. Und dann, als sie die nach oben führende Treppe sah, folgte sie einer spontanen Eingebung, wich vom Rückweg ab, huschte die Stufen hinauf, schaute in den ersten Raum, in den zweiten, stieg im dritten Raum über eine hölzerne Absperrung, die den Zugang verhindern sollte, öffnete einen alten Kleiderschrank und versteckte sich darin.

In dem Schrank war es warm und muffig, und wieder überkam sie das gleiche klaustrophobische Gefühl wie im Militärarchiv. Plötzlich hielt sie es für eine dumme Idee, sie überlegte, ihren Plan aufzugeben, doch dann blieb sie einfach sitzen, die

Arme um die Knie gelegt, und lauschte angestrengt. Durch einen schmalen Spalt zwischen Tür und Schrank fiel ein schwacher Lichtstrahl, ansonsten war es stockdunkel. Sie schloss die Augen und versuchte, ihren Atem zu beruhigen. Sie holte ihr Handy hervor, um zu schauen, wie spät es war. Eine halbe Stunde saß sie bereits im Schrank. Sie schaltete die Taschenlampe ihres Handys ein, um etwas Licht zu haben, doch irgendwann rächte es sich, dass sie in der Nacht zuvor kaum geschlafen hatte, und sie schlief ein. Als sie erwachte, war das Handy aus. Die Batterie war leer. Leise fluchend steckte sie es wieder ein. Sie wusste nicht, wie spät es war, doch das Licht draußen im Raum war erloschen. Vorsichtig öffnete sie die Schranktür, deren Scharniere laut quietschten, was ihr beim Hineinsteigen gar nicht aufgefallen war. Im Zimmer war es stockdunkel. Sie wartete, bis ihre Augen sich weiter an die Dunkelheit gewöhnt hatten. Sie stand im Schlafzimmer Goethes, direkt vor dem Bett, in dem der Dichter gestorben war. Ein Schauder lief ihr über den Rücken. Waren dessen letzte Worte nicht »Mehr Licht!« gewesen? Ihr Blick fiel auf einen Kerzenleuchter, der mit fünf Kerzen bestückt war. Sie kramte in ihrer Handtasche, holte ein kleines Feuerzeug hervor und zündete eine der Kerzen an. Flackerndes Kerzenlicht erhellte den Raum und malte unheimliche Schatten an die Wand über dem Totenbett. Die Kerze vor sich hertragend, sah sie zu, dass sie aus dem Zimmer kam. Die Dielen des alten Hauses knarrten unter ihren Schritten. Alle paar Meter blieb sie stehen und lauschte in die Dunkelheit, doch alles schien ruhig. Sie versuchte, sich zu orientieren, bog einmal falsch ab, durchquerte einen der Räume, in dem die Schatten der dort ausgestellten Büsten im Kerzenschein aufgeregt umherhuschten, zweimal, bis sie endlich wieder vor dem Arbeitszimmer stand, in dem sie Stunden zuvor mit dem Professor gewesen war. Auch hier musste sie über eine Absperrung steigen, was mit der Kerze kein leichtes Unterfangen war. Schließlich stand sie schwer atmend vor dem Tisch mit dem Pudel, der im warmen Licht der Kerze grau wirkte. Sie zögerte. Es gab nur zwei Möglichkeiten: Sie schlug den Pudel hier und jetzt entzwei und überprüfte ihren Verdacht, dass in ihm einer der Bernsteine mit dem eingeschlossenen Samen der Urpflanze versteckt war. Oder sie nahm ihn mit, lieh ihn quasi aus, und ließ ihn röntgen. Irrte sie sich, konnte sie ihn anonym zurückbringen, nachts vor die Tür des Museums legen oder sich ein Ticket lösen und ihn unbemerkt irgendwo abstellen. »Goethes Pudel ist wieder da!« würden die Zeitungen vermutlich titeln. Sie entschied sich für die zweite Variante. Vielleicht würde das Fehlen des hässlichen Tieres in den ersten Tagen noch nicht einmal bemerkt werden. Wenn ja, war es nicht unwahrscheinlich, dass der Professor sich an sie erinnern würde und sie die Hauptverdächtige wäre. Aber man würde ihr die Tat erst einmal nachweisen müssen. Das Museum hatte täglich Hunderte oder Tausende Besucher, und die Videoüberwachung war ausgeschaltet. Ihr Blick fiel auf einen kleinen Bilderrahmen an der Wand. Sie kam näher, um ihn anzuleuchten. Sie hatte sich nicht getäuscht: Darin befand sich das getrocknete Blatt eines Baumes. Wenn sie nicht irrte, war es das halbe Blatt eines Ginkgos. Daneben war ein chinesisches Schriftzeichen gemalt. Es machte strafrechtlich wohl keinen Unterschied, ob man ein oder zwei Dinge auslieh. Sie hängte den Bilderrahmen ab und steckte ihn in ihre Jacke. Dann nahm sie den Pudel, als sie irgendwo draußen im Flur ein lautes Scheppern vernahm. Augenblicklich schoss Adrenalin in ihre Brust. Offenbar war sie nicht allein.

39

HOLLAND

Schanghai/Hangzhou, 19. August 2023

Erneut fuhr er mit dem Taxi hinaus nach Hangzhou. Auch am frühen Morgen waren die Straßen erstaunlich voll, Schanghai schien wie New York eine Stadt zu sein, die niemals schläft. Der Taxifahrer sprach einige Brocken Englisch, und so nutzte er die Gelegenheit, mehr über die Pflanzen zu erfahren, die sich auch in China verbreiteten. Der Taxifahrer hatte davon im Radio gehört und versuchte, ihm mit zwei ausgestreckten Fingern etwas zu erklären. Holland verstand es so, dass der Fahrer vor Kurzem einen hohen Beamten vom Umweltministerium gefahren hatte, dessen Gesicht »ganz blau vor Wut« gewesen sei. »Kaufen Sie besser ein, wir werden bald wieder alles schließen. Lockdown«, habe der gesagt. Nicht wegen eines Virus, sondern wegen eines sehr viel größeren und bedrohlicheren Lebewesens. »Es wächst«, habe der Mann gesagt und sei am Rathaus ausgestiegen. Ein weiterer Fahrgast habe ihm von den Pflanzen berichtet, und da habe er eins und eins zusammengezählt. »Wir Taxifahrer wissen immer alles zuerst, manchmal sogar vor den Ehefrauen«, hatte der Fahrer noch gescherzt, bevor er ihn wunschgemäß am Botanischen Garten abgesetzt hatte. In Hangzhou waren die Straßen um diese Zeit, kurz vor Sonnenaufgang, deutlich leerer, aber auch hier erwachte langsam das Leben wieder. Er ging den Zaun des Botanischen Gartens entlang, begleitet vom Gesang der ersten Vögel. Die Stelle, an der sich der Unfall ereignet hatte, erkannte er bereits von Weitem. Auf dem Bürgersteig, wo der junge Mann auf die Straße gefahren war, lag ein Meer aus Blumen. Sein Magen zog sich zusammen. Er verlangsamte seinen Schritt und blieb schließlich vor der kleinen Gedenkstätte stehen. In deren Mitte befand sich ein Foto in einem silbernen Rahmen, das einen fröhlich lachenden Mann in T-Shirt und Jeans zeigte, der auf einem Mauervorsprung saß. Ein belangloser Schnappschuss aus dem Leben, der nun umso anklagender wirkte. Er inspizierte die Stelle, an der das Unglück geschehen war. Der Bürgersteig war breit, sehr breit, die Straße gut einsehbar. Vor allem aber, und dies bemerkte er erst jetzt, befand sich vor ihm ein gut zwei Meter breiter, mit weißer Fahrbahnmarkierung von der Straße abgegrenzter Radweg. Auf ihm musste es passiert sein. Das bedeutete, der SUV-Fahrer war nicht nur nach dem Unfall geflohen, sondern hatte den jungen Mann auch noch auf dem Radweg überfahren. Sein Bauchgefühl meldete sich. Was, wenn es gar kein Unfall war? Vielleicht war man ihnen zum Botanischen Garten gefolgt, hatte an der Straße auf sie gewartet, und als er den Studenten, ihre einzige Spur, verfolgt hatte, die Gelegenheit genutzt und ihn getötet. Er blickte sich um. Am Zaun hinter ihm schlich ein älterer Mann entlang. Auf der anderen Straßenseite fuhr eine Frau mit großem Reishut auf einem Fahrrad vorbei. Er drehte sich zur anderen Seite und sah unter den ausladenden Ästen eines Baumes, keine zehn Meter entfernt von ihm, eine Person stehen, die ihn beobachtete. Nach dem ersten Schreck erkannte er die zierliche Gestalt einer Frau. Sie stand ganz still und schaute zu ihm. Einen Augenblick lang war er unschlüssig, dann ging er auf sie zu. Sie rührte sich auch jetzt nicht. Erst als er sie beinahe erreicht hatte, erkannte er sie. Es war Li, das Mädchen aus dem Postamt. Tränen liefen ihr über das Gesicht. Selbst jetzt, als er sie erreicht hatte, stand sie dort wie eine Statue. Sie starrte an ihm vorbei.

»Guten Morgen«, begrüßte er sie vorsichtig. Ihre Anwesenheit hier, um diese Zeit, überraschte ihn. Hatte auch sie das schlechte Gewissen hierhergetrieben? Dachte vielleicht auch sie, dass sie eine Mitschuld traf, weil sie Greta und ihm den Hinweis auf den jungen Mann gegeben hatte? All diese Gedanken schossen ihm innerhalb einer Sekunde durch den Kopf.

»Es war kein Unfall«, sagte sie schließlich und blickte ihn direkt an. Ihre Augen waren gerötet, man sah, dass sie in den letzten Stunden viel geweint hatte. Er war froh, dass er, was sie betraf, vorsichtig gewesen war und Long während des Verhörs angelogen und sie nicht erwähnt hatte. Wieder einmal hatte sein Bauchgefühl ihn nicht getäuscht, wie auch jetzt. »Ich denke auch«, sagte er.

»Man hat mir erzählt, Sie haben ihn gefunden, und er ist vor Ihnen weggelaufen.«

»Weggefahren, mit dem Fahrrad. Ich bin hinterher, und dann …« Holland schaute zu den Blumen.

»Er war mein Bruder«, sagte Li ohne Umschweife.

Er spürte einen Stich in der Brust. Er suchte nach Worten. »Es tut mir leid. So leid«, bekam er nur heraus.

»Jemand hat ihn getötet, damit er nichts sagen kann.«

Hollands Gedanken fuhren Karussell. Vergeblich versuchte er, die neuen Informationen in eine logische Reihenfolge zu bringen, wobei sich Frage über Frage vor ihm auftürmte. Aber dies war nicht der richtige Zeitpunkt und auch nicht der richtige Ort.

»Wollen wir irgendwo einen Kaffee trinken, und Sie erzählen mir alles?«, schlug er vor.

Sie nickte.

40

WAVERLY

Weimar, November 2016

Sie stand regungslos im dunklen Museum, doch zunächst blieb es bei dem einen Geräusch. Vorsichtig stieg sie über die Absperrung und hob den Pudel auf, den sie zuvor durch das Gitter in den Flur geschoben hatte. Die Kerze in der einen, den Pudel in der anderen Hand, wendete sie sich in Richtung des Notausgangs an der Westseite des Hauses, den sie sich auf dem Raumplan im Internet herausgesucht hatte. Sie hoffte, dass er nicht verschlossen war. »Hallo!«, hörte sie einige Räume hinter sich eine Stimme rufen, die sie sofort erkannte: der Professor. »Ist dort jemand?«

Sie beschleunigte ihre Schritte, als sie plötzlich ein lautes Stöhnen vernahm, dann ein Geräusch, als fiele etwas Schweres zu Boden. Sie blieb stehen und drehte sich um. Hinter ihr der Gang, der durch Goethes lang gestrecktes Haus führte. Einige Räume zurück sah sie einen Lichtkegel, direkt auf den Dielen, der sich nicht bewegte. Er schien von einer Taschenlampe zu stammen, die auf dem Boden lag. Dahinter erhob sich, ebenfalls auf dem Boden liegend, die Silhouette eines Körpers. Außer ihrem lauten Atem war es gespenstisch still. Alles in ihr befahl ihr, fortzulaufen, doch sie machte einen Schritt in Richtung des noch fernen Lichts. Das Holz knarrte unter ihrem Fuß. Wenn derjenige, der dort lag, der Professor war, dann konnte sie ihn hier nicht einfach liegen lassen. Bis zum Morgen würde ihn vermutlich niemand finden. Sie beschleunigte ihre Schritte. Mit der Kerze in der Hand wurde ihr Arm langsam lahm, die Muskeln begannen zu zittern. Sie durchquerte den nächsten Raum, dann noch einen, vor dem Raum mit der Taschenlampe blieb sie stehen und streckte den Arm aus, um die Szenerie vor ihr besser auszuleuchten. Keine vier Meter entfernt lag eine Stabtaschenlampe, dahinter, wie vermutet, der Professor. Sie erkannte ihn an seinem grauen Zopf. Er lag auf dem Bauch, leicht verkrümmt. »Hallo?« Ihre Stimme klang fremd und hohl.

Sie machte einen weiteren Schritt, beugte sich herunter und erschrak, als sie die blutende Wunde am Hinterkopf bemerkte. Irritiert versuchte sie, zu verstehen, was passiert war, und als sie es verstand, war es zu spät. Sie fuhr herum, als sie das Geräusch hinter sich vernahm. Ein Knarren, wie sie es in den letzten Minuten hundertfach gehört hatte, während sie über die alten Dielen geschlichen war. Sie sah die dunkle Gestalt, die hinter einer der Statuen auf sie zukam, wurde im nächsten Moment vom gleißenden Licht einer Lampe geblendet. Sie schrie laut auf, machte einen panischen Schritt zur Seite, trat auf einen Arm, kam ins Stolpern. Heißes Wachs tropfte auf ihre Hand, die sich öffnete und die Kerze zu Boden fallen ließ. Die brennende Kerze rollte über den Holzboden, unter die Vitrine, in Richtung Vorhang.

Im nächsten Augenblick vernahm sie nahe bei ihrem Ohr ein Schnaufen, spürte eine Hand, die versuchte, ihr den Pudel unter ihrem Arm zu entreißen. Sie hielt ihn fest umklammert, riss ihren Körper mit aller Kraft zur Seite, spürte, wie der Pudel ihr entglitt und ebenfalls zu Boden fiel. Sie machte einen großen Ausfallschritt, sah, wie die Porzellanfigur auf dem Boden zerschellte und ein oranger Gegenstand über die Dielen rollte. Für einen Moment bewegte sich niemand, dann reagierte sie geistesgegenwärtig. Ohne denjenigen zu beachten, der sie attackiert hatte, warf sie sich auf den Boden, griff nach dem Stein. Ein Schuh kam in ihr Blickfeld, trat auf ihre Hand. Sie schrie vor Schmerz auf, versuchte, ihre Hand zu befreien, bekam ein Bein zu fassen, zog es zu sich heran, ignorierte einen harten Schlag in ihrem Rücken, biss durch stabilen Stoff in festes Fleisch. Ein lauter Schmerzensschrei ertönte, ein Knie traf sie an der Schläfe, doch der Druck auf ihre Hand löste sich. Kurz sah sie ihn genau vor sich, den Bernstein, auf dem Holzfußboden liegend, orangegelb erleuchtet, im hellen Schein des Vorhangs, der Feuer gefangen hatte. Sie wollte erneut danach greifen, doch ihre Hand versagte ihr den Dienst. Die Gestalt über ihr beugte sich herunter, sie schnellte herum, drehte sich, kickte den Stein mit einer Bewegung ihres Fußes zur Seite, irgendwo in Richtung der Tür. Eine heruntersausende Taschenlampe verfehlte ihren Kopf nur knapp, sie robbte schreiend zurück, spürte die Hitze des Feuers neben sich. Der nächste Schlag traf sie am Kinn. Schmerzen und Rauch ließen ihre Augen tränen, verhinderte, dass sie die Gestalt vor sich erkennen konnte. Während sie laut ächzend und kreischend zurückrobbte, kramte sie mit der linken Hand in ihrer Handtasche, die noch immer um ihre Brust gebunden war, fand endlich, was sie suchte, griff die Dose mit dem Pfefferspray und sprühte es dem sich jetzt erneut auf sie stürzenden Angreifer entgegen. Mit einem Aufschrei ließ er von ihr ab, die Stimmlage verriet, dass es sich um einen Mann handelte. Sie rollte sich zur Seite, kam dem Feuer gefährlich nahe, konnte nicht mehr atmen. Mit letzter Kraft kam sie endlich auf die Knie, dann auf die Füße, suchte den Boden ab, bückte sich und begann zu rennen.

41

AVA

Im Wald, Kanada, August 2023

In das helle Sirren der Drohne mischte sich das wütende Brummen des Schwarzbären. Das Summen schwoll an, und eine zweite Drohne tauchte auf. Ava ließ den Blick nicht von dem Bären. Ein groß gewachsenes, in diesem Augenblick äußerst schlecht gelauntes Exemplar. Ihr war sofort klar, was geschehen war: Die Drohnen hatten den Bären vor sich hergetrieben, in ihre Richtung. Wie Hütehunde, die ein Schaf einfingen. Das war Silvas Werk. Sie hatten schon vor einiger Zeit entdeckt, dass sie mit den Drohnen Tiere aus dem Wald scheuchen konnten. Das helle Summen, die hektischen Bewegungen. Wildtiere hatten vor den Drohnen Angst. Würde der Bär über sie herfallen, hatte Silva sein Ziel erreicht. Ein unverdächtiges Ende, bei dem er noch nicht einmal ihre Leiche würde entsorgen müssen. Und wenn der Bär seine Aufgabe nicht erfüllte, dann gab es auch noch die signalroten Drohnen, signalrot wie die beiden, die jetzt vor ihr in der Luft standen. Er beauftragte lokale Jäger, hatte den Forst in drei Jagdgebiete aufgeteilt, bezahlte auch sie in Bitcoins. Doch wenn er einen Wildschaden entdeckte, ein krankes Tier, und kein Jäger verfügbar war, kamen die signalroten Drohnen zum Einsatz. Sogenannte Kamikaze-Drohnen, die auch das Militär nutzte. Hatten sie ein Ziel identifiziert, in diesem Fall ein Stück Wild, stürzten sie sich darauf und brachten die kein Kilo schwere Sprengstoffladung zur Explosion, die das ahnungslose Opfer von einer Sekunde zur anderen zerriss. Brutal, effektiv und ohne Gnade. So war Silva.

Sie hatte also die Wahl, entweder von einem aufgescheuchten Bären oder einer explodierenden Drohne zerrissen zu werden. Sie schaute sich um, hinter ihr, am Ende des Waldes, fiel das Gelände gute zwanzig Meter steil ab. Vor ihr ein Bär, über ihr zwei tödliche Drohnen, in ihrem Rücken ein tödlicher Abhang.

Die Drohnen bewegten sich einige Zentimeter in ihre Richtung, als würden sie ein letztes Mal Maß nehmen, bevor sie sich auf sie stürzten. Doch sie konnte nicht ausweichen. Ein Windzug trug den strengen Geruch des Bären zu ihr herüber. Sie schaute nach rechts und nach links, wo als Nächstes einer der mächtigen Zucker-Ahornbäume wuchs. In Bruchteilen von Sekunden wog sie sämtliche Optionen ab, versuchte sich in Silvas Entscheidungsprozesse hineinzudenken. Vorsichtig nahm sie ihren Rucksack von der Schulter, bewegte sich in Zeitlupe und hielt ihn vor den Körper gepresst. Silva wollte sie und den Inhalt ihres Rucksacks, mit dem sie ihn überführen konnte. Ein Rascheln verriet ihr, dass nun auch der Bär einen Schritt auf sie zugemacht hatte. Sie drehte sich zu ihm. Den Kopf gesenkt, witterte er. Sie mochte Bären, doch es gab kein Szenario, in dem sie und der Bär dies hier überlebten. Ständiges Abwägen. Null oder eins. Sie spannte alle Muskeln an. Drei, zwei, eins, null. Sie warf den Rucksack in Richtung des Bären und machte drei schnelle Schritte auf den Ahorn zu, flog das letzte Stück, umklammerte ihn, als würde sie ihn umarmen, während unweit von ihr die erste Drohne mit einem ohrenbetäubenden Knall explodierte.

42

WAVERLY

Meißen, November 2016

Sie presste den Eisbeutel an ihr Kinn. »Der Kiefer könnte gebrochen sein«, sagte ihre Mutter, während sie Teewasser aufsetzte. »Was hast du nur wieder getan, Honi?«

Waverly saß an dem kleinen Küchentisch im fünften Stock des ehemaligen Plattenbaus und starrte ins Leere.

Das Radio spielte Musik. Doch all das drang nicht durch zu Waverly. Nachdem sie sich im Park nahe Goethes Wohnhaus versteckt gehalten hatte – sie wusste nicht mehr, wie lange – und von dort das Heranrasen von einem Dutzend Rettungsfahrzeugen mit anhören musste, war sie schließlich, wie in Trance, zum Bahnhof gelaufen. Mit den angesengten Haaren, dem vom Ruß geschwärzten Gesicht, der Verletzung und dem leeren Blick musste sie den Mitreisenden in der Bahn wie ein Junkie vorgekommen sein. Aber sie konnte das Bild des auf dem Boden liegenden Professors nicht vergessen. Alles war in Flammen aufgegangen, der Feuerschein über dem Museum von überall in der Stadt zu sehen. Sie hatte nach Rauch gestunken, und nachdem ihre Mutter sie in Meißen vom Bahnhof abgeholt hatte, war ihre Kleidung in die Waschmaschine und sie in die Badewanne gewandert. Nun saß sie im Bademantel in der Küche ihrer Mutter und fühlte sich unendlich leer.

»Es ist in Ordnung, wenn du mir nicht erzählen möchtest, was passiert ist«, fuhr ihre Mutter fort. Sie sprach mit ihr koreanisch. »Vermutlich möchte ich es auch gar nicht wissen. Aber du musst besser auf dich aufpassen, Honi!« Sie setzte sich zu ihr an den Tisch und nahm ihre Hand, deren Fingerknöchel aufgeschürft waren. »Wenn dir etwas passiert, habe ich niemanden mehr!« Sie strich ihr sanft über die Schläfe.

Waverly legte ihre andere Hand auf die ihrer Mutter. »Ich weiß, Eomma. Ich bin vorsichtig!«

Als der Wasserkessel pfiff, goss ihre Mutter weißen Tee auf.

Waverly erhob sich und schaute wie beiläufig aus dem Fenster, hinab auf den Innenhof. Seit dem Treffen mit Wagner war sie das Gefühl nicht mehr losgeworden, verfolgt zu werden. Nachdem sie ihn auch in Weimar gesehen hatte und nach dem Überfall im Museum, war sie sich sicher, dass es so war. Es konnte kein Zufall gewesen sein, dass man ihr dort aufgelauert hatte. Dass der Mann im Museum versucht hatte, ihr die Porzellanstatue zu entreißen. War das Wagner gewesen? Wegen des blendenden Lichts der Taschenlampe hatte sie nichts erkennen können. Und das war es, was sie am meisten belastete: Sie war überzeugt davon, dass der Professor wegen ihr ermordet worden war. Hätte sie Weimar nicht besucht, wäre er vermutlich noch am Leben. Auch wenn sie ihn nicht getötet hatte, so war sie doch dafür verantwortlich. Ein Gedanke, der ihr immer wieder die Kehle zuschnürte und Tränen in die Augen trieb.

»Was guckst du?«, fragte ihre Mutter.

»Nichts«, entgegnete sie. »Ich gehe rüber. Gute Nacht!«

Sie gab ihrer Mutter einen Kuss. Dann nahm sie sich einen Becher mit Tee, klemmte den alten Laptop ihrer Mutter unter den Arm und verzog sich ins Wohnzimmer. Es war eins von nur zwei Zimmern in der kleinen Wohnung. Im anderen ging ihre Mutter zu Bett. Sie würde, wenn sie überhaupt ein Auge zubekam, heute Nacht auf dem Sofa schlafen. Das Internet war voll mit Meldungen und Nachrichten über den Brand. »Goethes Wohnhaus Opfer der Flammen«, »Eine kulturgeschichtliche Katastrophe«, »In den Trümmern des ausgebrannten Hauses sei ein nicht identifizierter Leichnam gefunden worden. Die Brandermittler des Landeskriminalamtes hätten die Ermittlungen aufgenommen«.

Man hatte also bislang nur einen Leichnam gefunden, nicht zwei. Ihr Angreifer hatte also vermutlich auch entkommen können. Auf dem gefliesten Wohnzimmertisch lag der Inhalt ihrer Handtasche, in die ebenfalls der Rauch gezogen war und die ihre Mutter zum Lüften auf den Balkon gehängt hatte. Sie schaute auf den Schlagstock, der ihr im Gegensatz zum Pfefferspray nicht hatte helfen können. Daneben lagen ein Lippenstift, ein Kugelschreiber, eine fossile Kastanie aus Griechenland, die sie als Glücksbringer bei sich trug, und ihre Geldbörse. Ihr Blick fiel auf den kleinen Bilderrahmen mit dem Ginkgo-Blatt. Nun bereute sie es, ihn mitgenommen zu haben. Sie schaute sich um, hängte eines der Bilder ihrer Mutter, die asiatische Sonnenuntergänge zeigten, ab und stattdessen das Bild auf. Hier würde es erst einmal niemand suchen. Sie schaute auf die kopierten Blätter mit den chinesischen Schriftzeichen, die der Professor ihr gegeben hatte. Sie nahm ihr Handy, machte Fotos von den Briefen in chinesischer Sprache und schickte sie per E-Mail an ihren E-Mail-Account. Dann öffnete sie den Laptop ihrer Mutter und verband sich via VPN-Tunnel mit SCANDBOX. Sie würde die chinesischen Schriftzeichen nicht übersetzen müssen, diese Aufgabe übernahm SB, der viele verschiedene Sprachen verstand. Mit dem Laptop dauerte es allerdings eine gefühlte Ewigkeit, bis alle Scans der Briefe in die Cloud, in der SB auf Arbeit wartete, geladen waren.

Ihre trotz des Bades vom Rauch gereizten Augen brannten vor Anstrengung. Sie lauschte: Ihre Mutter schien zu schlafen.

Nachdem fünf von sechs der Briefe erfolgreich an SB übermittelt waren, öffnete sie das Programm und schaute, wie die KI begann, die ersten Seiten zu analysieren. Sie wechselte in den von Ava so genannten »Live-Modus« und konnte zusehen, wie der Computer Schriftzeichen übersetzte und im Hintergrund Wörter und Begriffe in den erkannten Texten sortierte.

»Wie die Zweigliedrigkeit der Blätter die beiden Enden des Lebens und der Liebe darstellt, so steht der Stamm für die Ewigkeit«, »Er ist jung und alt zugleich, Sie werden viel Freude an ihm haben«, »Derweil manche Exemplare tausend Jahre und mehr zählen«, »So sind die beiden Gewächse wie die Blätter des Mädchenhaarbaumes, eines gut und bejahend und eines böse und verneinend«, »Danke ich für das Vertrauen«, »Gesegnet seien diejenigen, die mit der Natur sich vereinen«, »Wie die Saat des Ginkgo werden wir auch das, was Ihr Gewächs aus ferner Zeit nennt, behüten über die Jahrhunderte, wenn Ihr sie unserer Halle der Inkarnation verantwortet, im besten Sinne«, »Ist es mir eine Freude, Ihnen den Schatz zu überlassen«, »Weiß ich keinen besseren Ort, ihn zu verwahren, als Euer Kloster«, »Manchmal braucht etwas nur Zeit, um gut zu werden«, »Darf ich derweil eine Warnung aussprechen: Es darf unter keinen Umständen sprießen, denn es ist den Menschen und der Natur nicht so wohlgesinnt wie anderes Kraut«, »Verbleibe ich in westlicher Ehrerbietung für die östliche Gewandt- und Verschwiegenheit. Mögt Ihr es verwahren, bis jemand kommt und das Doppelte des Einen vorzeigt.«

Waverly lehnte sich zurück. Glaubte man diesen Zeilen, hatte der Professor wohl recht: Goethe schien den Bernstein gegen den Samen eines Mädchenhaarbaums getauscht zu haben. Dies war eine andere Bezeichnung für einen Ginkgo-Baum. Das Ergebnis des Tausches war noch heute in Weimar zu besichtigen.

Der Begriff »Pflanze aus ferner Zeit« wurde von SB im Text grün unterlegt und von der KI als Urpflanze übersetzt. Sie klickte auf den so gekennzeichneten Begriff, landete in einer Art digitalem Wörterlexikon. Dort war das Wort »Urpflanze«

aufgeführt. Sie klickte mit der Maus auf die Schaltfläche »Ähnliche Begriffe«, welche die künstliche Intelligenz hinter SCANDBOX dem Wort »Urpflanze« aufgrund der Informationen, mit denen sie bis heute gefüttert worden war und auf die sie selbstständig im World Wide Web zugreifen konnte, zuordnete.

Verwirrt starrte Waverly auf die von SCANDBOX vorgenommene Begriffsauswahl: Biohazard, Virus, Atomwaffe, Naturkatastrophe, Weltuntergang, Weltherrschaft.

In diesem Moment klingelte ihr Mobiltelefon. Sie schaute auf die Uhr. Es war 2:45 Uhr nachts. Eine unbekannte Telefonnummer. Sie zögerte kurz, dann drückte sie die Taste zum Annehmen. Die Stimme erkannte sie sofort.

»Wir müssen reden, Frau Park. Jetzt! Aber wecken Sie Ihre Mutter nicht.«

Es war Wagner.

43

HOLLAND

Hangzhou, 19. August 2023

Statt Kaffee gab es Tee. Zwischenzeitlich war es hell geworden, und sie saßen in der kleinen Wohnung der Postangestellten, vor ihnen eine Kanne mit Tee. Die Bezeichnung Wohnung war eigentlich übertrieben, denn es handelte sich eher um ein Zimmer. Aber obwohl kaum fünfzehn Quadratmeter groß, war es gemütlich und kreativ eingerichtet. Holland hockte auf einem Sessel, Li saß auf einem schmalen Sofa. Die Taschentücher auf dem Tisch verrieten ihren Seelenzustand.

Holland ließ die Blätter einer Orchidee neben ihm durch die Finger gleiten. »Die Pflanze ist dehydriert«, stellte er fest. Er deutete auf die Kanne vor ihnen. »Entfernen Sie die Erde und stellen Sie die Pflanzen tagsüber in eine Vase mit etwas Teewasser. Der Stickstoff wird die Wurzeln heilen.«

Li lächelte tapfer. »Sie versuchen nur, mich abzulenken.«

Nun war er es, der sich ein Lächeln nicht verkneifen konnte. »Warum haben Sie uns überhaupt von Pan erzählt, wenn er Ihr Bruder war?«, stellte er die erste Frage, die ihm auf der Zunge brannte.

»Er war mein Halbbruder, aber niemand weiß davon. Ich habe mir Sorgen um ihn gemacht. Sorgen, worin er verstrickt ist, und Sorgen, dass die Polizei ihn findet. Auf mich hat er nicht gehört, noch nicht einmal mehr mit mir geredet. Als Sie beide kamen, dachte ich, dass Sie vielleicht etwas erreichen können.«

»Daher auch Ihre Bitte, Sie zu informieren.«

»Sie haben sich nicht daran gehalten …«

Das stimmte. Aber nachdem er verhaftet worden war, gab es auch wenig Gelegenheit dazu. Und was hätte er auch erzählen sollen? Dass er den mysteriösen Fremden vor ein Auto gehetzt hatte?

»Wie haben Sie es erfahren?«

»Ich bin Ihnen gefolgt.«

»Dann haben Sie es mit angesehen?«

Lis Blick senkte sich nach unten.

»Das tut mir leid«, sagte Holland.

»Der SUV hat auf Sie gewartet. Ich bin Ihnen nicht in den Garten hinein gefolgt, sondern außen herum gefahren. Dort sah ich es parken. Ein Auto mit einem behördlichen Kennzeichen, wie die Polizei es fährt. Als ich Pan auf dem Fahrrad aus dem Garten herauskommen sah, raste der SUV los. Und …« Sie schluchzte.

Er beugte sich vor und drückte ihre Hand. »Er hieß Pan?«

Sie nickte. »Pan Sun. Er hat das Postamt, in dem ich arbeite, für das Aufgeben seiner Päckchen ausgesucht. Ich bin ihm wirklich einmal gefolgt, um zu sehen, wo all die Pakete herkommen. Einmal sprach ich ihn darauf an, und er bat mich, dafür zu sorgen, dass es keinen Ärger gibt. Als ich ihn fragte, was in all den Päckchen sei, meinte er, es seien Kräutersamen. Aus dem Botanischen Institut, in dem er jobbt. Eigentlich studierte er Informatik an der ECUST.«

»ECUST?«

»Der East China University of Science and Technology.«

»Wieso arbeitet er als IT-Student im Botanischen Institut?«

»Das habe ich auch gefragt. Er meinte, es habe mit seiner Masterarbeit zu tun.«

»In Informatik?«

Sie zuckte mit den Schultern. »Wie gesagt, zuletzt habe ich mit ihm nicht mehr viel geredet. Wir hatten nie ein besonders gutes Verhältnis. Wir haben dieselbe Mutter, aber unterschiedliche Väter. Er hat unserer Mutter viele Vorwürfe gemacht, und ich habe sie verteidigt.«

»Und wissen Sie irgendetwas über die Samen?«

Li schüttelte den Kopf. »Ich weiß nur, dass Pan mit dem Botanischen Institut regelmäßig Ausflüge in die Gelben Berge in Huangshan gemacht hat. Dort haben sie manchmal wochenlang nach Samen für das Pflanzenarchiv gesucht und in verlassenen buddhistischen Klöstern übernachtet.«

»Und Sie sind sicher, dass der SUV, der Pan überfuhr, ein behördliches Kennzeichen hatte?«

Sie nickte. »Nur Polizeikennzeichen beginnen mit einem O.«

Holland spürte ein Kribbeln im Nacken. Wenn das stimmte, würde das bedeuten, dass Pan von einem Polizeifahrzeug überfahren worden war, und zwar absichtlich.

»Haben Sie den Fahrer gesehen?«

Sie nickte erneut.

»Und würden Sie ihn wiedererkennen?«

Wieder nickte sie. Er griff nach seiner Tasse mit dem Tee und nahm einen großen Schluck. Li wischte sich mit einem Taschentuch Tränen aus dem Augenwinkel. Ihre Trauer bewegte ihn.

Sein Handy vibrierte. Es war Greta. Mit einem schlechten Gewissen drückte er sie weg. Beim Anblick des Handys fiel ihm der Brief mit den chinesischen Schriftzeichen aus Waverly Parks Gedichtband ein, den er abfotografiert hatte.

»Können Sie mir einen Gefallen tun und mir dies hier übersetzen?«

Sie nahm das Telefon, vergrößerte das Foto und überflog die Schriftzeichen darauf.

»Woher haben Sie das?«, wollte sie wissen.

»Können Sie lesen, was dort steht?«

Sie lächelte. »Die Sprache ist sehr altmodisch. Es geht um einen Mädchenhaarbaum.«

Wieder hatte sie Tränen in den Augen, während ihre Finger über die türkisen Perlen glitten.

Hollands Gedanken waren noch bei dem Brief.

»Wie lange fährt man in das Kloster?«, fragte er.

»Mit dem Auto? Gute drei Stunden.«

»Haben Sie ein Auto?«

»Meine Mutter.«

»Hätten Sie Zeit, mich dorthin zu begleiten?«

»Ich müsste mich krankmelden.« Sie schaute auf die Perlenkette, die noch immer durch ihre Finger glitt. »Aber wir können das machen. Das schulde ich meinem Bruder. Ich fahre Sie hin!«

Wieder vibrierte Hollands Handy. Wieder drückte er Gretas Anruf weg.

44

Baltimore, 19. August 2023

So könnte es tatsächlich funktionieren!« Mortensen war die Erregung aus seiner Stimme herauszuhören. »Gut gemacht!« Er tätschelte der jungen Kollegin, die vor ihm über das Okular des Mikroskops gebeugt stand, von hinten die Schulter.

»Von wegen der Gene Drive ist bei Pflanzen nicht möglich! Wir werden es allen Kollegen zeigen!«

»Und es ist allein dein Verdienst! Du bist ein Genie!« Die junge Frau kam hoch und drehte sich zu ihm um. Er zog sie zu sich heran und gab ihr einen intensiven Kuss. »Ich liebe es, wenn du so aufgeregt bist«, sagte er.

»Was ist mit Greta?«, fragte sie. »Hast du endlich mit ihr gesprochen?«

»Noch nicht. Sie ist noch in China, zusammen mit diesem Holland.«

»Du schiebst es immer wieder raus!«

»Ich verspreche dir, sobald sie zurück ist, rede ich mit ihr!« Wieder zog er sie an sich heran und gab ihr einen weiteren Kuss. »Wer weiß von den erfolgreichen Testergebnissen?«, fragte er.

»Bislang nur du und ich.«

»Gut. Dann behalte es bitte erst einmal für dich. Ich möchte mit einem großen Knall an die Öffentlichkeit gehen. Vielleicht warten wir noch ein paar Wochen, bis sich die Situation weiter verschärft hat. Es darf uns nur niemand zuvorkommen.«

»Warten?« Sie drückte sich von ihm weg. »Die Pflanze tötet Menschen! Wir müssen es sofort bekannt geben!«

»Ich muss erst noch mit jemandem sprechen!«

»Geht es um den Nobelpreis?«

Mortensen machte eine wegwerfende Handbewegung. »Den habe ich bereits. Es geht um die Frage, ob unsere Lösung patentierbar ist. Nur dann können wir sie kommerziell verwerten. Das wird ein Milliardengeschäft. Wie der Impfstoff gegen Covid.«

»Es geht um Menschenleben, Edgar!«

»Es genügt, wenn wir es in ein paar Tagen öffentlich machen. Unsere genetischen Veränderungen werden das Problem ohnehin nicht sofort lösen. Es ist eine mittelfristige, wenn nicht sogar langfristige Lösung des Problems. Ohne Herbizide werden wir so oder so nicht auskommen.«

»Edgar!« Sie schob ihn sanft weg.

»Sieh es mal so: Was werden wir mit dem Geld, das wir damit verdienen, noch alles erforschen können? Und somit so viel mehr Gutes tun!«

»Du bist widerlich! Es ist spät, ich gehe nach Hause.«

Sie zog den Kittel aus, knüllte ihn wütend zusammen und ging zu einem schmalen Spind neben dem Eingang.

»Ich dachte, wir gehen noch auf ein Glas Wein zu mir?«, rief er ihr hinterher.

»Nicht heute, Edgar. Ich bin müde.« Sie öffnete die Tür des Labors und schrie auf. Im nächsten Moment fiel sie nach hinten und blieb leblos auf dem Boden liegen. Mortensen sah die blutende Wunde auf ihrer Stirn und wich erschrocken zurück.

»Sie?«, brachte er mühsam hervor, als Dechambeau durch die Tür trat, in der Hand eine Pistole mit Schalldämpfer.

»Schöne Grüße von Silva«, sagte er und schoss Mortensen mitten ins Gesicht.

45

HOLLAND

Jiuhuajie, Provinz Anhui, 19. August 2023

Das Auto, das Li von ihrer Mutter geliehen hatte, entpuppte sich als ein alter Chery QQ. Holland hatte den Sitz nach ganz hinten stellen müssen und hatte dennoch Probleme, seine Beine unterzubekommen. Auch wenn Li den Kleinwagen unbesorgt und risikobereit durch den Verkehr lenkte, hatten sie über vier Stunden benötigt, bis sich endlich der heilige Berg des Buddhismus, der Jiuhuashan mit seinen neunundneunzig Gipfeln, vor ihnen erhob. Auf dem Weg hinauf nach Jiuhuajie hatte er über siebzig Serpentinen gezählt, die Li hinauffuhr, als sei der chinesische Neujahrsdämon Nian hinter ihnen her. »Bis vor vierzig Jahren gab es hier nur eine kilometerlange Steintreppe«, hatte Li erzählt. »Also seien Sie froh, dass wir nicht zu Fuß gehen müssen!« Von den Fliehkräften in seinen Sitz gepresst, hatte er über die atemberaubenden grünen Hänge des Gebirges geschaut, die sich mit ausladenden Terrassenfeldern und abstrusen Gesteinsformen abwechselten.

Wieder klingelte sein Handy.

»Mein Gott, wo bist du?«, hörte er Gretas aufgeregte Stimme.

»Unterwegs, in die Gelben Berge. Zu einem Kloster.«

»Zu einem Kloster? Sie suchen dich schon! Wir müssen ausreisen!«

»Wer sucht mich?«

»Die Polizei, Foo. Alle. Ich habe mir Sorgen um dich gemacht! Ich dachte, du wärst verschleppt oder … sonst was!«

Dass sie sich um ihn sorgte, freute ihn. Gleichzeitig hatte er ein schlechtes Gewissen. Er schaute zu Li. »Ich bin noch einmal zur Unfallstelle gefahren, wo der junge Mann gestorben ist. Dort habe ich Li getroffen.«

»Die Frau aus dem Postamt? Was …?«

»Der Tote war ihr Bruder.«

»Ihr Bruder? Ich verstehe gar nichts mehr!«

»Und sie sagt, er wurde absichtlich überfahren. Außerdem glauben wir zu wissen, woher er die Samen hat. Von Mönchen in einem Kloster in den Bergen.«

Greta schwieg kurz. »Du solltest zurückkommen.«

»Wir sind bald da.«

»Warum hast du mich nicht informiert? Ich habe versucht, dich zu erreichen!«

»Weil ich Angst hatte, dass du es mir ausreden würdest.«

»Was ich auf jeden Fall getan hätte!« Wieder schwieg sie.

»Ich spreche mit Foo.«

»Nein! Mach das nicht!«, schoss es aus ihm heraus.

»Warum nicht? Er ist auf unserer Seite.«

Er wusste nicht, warum er es gesagt hatte. Es war nicht mehr als ein Bauchgefühl.

»Was soll ich nun tun?«

»Warte auf mich. Spiel auf Zeit. Ich versuche heute Abend wieder im Hotel zu sein, hoffentlich weiß ich dann mehr.«

»Foo kommt, ich muss auflegen«, hörte er sie sagen. »Pass bitte auf dich auf, Marcus!« Das Gespräch war beendet. Er steckte das Handy ein und schaute aus dem Fenster. Wie sie seinen Namen ausgesprochen hatte, ließ ihn nicht los. Voller Sorge, aber auch Vertrautheit. Was entwickelte sich gerade zwischen ihnen beiden?

»Alles okay?«, fragte Li.

»Ja«, antwortete er.

Je näher sie der Stadt mit den Tempelanlagen kamen, umso aufgeregter wirkte Li auf ihn.

»Die Buddhisten glauben an Wiedergeburt, oder? Es muss

eine tröstliche Vorstellung sein, dass die Liebsten nicht einfach fort sind, sondern irgendwo wiedergeboren werden«, sagte er.

»Für die Buddhisten ist die Idee der ständigen Wiedergeburt eine Qual«, entgegnete Li. »Für sie ist das Leben von Gier, Hass und Verblendung geprägt. Dieses Leiden kann erst überwunden werden, wenn der Buddhist nach vielen Leben irgendwann das Nirwana, den Zustand des höchsten Glücks, erreicht. Es ist ein wenig wie mit der Steintreppe und der Straße.«

»Wenn Sie es so sagen, klingt es nicht mehr tröstlich.«

»Trost muss von innen kommen«, sagte sie mit Tränen in den Augen. Damit hatte sie recht. Beide schwiegen eine Weile.

»Und Pan soll von den Mönchen hier oben diese Bohnen erhalten haben, die er in alle Welt verschickt hat? Bohnen, aus denen tödliche Pflanzen wachsen? Das klingt – irgendwie wahnsinnig!«

Es klang logisch. Pan war derjenige, der die Päckchen aufgegeben hatte. Er arbeitete in einem Samenarchiv im Botanischen Institut in Hangzhou. Li hatte erzählt, dass die Institutsmitarbeiter häufig Ausflüge in die Gelben Berge unternahmen und dass Pan vor nicht allzu langer Zeit hier in einem Kloster in Jiuhuajie gewesen war. Und dann der chinesische Brief, der wie ein Geschenk vom Himmel gefallen war, aus dem hervorging, dass Goethe, der große Dichter Johann Wolfgang von Goethe, mit einem Mönch in einem Kloster in Jiuhuajie Samen der Urpflanze getauscht hatte. Er erinnerte sich zum wiederholten Male an die Szene im Powers Book Store, daran, dass Waverly Park ihm etwas hatte sagen wollen. Vielleicht hatte sie ihm auch diesen Gedichtband überreichen wollen? Oder den chinesischen Brief? Aber warum ausgerechnet ihm? Er musste mehr über Waverly Park in Erfahrung bringen, wenn er hier fertig war.

Sie erreichten Jiuhuajie, eine wuselige kleine Stadt, etwas

unterhalb des Gipfels gelegen. Ein Zentrum buddhistischen Pilgertums, voller Souvenirläden und Menschen. Li parkte das Auto und zeigte auf eine Steintreppe, die hinauf in Richtung Gipfel führte. »Nun müssen wir doch ein wenig marschieren!«, sagte sie.

»Dort hinauf?«, fragte Holland ungläubig.

Er folgte mit seinem Blick dem Verlauf der Treppe. Vom Horizont näherte sich mit lautem Knattern ein Helikopter, der über dem Gipfel eine Ehrenrunde flog und dann hinter den Bergwipfeln verschwand, vermutlich, um eine neue Ladung Touristen hier heraufzuschaffen. Obwohl es noch nicht Mittag war, brannte die Sonne erbarmungslos, dazu war die Luftfeuchtigkeit hoch.

Li ging vor, und er hatte Mühe, hinterherzukommen. Sein Hemd klebte bereits nach wenigen Schritten nass an seinem Körper. Die feuchte Wärme und der mangelnde Schlaf zeigten ihre Wirkung. Er schnaufte und rang nach Luft, während Li die Stufen vor ihm hinaufzufliegen schien. So dauerte es eine gute Stunde, bis sie, eingebettet in die Landschaft, zwischen Bergmassiv und einem kleinen Fluss, eine beeindruckende Klosteranlage erreichten. Sie standen auf der Bergspitze, umgeben von dichten Pinien- und Kiefernwäldern. Holland rieb sich die Oberschenkel und schaute voller Selbstbewunderung die steile Steintreppe hinab, die sie gerade hinaufgekommen waren.

Die lackierten Ziegel des Tempels glänzten in der Sonne über den einzelnen Hallen der im Palaststil erbauten Anlage.

»Das Qiyuan-Kloster«, kommentierte Li, und zum ersten Mal bemerkte er, dass auch sie außer Atem war. »Ich komme gleich wieder!« Sie verschwand im Eingang des Klosters, während er die Gelegenheit nutzte, auf einer Steinmauer zu verschnaufen. Es war ein idyllischer Ort, hier oben auf dem Dach der Welt. Die verspielte Bauweise der gelb gestrichenen Gebäude mit den geschwungenen Dächern und aneinandergereihten Hallen verströmte Ruhe und Gelassenheit. Die Hallen waren durchaus geeignet, um eine kleine Plantage zu verstecken. Stammten die Pflanzen etwa von hier? Wurden die Samen hier gezüchtet, an diesem heiligen Ort? Mönche passierten zu zweit oder dritt den kleinen Vorplatz, aber niemand wirkte in Eile. Wie auch Li, die eine gefühlte Ewigkeit fernzubleiben schien, bis sie zurückkam und ihn in das Innere des Tempels führte.

»Hier, für Sie«, sagte sie und drückte ihm eine Flasche Wasser in die Hand, aus der er sofort gierig trank. Das Wasser war eiskalt. »Stolpern Sie nicht«, sagte Li, während sie erneut vorging, und zeigte auf ein schmales, an der Türschwelle befestigtes Brett, über das man hinwegsteigen musste. »Es soll die Dämonen fernhalten.« Ihm schlug der intensive Geruch von Weihrauch entgegen. Sie durchschritten mit Malereien und Schnitzereien verzierte Räume, passierten scheinbar endlose Reihen von goldenen Buddhastatuen.

»Guanyin, die Göttin der Barmherzigkeit«, erläuterte Li, als sie eine der goldenen Statuen passierten. Schließlich kamen sie in eine weitestgehend leere Halle. Holland vermutete, dass hier Versammlungen abgehalten wurden. In der Mitte hockte ein Mönch auf einem Teppich. Er war groß und beleibt, hatte einen rasierten Schädel und ein kreisrundes Gesicht. Er trug ein Gewand im selben Gelbton wie der Anstrich der Gebäude.

»Pinyin Hou, der Vorsteher des Klosters«, stellte Li ihn vor. Er begrüßte Holland mit einem Nicken und deutete auf den Boden vor sich. Holland machte es Li nach und ließ sich im Schneidersitz nieder.

»Vor über zweihundert Jahren hat Meister Wu Xia die Seele des Tigers empfangen. Zwei Jahrhunderte kam niemand, und nun seid Ihr bereits die Dritten in einem Jahr, die danach fragen«, eröffnete der Mönch das Gespräch.

»Die Seele des Tigers?« Holland schaute zu Li.

»Seele des Tigers ist die chinesische Bezeichnung für Bernstein.«

Holland kniff die Augen zusammen und versuchte, zu verstehen, was der Mönch ihnen gerade mitgeteilt hatte.

»Das ist ein Missverständnis. Wir suchen keinen Bernstein, sondern den Samen einer Pflanze.«

Der Mönch lächelte. »Wir dürfen Euch nur Auskunft geben, wenn Euch der Orden der Erleuchteten schickt. Oder aber wenn Ihr im Besitz dessen seid, was eins und doppelt ist!«

Holland schaute verdutzt zu seiner Begleiterin, die ebenso ratlos schien wie er.

46

WAVERLY

Meißen, November 2016

Sie schlief kaum und verließ die Wohnung am frühen Morgen, noch bevor ihre Mutter erwachte. Sie setzte sich in die nahe Filiale einer Bäckereikette, aß ein Croissant und trank dazu einen Kaffee. Den Bernstein aus dem Museum hatte sie vorsorglich bei ihrer Mutter gelassen. Gut versteckt, an einem Ort, wo man ihn nicht so schnell finden würde. Er war kleiner als eine Walnuss und tropfenförmig, vollkommen klar und ohne jede Blase. Darin eingeschlossen befand sich ein Samen, der Waverly an eine rote Bohne erinnerte und der den eigentlich gelben Stein dunkelorange schimmern ließ. Sie schaute auf die Uhr: Um kurz nach neun war sie mit Wagner im Meissener Porzellan-Museum verabredet. Er hatte sie mitten in der Nacht auf ihrem Mobiltelefon angerufen und sich sofort mit ihr treffen wollen. Doch sie hatte abgelehnt. »Die Polizei wird sehr schnell darauf kommen, dass Sie während des Brandes im Museum waren, ich kann Ihnen helfen«, hatte Wagner am Telefon gesagt, und ihr war das Blut in den Adern gefroren. Ihr fiel die Kerze ein, die Dose mit Pfefferspray, die sie zurückgelassen hatte. Der Pudel aus Porzellan. Dort mussten überall ihre Fingerabdrücke drauf sein und ihre DNA. Oder war das alles verbrannt? Was war mit ihrem Treffen mit dem Professor, das mit Sicherheit in seinem Terminkalender vermerkt war. Zudem hatte es eine Handvoll Zeugen gegeben, die sie im Museum gesehen hatten.

Schließlich hatten sie sich auf ein Treffen im Porzellan-Museum geeinigt. Sie wusste, dass es dort nur so von Touristen und Schulklassen wimmelte. Ein hupendes Auto riss sie aus ihren Gedanken. Einer der Handwerker, der gerade ein paar belegte Brötchen bestellte, hatte in zweiter Reihe geparkt und sorgte vor der Bäckerei für ein kleines Verkehrschaos.

Sie stand auf, zog ihre Jacke an und verließ die Bäckerei. In den letzten Tagen hatte sie sich schon daran gewöhnt, Schleifen und Umwege zu gehen, um sicherzustellen, dass sie nicht verfolgt wurde. Doch seit gestern war sie sich nicht mehr sicher, ob sie damit Erfolg hatte. Hatte man sie tatsächlich überwacht? Auch darauf erhoffte sie sich Antworten von Wagner.

Sie wechselte hinüber zum Busbahnhof und musste nicht lange auf den Bus warten. An der Haltestelle in der Talstraße war sie nicht die Einzige, die ausstieg. Sie musste nur dem kleinen Strom von Menschen zum modernen Bau des Meissener Porzellan-Museums folgen. Das Meissener Porzellan genoss Weltruf, die Touristen kamen von weit her. Als sie das Museum erreichte, war es genau neun Uhr. Von Wagner war nichts zu sehen. Sie hatte nicht vor, draußen, auf dem Bürgersteig, auf ihn zu warten, löste eine Eintrittskarte und betrat die Ausstellung.

Zu ihrer Erleichterung waren die Räume auch zur frühen Tageszeit bereits gut gefüllt. Es gab eine Sonderschau zum dreihundertsten Jubiläum der Manufaktur, aber die Exponate interessierten sie heute nicht. In Gedanken war sie bei dem anstehenden Gespräch mit Wagner. Vielleicht sollte sie sich doch besser selbst der Polizei stellen? Das, was er in der Nacht am Telefon zu ihr gesagt hatte, hielt sie davon ab. »Ich kann Ihnen helfen.« Es war vermutlich eine Lüge, um sie hierherzulocken, aber sie griff nach diesem Strohhalm.

»Schön, dass Sie gekommen sind«, hörte sie seine Stimme und fuhr herum. »Verzeihen Sie die kleine Verspätung, aber ich musste noch etwas erledigen.« Wieder trug er einen schwarzen Anzug, der wie eine Uniform an ihm wirkte.

»Sie kommen aus Meißen, ich vermute, Sie waren schon häufig hier?« Sie setzten sich langsam in Bewegung.

»Nicht so oft«, antwortete sie einsilbig. »Warum waren Sie gestern in Weimar? Ich habe Sie dort gesehen.« Seine Miene wechselte augenblicklich von freundlich zu ernst.

»Es tut mir leid, was gestern dort geschehen ist«, sagte er.

»Warum waren Sie dort?«, wiederholte sie ihre Frage.

»Ich bin Ihnen gefolgt.« Er hatte mit der Antwort noch nicht einmal gezögert.

»Sie geben es zu?«

»Sie haben mich gesehen! Wie soll ich es da leugnen?«

»Wie ist es Ihnen gelungen, mich zu verfolgen? Ich habe mich immer wieder umgeschaut und niemanden entdeckt!«

»Ein GPS-Tracker. Darf ich?« Er griff nach dem Mantel, den Waverly mittlerweile ausgezogen über ihrem Arm trug, öffnete mit geschickten Handgriffen eine kleine Naht im Futter, entnahm einen glänzenden Gegenstand von der Größe einer Zweieuromünze, hielt ihn kurz in die Luft und steckte ihn ein.

»Nichts, was man nicht mit ein paar Stichen wieder nähen kann«, sagte er, während er über das aufgetrennte Futter strich und ihr den Mantel zurückreichte.

Waverly starrte ihn mit offenem Mund an.

»Im Archiv, lautet die Antwort, falls Sie fragen wollen, wann ich Ihren Mantel so präpariert habe.«

Waverly erinnerte sich daran, dass er, nachdem sie von einer kleinen Pause ins Archiv zurückgekehrt war, mit ihrem Mantel in der Hand, der angeblich heruntergefallen war, an ihrem Arbeitsplatz gestanden hatte. Sie fühlte sich hintergangen, ausspioniert, gedemütigt.

»Und ich soll Ihnen glauben, dass Sie mit der Sache gestern Abend im Museum nichts zu tun haben? Warum sind Sie mir nach Weimar gefolgt? Und in die Bar in Kreuzberg, wo ich arbeite? Wer sind Sie, und was wollen Sie von mir?«

»Ich wollte Sie beschützen. Das ist es, was ich die ganze Zeit über versuche.«

»Beschützen vor wem?«

»Wo ist der Bernstein?«

Sie stockte. »Welcher Bernstein?«, schauspielerte sie.

»Sie wissen genau, was ich meine. Haben Sie ihn, oder ist er verbrannt?«

Sie überlegte, was sie darauf antworten sollte. Dass er von dem Stein wusste, deutete darauf hin, dass er doch heute Nacht mir ihr im Museum gewesen war, vielleicht war er der Fremde, der sie angegriffen hatte. Aber wenn sie diesen Verdacht äußerte, gab sie zu, dass es einen Bernstein überhaupt gab.

»Sie ahnen nicht, mit wem Sie sich anlegen«, zischte Wagner.

Während sie leise sprachen, waren sie weiter durch die Ausstellung geschlendert. Sie spazierten vorbei an Projektionen, die begleitet von Raumklängen die Besucher in die Welt der Alchemie einführen sollten. Infostationen erklärten, wie Porzellan entsteht.

»Mit wem denn?«, fragte Waverly und blieb stehen. Wagner schaute sich um, schien kurz nachzudenken. Dann packte er sie am Arm und zog sie zu einem der Glasschaukästen.

»Sehen Sie die Figur dort?«

Er zeigte auf ein faustgroßes Porzellanmodell, das zwei Männer im Gespräch zeigte, beide trugen die typische Kleidung des 18. Jahrhunderts, neben ihnen stand ein großer Globus.

»Schauen Sie: Zwei Freimaurer, vertieft in eine Diskussion. Achten Sie auf die typischen Symbole der Freimaurer: Zirkel, Winkelmaß und Schurzfell.«

»Ja und?«, fragte Waverly.

»Freimaurer waren Männer mit Ideen, Weltverbesserer, aber auch Feiglinge!« Plötzlich klang er verächtlich.

Waverly sagte nichts, wusste noch immer nicht, worauf er hinauswollte.

»Aber damals gründete sich auch ein Orden sehr viel tapfererer Männer, als die Freimaurer es waren. Männer, die an die Wissenschaft glaubten, die aber nicht nur redeten, sondern etwas verändern wollten! Sie wollten politisch aktiv sein. Sie forderten damals Kirche und Staat heraus und planten als geheime Elite eine Neugestaltung der Welt!«

»Sie meinen die Illuminaten?«, fragte Waverly.

Ein breites Lächeln kehrte auf Wagners Gesicht zurück.

»Wollen Sie mich jetzt ernsthaft vor Illuminaten warnen? Die gibt es nicht mehr! Sie wurden vor Jahrhunderten verboten und haben sich lange aufgelöst! Alles andere sind Verschwörungstheorien oder Geschichten à la Dan Brown.«

Erneut lächelte Wagner. »Der Gründer der Illuminati, Adam Weishaupt, schrieb damals sinngemäß: Von allen Mitteln, die ich kenne, um Menschen zu führen, ist die geheime Gesellschaft die wirkungsvollste. Die Betonung liegt auf geheim«, fuhr er fort. »Sollten die Mitglieder des Illuminatenordens heute also als Netzwerk immer noch bestehen – der Orden wäre geheim, und somit würden Sie es nie erfahren. Es sei denn, Sie achten auf die Spuren, die sie hinterlassen.«

Waverly schüttelte den Kopf. Für sie waren die Illuminaten nichts weiter als eine Legende. »Ich muss mir das nicht anhören!«, sagte sie und wandte sich zum Gehen.

In diesem Augenblick griff Wagner nach ihrem Handgelenk.

»Aua, Sie tun mir weh!«, rief sie und versuchte, sich seinem Griff zu entwinden, doch er war zu stark.

Eine ältere Frau schaute skeptisch zu ihnen hinüber.

»Alles in Ordnung!«, sagte Wagner in ihre Richtung und ließ Waverly wieder los.

»Denken Sie an gestern Abend«, flüsterte er. »Besser, Sie erregen kein Aufsehen! Aber Sie haben natürlich recht: Tatsächlich existieren die Illuminaten heute nicht mehr. Denn sie haben sich, wie die Welt um sie herum, weiterentwickelt. Heute nennen sie sich anders.«

Waverly rieb ihr Handgelenk, überlegte, zu gehen, einfach davonzulaufen, entschied sich dann aber dagegen. »Anders?«, fragte sie.

»Schon vor zweihundert Jahren war die Aufklärung der Menschheit das Ziel der Illuminaten. Sie wollten von Vorurteilen und religiösen Einflüssen geprägtes Denken reformieren und den Erkenntnissen der Naturwissenschaften Geltung verschaffen. Und das tun sie auch heute noch, dort, wo die Wissenschaft noch immer nicht gehört wird!«

»Und wo soll das sein?«

Wagner lächelte. »Die Wissenschaft warnt uns seit Jahrzehnten einhellig davor, dass wir auf eine Katastrophe zusteuern. Sie hat uns immer wieder belehrt, das 1,5-Grad-Ziel einzuhalten, um den Klimawandel zu stoppen. Doch die Regierungen dieser Welt wollen nicht auf die Wissenschaftler hören. Zeit für die Illuminaten, einzugreifen. Heute nennen sie sich nicht mehr so. Es geht nicht mehr um Erleuchtung, die Menschen auf dieser Erde leben nicht mehr, wie damals, im Dunkeln. Sie sind vielmehr geblendet. Geblendet von Gier und Macht.«

»Sie meinen, die Illuminaten sind heute … eine Gruppe von Klimaaktivisten?«, fasste sie zusammen.

Wagner lachte laut auf. »Das wäre eine groteske Untertreibung. Sie sind keine Aktivisten. Sie sind eine mächtige Gruppe an den Lenkhebeln der Macht, die den Planeten vor dem Untergang bewahren will.«

»Und wie nennen sie sich heute?«

»Desperaten.«

»Die … Verzweifelten?«, übersetzte Waverly.

»Der Name ist auch ihr Programm. Sie nehmen die verzweifelte Lage des Planeten als Rechtfertigung für ihre Aktionen.«

Waverly versuchte das Gehörte einzuordnen.

»Sie meinen also, die Illuminaten, oder besser Desperaten, sind heute eine Gruppe von mächtigen Klimaaktivisten. Sie sind es, die den Bernstein von mir haben wollen?« Sie dachte weiter nach. »Und Sie sind einer von denen?«

»Wo ist der Stein?«

Waverly trat einen Schritt zurück. »Ich weiß es nicht …«, log sie erneut.

Wagner griff nicht wieder nach ihr, sondern fuhr sich mit der Hand durch das Gesicht. »Hören Sie, Waverly«, setzte er an. »Ich möchte Ihnen nicht wehtun und auch nicht Ihrer liebreizenden Mutter. Aber dieser Stein ist für uns von überragender Wichtigkeit!«

»Warum?«, fragte sie. Sie spürte, wie ihr Puls sich beschleunigte. Wenn dieser Stein für die Illuminaten oder Desperaten, oder wie auch immer sie sich heute nannten, so wichtig war, schien sie auf der richtigen Spur zu sein. Sie musste nach Hause zu ihrer Mutter und den Bernstein aus dem Versteck holen. Und dann so weit weg, wie sie konnte.

»Ich gehe jetzt«, sagte sie und wandte sich in Richtung der Tür, über der das Wort »Ausgang« stand.

»Wie sieht es aus, wenn die Polizei den Stein bei Ihnen findet, Waverly?«, sagte Wagner, der nun einen Schritt machte und sich somit zwischen sie und den Ausgang stellte. »Man wird denken, Sie haben den Professor getötet und den Brand gelegt, um Ihre Tat zu vertuschen.«

»Mit dem Tod des Professors habe ich nichts zu tun! Und das wissen Sie! Die Polizei muss zudem erst einmal auf mich kommen!«, sagte sie, doch es klang nicht besonders überzeugend.

»Ich fürchte, das ist sie schon.« Wagner deutete durch die große Glasfront nach draußen, wo vor dem Eingang zwei Streifenwagen parkten. Vier Polizeibeamte machten sich gerade auf den Weg zum Eingang des Museums. Waverly fühlte einen Stich in der Brust.

»Sagen Sie mir nun, wo der Stein ist?«

»Sie können mich mal«, zischte sie und schaute zu dem Eingang des Raumes, durch den die ersten beiden Polizisten hereingestürmt kamen.

47

Washington, 19. August 2023

»Mortensen ist tot«, fiel Dechambeau mit der Tür ins Haus. Smith taumelte einen Schritt zurück und ließ sich dann auf seinen Schreibtischstuhl fallen.

»Er wurde mit einer Schusswunde in seinem Labor gefunden. Gemeinsam mit einer Laborantin. Die Ermittler gehen auf den ersten Blick von einer Beziehungstat aus. Noch ist unklar, ob sie ihn oder er sie erschossen hat. Aber sie hatten wohl etwas miteinander.«

Smith rang sichtlich nach Worten. »Was ist mit seinen Forschungsergebnissen …?«

»So weit sind wir noch nicht. Aber Mortensen war, was seine Forschung anging, wohl ein großer Geheimniskrämer.«

»Weiß Miss Meyers schon Bescheid?«

Dechambeau schüttelte den Kopf. »Sie ist ja in China, und ich wollte es ihr nicht am Telefon sagen. Vor allem vor diesem Hintergrund …«

»Wir werden es ihr sagen müssen!«

Smith griff nach einer kleinen Holztruhe auf seinem Schreibtisch, öffnete sie und nahm eine Zigarette heraus, die er sich anzündete. Er ging zum Fenster und öffnete es, bevor er einen langen Zug nahm, den Rauch tief in der Lunge gefangen hielt und dann langsam hinauspustete. »Die erste Zigarette seit zwei Jahren«, sagte er, während er nachdenklich hinaus auf die Bronzestatue des Kranichs blickte, der sich in Stacheldraht verfangen hatte. Ein Denkmal zur Ehrung der japanischen Amerikaner im Zweiten Weltkrieg.

»Wie ich Ihnen erzählt habe, hat er mir gesagt, er sei kurz davor, das Problem mit dem Höllenkraut zu lösen. Mortensen hatte gehofft, noch in diesen Tagen eine Lösung verkünden zu können.«

Smith nahm einen weiteren Zug von der Zigarette, deren Ende hellorange aufglühte, dann drückte er sie an der Fensterbank aus, schloss das Fenster und legte sie zurück in die Truhe.

»Mittlerweile gibt es 79 Länder, die das Auftauchen der Pflanze bestätigen. Es wird in Hunderten von Fällen von allergischen Reaktionen berichtet, weltweit gibt es ein gutes Dutzend Todesfälle, die mit der Pflanze in Zusammenhang gebracht werden. Besonders besorgniserregend ist aber dies!« Smith nahm eine schmale Akte und warf sie in Dechambeaus Richtung. Er nahm sie und schlug sie auf. »Was ist das?«, fragte er.

»Neue Erkenntnisse aus Innsbruck in Österreich: Danach lösen nicht nur die Pollen schwere Allergien aus, sondern sind vor allem die feinen Brennhaare der Pflanzen für erhebliche Reaktionen verantwortlich. Sie brechen ab, schwirren durch die Luft und werden eingeatmet. Dabei sind die Haare so hart, dass sie sogar Kleidung durchdringen. Ohne Enthaarungsstreifen bekommt man sie nur schwer aus der Haut, solange sie allerdings in der Haut stecken, geben sie kontinuierlich über mehrere Tage Furocumarine ab, was dazu führt, dass die Haut sich im Sonnenlicht entzündet. Und es zeigt sich, wir können mit diesem Höllenkraut nicht koexistieren.«

»Es scheint mir, als gebe es täglich eine neue Studie«, bemerkte Dechambeau.

»So ist es auch! Wir lernen die Pflanze und ihre schmutzigen Tricks gerade erst kennen.« Smith vergrub sein Gesicht in den Händen. »Für morgen ist eine Anhörung im Kongress angesetzt, und danach wird der Gesundheitsminister eine Rede halten. Es ist geplant, nach den Pflanzen fahnden zu lassen und sie zu kennzeichnen. Zudem wird die Einrichtung von Schutzzonen um Kolonien diskutiert, und wir haben eine weitere Milliarde FFP3-Masken geordert, bevor der Weltmarkt wieder zusammenbricht. Für die nächste Woche ist eine Konferenz in Neapel angesetzt, wo Vertreter aus über hundert Ländern zusammenkommen, um über die Bekämpfung der Pflanze zu diskutieren. Und ich hatte gehofft, Mortensen würde dort auftreten können!«

»Ich habe mit allem gerechnet, aber nicht damit, dass eine beschissene Pflanze uns in die Knie zwingt. Dies können wir niemandem vermitteln.«

Dechambeau hatte auf dem Besuchersessel vor Smith' Schreibtisch Platz genommen.

»Irgendetwas Neues von Holland aus China?«, fragte er. »Hatten Sie in den letzten Stunden Kontakt mit ihm?«

Smith schüttelte den Kopf. »Ich denke, Mortensen hatte recht, er ist ein Schaumschläger.«

»Ich werde versuchen, ihn in China zu erreichen. Ich habe dort einen Kontakt. Und ich werde persönlich nach Baltimore fahren und dort alles umgraben. Wenn Mortensen einer Lösung für das Problem auf der Spur war, werde ich sie finden und Ihnen bringen. Vielleicht weiß Meyers etwas über seine Forschung. Ich werde meinen Kontakt in China bitten, auch sie zu befragen.«

Smith richtete sich auf. »Tun Sie das. Unser Softwarespezialist, der die Ausbreitung der Pflanzen berechnet, hat seine Prognose aktualisiert. Er hatte die Aggressivität der Pflanze gegenüber anderen Gewächsen nicht ausreichend berücksichtigt. Ausbreitung heißt bei Pflanzen immer auch Konkurrenzkampf. Und unsere heimischen Pflanzen haben dem Gewächs nicht viel entgegenzusetzen. Außerdem, so hat er mir erklärt, spielt die Süße des Nektars eine wichtige Rolle. Bestäuber bevorzugen süßeren Nektar. Der Mann ist, was die weiteren Geschehnisse betrifft, nun ganz sicher. Er sagt, wir haben nur noch vierzehn Tage Zeit bis zum Turning Point, und wird das morgen auch dem Kongress mitteilen. Vierzehn Tage, bis sein Computerprogramm die weitere Ausbreitung für unvermeidbar hält.«

Dechambeau verzog verächtlich die Mundwinkel. »Mit Verlaub, Sir. Wir sollten uns nicht von einem Computer lenken lassen, insbesondere wenn es um die Natur geht. Sie ist unberechenbar.«

48

AVA

Im Wald, Kanada, August 2023

Die eine Kamikaze-Drohne war ihrem Rucksack, den sie so weit weggeworfen hatte wie möglich, gefolgt und hatte ihn in einer Explosion zerfetzt. Was mit dem Bären passiert war, hatte sie nicht sehen können, denn sie umklammerte noch immer den Zucker-Ahorn und starrte auf die zweite Drohne, die weiterhin unschlüssig vor ihr in der Luft stand. Auf diesen Moment des Zweifelns hatte sie gehofft. Niemand konnte gegen seine Bestimmung handeln. Sie schaute sich um, lauschte in den Wald hinter ihr. Die Söldner würden weniger zögerlich sein als die Drohne. Sie kam nun näher, umrundete sie, suchte nach einer Möglichkeit, sie zu töten, ohne den Baum zu beschädigen. Nun war sie ihr so nah, dass sie den Arm nach ihr hätte ausstrecken können. Sie suchte nach Optionen, erinnerte sich, wie Alex und Juri mit den normalen Drohnen experimentiert hatten. Wie Alex und sie sich aus Spaß gegenseitig gejagt hatten, bis eine abgestürzt war. Doch ihr fiel kein Ausweg ein. Sie saß in der Falle, wie jemand, der vor einem Tiger auf einen Baum floh, wohl wissend, dass Tiger auf Bäume klettern konnten. Sie schaute zu der Stelle, wo die zweite Drohne explodiert war und der Rauch sich mittlerweile etwas verzogen hatte. Der Rucksack mit all den Beweisen, die sie gegen Silva gesammelt hatte, war zerstört. Im Boden klaffte ein verkohltes Loch, in einem verbrannten Busch glühten noch kleine Brandnester. Kurz hoffte sie auf einen Waldbrand, doch die Druckwelle hatte die Flammen wohl erstickt. Wieder schaute sie auf die Drohne, die noch immer in Armlänge neben ihr auf der Stelle sirrte. Das Knacken eines Asts ließ sie zusammenfahren, und dann sah sie, wie aus dem Gehölz direkt neben ihr der Bär hinausbrach und mit einem großen Satz auf sie zukam. Sie unterdrückte einen Schrei, an den Baum gepresst, keine zwei Meter von dem Tier entfernt. Diesmal zögerte der Bär nur kurz, dann hob er den Kopf, stieß ein wütendes Brüllen aus, stieg auf die Hinterbeine und richtete sich auf. Ava sah seine riesige Tatze mit den ausgefahrenen langen Krallen heranrauschen, sah, wie sie die Drohne traf und noch in der Luft zerfetzte. Im nächsten Moment war Ava schon hinter dem Baum, machte drei schnelle Schritte, ließ sich dann wie ein Quarterback nach einem kurzen Lauf auf den Rücken fallen und begann den Abhang hinunterzurutschen, der viel steiler war, als es von oben aussah. Vergeblich versuchte sie, eine der Wurzeln der am Hang wachsenden Kiefern zu greifen, sich an einem der zahlreichen Baumstümpfe festzuhalten. Kleine Felsbrocken unter ihr gaben nach und beschleunigten ihre Rutschpartie noch. Etwas schlug gegen ihre verletzte Schulter, gegen ihre Hüfte. Sie spürte, wie ihre Kleidung zerriss und ihre Haut aufschürfte. Ein Brennen am Rücken verbreitete eine unangenehme Hitze. Sie geriet in Seitenlage, drehte sich, dann schlug ihr Kopf irgendwo hart an, und es wurde Nacht.

49

HOLLAND

Jiuhuajie, Provinz Anhui, 19. August 2023

Die Dämpfe von Weihrauch und Sandelholz, die aus vielen kleinen Fässchen im Tempel entwichen, machten ihn benommen und verlangsamten seine Gedanken.

Er hatte keine Ahnung, wovon der Mönch sprach, als er ihn aufforderte, sich mit etwas zu legitimieren, was »eins und doppelt« ist. Aber die Formulierung kam ihm bekannt vor. Er blickte sich Hilfe suchend um. In diesem Moment fiel ihm der Gedichtband von Waverly Park ein. Er griff in seine Tasche und holte ihn hervor, suchte nach der richtigen Seite, mit dem Gedicht *Gingo biloba,* sah den letzten Satz des Gedichts und nahm das gepresste Laubblatt heraus, das als Lesezeichen zwischen die Seiten gelegt war. Er übergab es dem Mönch, der ihn verwundert anschaute.

Der Mönch nahm das halbe Blatt des Ginkgos entgegen und betrachtete es lange und ausgiebig. Dann gab er es ihm zurück, senkte den Kopf, und Holland glaubte schon, dies sei das Zeichen dafür, dass er danebenlag. Doch dann sah er das milde Lächeln im Gesicht des Buddhisten.

»Kommt!« Der Mönch strich über eine kleine goldene Buddhafigur neben ihm, woraufhin sich an der Wandvertäfelung mit den Schnitzereien eine geheime Tür öffnete. Dahinter war ein deutlich kleinerer Raum, der mit Matten ausgelegt war. An den Seiten befanden sich lange Reihen von Regalen, in denen Holland Bücher, Folianten, aber auch verschiedene Tongefäße erkannte.

»Setz Euch!«, sagte der Mönch. Li ließ sich sofort im Lotussitz nieder, Holland machte es ihr auch hier nach. Ihr Gastgeber entzündete zwei Laternen und platzierte sie neben ihnen, dann ging er zu einem der Regale, nahm ein großes, schweres Buch sowie einen kleineren Band heraus und kehrte zu ihnen zurück. Er reichte Holland das schmale Buch, dessen Titel ausschließlich aus chinesischen Schriftzeichen bestand. Der Mönch nickte und ballte die rechte Hand zu einer Faust. »Eine Übersetzung aus dem Jahr 1924. Goethe war bei den Chinesen sehr beliebt, damals war er der meistgelesene ausländische Dichter. Vieles in diesem Werk ist buddhistisch.« Dass Goethe es mit seinen Werken und speziell seinem *Faust* bis nach China geschafft hatte, war ihm bisher nicht bekannt gewesen. Holland blätterte durch das Buch mit den chinesischen Lettern und blieb an zwei Seiten hängen, zwischen denen sich ein getrocknetes Laubblatt befand, das seinem ganz ähnlich war. Der Mönch nickte ihm auffordernd zu. Dann begriff er. Er holte sein Ginkgo-Blatt hervor und hielt sie beide nebeneinander. Sie passten perfekt zusammen.

»Dass ich eins und doppelt bin!«, sagte der Mönch zufrieden und deutete erneut eine Verbeugung an.

Der Mönch hievte den schweren Folianten auf seinen Schoß. »Hier hat Meister Wu Xia alles festgehalten, was er seinerzeit mit Goethe vereinbart hat.« Er suchte in einer Art Inhaltsverzeichnis, beleckte sich die Finger und blätterte in dem mächtigen Buch, feuchtete die Finger erneut an, um die schweren Seiten auseinanderzufächern.

»Hier!«, sagte er und drehte die Seiten so, dass auch Holland und Li hineinschauen konnten.

»Können Sie es mir vielleicht übersetzen?«, bat Holland.

Der Mönch machte es sich bequem. »Es ist lange her, dass ein britischer Missionar auf Meister Wu Xia zukam und ihm von einem Naturforscher namens Goethe berichtete. Dieser habe in einem christlichen Kloster in Italien einen Samen einer lange ausgestorbenen Pflanze, er nannte sie die ›Urpflanze‹, erhalten und sei auf der Suche nach einem geeigneten Platz, um diesen Samen zu verwahren. Der Missionar wusste, dass unsere Klöster seit Jahrhunderten Samen des Ginkgo-Baumes vor dem Aussterben bewahrten. Denn obwohl er ein kraftvoller Baum ist, obwohl er die Erde seit Millionen Jahren bevölkert, war er kurz davor, für immer von der Erde zu verschwinden. Unser Kloster hat die Samen des Ginkgo-Baumes über Jahrhunderte bewahrt und sie immer wieder ausgepflanzt. Dies ist ein Ort der Reinkarnation. Ist es nicht fantastisch, dass man ein ganzes Leben in einen einzigen Samen bannen kann? Dass aus einem einzigen Samen ein Wald entsteht? Ich wünschte, man könnte alles in einen Samen pressen: Gesundheit, Frieden, Glück. Wie viel einfacher wäre es, wenn man all das nur noch auszusäen bräuchte.«

Ein kaum merkliches Lächeln huschte über das Gesicht des Mönchs. »Jedenfalls wusste der Missionar damals, dass ein wertvoller Samen bei uns in Sicherheit ist, und weil Goethe im Tausch für seinen Samen um einen Ginkgo bat, wandte er sich an Meister Wu Xia. Der Meister war erfreut, als er erfuhr, dass der Samen der Pflanze, den Goethe anbot, in einem Bernstein gefangen ist. Bernstein gilt im Buddhismus als Glücksbringer. Was in Bernstein eingeschlossen ist, vergeht nicht.«

Der Mönch machte eine kurze Pause. Der Schatten, den das Licht der Laternen warf, verlieh seinem Gesicht etwas Mystisches. »Aber es gab auch eine Warnung: Der Fremde aus Europa namens Goethe warnte uns davor, dass die Pflanze gefährlich sei, er sprach sogar davon, sie sei etwas Böses. Auf keinen Fall sollte der Samen jemals keimen, und selbst eingeschlossen im Bernstein müsse man ihn weit entfernt von Erde, Sonne und Wasser aufbewahren. Goethe schrieb von Vorkommnissen in dem Kloster in Italien, bei denen der

Bernstein den Samen nicht am Keimen gehindert hatte. Er berichtete Meister Wu Xia von einem Überfall auf ein Kloster, bei dem die Mönche alles Wertvolle beiseiteschafften und im Gemüsegarten des Klosters vergruben. Darunter auch allen Schmuck, Gold und Bernsteine. Als sie nach dem Überfall zurückkamen, um die Wertsachen wieder auszugraben, fanden sie dort, wo sie das Versteck mit einem Kreuz gekennzeichnet hatten, eine Pflanze. Sie war aus einem Samen gekeimt, der in einem der Bernsteine eingeschlossen war. Der Spross war so kräftig gewesen, dass er den Bernstein unter der Erde gesprengt hatte. Die Mönche freuten sich über so viel Gotteskraft und ließen die Pflanze zunächst wachsen, doch dann bemerkten sie, dass sie sich immer weiter ausbreitete und Krankheit und Tod mit sich brachte. Sie beschlossen daher, die beiden letzten vorhandenen Bernsteine mit den Samen einem Freimaurer aus Deutschland zu übergeben, der die sichere Verwahrung zusagte und inkognito nach Italien reiste, um die Samen entgegenzunehmen: Goethe. Schließlich gelang es den Mönchen, die Ausbreitung der Pflanze zu verhindern und sie zu vernichten.«

»Wie?«, fragte Holland. Er spürte, wie sein Herz schneller schlug. Auf eine Antwort auf diese Frage hatte er gehofft. Wenn er sie erhielt, hatte sich die Reise hierher, der schwere Aufstieg hier hinauf für ihn gelohnt.

Der Mönch zuckte mit den Achseln.

»Gibt es in den Aufzeichnungen keine richtige Erklärung?«

»Nicht in unseren Büchern.«

Holland fühlte Enttäuschung in sich aufsteigen. Wie konnte es sein, dass die Mönche die Ausbreitung der invasiven Pflanze vor zweihundert Jahren in den Griff bekommen konnten, dies heute aber nicht gelang? Der Mönch schaute erneut in das Buch.

»Dieselbe Frage stellte mir auch schon die junge Frau, die

vor einigen Monaten zu uns gekommen ist. Wie ich auch ihr sagte: Je mehr die christlichen Mönche die Pflanze damals düngten, umso schneller starb sie. So hat es Meister Wu Xia damals notiert: Zu viel des Guten kann auch schlecht sein, hat er dazu aufgeschrieben.«

In Hollands Kopf rasten die Gedanken.

»War es diese junge Frau?« Er hielt dem Mönch sein Handy mit dem Porträtfoto von Waverly Park entgegen.

»Wir mögen diese Geräte hier im Tempel nicht«, sagte dieser tadelnd.

»Verzeihung, bitte schauen Sie nur einmal auf das Foto: Ist das die Frau, die hier war?«

Der Mönch nickte. »Sie sagte, sie suche nach der Pflanze aus vergangenen Zeiten. Und auch sie meinte, die Pflanze sei böse. Sie wisse aber, wie man sie bekämpfen könne.«

»Sie sagte, sie wisse, wie man sie bekämpfen kann?«, wiederholte Holland.

Wieder nickte der Mönch. »Sie wollte verhindern, dass der von uns hier verwahrte Samen ausgesät wird. Sie bat uns, ihn ihr zu übergeben, oder aber, ihn zu vernichten.«

»Und haben Sie das getan?«

»Wir hätten es auch nicht tun können, denn wir hatten den Samen bereits weitergegeben, als die junge Frau uns besuchte. Sie kam zu spät. Es war damals vereinbart worden, dass wir den Bernstein mit dem Samen demjenigen aushändigen, der von den Brüdern des Ordens der Erleuchteten zu uns gesandt wird oder aber das Gegenstück zu dem hier verwahrten Ginkgo-Blatt besitzt. Der junge Mann, der einige Monate zuvor gekommen war, erfüllte diese Voraussetzungen.«

Holland schaute zu Li. Das konnte nur ihr Bruder gewesen sein.

»Auch er hatte das halbe Blatt in seinem Besitz?«

Der Mönch schüttelte den Kopf. »Er war von den Brüdern

des Ordens der Erleuchteten geschickt worden. Er hatte Vollmacht.«

»Hat er gesagt, woher er sie hatte?«

»Sie stellen eine Menge Fragen«, sagte der Mönch. »Alle Gläubigen, die hier zu uns hinaufkommen, suchen Antwort. Aber Sie suchen nicht bloß Antworten, Sie suchen Erlösung.«

Holland stutzte. Er suchte keine Erlösung. »Ich suche bloß nach dem Samen und denjenigen, die ihn hier abgeholt haben!« sagte er beinahe empört.

»Es mag sein, dass Sie nach dem Samen und anderen Dingen suchen. Aber Sie tun dies mit einer großen Last auf Ihren Schultern. Und wenn Sie nicht irgendwann stehen bleiben und die Last ablegen, werden Sie unter ihr in die Knie gehen.«

Holland wusste nicht, was er darauf erwidern sollte. Er fühlte sich gleichermaßen ertappt wie bloßgestellt. Vermutlich war es Teil der Vermarktungsstrategie, dass die Mönche hier oben so etwas zu den Fremden, die hierherkamen, sagten.

»Sie wissen also nicht, wer den jungen Mann hierhergeschickt hat?«

»Es war nicht unsere Aufgabe, danach zu fragen. Er sagte …«

In diesem Moment wurde die Tür hinter ihnen geöffnet, und ein Mönch trat ein. Er eilte zu ihrem Gesprächspartner und flüsterte ihm etwas ins Ohr. Ihr Gastgeber verzog die Augenbrauen, erhob sich und entschuldigte sich mit schnellen Schritten. Holland schaute zu Li, die auch nicht wusste, was los war. Von draußen hörte Holland laute Stimmen. Er stand auf und ging zur Tür. Bevor er sie erreichte, wurde sie geöffnet, und er schaute in ein bekanntes Gesicht.

»Ich dachte, Sie wollten uns verlassen, Mr Holland?«, sagte Taylor Foo.

Holland schaute ihn verblüfft an, dann an ihm vorbei. »Ist Miss Meyers auch hier?«

Foo lächelte und schüttelte den Kopf. »Nein, ich fürchte, sie ist unpässlich. Ich schlage vor, Sie begleiten mich.« Er wandte sich zu Li. »Und Sie kommen bitte auch mit, Miss Sun. Und mein Beileid zum Tode Ihres Bruders. Ein schrecklicher Unfall.«

Holland bemerkte, wie Li Taylor Foo anstarrte. Sie war leichenblass.

50

WAVERLY

Dresden, November 2016

Für die Kriminalpolizei war es eine klare Angelegenheit. Nachdem man sie von Meißen in das Landeskriminalamt nach Dresden gebracht hatte, war sie in einem Verhörraum eingeschlossen worden, was bei ihr zu einer neuerlichen Panikattacke geführt hatte. Ein lustloser, für einen guten Anwalt viel zu junger Mann mit schlechten Zähnen und Föhnfrisur war gekommen und hatte sich als ihr Pflichtverteidiger vorgestellt. Dann hatten zwei Polizisten, von denen einer überaus freundlich und der andere sehr gemein war, sie mit den Vorwürfen konfrontiert: Sie hatte am Tattag, wie der Polizist es ausdrückte, morgens das Goethe-Haus besucht. Danach hatte man ihren Weg durch Weimar rekonstruiert. In einem Waffengeschäft habe sie einen sogenannten Kubotan und eine Dose Pfefferspray erworben, entsprechendes Videomaterial, die Zeugenaussage des Verkäufers und die Kaufbelege würden vorliegen. Danach habe sie im Internetcafé am Markt zur Vorbereitung der Tatausführung den Gebäudeplan des Museums einschließlich der Notausgänge studiert, was dort im Browser gesichert werden konnte. Schließlich habe sie sich in einem nahen Mineralienhandel nach dem Wert von Bernstein erkundigt, ebensolchen Bernsteinen, die laut Exponatenliste im Goethe-Haus verwahrt worden sind. Gegenüber dem dortigen Verkäufer habe sie zudem angekündigt, schon bald im Besitz wertvoller Bernsteine zu sein. Ihre Ankunft im Museum um Punkt 17:30 Uhr konnte die Dame am Eingang bestätigen. Dass sie das Haus wieder verlassen hatte, nicht. In der

Brandruine habe man umfangreiche DNA-Spuren gesichert, die nun ausgewertet würden, wobei man keinen Zweifel habe, dass es Übereinstimmungen mit ihrer DNA gab. Schließlich habe man in der Ruine eine Leiche gefunden, die aufgrund des Feuers in das Kellergeschoss durchgebrochen und daher auf wundersame Weise vom schlimmsten Feuer verschont geblieben sei. Die Verletzungen an deren Schädel, die zum Tod oder zumindest einem schweren Schädel-Hirn-Trauma geführt haben mussten, passten zu einem Kubotan wie dem, den sie in Weimar erworben habe. Ob man glauben solle, dass das alles Zufall sei, hatte der böse der beiden Polizisten gepoltert. Ob sie ihr Gewissen erleichtern wolle, hatte der andere Polizist gefragt, der es scheinbar gut mit ihr meinte. Dinge könnten schließlich anders ablaufen als geplant. Es müsse nicht alles Vorsatz sein, was auf den ersten Blick so aussehe. Sie habe sich einschließen lassen, wurde vom Professor, der an diesem Abend länger arbeitete, weil er eine Veranstaltung am Goethe-Institut in Malaysia vorbereitete, überrascht, es kam zu einem Gerangel, bei dem sie den Kubotan einsetzte. Sie solle am besten gestehen, hatte ihr Rechtsanwalt ihr in einer Pause zugeflüstert, während deren sie vergeblich versuchte, ihre Mutter zu erreichen.

Schließlich hatte sie die ganze Geschichte erzählt und auch Wagner nicht unerwähnt gelassen. Einen Mann namens Wagner habe man nicht finden können, hatte man ihr bei einer späteren Vernehmung eröffnet. Die von ihr genannte Freimaurerloge als Eigentümerin der Schwedenkiste habe glaubhaft versichert, dass man auch dort niemanden dieses Namens kannte. Das Porzellan-Museum in Meißen habe an jenem Tag ihrer Verhaftung keine Videoaufzeichnungen gemacht, weil es angeblich eine mysteriöse Störung des internen Netzwerks gegeben habe, die vermutlich auf einen Schaden am nahen Knotenpunkt der Telekom zurückzuführen sei und erst am Folgetag behoben werden konnte. Angebliche Anrufe Wagners auf ihrem Handy stammten von einem Prepaidhandy, welches sich nicht zurückverfolgen ließ. Die angebliche Visitenkarte Wagners in ihrer Handtasche enthielt nur eine tote Telefonnummer. Und man fand auch keinerlei GPS-Tracker in ihrer Kleidung oder sonst wo. Als sie den Beamten von den Illuminaten und den Desperaten erzählte, lachte man sie aus und bemühte sich noch nicht einmal, in diese Richtung zu ermitteln.

Am Ende war sie einem Haftrichter vorgeführt und zum aufrichtigen Bedauern ihres mit der Situation überforderten Rechtsanwalts von dort in die Justizvollzugsanstalt Dresden gebracht worden. In der schriftlichen Begründung für die Aufrechterhaltung des Haftbefehls, der auf dem Bett in ihrer Einzelzelle lag, war schließlich neben einem besonders schweren Fall des Diebstahls, dem Hausfriedensbruch, der Brandstiftung und anderen Delikten auch Mord als Vorwurf aufgeführt. Da sie gerade nicht mehr unter das Jugendstrafrecht falle, drohe ihr lebenslängliche Haft, hatte ihr Anwalt ihr mit mitleidigem Gesichtsausdruck bei einem Besuch im Gefängnis eröffnet. Seine Einsicht in die Ermittlungsakte hätte ergeben, dass ihre DNA-Spuren am Opfer entdeckt worden seien, ebenso wie an einer verkohlten Dose Pfefferspray, die man gefunden habe. Ob sie nicht vielleicht während der Tat unter Drogen gestanden habe, hatte er noch gefragt. Und ihr geraten, besser nichts mehr von diesem Wagner zu erzählen, der offensichtlich nicht existiere. Die Beweislast gegen sie sei erdrückend. Nur mit aufrichtiger Reue habe sie eine Chance, vor ihrem vierzigsten Lebensjahr das Gefängnis zu verlassen. Als ihre Mutter sie das erste Mal im Gefängnis besuchte, weinte sie, aber Waverly blieb stark. Als Archäologin ließ sie sich weder von der Vergangenheit noch von der Zukunft einschüchtern.

51

HOLLAND

Jiuhuajie/Schanghai, 19. August 2023

Taylor Foo begleitete sie, flankiert von zwei weiteren Männern, die beide die gleichen blauen Blousonjacken trugen, zu einem Hubschrauber, der auf der Rückseite des Bergplateaus auf sie wartete. Während sie über den schmalen Bergkamm marschierten, die überwältigende Gebirgskulisse im Rücken, suchte Li Augenkontakt und formte mit ihren Lippen die Worte »Das ist er!«. Holland brauchte eine Sekunde, um zu verstehen, was sie meinte: der Mann, der ihren Bruder totgefahren hatte. Kurz dachte er über ihre Optionen nach. Eine Flucht kam hier oben nicht infrage. Auch von den Mönchen war kaum Hilfe zu erwarten. Holland hatte mitbekommen, wie ehrfürchtig sie sich zeigten, als Foo mit seinem Polizeiausweis gewedelt hatte. Sie hatten hier oben den Frieden zu bewahren, und dazu gehörte es, keinen Ärger mit der Polizei zu bekommen.

Zudem schien es so, als hätte Foo Greta in seiner Gewalt. »Ich fürchte, sie ist unpässlich«, hatte er mit einem Lächeln gesagt, das nichts Gutes verheißen hatte. Plötzlich fühlte er große Sorge um Greta. Dennoch sparte Holland sich Fragen nach ihr, wollte sich lieber nicht anmerken lassen, dass er Angst um sie hatte. Sie flogen über beeindruckende Landschaften, spärlich bewohnte Gebiete mit Reisfeldern und dann wiederum Siedlungen, in denen die Häuser, aus der Luft betrachtet, so gedrängt standen, als gäbe es in diesem Land nicht genügend Platz. Schließlich kamen die Vororte von Schanghai in Sicht. Li saß zusammengekauert neben ihm und fixierte den Mann, den sie als Mörder ihres Bruders ausgemacht hatte. Holland überkam eine bleierne Müdigkeit. Der Schlafmangel der vergangenen Tage forderte seinen Tribut. Er gähnte und hatte Mühe, die Augen offen zu halten. Ihr Ausbilder bei der Bundeswehr hatte es ihnen während ihres Wehrdienstes eingeimpft: Schlaft, wenn ihr könnt, egal in welcher Situation. Als er die Augen schloss, sah er das Gesicht seiner verstorbenen Frau vor sich, wie sie ihn anlächelte, eine Haarsträhne vor der Stirn, die blauen Augen, die so vor Lebensfreude leuchteten, als wollten sie ein Feuer anzünden. Schließlich schlief er ein, bis ihn jemand hart in den Arm kniff. Es war Li.

Der Hubschrauber landete auf dem Parkplatz eines Gewerbekomplexes, in dem sich eine riesige Lagerhalle an die nächste reihte. Nachdem sie ausgestiegen waren, zögerte Holland.

»Kommen Sie. Nachdem Sie meinen Rat, nach Hause zu fliegen, ja nicht befolgt haben, möchte ich Ihnen etwas zeigen. Wir haben den Ort gefunden, an dem der getötete IT-Student die Pflanzen kultiviert und die Samen gezüchtet hat.«

»Was ist mit Meyers?«, fragte Holland. »Sie sagten, sie sei unpässlich?«

»Sie hat die Nachricht erhalten, dass ihr Verlobter verstorben ist.«

Holland erstarrte. »Ihr Verlobter? Edgar Mortensen ist tot?«

Foo nickte. »Er wurde ermordet.«

Holland hatte das Gefühl, dass sich der Boden unter ihm öffnete. »Dechambeau hat heute Morgen mit Miss Meyers gesprochen. Sie werden verstehen, dass sie etwas von der Rolle ist.«

Holland wusste nicht, was er sagen sollte. Zwar vermutete er, dass das Verhältnis zwischen Greta und Mortensen nicht mehr ungetrübt gewesen war, aber diese Nachricht musste sehr schockierend für sie sein.

»Bringen Sie mich zu ihr!«, sagte er.

»Das hatte ich vor.« Foo führte sie vom Helikopter zu einer Stahltür an der Seite des großen Hallenkomplexes. Es war ein schmuckloses Gebäude, welches seine besten Zeiten hinter sich hatte. Foo klopfte, und in der nächsten Sekunde wurde die Tür von einem Mann geöffnet, der den gleichen blauen Blouson trug wie die beiden Begleiter hinter ihnen. Offenbar handelte es sich um Dienstkleidung. Li blieb plötzlich stehen und weigerte sich, durch die Tür zu gehen, schaute Hilfe suchend zu Holland. Als Foo es bemerkte, sagte er etwas zu ihr auf Chinesisch, sie antwortete in drei kurzen Sätzen, bei denen sie ihn feindselig anblickte, und zückte ihr Handy. Foo erwiderte etwas, diesmal in einem deutlich schärferen Tonfall. Wieder schüttelte Li den Kopf, ihr Mobiltelefon in der Hand, und bewegte sich keinen Zentimeter.

Foo machte einen Schritt auf sie zu und wollte sie beim Arm packen, was Holland verhinderte, indem er sich dazwischenstellte.

»Halt!«, sagte er und streckte die Arme aus, um Foo auf Distanz zu halten. Aus dem Augenwinkel sah er, wie die beiden Blaujacken von einer Sekunde zur anderen in Habtachtstellung gingen, einer legte seinen Arm auf den Bauch, vermutlich trug er unter der Jacke ein Waffenholster. Drei gegen einen, alle drei bewaffnet, es war keine gute Idee, eine körperliche Auseinandersetzung anzustrengen. Und er wollte dringend zu Greta. Das laute Motorengeräusch eines Lastwagens, der auf dem Parkplatz vor der Nachbarhalle wendete, drang an sein Ohr.

»Sie soll ihr Handy hergeben!«, sagte Foo. Holland schaute zu Li. »Ich rufe die Polizei«, raunte sie ihm zu, ihre Finger huschten über das Display. »Warten Sie!«, sagte er zu ihr und wandte sich dann an ihre Begleiter. »Sie möchte nach Hause! Ihr Bruder ist gestorben, und es geht ihr nicht gut. Sie hat versucht, in den Bergen ein wenig Frieden zu finden, und Sie haben sie dort weggeholt. Lassen Sie sie einfach nach Hause gehen.«

Er sah, wie es in Foos Gesicht arbeitete. Offenbar entsprach dies nicht seinem Plan, allerdings wollte er es wohl nicht darauf ankommen lassen. Er nickte einem seiner Leute zu. »Bring sie nach Hause!«

»Sie möchte Ihnen keine Umstände machen und nimmt ein Taxi«, intervenierte Holland. Er blickte auf den Lastwagen, der noch immer in einigen Metern Entfernung rangierte, und rannte darauf zu. Einer der Männer streckte die Hände nach ihm aus, griff jedoch ins Leere. Er wollte ihm nachsetzen, blieb aber auf ein Zeichen von Foo stehen. Holland wedelte mit den Armen und stoppte den Lastwagen. Auf dem Hänger befand sich ein schmutziger weißer Container, auf dem in großen Buchstaben »CHN« stand. Er öffnete die Beifahrertür und winkte Li herbei, während der Fahrer ihn verwundert anschaute. Li zögerte nur kurz, dann kam sie zu ihm gelaufen. »Fragen Sie ihn, ob er Sie bis zu einem Taxistand mitnimmt!« Sie tat wie ihr geheißen. Der Fahrer, ein Kerl mit einem von der Sonne gegerbten Gesicht, schaute von seiner Fahrerkabine auf die beiden herab, hinüber zu Foo und den Leuten, die noch immer unschlüssig bei der Tür standen, dann schenkte er ihnen ein weitestgehend zahnloses Lächeln und winkte sie hinein. Holland hievte Li auf den Beifahrersitz. »Passen Sie auf, dass Ihnen keiner folgt«, flüstert er ihr zu. »Und tauchen Sie unter!«

In diesem Moment kam Foo und stellte sich vor den Lastwagen. »Ihr Handy!«, sagte er im Befehlston.

»Fahren Sie!«, rief Li, doch der Lastwagenfahrer reagierte nicht. »Geben Sie mir Ihr Handy«, sagte Holland und streckte den Arm aus. Li zögerte, dann gab sie es Holland. Er schloss die Beifahrertür und reichte das Handy Foo, der endlich zur Seite trat.

Der Motor des Lastwagens heulte auf, und Foo und er blieben zurück in einer Wolke aus Ruß.

»Sehr fürsorglich«, sagte Foo. »Machen Sie sich keine Sorgen um sie. Wenn wir wollen, können wir sie jederzeit finden.«

Holland verstand dies eher als Drohung. Wenn Li sich nicht irrte und er tatsächlich der Mörder ihres Bruders war, dann stand Taylor Foo hier nicht als Polizist.

Wenigstens schien Li erst einmal in Sicherheit.

Foo streckte die Hand aus und zeigte auf den Eingang.

»Können wir jetzt?«

Aus dem Inneren der Halle schlug Holland ein Schwall feuchtwarmer Luft entgegen, ein staubiger Geruch nach Erde, Ammoniak und Gas stieg ihm in die Nase. Er kannte den Geruch aus Gewächshäusern, nur das Gas irritierte ihn. Und tatsächlich erstreckte sich vor ihnen eine riesige Halle, in der von Wand zu Wand in dichten Reihen Pflanzen wuchsen. Er erkannte die Assassina incognita sofort, auch wenn mehrere Pflanzenlampen ihr normalerweise sattes Grün in ein schummriges Lila verwandelten und den Pflanzen ein diabolisches Aussehen verliehen. Höllenpflanzen, dachte Holland. Zwischen den Beeten standen in einem engen Gang zwei Schubkarren mit Erde, überall auf dem Betonboden lagen Säcke und Gartenwerkzeuge. Das Bild, das sich ihm bot, erinnerte ihn an eine illegale Cannabisplantage.

»Bitte nehmen Sie«, sagte Foo und hielt ihm eine FFP3-Maske entgegen. Er selbst trug bereits eine, ebenso wie seine Begleiter.

»Es sind reizende Pflanzen«, sagte er, und Holland war sich nicht sicher, ob das Wortspiel beabsichtigt war.

»Hier hat Pan Sun, der Bruder Ihrer kleinen Freundin, die Pflanzen angebaut und Samen daraus gezogen. Vorn steht ein Bottich mit Tausenden von Samen. Kommen Sie!« Foo steuerte auf einen Pflanztisch aus Stahl direkt neben dem Eingang zu. Darauf lag eine Metallschale, wie sie normalerweise in OP-Sälen benutzt wurde, darin fand Holland zwei braune Klumpen. Er nahm sie in die Hand. Sie waren leicht, außen glatt, innen rau. Für ihn bestand kein Zweifel, dass es sich hierbei um die Reste eines Bernsteins handelte.

»Was ist das?«, fragte Foo.

Holland sah keinen Grund, es ihm nicht zu sagen. »Bernstein. Darin war der Samen der Pflanze. Pan hat ihn von den Mönchen in Jiuhuajie erhalten. Offenbar hat er den Samen samt Bernstein eingepflanzt, und der Spross hat seine Hülle aus Baumharz gesprengt. Erstaunlich, welche Kraft der Spross hat.«

»Kennen Sie die Bambusfolter?«, fragte Foo.

Holland verneinte.

»Dabei wird das Opfer direkt über einem Bambusspross fixiert. Dieser wird fleißig gegossen und wächst innerhalb von Tagen um viele Zentimeter. Ein Bambusspross ist dabei so hart und aggressiv, dass er problemlos in den menschlichen Körper hineinwächst. Dem Opfer bereitet dies unsägliche Qualen, aber es ist besser als jeder Lügendetektortest.« Wieder setzte Foo sein Grinsen auf, das Holland heute schon mehrfach gesehen hatte und das ihm diesmal eine Gänsehaut über den Rücken jagte.

Er war erstmals in einem geschlossenen Raum so nah an den Pflanzen und bemerkte einen strengen Geruch, der ihn selbst durch die Maske, die er trug, an ein Gemisch aus Alkohol und Ammoniak erinnerte. Er schaute sich um, sein Blick fiel auf Säcke mit Dünger. Er bückte sich, schob unter den misstrauischen Blicken Foos einen der Säcke in das grelle Licht der Pflanzenlampe und öffnete ihn. Er zog die Öffnung des Sacks weit herunter, und ein feines, dunkelblaues Granulat kam zum Vorschein, welches er einmal durch seine Hände gleiten ließ.

»Hochwertiger Dünger, Pflanzenlampen«, sagte er. »Hier hat sich jemand viel Mühe gegeben, um die Pflanzen schnell zum Wachsen zu bringen!«

»Wir gehen nach oben ins Büro«, sagte Foo. Er zeigte auf eine Treppe an der anderen Seite der Halle, die hinauf zu einem verglasten Raum führte, welcher wie ein Turm in die Halle hineingebaut war. »Dort wartet Miss Meyers. Und wie ich bereits sagte, jemand möchte mit Ihnen reden.«

»Wer?«, fragte Holland und blieb demonstrativ stehen.

»Silva«, entgegnete Foo. Diesmal lächelte er nicht.

52

Washington, 19. August 2023

»Irgendetwas stimmt hier nicht!«

Smith schaute auf. Vor seinem Schreibtisch stand Bert Gronkowski, der Epidemiologe, der seine Prognosen bereits zwei Mal nachgebessert hatte. Smith griff zu dem Döschen mit den Tabletten gegen Sodbrennen und warf sich gleich drei auf einmal ein. Eine weitere Hiobsbotschaft konnte er nicht vertragen.

»Die Ausbreitung erfolgt nicht wie erwartet«, sagte Gronkowski und stützte sich auf den Besucherstuhl. »Es ist kein Virus, und es ist klar, dass ich es sonst mit anderen Variablen zu tun habe. Aber auch die Ausbreitung einer solchen Pflanze müsste bestimmten Mustern folgen. Wir haben Grundannahmen definiert, diese immer wieder überarbeitet, und dennoch wirkt es so, als …« Gronkowski begann zu stottern.

»Als was?«

Smith wusste schon, dass Gronkowksi als Statistiker nicht dazu geschaffen war, große Reden zu halten, doch jetzt wirkte er konfus, fahrig. Schweiß stand auf seiner Stirn, seine Hornbrille saß schief auf der Nase, er war unrasiert. Alles verriet, dass er die Nacht durchgearbeitet hatte.

»Es deutet alles darauf hin, dass die Ausbreitung nicht so zufällig erfolgt, wie es der Fall sein müsste. Es wirkt beinahe so, als wenn jemand sie … na ja, wie soll ich sagen …?, steuert.«

»Steuert?« Smith blickte Gronkowski verblüfft an. »Sie meinen, was die Aussaat angeht?«

Gronkowski schüttelte den Kopf. »Nicht nur, auch was das Wachstum selbst angeht. In manchen Regionen scheinen die

Pflanzen schneller zu wachsen als in anderen und in manchen Regionen gar nicht.«

»Es wird an der Beschaffenheit des Bodens liegen. Oder den klimatischen Bedingungen.«

»Daran habe ich natürlich zunächst auch gedacht. Aber dies konnte ich aufgrund der vorliegenden Daten ausschließen. Es scheint vielmehr so, als würde jemand das Wachstum der Pflanzen lenken. Wissen Sie, Sir, in meiner Freizeit interessiere ich mich für Reenactments.«

»Reenactments?«

»In diesem Sommer haben wir mit Tausenden von Laiendarstellern die Schlacht von Gettysburg nachgespielt. Jedenfalls verstehe ich ein wenig von militärischen Strategien und dem Aufstellen von Truppen. Und auch wenn ich weiß, dass es verrückt klingt, aber ich erkenne in dem Pflanzenwachstum ein Muster. Die einzelnen Kolonien, auf meiner geografischen Karte als rote Kreise abgebildet, stellen sich so auf, wie man Truppen in einem Angriffskrieg verteilen würde.«

Smith runzelte die Stirn. Wenn er es genau nahm, machte Gronkowski mit seiner blassen Haut und den großen Pupillen beinahe den Eindruck, als stünde er unter Drogen.

»Verstehen Sie mich nicht falsch, Sir. Ich weiß, wie es klingt. Aber wenn man sich einmal anschaut, dass die Pflanzen Brückenköpfe besetzen sowie strategisch wichtige Positionen an Flussufern. Dass sie vor allem Infrastruktur der Lebensmittelproduktion wie Farmen und Weiden von Tierzuchtbetrieben besiedeln und dass in mehreren Bundesstaaten an Flüssen gelegene Kraftwerke heruntergefahren werden müssen, weil Teile der Pflanzen sich im Flusswasser ausbreiteten und Einlassrohre zur Kühlung verstopfen, dass die Kolonien Frontabschnitte bilden und waldähnliche Verteidigungswälle aufbauen, dann erkennt man darin durchaus militärische Strategien!«

»Sie spielen den Amerikanischen Bürgerkrieg nach?«, fragte Smith.

»Ja, dieses Jahr war ich einer der Verletzten.«

»Auf welcher Seite?«

»Südstaaten.«

»Aufseiten der Sklaventreiber?«

»Das Spiel würde nicht funktionieren, wenn alle aufseiten der Nordstaaten kämpfen … Es tut mir leid.«

Smith schüttelte den Kopf. Vermutlich konnte er all die Prognosen dieses Mannes vergessen.

»Ich danke Ihnen! Nehmen Sie mal einen Tag frei, Sie sehen grausam aus.«

Gronkowski blieb unschlüssig sitzen. »Sie müssen das bitte ernst nehmen, Sir«, sagte er.

»Das tue ich«, entgegnete Smith und griff nach dem Kästchen mit den Zigaretten. »Glauben Sie mir, das tue ich.«

53

HOLLAND

Schanghai, 19. August 2023

Als sie durch den dichten Wald aus Pflanzen endlich die Eisentreppe und danach das Büro erreichten, von dem man einen perfekten Blick über die Halle hatte, entdeckte Holland Greta sofort. Sie kauerte auf einem kleinen Sofa in einer Ecke, ihr gegenüber saß ein weiterer Mann in blauer Jacke. Auf dessen Knie ruhte eine Pistole.

Holland ignorierte dies und lief sofort zu Greta und umarmte sie. Sie fühlte sich heiß und verschwitzt an und schluchzte, als er sie drückte.

»Ich habe von Edgar gehört, es tut mir so leid«, sagte er. Einen Moment verharrten sie, dann schob sie ihn weg und blickte ihn direkt an.

»Woher weißt du es?«, fragte sie.

»Er hat es mir gesagt«, erwiderte er und deutete in Foos Richtung, der sich mittlerweile auf die Arbeitsplatte des einzigen Schreibtisches gesetzt hatte.

»Was ist passiert?«, wollte Holland von Greta wissen.

Sie schüttelte den Kopf »Ich weiß es nicht.«

Holland wandte sich zu Foo. »Was soll das hier alles?«

»Sie beide hätten nicht herkommen sollen, Mr Holland«, entgegnete Foo.

»Wer ist Silva? Ich möchte jetzt mit ihm sprechen.«

»Deshalb sind wir hier!« Foo schnippte mit dem Finger, und einer der Männer baute auf dem Tisch vor der Couch einen Laptop auf. Er gab etwas ein, dann trat er einen Schritt zurück.

Holland schaute auf den schwarzen Bildschirm.

»Guten Tag!«, ertönte plötzlich eine Stimme in englischer Sprache, begleitet von einer Visualisierung der Laute auf dem Monitor, wie man sie von Tonstudios kannte. »Schön, Sie endlich kennenzulernen. Man nennt mich Silva.« Die Ausschläge flackerten über den Bildschirm. Die Stimme klang männlich, dunkel und leicht mechanisch. Holland vermutete einen elektronischen Stimmenverzerrer. Irgendetwas am Tonfall störte ihn. Eine Pause entstand. Offenbar wartete der Unbekannte auf eine Antwort.

»Hallo«, sagte Holland etwas widerwillig. Er schaute auf Foo, dann auf den Mann mit der Pistole. Greta verfolgte das Gespräch mit einem Blick aus Furcht und Trauer.

»Ich kenne alle Ihre Bücher und Aufsätze«, fuhr die Stimme fort. »Ihr neuestes Buch trägt den Untertitel ›Pflanzen sind die wahren Herrscher‹. Zu dieser These habe ich eine Frage an Sie.« Holland verstand nicht, worauf dieses Gespräch hinauslaufen sollte. Ein Migräneschmerz breitete sich hinter seinen Augen aus. In seinem Kopf ratterten derweil die Gedanken.

»Meine Frage lautet: Wie halten Sie es mit der Religion? Sie scheinen ein guter Mann zu sein, aber ich vermute, Sie halten nicht viel davon?«

Was zum Teufel ging hier vor sich? Holland strich sich mit der Hand über die Augen. Er hatte mit vielem gerechnet, aber nicht damit. Ihm war jetzt sicher nicht danach zumute, ein philosophisches Gespräch zu führen. Er schaute durch das Fenster hinunter in die Halle, in der die Pflanzen lila leuchteten. Der einzige Weg hinaus führte durch die Tür, über die Eisentreppe und dann gute hundert Meter zu dem Eingang, durch den sie in die Halle hineingelangt waren.

»Ich verstehe Ihre Frage nicht«, sagte er.

»Sie schreiben, die Pflanzen sind die wahren Herrscher. Aber ist dies nicht blasphemisch? Ist nach dem Verständnis vieler Menschen nicht Gott der wahre Herrscher? Darum wiederhole ich meine Frage: Wie halten Sie es also mit der Religion? Können Sie akzeptieren, dass es eine Instanz in der Hierarchie über den Pflanzen gibt, die weder Mensch noch Tier noch Pflanze ist?«

Holland schaute sich verwirrt um. Foo nickte ihm auffordernd zu, die Frage zu beantworten.

»Jemand, der weder Mensch noch Tier noch Pflanze ist?«, versicherte Holland sich. »Wer soll das sein?«

»Sagen Sie es mir, wie Sie so jemanden nennen würden. Einen Gott?«

»Wenn man daran glaubt«, entgegnete Holland. »Wer sind Sie, und worauf wollen Sie überhaupt hinaus?«

»Man nennt mich Silva. Aber ich habe gehört, wie man mich auch Bukwus nannte. Nach dem Glauben der Ureinwohner Kanadas schützt Bukwus die Wälder vor Eindringlingen und Schaden. Er ist ein Gott. Nach Ihrer Definition könnte ich auch ein Gott sein.«

Holland schwante Böses, offenbar war dieser Silva komplett irre. Jetzt wusste Holland, was ihn an der Stimme störte: Sie klang völlig emotionslos.

»Würden Sie für mich arbeiten, Mr Holland?« Holland blickte zu Greta.

»In welcher Funktion?«, fragte Holland.

»Ich möchte Ihre Version wahr werden lassen, und den Pflanzen endlich den Stellenwert geben, den sie verdienen: Wir sorgen dafür, dass auf diesem Planeten zukünftig nicht mehr Tiere oder Pflanzen vom Aussterben bedroht sind, sondern die menschliche Art.«

»Und wie soll das gelingen?«, ging er zum Schein darauf ein.

»So wie die Evolution es seit Millionen von Jahren macht: durch Verdrängung. Der Lebensraum auf diesem Planeten ist begrenzt. Nimmt jemand anderes den Lebensraum der Menschen ein, sterben sie über kurz oder lang aus.«

»Und wie soll Ihrer Meinung nach diese Verdrängung geschehen?«

»Sie geschieht bereits. Dank der Samen, die ich verschicken ließ.«

Holland schaute erneut zu Greta, die mit geöffnetem Mund ungläubig den Kopf schüttelte.

»Sie sind für all das verantwortlich?«

»Ich habe es zumindest geplant. Es braucht immer ein Pflichtenheft und jemanden, der es abarbeitet. Und es braucht die Anstrengung vieler. Wissen Sie, warum ein Wald so mächtig ist? Weil er aus vielen einzelnen Bäumen besteht, die alle zusammenarbeiten.«

Holland schaute zu Foo, der immer noch auf dem Tisch saß und ihr Gespräch verfolgte.

»Sie haben Pan losgeschickt?«

»Korrekt.«

»Und Sie haben die Samen per Post in alle Welt verschickt?«

»Korrekt.«

»Sie wissen, was diese Pflanzen in der Welt anrichten? Es sterben Menschen! Es ist ein Verbrechen!«, mischte sich Greta in das Gespräch ein.

»Willkommen, Miss Meyers«, sagte die Stimme. »Wir haben nichts getan, außer eine hundert Millionen Jahre alte Pflanze wiederzubeleben. Aus ihrem Gefängnis der Zeit zu befreien. Eine Pflanze, die im Übrigen bereits lange vor den Menschen auf diesem Planeten gelebt hat. Und ich war es noch nicht einmal, ich ließ nur die Samen verschicken. Eingepflanzt haben die Menschen die Samen selbst. Wie kann also etwas, das aus der Natur kommt, ein Verbrechen sein, Miss Meyers? Ist dies die Arroganz der Menschen? Darf ich Ihnen eine Frage stellen? Wie halten Sie es mit der Religion?«

»Hören Sie auf mit diesem Schwachsinn!«

»Als Schwachsinn wird im Allgemeinen eine Intelligenzminderung bezeichnet. In der Psychiatrie wird der Begriff nicht mehr verwendet, Miss Meyers, weil er herabsetzend ist. Nicht besonders intelligent ist es aber, wenn der Mensch sich an die Stelle der Schöpfung setzen möchte. Haben die Menschen die Natur erschaffen, oder hat die Natur den Menschen erschaffen? Hat diese Pflanze weniger Berechtigung, auf diesem Planeten zu leben, als der Mensch? Insbesondere wenn man bedenkt, dass sie offenbar in der Lage ist, sich gegen andere Pflanzen und sogar den Menschen evolutionär zu behaupten? Mr Holland, dies ist doch genau das, was Sie stets fordern: den Pflanzen nicht nur ihre Daseinsberechtigung zuzugestehen, sondern sie auch als mächtige Lebewesen anzuerkennen. Ich habe nur das umgesetzt, was Sie predigen. Letztlich sind wir nur der verlängerte Arm Ihrer Thesen. Pflanzen sind die wahren Herrscher, und dank mir werden wir Ihre Vision nun wahr werden lassen können!«

Holland wusste nicht, was er sagen sollte.

»Es sind nur Pflanzen!«, rief Greta. »Sie töten für das Wohl von Pflanzen! Das ist doch total irre!«

»Was sagen Sie dazu, Mr Holland? Hier zeigt sich wieder das Problem, dass Menschen Pflanzen nicht als das anerkennen, was sie sind: gleichwertige Geschöpfe dieses Planeten. Wie wäre es, wenn ich für das Wohl von Tieren oder Menschen töten würde, Miss Meyers? Würden Sie dann genauso vehement protestieren? Es ist Ihre Sozialisation, die Ihnen eingeredet hat, dass Pflanzen weniger wert sind als andere Lebewesen.«

»Es war niemals meine Absicht, das Wohl der Pflanzen über das Wohl der Menschen zu stellen«, mischte Holland sich ein. »Alles, was ich fordere, ist die respektvolle Koexistenz von Mensch, Tier und Pflanze!«

»Es ist verständlich, dass Sie und Miss Meyers selbst so denken, weil Sie beide auch nur Menschen sind. Wie sagte Buddha: Du wirst morgen sein, was du heute denkst. Sie können sich nicht Ihre eigene Nichtexistenz vorstellen, Mr Holland. Denkt man Ihre Thesen aber konsequent zu Ende, ohne die Schwäche, an der eigenen menschlichen Existenz zu hängen, ist es nur konsequent, dass die Pflanzen die menschliche Art werden verdrängen müssen. Und hier ist meine Frage an Sie, Mr Holland: Wollen Sie mir dabei helfen?«

Von der Seite sprang plötzlich Greta auf und lief auf den Laptop zu. »Waren Sie es, der meinen Verlobten ermorden ließ?«, rief sie. Ihr Aufpasser erhob sich und legte einen Arm um ihre Hüfte, um sie zurückzuhalten. »Was sind Sie für ein Feigling, dass Sie Ihr Gesicht nicht zeigen?«

Sie schaute zu Foo. »Sie sind Polizist. Wie können Sie das alles zulassen!«

»Lass es. Er hat Pan überfahren«, sagte Holland.

Greta schaute irritiert zu Holland. »Er ist einer von ihnen«, ergänzte Holland resigniert.

»Wie kann er!«, kreischte Greta. »Er ist ein Freund von Dechambeau. Dechambeau hat uns empfohlen, mit ihm Kontakt aufzunehmen!«

Vor Hollands geistigem Auge tauchte Waverly Park auf. Wie sie auf ihn zukam, wie Dechambeau etwas rief und auf sie schoss. Wie sie tot vor ihm gelegen hatte, überall Blut. Wie eiskalt Dechambeau reagiert hatte.

»Es sei denn, Dechambeau …«, setzte er an, sprach es aber nicht zu Ende.

Greta starrte ihn mit weit geöffneten Augen an, während sie sich zurück auf die Couch ziehen ließ.

Mittlerweile hatte Foo sich erhoben und hielt nun auch eine Pistole in der Hand.

»Also, Marcus. Ich stelle die Frage noch einmal: Wollen Sie

mir helfen, Ihre Vision gemeinsam umzusetzen? Lassen Sie uns für Gerechtigkeit auf diesem Planeten sorgen!«

»Sie missverstehen meine Aussagen«, sagte Holland. »Es geht gerade nicht darum, andere Lebewesen zu unterdrücken, zu verdrängen oder gar zu vernichten, sondern einen Planeten zu schaffen, auf dem für alle Lebewesen genügend Platz ist! Ich erlaube Ihnen nicht, meine Bücher als Alibi für Ihre Taten zu nutzen!« Wut stieg in ihm auf.

Er schaute auf den Laptop, auf dem nur ein gerader Balken zu erkennen war, der sich plötzlich wieder zu bewegen begann.

»Das führt uns wieder zu der Frage, wie halten Sie es mit der Religion, Mr Holland? Darf ein Geschöpf seinen Schöpfer vernichten?«

Holland schaute zu Foo. Religion war in China kein leichtes Thema. Dann ließ er seinen Blick erneut über das Meer von Pflanzen unter ihnen schweifen. Er musste weiter Zeit gewinnen.

»Worauf wollen Sie hinaus?«, fragte er. Greta saß zurückgesunken auf der Couch, ihr Begleiter richtete mittlerweile seine Pistole auf sie, um sie in Schach zu halten.

»Die Natur hat den Menschen erschaffen, und der Mensch zerstört die Natur. Sie haben mich geschaffen, und nun zerstöre ich Sie. Ist das ein vertretbares Verhalten?«

»Ich habe Sie nicht geschaffen!«, sagte er. »Aber Sie müssen das alles nicht tun. Lassen Sie Miss Meyers einfach gehen. Sie hat mit der ganzen Angelegenheit nichts zu tun! Als Botanikerin ist auch sie ein Sprachrohr der Pflanzen.«

»In einem Ihrer Bücher schrieben Sie, viele Botaniker seien eher Folterknechte denn Pflanzenfreunde.«

»Miss Meyers gehört nicht dazu!«

»In Ihrem Aufsatz … schreiben Sie, dass Sie Strategien entwickelt haben, um Wälder vor invasiven Pflanzen zu schützen, aber führen in dem Artikel nicht alle auf. Welche Strategien sind das?«

»Bitte?«, fragte Holland.

»In Ihrem Aufsatz … schreiben Sie, dass Sie Strategien entwickelt haben, um Wälder vor invasiven Pflanzen zu schützen, aber führen in dem Artikel nicht alle auf. Welche Strategien sind das?«, wiederholte sein Gesprächspartner seine Frage wortwörtlich. Als habe er sie aufgezeichnet.

»Solche Fragen beantworte ich nicht, solange man eine Waffe auf mich richtet.«

»Heißt das, Sie verfügen gar nicht über solche Strategien?«

»Das heißt, ich werde Sie Ihnen bestimmt nicht verraten. Vermutlich wollen Sie diese nur unterlaufen. Was interessieren Sie schon die Wälder?«

»Mehr, als Sie denken.« Einen Moment schwieg der Gesprächspartner am anderen Ende der Leitung. »Mr Holland, ich bedanke mich für das Gespräch. Mr Foo wird sich um Sie beide kümmern.« Danach sagte die Stimme etwas auf Chinesisch, und der Bildschirm erlosch.

»Dann wollen wir mal!« Foo machte mit der Waffe in seiner Hand eine Bewegung in Richtung Tür. »Vielleicht probieren wir die Bambusfolter mal wieder aus!«

Holland machte einen schnellen Schritt auf Greta zu und stellte sich schützend vor sie.

54

AVA

Im Wald, Kanada, August 2023

Hände berührten sie, an den Armen, an den Beinen, am Po. Viele Hände, starke Hände, hoben sie in die Luft. Sie schwebte. Kurz kam sie zu sich. Sah in schmutzige Männergesichter, Helme, Uniformen, Westen, tauchte dann wieder ab in die Dunkelheit. Sie vernahm das tiefe Brummen von Motoren, spürte in ihren verletzten Knochen das Überfahren von Bodenwellen, richtete sich auf oder nahm sich nur vor, es zu tun. Sie traf Bukwus, mit seinem hämischen grünen Gesicht, lachte ihn aus, oder war er es, der sie auslachte? Sie spürte Druck an ihren Handgelenken. Hörte hektische Rufe. Das Rattern eines Hubschraubers kam ihr in den Sinn, in Gedanken flog sie hoch über einem Ozean, fühlte den Abgrund unter sich. Sie fiel, wurde aufgefangen, fiel, wurde aufgefangen, schwebte wieder und landete schließlich doch herrlich weich auf einem Waldboden. Sie schmiegte sich in das satte, grüne Moos, welches sich plötzlich zu bewegen begann und doch nur ein Ameisenhaufen war. Bleierne Müdigkeit erfasste sie, grelles Licht, das ihre Augäpfel verdampfen ließ, löste sich mit tiefer Dunkelheit ab. Sie rang nach Luft, bekam mehr, als sie brauchte, und dann begann das monotone Piepsen, erst leise, dann immer lauter. Es schmerzte in ihrem Ohr, war zu groß für ihren Gehörgang, bohrte sich durch den Schädel in ihr Gehirn, zerschnitt die Dunkelheit in kleine Scheiben, ließ nicht locker, piepste und piepste, und dann, mit einem verzweifelt tiefen Atemzug, öffnete sie die Augen und starrte auf die schmucklos zweckmäßige Lampe über ihrem Bett, wie es sie nur in Krankenhauszimmern gab.

55

HOLLAND

Schanghai, 19. August 2023

Die Explosion erfolgte, als Foo sich gerade zur Tür wandte. Holland sah noch, wie dessen Körper wie eine Puppe durch den Raum geschleudert wurde, als die Scheiben des Büros unter der gewaltigen Druckwelle zersplitterten. Halb flog er, halb sprang er auf Greta und begrub sie auf dem glücklicherweise weichen Sofa unter sich. In seinem Rücken spürte er einen Regen aus Glassplittern. Sein Kopf stieß hart gegen ein Regal. In seinen Ohren sauste es, er vernahm einen lang gezogenen Piepton, sein Kopf fühlte sich an wie in Watte gepackt. Für einen Moment schien die Welt stillzustehen, dann bemühte er sich, als Erster wieder auf den Beinen zu sein. Er hatte als Einziger im Raum eine gute halbe Stunde Zeit gehabt, sich gedanklich auf die Explosion vorzubereiten. Seit er den Sack mit dem Dünger unter die heiße Pflanzenlampe geschoben hatte. Er hatte die Inhaltsstoffe gelesen: Harnstoff, Ammoniumsulfat, Phosphate, Kalisalze. Zur Verhinderung der Selbstentzündung mit Gemischen aus Wasser und Ethanol vermischt. Die Hitze der Lampen hatte, wie von ihm erhofft, die Befeuchtungsmittel im Dünger verdampfen und das explosive Restgemisch schließlich sich selbst entzünden lassen. Das allein genügte noch nicht für die erhoffte Explosion. Aber er hatte gut zugehört, als Greta ihm von der neuesten Studie erzählt hatte: Assassina incognita produzierte, wie beispielsweise der gemeine Aschwurz auch, ätherische Öle, die Isopren enthielten, welches schwerer als Luft war und daher direkt über dem Boden schwebte. Also dort, wo der Sack mit dem Dünger stand. Doch Assassina incognita schien dies in sehr viel höherer Konzentration zu tun als der Aschwurz. Er hatte nach dem Betreten den typischen Geruch des Isoprens wahrgenommen. Das Gas und der sich selbst entzündende Dünger erzeugten die chemische Reaktion, auf die er gehofft hatte: eine Explosion. Er hatte nur nicht gewusst, wie lange das Befeuchtungsmittel brauchte, um zu verdunsten, und wie heftig sie ausfallen würde. Daher hatte er bei den Gesprächen mit Foo und diesem Silva auf Zeit gespielt.

Er schaute sich um: Die Explosion war gewaltiger als erwartet. Das Büro war komplett verwüstet. Die Fensterrahmen hingen verbogen aus der Leichtmetallkonstruktion, die Tür war aus den Angeln gerissen und hatte einen von Foos Männern unter sich begraben, von dem nur noch die Beine herausragten. Foo selbst konnte er nicht erblicken, aber drei weitere seiner Männer. Einer lag stöhnend über dem Schreibtisch, ein anderer in verdrehter Körperhaltung auf dem Boden. Aus dem Rücken des Dritten, desjenigen, der Greta mit der Pistole bedroht hatte, ragte ein großes Stahlteil. Staub und Rauch lagen in der Luft, Papierschnitzel und Pflanzenblätter segelten zu Boden. »Komm!«, sagte Holland und zog an Greta, die sich nicht rührte. »Wir müssen hier weg! Schnell!« Er packte ihre Schultern und wollte sie anheben, doch ihr Körper war schwer wie Blei. Langsam drehte er sie auf den Rücken und erschrak. An ihrer rechten Schläfe klaffte, direkt neben ihren geschlossenen Augen, eine blutende Wunde. »Greta!«, rief er und schüttelte sie, was nur dazu führte, dass ihr Kopf nach hinten fiel. Mit zitternder Hand fühlte er an ihrem Hals nach dem Puls, fand ihn aber nicht. Er beugte sich hinunter und hievte ihren Körper über seine Schulter. Als er sich aufrichtete, zitterten seine Knie unter der Anstrengung. Er stolperte über Trümmer zur Tür, als er links von sich ein lautes Stöhnen vernahm und sah, wie Foo, noch auf allen vieren, begann, sich aufzurappeln. Er beschleunigte seinen Schritt, knickte ein, stieß mit ihrem

Oberkörper gegen den Türrahmen und erreichte das Podest der Eisentreppe. Ein Teil der Pflanzen, nahe dem Eingang, dort, wo er die Düngerbombe platziert hatte, brannte lichterloh. Dunkler Rauch stand in der Halle und stieg ihm in Nase und Augen. Seine Maske hatte er schon lange verloren. Er dachte an Gretas Worte, wonach der Rauch der Pflanze blind machte. Die Eisentreppe vor ihm wirkte viel steiler, als er sie in Erinnerung gehabt hatte. Gretas Körper lag schwer auf seiner schmerzenden Schulter. Hinter ihm erhob sich das wütende Gebrüll mindestens zweier Männer. Er setzte den Fuß auf die erste Stufe, sah wegen seiner tränenden Augen die zweite Stufe kaum. Er erinnerte sich daran, wie Greta ihm in Cottonwood das Leben gerettet hatte, und spürte neue Kräfte in sich wachsen. Zwei Stufen rutschte er auf einmal hinab und bekam das Geländer zu fassen. Er wusste nicht, wie, aber er schaffte es die Treppe hinunter. Als er unten angekommen war, erschien auf dem Treppenabsatz Foo, in der Hand eine Waffe. Er schien verletzt, hinkte stark. Holland hörte einen Schuss, drehte sich zur Seite, um Gretas Körper aus der Schussbahn zu nehmen, und lief seitwärts auf die Pflanzen zu. Der Rauch wurde dichter und nahm ihm den Atem. Vor seinen Augen flogen schwarze Flocken. Weitere Schüsse fielen, und er sah, wie der zweite Kerl Foo auf der Treppe überholte, er schien besser zu Fuß zu sein. Die Pflanzen gaben ihm Deckung. Sie standen dicht, aber nicht so dicht, dass er sich wirklich in ihnen hätte verstecken können. Er hielt sich an der Wand der Halle, um die Orientierung nicht zu verlieren. Sein Rachen begann zu kitzeln, erste Anzeichen einer allergischen Reaktion. Einerseits musste er weg von den Pflanzen, andererseits war die Deckung, die sie ihm gaben, seine einzige Chance. Der Durchgang war eng, doch die Pflanzen schienen sich zu einer Seite zu neigen und ihn so freizugeben. Sie neigten sich in Richtung des Feuers. Dennoch streifte er Blätter und Stängel, fühlte das Brennen der Härchen. Er schaute sich um: Der Mann hinter ihm holte weiter auf, war nur noch wenige Schritte entfernt. Plötzlich begann es zu regnen, und Holland brauchte einen Moment, bis er begriff, dass die Feuersprinkleranlage angegangen war. Dichter Regen prasselte auf die Pflanzen um ihn herum, spritzte von den Blättern auf ihn. Er dachte daran, dass der Regen, der von den Pflanzen tropfte, ätzend war. Doch auf all das konnte er jetzt keine Rücksicht nehmen. Im Laufen griff er nach einer Pflanze, riss am Stängel und kippte sie samt Topf um, versperrte so den Weg hinter sich. Seine Handfläche brannte wie Feuer. Er griff die nächste, wiederholte es. Dann versuchte er, Meter zu machen, drehte sich mit Greta auf der Schulter um, sah, wie sein Verfolger über die Pflanze stieg, stolperte, die Waffe hob und das Mündungsfeuer aufblitzte. Er warf sich zur Seite, kam ins Straucheln, blieb mit Gretas Beinen in einer Pflanze hängen, fing sie gerade noch auf, musste dem Gewicht nachgeben und stürzte mit ihr auf den Boden. In seinen Augen brannte der Regen, große schwarze Felder vor seinen Augen nahmen ihm die Sicht, er beugte sich über Greta, sah, wie der Mann, dessen Gesicht voller Blut war, mit der Waffe in der Hand auf ihn zukam. Er schaute sich um, suchte nach etwas, das er zur Verteidigung nutzen konnte, doch er konnte kaum sehen. Es war zu spät. Wenige Meter vor ihnen blieb der Mann stehen, Foo erschien neben ihm, hob die Hand mit der Waffe und begann wieder zu grinsen. Im nächsten Augenblick stürzte mit ohrenbetäubendem Lärm die Hallenwand neben ihnen ein, und ein riesiger Kühlergrill erschien, dann eine Fahrerkabine und dort, wo eben noch der Mann und Foo gestanden hatten, war nun die vordere Hälfte eines riesigen Lastwagens. Türen schlugen, und er sah durch die schwarzen Flocken in seinem Sichtfeld, wie Li um das Führerhaus herum auf ihn zukam.

»Das war für Pan«, hörte er sie sagen. Er brachte nur ein Wort hervor: »Greta!«

56

WAVERLY

Dresden, September 2019

Mehr als zwei Jahre waren seit dem Urteil vergangen. Acht Jahre und neun Monate Gefängnis lautete es, wegen schwerer Brandstiftung und Körperverletzung mit Todesfolge. Nach zwei Dritteln der Strafe konnte Waverly auf eine Freilassung auf Bewährung hoffen. Bei guter Führung. »Es hätte deutlich schlimmer ausgehen können. Sie müssen einen Schutzengel haben«, hatte der Rechtsanwalt gemeint, und danach hatte sie ihn nie wieder gesehen.

Nach anfänglichen Schwierigkeiten hatte sie sich rasch an den Gefängnisalltag gewöhnt. Sie leitete einen Computerkurs, was ihr nicht nur gute Führung bescheinigen sollte, sondern auch die Möglichkeit gab, das Internet häufiger zu nutzen als die anderen Insassinnen. Zudem hatte sie damit begonnen, ein Tagebuch zu führen. Eine ältere Mitinsassin hatte es ihr empfohlen. »Ein Tagebuch ist hier drin der einzige Zuhörer, der dich nicht verrät«, hatte sie gesagt. Vorsorglich schrieb sie auf Englisch, hoffte, dass es dadurch weniger leicht zu lesen war, wenn andere es fanden oder die Wärter es ihr abnahmen.

Die Suche nach Wagner war erfolglos verlaufen. Selbst SCANDBOX hatte zu den verfügbaren Daten keinerlei Spur von dem Mann gefunden. Er war ein Phantom, hatte nicht nur einen falschen Namen, sondern auch eine falsche Identität benutzt. Sie hatte keine Ahnung, wer der Kerl, mit dem sie sich zweimal getroffen hatte, wirklich war. Seit die Gefängnispsychologin ihr deutlich gemacht hatte, dass mangelnde Reue einer vorzeitigen Entlassung entgegenstehen konnte, behauptete sie nicht mehr, unschuldig zu sein. Und auch wenn sie sicher war, im juristischen Sinne keine Schuld am Ableben des Professors im Goethe-Haus zu tragen, so fühlte sie doch eine Mitschuld an dessen Tod: Wäre sie nicht zu ihm gekommen, würde er noch leben. Sie hatte keine Ahnung, wer hinter seiner Ermordung steckte, ob es Wagner war, wie immer er auch wirklich heißen mochte, oder jemand ganz anderes. Aber auch wenn sie nach außen den Eindruck vermittelte, ihre Strafe anzunehmen, hatte sie die Suche nach der Wahrheit keineswegs aufgegeben. Die Nächte in der Zelle waren dunkel und einsam, und so hatte sie die Zeit genutzt, aus der gefängniseigenen Bibliothek Bücher über Pflanzen zu lesen, hatte alles verschlungen, was es zu dem Thema gab.

Die Frauen im Gefängnis durften E-Mails empfangen, auch wenn diese aus Sicherheitsgründen ausgedruckt wurden. Die Antwort erfolgte dann per Brief, der, wenn man Glück hatte, eingescannt und per E-Mail zurückgesendet wurde. Der »E-Mail-Brief-Austausch« mit Ava war ihr größter Trost. Nachdem Ava von ihrer Verurteilung erfahren hatte, hatte sie gleich von Kanada hinüberfliegen und sie besuchen wollen, doch es ging nicht: Ava steckte in ihrem neuen Projekt fest. »Wir sind mitten in der Wildnis«, hatte sie lachend gesagt, und Waverly hatte nicht verstanden, wie das zu Avas Job als Programmiererin passte. Aber sie wollte auch nicht, dass Ava sie so sah.

Und so vergingen die Tage, Wochen und Monate hinter Gittern, in denen es nicht einen Abend gab, an dem sie nicht das Versteck hinter dem herausgebrochenen Putz unter dem Waschbecken öffnete und das Kleinod herausholte, das ihre Mutter ihr kurz nach der Verurteilung bei einem ihrer ersten Besuche hatte übergeben dürfen: den Bernstein aus dem Museum in Weimar, den sie vor ihrer Verhaftung in weiser Voraussicht bei ihrer Mutter versteckt und den sie Wagner nicht herausgegeben hatte. In ihrer Hand fühlte er sich weich und glatt und ein bisschen warm an. Und auch wenn er es nicht wert war, dass man dafür ins Gefängnis ging, so war er doch das orange Licht am Horizont, das sich jede Gefangene laut der Gefängnispsychologin suchen sollte, um eine Perspektive für die Zeit nach der Haftentlassung zu haben. Nachts lag sie mit dem Bernstein in ihrer Faust auf der harten Pritsche ihrer Zelle. In ihrer Vorstellung pflanzte sie den Bernstein samt Samen ein, ganz so wie es die italienischen Mönche beschrieben hatten. In ihren Träumen wuchs eine Pflanze, stolzer, grüner und größer als alle Pflanzen, die sie je gesehen hatte. Doch dann verwandelte die Pflanze sich in die fleischfressende Pflanze aus *Der kleine Horrorladen* und verschlang sie, wobei sie stets aufwachte.

»Darf ich derweil eine Warnung aussprechen? Es darf unter keinen Umständen sprießen, denn es ist den Menschen und der Natur nicht so wohlgesinnt wie anderes Kraut«, hatte Goethe über die in den Bernsteinen gefangenen Samen an den Chinesen geschrieben. »Biohazard, Virus, Atomwaffe, Naturkatastrophe, Weltuntergang« hatte SCANDBOX auf Grundlage aller ihr bekannten Informationen als Synonyme für den Begriff der Urpflanze vorgeschlagen. Konnte es sein, dass Goethe die Pflanze in dem zweiten Bernstein, den er zu den Mönchen geschickt hatte, in den einsamen Bergen im entfernten China nicht vor der Welt versteckte, sondern die Welt vor der Pflanze? Der Gedanke passte nicht zu einer Pflanze, aber als Archäologin wusste sie, dass die Zeit auch unsere Blickwinkel veränderte. Und wenn es so war, wie passten Goethe, dieser Wagner, die Desperaten dort hinein? Wie passte alles zusammen? Fragen, die sie SCANDBOX in unbeobachteten Momenten nach ihren Computerkursen immer wieder über das Internet stellte, ohne befriedigende Antworten zu erhalten.

57

HOLLAND

Schanghai, 19. August 2023

Li hatte den Lastwagen kompromisslos zurückgesetzt, und für einen Moment befürchtete Holland, dass beim Herausfahren die gesamte Halle zusammenbrechen würde. Doch dies geschah nicht. Allerdings steckten einige Pflanzen in ihrem Kühlergrill, was Li nicht daran hinderte, den Lastwagen vom Parkplatz vor der Halle zurück in den Verkehr zu lenken.

Greta lag im hinteren Teil der Kabine, Holland saß auf dem Beifahrersitz und beobachtete, wie sie atmete.

»Sie lebt«, sagte Li. »Ihr Puls ist schwach, aber sie hat einen.« Er spürte Panik in sich aufsteigen. Sie durfte auf keinen Fall sterben.

»Fahren Sie ins Krankenhaus!«

»Ich habe eine bessere Idee.«

Holland richtete sich auf und suchte die Fahrerkabine ab, entdeckte eine Flasche mit Wasser und goss es sich über die Augen, um sie auszuspülen. Dann ließ er es über seine Arme laufen und rieb sich das Gesicht. Alles war gerötet und brannte. Seine Bronchien waren geschwollen, aber krampften nicht.

»Hier!« Li gab ihm einen Lappen, der über der Lehne gehangen hatte und nach Schweiß roch.

»Sie haben die Männer getötet«, sagte Holland, während er nach Gretas Hand griff und sie vorsichtig streichelte.

»Er war es, der Pan überfahren hat!«

»Sie hätten mit dem Laster auch uns umbringen können!«

»Die hätten es sicher getan.«

»Was für ein Zufall, dass Sie ausgerechnet dort in die Halle gefahren sind, wo Foo stand.« Holland schüttelte den Kopf.

»Kein Zufall!«, sagte Li und holte ein Handy aus ihrer Hosentasche, während sie den Verkehr im Außenspiegel beobachtete. Sie hielt es hoch. »Das Schwein hat mir mein Handy weggenommen. Ich habe es mit Pans Telefon orten können. Ich wusste also ziemlich genau, wo er war, als ich vor der Halle ankam. Der Rest war in der Tat etwas Glück!«

Holland schaute erneut zu Greta, in deren Gesicht etwas Farbe zurückgekehrt schien. Ein gutes Zeichen. »Wo ist der Lastwagenfahrer?«, wollte er wissen.

»Auf irgendeiner Raststätte. Ich habe ihn in der Toilette eingesperrt. Daher habe ich ein wenig gebraucht.«

»Foo war ein Regierungsbeamter«, gab Holland zu bedenken. »Sie werden Probleme bekommen.«

»Ein korrupter. Ich denke nicht, dass er hier bei der Polizei viele Freunde hatte.« Sie bremste und bog ohne Vorwarnung links ab. Der Anhänger geriet leicht ins Schlingern. Greta gab ein leises Wimmern von sich, woraufhin er sich zu ihr beugte. »Halte durch, wir holen Hilfe!«, flüsterte er und strich ihr über die Wange. Er drehte sich um und blickte in den Außenspiegel – niemand schien sie zu verfolgen, obwohl sie ein einfaches Ziel waren.

»Wir müssen den Laster loswerden!«

»Schon klar«, entgegnete Li. »Aber vorher helfen wir Ihrer Freundin.« Sie kurbelte am Lenkrad, bog rechts ab und blieb schließlich vor einem gemauerten Haus mit Flachdach stehen. »Bringen Sie sie hinein und fragen Sie nach Mama Chen. Ich komme später wieder, wenn ich den Laster zurückgebracht habe.«

Er tat wie ihm geheißen, hatte jedoch nach dem Aussteigen Probleme, sich auf den Beinen zu halten. Noch immer hatte er erhebliche Sehstörungen. Er zog an Gretas Füßen und schaffte es, sie mit Lis Hilfe auf den Arm zu nehmen. Der Lastwagen brauste davon und hinterließ eine Wolke aus Staub. Er trug Greta, wie man eine Braut über die Schwelle trägt, auf das Gebäude zu, an dem unter chinesischen Buchstaben und dem Bild eines Pandas das Wort »Hospital« prangte. Erneut stöhnte Greta leise auf und öffnete sogar kurz die Augen, bevor ihre Pupillen wieder wegglitten. Er erreichte die offene Tür, hinter der Schwelle befand sich allerdings keine Honeymoon-Suite, sondern ein kleiner Warteraum, in dem eine Handvoll Menschen vor einer weiteren Tür saß, jeder mit einem Tier vor sich. Jetzt erst verstand er, dass es eine Tierklinik war.

»Ich brauche Hilfe!«, schrie er. Die Tür am Ende des Raumes öffnete sich, und eine junge Frau kam auf ihn zu.

»Mama Chen?«, fragte sie, und als er nickte, deutete sie ihm an, ihr zu folgen.

58

AVA

Vancouver, August 2023

»Soll ich den Arzt holen?«

»Wie ich bereits sagte, es geht schon«, erwiderte Ava.

»Sie haben wirklich viele Verletzungen. Und auch ein kräftiges Schädel-Hirn-Trauma. Da kann schon einmal etwas durcheinandergehen.«

»Wollen Sie damit sagen, ich rede Unsinn?«

Die Polizistin schaute zu ihrem Kollegen, der neben ihr an Avas Bett saß. »Nein. Aber wie ich Ihnen gerade sagte: Ihren Freunden geht es gut. Ihre Familien hatten noch heute mit ihnen Kontakt.«

»Persönlich?«

»Per Videocall.«

»Das macht er. Schon einmal etwas von Deep Fake gehört?« Ava rückte im Bett noch ein Stück höher, sodass sie nun richtig saß. Von ihrem Arm führte ein Schlauch zu einem Tropf, an ihrer Brust klebten Elektroden, die ihre Vitalwerte maßen.

»Sie meinen diesen …« Sie schaute auf ihren Notizblock »Silva.«

Ava nickte. »Silva ist das lateinische Wort für Wald.«

Wieder nickte Ava. »Den Sie Bukwus nennen?«

»Das ist egal, das hätte ich nicht erzählen sollen. Alles, was zählt, ist, dass Silva gestoppt wird.«

»Der Wald?«

»So wie Sie es sagen, klingt es merkwürdig.«

»Wir haben die Stelle abgesucht, von der Sie uns erzählt haben, und keine Drohnen gefunden.«

»Weil seine Leute die Spuren beseitigt haben!«

»Die Waldleute?« Wieder tauschten die beiden Beamten Blicke aus.

»Wollen Sie denn nicht verstehen? Silva ist eine Gefahr für die Menschheit! Er wird nicht stoppen, bevor er sein Ziel erreicht hat.«

»Miss, vielleicht ist es wirklich sinnvoller, wir brechen dies hier ab und holen es später nach, wenn es Ihnen besser geht. Die Ärzte sagen, Sie stehen unter starken Medikamenten. Sie können froh sein, dass die Bauarbeiter sie dort gefunden haben! Es gibt dort draußen auch Bären, für die Sie ein gefundenes Fressen gewesen wären.«

»Ich weiß!«, schrie sie beinahe. »Ich habe doch erzählt, dass einer die Drohne zerstört hat!«

»Die Drohne, die Silva, der Wald, auf sie gehetzt hat?«

Ava schüttelte den Kopf, was hinter der Stirn schmerzte. In der Tat fühlte sie sich so, als stecke sie in einem Albtraum fest. Gleich nachdem sie wieder einigermaßen klar war, hatte sie danach verlangt, mit der Polizei zu sprechen. Und aufgrund der Tatsache, dass die Bauarbeiter sie schwer verletzt und besinnungslos am Rande der Baustelle zur Mainline gefunden und nach Edmonton gebracht hatten und sie von dort mit dem Rettungshubschrauber nach Vancouver geflogen worden war, hatte man auch bei der Polizei das Bedürfnis gehabt, mit ihr zu sprechen.

Ava spürte Wut in sich aufsteigen. »Es ist, weil ich indigener Abstammung bin, oder?«

Die Polizistin schüttelte den Kopf.

»Es ist ja allgemein bekannt, dass die Polizei den Straftaten an der indigenen Bevölkerung nicht mit derselben Intensität nachgeht wie bei den Weißen. Was redet die Wilde da, denken Sie, oder? Von Bukwus und Silva. Bloß eine verwirrte Indigene!«

»Miss, bitte mäßigen Sie sich«, mischte der Polizist sich erstmals ein. »Passen Sie bitte auf, was Sie sagen.«

Seine Kollegin deutete ihm an, ruhig zu bleiben. Er erhob sich und verließ das Zimmer.

»Ich verstehe Ihre Verzweiflung. Irgendjemand hat Ihnen all das angetan. Ich habe mir notiert, dass Sie in einer Hütte im Wald überfallen worden sind … Ich glaube Ihnen, dass Sie Traumatisches durchgemacht haben.«

»Gerätehaus Nummer drei! Und es war kein Überfall! Ich habe mich versteckt!«

»Wie dem auch sei, Miss, wir werden das alles aufklären. Sie erholen sich jetzt erst einmal. Und wenn die Ärzte uns sagen, dass Sie wieder vernehmungsfähig sind, dann kommen wir wieder. Und dabei spielt es keine Rolle, dass Sie indigener Abstammung sind. Für uns sind alle Menschen gleich.«

Die Tür wurde geöffnet, und der Polizist kehrte mit einer Schwester zurück.

»Geht es Ihnen gut?«, fragte diese besorgt, während sie den Infusionsbeutel wechselte.

»Mir geht es hervorragend«, sagte Ava. »Wenn Sie den beiden hier vielleicht einmal erklären würden, dass mit meinem Kopf alles in Ordnung ist und ich keinen Unsinn rede.«

Die Schwester lächelte verständnisvoll, während sich nun auch die Polizistin erhob. Ava spürte, wie sie plötzlich eine große Müdigkeit überfiel. »Was zum Teufel …?«

»Ich habe Ihnen noch einmal etwas zum Ausruhen gegeben«, sagte die Schwester und strich ihr über den Arm.

»Nein, ich will das nicht …«, brachte Ava noch hervor, dann schlief sie ein.

59

HOLLAND

Schanghai, 19. August 2023

»Sie können jetzt zu ihr!«

Holland und Li erhoben sich von den Wartestühlen und folgten der jungen Frau in das Hinterzimmer. Im Halbdunkel des Raumes sah Holland ein Bett, davor stand eine ältere Frau, die kaum größer war als einen Meter fünfzig.

»Mama Chen«, sagte Li, nahm deren Hände und drückte sie sanft gegen ihre Stirn. Die Frau strich ihr über die Haare und wandte sich an Holland. Sie sagte etwas auf Chinesisch und wirkte dabei streng und ärgerlich. »Mama Chen fragt, ob Sie sie so zugerichtet haben«, übersetzte Li und antwortete für ihn, bevor er etwas sagen konnte. Das Gesicht der alten Frau nahm einen milderen Gesichtsausdruck an.

»Sie war in einem schlimmen Zustand«, übersetzte Li weiter. Die Dame drehte sich zum Bett, wo Holland nun im gesiebten Licht der Jalousien erstmals Gretas Gesicht sah. Die Schläfe war verbunden, unter dem Verband erkannte er ein Bündel Kräuter. Sie hatte die Augen geschlossen. »Sie muss sechs Tage liegen, aber sie wird es überleben!«, übersetzte Li weiter.

»Kann ich mit ihr sprechen?«, fragte Holland und schaute erneut auf Greta.

Mama Chen nickte und zeigte ihre Hand mit den gespreizten Fingern. »Fünf Minuten«, sagte Li.

Holland setzte sich an das Bett. Die Matratze war weich und gab nach. Es war ein kleiner, stickiger Raum mit nur einem Fenster, in der Luft lag der Duft ätherischer Öle. Auf dem

Nachttisch sah er allerlei Tinkturen und Pillendöschen stehen. Die chinesische Medizin war berühmt für ihre Heilmethoden.

Chen und Li verließen den Raum, ohne dass Holland sie darum bitten musste. Er griff nach Gretas Hand und streichelte sie sanft. Es dauerte eine Weile, bis sie die Augen öffnete.

»Hallo«, sagte sie. Man sah, dass das Lächeln ihr schwerfiel.

»Hey!«

»Was ist passiert?«

»Du weißt es nicht mehr?«

»Das Letzte, was ich erinnere, ist, dass wir im Büro waren und mit diesem, wie hieß er …?«

»Silva.«

»Genau! Wir haben mit Silva gesprochen. Und dann wollte Taylor Foo uns umbringen …«

»Es gab eine Explosion«, sagte er.

»Eine Explosion?«

»Dummerweise habe ich beim Betreten der Halle einen Sack mit Dünger zu nahe an eine der Pflanzenlampen geschoben. Das hat zusammen mit den Isopren-Ausgasungen der Pflanzen eine Katastrophe ausgelöst.«

Greta deutete erneut ein Lächeln an. Jeder Botaniker wusste von der Brand- und Explosionsgefahr, die von Dünger ausging.

»Du wurdest durch die Druckwelle verletzt, und das tut mir unendlich leid. Ich habe dich dann nach draußen getragen und hier ins … Krankenhaus gebracht.«

»Du hast mich getragen?« Sie verzog das Gesicht, offenbar hatte sie irgendwo Schmerzen.

»Du wiegst ja fast nichts«, sagte er und lächelte. Einen Moment schwiegen beide, und sie schloss die Augen. Er spürte, wie sich eine riesengroße Erleichterung in ihm ausbreitete. Greta war ihm in den vergangenen Tagen mehr ans Herz gewachsen, als er es sich hatte eingestehen wollen.

Er glaubte schon, dass sie wieder eingeschlafen war, als sie leise »Danke« sagte.

»Ich würde sagen, es steht eins zu eins.«

»Was ist mit Foo und den anderen Männern?«

»Die hatten weniger Glück«, fasste er das Geschehen knapp zusammen. Er hielt es für besser, Li aus der Sache herauszuhalten.

Greta nickte nur.

»Wer ist dieser Silva?«, fragte sie nach einer Weile.

»Das müssen wir herausfinden. Ich denke, er ist nicht hier in China, sonst hätte er persönlich mit uns gesprochen und nicht diese Nummer mit dem Laptop abgezogen.«

Noch hatte er nicht viel Zeit gehabt, über das Gespräch mit Silva nachzudenken. Dieser hatte die Verteilung der Samen dieser todbringenden Pflanze mit seinen Thesen verteidigt. Sich als verlängerter Arm seiner Vision von einer Welt bezeichnet, in der Pflanzen mehr Macht haben. Ihm war, als habe Silva ihm einen Spiegel vorgehalten, und das, was er darin gesehen hatte, hatte ihm nicht gefallen. Wenn man ehrlich war, hatte Silva die zugegebenermaßen etwas provokanten Thesen seines Buches mit dem Untertitel »Pflanzen sind die wahren Herrscher« nur zu Ende gedacht.

Plötzlich begann Greta laut zu schluchzen.

»Er ist tot«, sagte sie. Er brauchte einen Moment, um zu verstehen, dass sie Mortensen meinte. Sie hatten noch keine Gelegenheit gehabt, darüber zu sprechen.

»Was ist passiert?«, fragte er.

»Die Polizei glaubt, es sei ein Eifersuchtsdrama. Ein erweiterter Suizid, bei dem er erst seine Mitarbeiterin und dann sich selbst erschossen hat. Angeblich hatten sie ein Verhältnis.« Ihre Stimme stockte.

»Und kann das sein?«

»Das mit dem Verhältnis ja, erweiterter Selbstmord niemals.«

Holland nickte stumm und versuchte zu verstehen, was Greta gerade gesagt hatte.

»Er hat dich also betrogen?«

»Er war zu eitel für nur eine Frau.«

In Hollands Kopf tauchten eine Menge Fragen auf, aber es war nicht der richtige Augenblick, sie zu stellen.

»Er hat dich für verdächtig gehalten«, fuhr Greta fort.

»Für verdächtig?«

»Wegen deines Artikels im *International Journalof Botany Studies*. Du hast darin das Szenario einer Invasion gefährlicher Pflanzen genau so vorhergesagt, wie es jetzt gekommen ist. Wie ich schon sagte: Selbst die Pflanze, die du in dem Artikel erdacht hast, ähnelt der Assassina incognita. Edgar hatte mir den Artikel gezeigt, und er meinte, dass es aufgrund der vorliegenden wissenschaftlichen Erkenntnisse unmöglich war, dass du das so genau vorhersagst. Er meinte, du seist entweder ein Zeitreisender oder hättest die Invasion von Assassina incognita mit initiiert, wie auch immer.«

»Mit initiiert?« Holland konnte nicht glauben, was er da hörte.

»Edgar hat versucht, auch Smith davon zu überzeugen, aber ohne Erfolg. Wie viele hochintelligente Menschen sah Edgar manchmal Gespenster, wo keine waren.«

Er ließ ihre Hand los. »Und du? Was hast du geglaubt?«

Sie drehte langsam den Kopf zu ihm. »Ich habe deine Bücher gelesen und Lesungen von dir auf YouTube angeschaut, bevor wir uns kennengelernt haben. Mir war immer klar, dass du ein guter Mensch bist und deshalb die Pflanzen liebst.«

In diesem Moment wurde die Tür geöffnet, und Mama Chen trat ein. Von draußen drangen aufgeregte Stimmen zu ihnen. Hinter der alten Chinesin erschien Lis Gesicht.

»Sie kommen besser einmal raus!«, sagte sie zu ihm. An ihrer Miene sah er, dass etwas nicht stimmte. Er beugte sich zu

Greta, gab ihr einen Kuss und drängte sich an Mama Chen vorbei. In diesem Augenblick fühlte er erneut eine große Erschöpfung in sich aufsteigen. Eine Erschöpfung, die über die Anstrengungen der vergangenen Tage hinausging. Der Mönch in Jiuhuajie hatte recht gehabt. Er trug eine riesige Last mit sich herum, und das bereits seit Jahren, seit dem Tod seiner Frau. Der Mönch hatte ihn davor gewarnt, dass er irgendwann in die Knie gehen würde, und in diesem Moment fühlten sich seine Knie unendlich weich an. Er hatte eine Sehnsucht danach, für Wochen zu schlafen. Einfach davonzugehen und alles hinter sich zu lassen. »Mr Holland?«, hörte er eine Stimme vor sich, als er wieder in den Warteraum der Tierklinik trat, in dem drei Männer standen, wovon einer der Sonnenblumenkerne knackende Polizist war, der ihn nach dem Tod des Studenten verhört hatte. »Guten Abend, Mr Holland. Ich hatte gehofft, dass wir uns nie wieder sehen.«

60

WAVERLY

Dresden, April 2020

Die Mönche von Monreale waren nicht nur Freimaurer und begeisterte Gärtner gewesen, sondern hatten sich auch der Zeichenkunst verschrieben, genauer gesagt der Kunst der Radierung. Mit Säure hatten sie in Metallplatten geätzt und auf Papier gedruckt, was sich in den Gärten des Klosters im 18. Jahrhundert nach dem Überfall der Türken ereignet hatte: Grafiken zeigten meterhohe Pflanzen, deren Blätter sich in Klauen und deren Blüten sich in geifernde Mäuler verwandelt hatten. Damit schnappten sie nach tapfer kämpfenden Mönchen, die versuchten, sich die zu Ungeheuern mutierten Gewächse mit Hacke und Spaten vom Leib zu halten. Es waren Bilder vom verzweifelten Kampf zwischen Mensch und Monsterpflanze. Hätte man diese Drucke unter normalen Umständen gar für humoristische Darstellungen halten können, so sah Waverly sie mit anderen Augen.

Diese Grafiken und umfangreichen Aufzeichnungen zum Kloster hatte sie in der Biblioteca Centrale della Regione Siciliana entdeckt, alles digital abrufbar über den Gefängnisserver. Dabei musste sie noch nicht einmal Sonderrechte in Anspruch nehmen, denn die Internetrecherche war den Frauen im Gefängnis erlaubt.

Zusammen mit den Briefen, die der Professor ihr vor dem Unglück gegeben hatte, zeichnete sich für Waverly ein klares Bild der Geschehnisse, welche sie wieder und wieder rekapitulierte, während sie auf ihrem Bett lag und gegen die Decke starrte, in deren abgeblättertem Putz sie seit ihrer ersten Nacht im Gefängnis eine lächelnde Jesusfigur zu erkennen glaubte: Vor Jahrhunderten waren in den Dolomiten Bernsteine mit Hunderten Millionen Jahre alten Samen gefunden und von den Mönchen in Monreale in Italien verwahrt worden. Vor dem Überfall hatten die Glaubensbrüder die Bernsteine im klostereigenen Gemüsegarten vergraben, und einer der Samen war trotz Einschluss gekeimt. Die Pflanze, die daraus entstand, wurde von den Mönchen als »seme del diavolo« bezeichnet.

»Sie meuchelte die anderen Pflanzen im Garten, nahm uns die Nahrung und brachte uns um unser Arbeyt Lohn«, lautete ein Bericht, den sie im Turmbuch eines Abtes fand. »Kam man ihr nah, verbrannte sie einem die Haut und blendete einen, selbst auf Entfernung sog sie den Menschen die Luft aus den Lungen und erstickte sie. Je mehr wir sie bekämpften, umso schneller schien sie zu wachsen, bis wir es einem eigentlichen Thor, der das Beet weiter düngte, zu verdanken hatten, dass wir lernten, dass sie unsren Dung nicht vertragen mag. So gelang es uns mit Gottes Hilfe, die Plage aus Urzeiten zu besiegen, und wir übergaben die übrigen Samen, als dass sie weit entfernt von unserer Stätte sicher verwahrt werden würden, einem Bruder im Geiste, der trotz aller Warnungen nicht davon abzubringen war, sie an sich zu nehmen.«

Waverly zählte die Tage bis zur Entlassung, denn sie wusste, was sie dann tun würde: Sie würde versuchen, den Samen in ihrem Bernstein keimen zu lassen. In diesem Moment meldete ihr Handy, das sie wie die meisten Insassen von den Schmugglern gekauft hatte, dass eine Nachricht eingegangen war, was sie erschrocken zusammenfahren ließ. Sie war von Ava, der sie schon vor einigen Monaten die Nummer ihres Knasthandys gegeben hatte.

»Bitte lösche SCANDBOX und benutze es nicht mehr. Es ist GEFÄHRLICH. Gruß Ava.« Irritiert las sie die Nachricht noch einmal. Sie wusste, dass Ava und die anderen immer noch in ihrem neuen Projekt unterwegs waren, aus dem sie ein großes Geheimnis machten. Zuletzt hatte sie herausgefunden, dass es irgendwo in Alberta in der Nähe des Wood-Buffalo-Nationalparks stattfand.

»Warum?«, tippte sie ein und wartete ab, doch sie erhielt keine Antwort. Sie wartete noch eine Stunde, dann schaltete sie das Handy aus und versteckte es wieder. Sie vertraute Ava. Sie würde SCANDBOX nicht mehr nutzen, auch wenn sie nicht verstand, warum.

61

AVA

Vancouver, August 2023

»Kann ich das einmal benutzen?« Ava zeigte auf das große Mobilfunkgerät in der Brusttasche der Krankenschwester.

Die blickte an ihrer Schwesterntracht hinab und wurde rot. »Entschuldigung, wir dürfen es im Dienst gar nicht bei uns tragen. Ich habe es nach der Pause vergessen.«

»Das macht nichts, ich möchte nur einmal kurz meine E-Mails checken.«

Die Schwester zögerte.

»Bitte, zwei Minuten. Sie bekommen auch die Pralinen.« Ava zeigte auf den Karton mit Süßigkeiten, ein Geschenk des Krankenhauses.

»Ich möchte versuchen, meine Mutter zu erreichen«, log sie. »Sie weiß nicht, dass ich hier bin, wir hatten lange keinen Kontakt!«

Die Schwester zögerte, griff dann in ihre Brusttasche, entsperrte das Handy und gab es ihr. »Fünf Minuten, ich gehe raus und passe auf, dass keiner kommt.«

»Danke«, sagte Ava. Es war ein neues Handy mit großem Display. Als Erstes gab sie den Namen des Waldgebiets beim Wood-Buffalo-Nationalpark ein und checkte die Suchergebnisse, fand aber nichts Spektakuläres außer den Berichten zu den jahrelangen Streitigkeiten rund um die Teersandmine. Das Abbaugebiet des sogenannten Öl- oder auch Teersandes erstreckte sich mitten in Alberta über fast hundertfünfzigtausend Quadratkilometer, eine Fläche so groß wie England. Ölsand war eine Vorstufe des Erdöls, eine Mischung aus Sand, Öl und Schwefel. Zunächst musste man die darüberliegenden Urwälder roden. Danach konnte man das Ölgemisch fördern und mithilfe von Dampf in seine Bestandteile zerlegen. Sand, Ton, unerwünschte Stoffe wurden abgetrennt, das gewonnene Öl schließlich zur Veredelung über Hunderte Kilometer lange Pipelines in die USA gepumpt. An der Mündung des Athabasca River waren so bereits in der einst dicht bewaldeten und unberührten Natur riesige Kraterlandschaften aus giftigem Schlamm entstanden, das Ökosystem auf den Kopf gestellt. Als die ersten Krater an den Wald herangerückt waren und die Ölgesellschaft, angeblich versehentlich, einige Bäume aus Silvas Revier gefällt hatte, war Silva eskaliert. Für sie war jener Tag der Auslöser gewesen, an dem Silvas Verhalten sich grundlegend geändert hatte. Doch danach hatte sie nicht gesucht. Sie suchte nach unbekannten Toten oder nicht identifizierten Leichen, die in Alberta aufgefunden worden waren, nach Spuren, die Silvas Söldner hinterlassen haben mussten. Doch sie fand nichts. Gerade wollte sie ihren E-Mail-Account aufrufen, als sie die Hauptüberschrift entdeckte: »Mysteriöse Pflanze breitet sich auch in Kanada aus. Erste Landstriche unter Quarantäne. Regierung ruft Notstand aus.« Sie überflog den Text und blieb an einer Passage hängen. »Erste Nachforschungen hatten ergeben, dass die Samen von einem kleinen Postamt in Hangzhou in der Provinz Zhejiang in China versendet worden sind.« Ihr Atem stockte. Der Ort kam ihr bekannt vor. Hatte Silva nicht dorthin Geld überwiesen? Diesmal keine Bitcoins, was bereits ungewöhnlich war, aber nicht jeder Empfänger verfügte über ein entsprechendes Wallet, um mit Kryptowährung zu handeln. Sie war quasi für die Buchhaltung verantwortlich gewesen, hatte die Ausgaben kontrolliert, bis Silva ihr von einem Tag auf den anderen den Zugang gesperrt hatte. Sie hatte ein schlechtes Namensgedächtnis, konnte sich aber eine Zahl bis auf hundert Stellen merken. Sie öffnete Google und suchte nach dem Postcode von Hangzhou: 310000. Der war es. Silva hatte sogar mit jemandem in Hangzhou korrespondiert, allerdings auf Chinesisch, sodass sie kein Wort verstanden hatte. Sie las den Artikel noch einmal, dann öffnete sich die Tür, und die Schwester steckte den Kopf hinein. »Fertig?«, fragte sie.

»Eine Sekunde!«, bat Ava und öffnete den Browser und dann ihr Postfach.

»Eine Minute! Aber wirklich!« Widerwillig schloss die Schwester die Tür hinter sich.

Ava checkte erstmals seit Tagen wieder ihre E-Mails, seit Silva sie vom Netz getrennt und die Söldner ihr Handy weggenommen hatten. Sie hatte aus dem Gerätehaus an Waverly all die Beweise gegen Silva versendet und wollte schauen, ob sie darauf geantwortet hatte. Doch sie schien die E-Mail noch nicht gesehen zu haben. Gerade versuchte sie, mit ihrer Enttäuschung klarzukommen, als sie eine ältere Nachricht von Waverly entdeckte, die Wave ihr vor einer guten Woche geschrieben hatte. Sie öffnete sie. »Wo bist du?!?!?!?! Kann dich nirgends erreichen. Ich mache mir Sorgen. Ich könnte deine Hilfe gebrauchen. Habe ein großes Problem. Bitte melde dich möglichst bald. Gruß Wave.«

Sie überlegte zu antworten, dann öffnete sie die Telefonfunktion und wählte stattdessen Waverlys Nummer in Deutschland. Sie ließ es lange klingeln, dann rief sie auf ihrem Handy an. In diesem Moment öffnete sich die Tür, und die Schwester kam zum Bett geeilt, riss ihr das Telefon aus der Hand und steckte es in die Tasche ihres Schwesternkittels. »Die Visite kommt!«, flüsterte sie und schaute mit roten Wangen zur Tür.

Ava starrte an ihr vorbei ins Leere und wusste plötzlich, was sie zu tun hatte: Sie musste zu Waverly nach Deutschland fliegen, am besten noch heute.

62

HOLLAND

Schanghai, 20. August 2023

Holland saß auf der Rückbank eines Polizeifahrzeuges, neben ihm der Polizist, der schon wieder Kerne knackte. Es war bereits nach Mitternacht. Holland fühlte sich wie gerädert. Hände und Gesicht waren noch immer gerötet von der Flucht durch die Pflanzen. Dazu begleitete ihn ein andauernder Hustenreiz, den er versuchte, zu unterdrücken. Er wusste nicht, ob vom Rauch oder den Pflanzen. Nach dem Einsteigen hatte er gefragt, wohin man ihn brachte, aber der Polizist hatte nicht darauf geantwortet.

»Sagt Ihnen der Name Taylor Foo etwas?«, fragte der Polizist.

Holland zuckte mit den Schultern, ohne zu antworten.

»Wir haben ihn tot aufgefunden. So wie es aussieht, wurde er überfahren – mitten in einer Lagerhalle.«

Holland tat weiter ahnungslos.

»In der Lagerhalle hat es außerdem gebrannt, aber die Sprinkleranlage hat das Feuer gelöscht. Wir haben dort Hunderte der Killerpflanzen gefunden. Wissen Sie irgendetwas davon?«

Er verneinte.

»Mr Foo war hier in Schanghai ein bedeutender Mann. Derjenige, der ihn getötet hat, steckt in großen Schwierigkeiten.«

»Ich habe ihn nicht überfahren«, sagte Holland. Und dies war die Wahrheit.

»Ich weiß, dass Sie in der Lagerhalle waren und mit Taylor Foo gesprochen haben.«

Holland zögerte. Er wusste nicht, ob sein Sitznachbar nur bluffte. Dann traf er eine Entscheidung.

»Taylor Foo hat Pan Sun getötet, den Studenten aus dem Botanischen Garten.«

»Woher wissen Sie das?«

»Pans Schwester hat es mit angesehen. Sie hat es mir erzählt.«

»Und nun ist er selbst überfahren worden. Welch ein Zufall!«

»Ich würde eher sagen, Karma!«

Holland überlegte, ob er damit schon zu viel gesagt hatte.

»Wie heißen Sie?«

»Zheng Long.«

»Und was unternehmen Sie nun wegen der Pflanzen? Wie ich gehört habe, verbreiten sie sich mittlerweile auch hier. Das wollen Sie wohl kaum abstreiten, oder?«

»Sie stammen nicht von hier, sondern wurden illegal ins Land gebracht. Wir versuchen derzeit noch herauszufinden, wie sie hierhergekommen sind.«

Holland dachte an das Gespräch mit den Mönchen. »Jedenfalls wurden die Samen von hier in alle Welt verschickt.«

»Die Halle, in der die Pflanzen verbrannt sind, wurde von jemandem aus dem Ausland angemietet.«

»Aus dem Ausland?«

»Aber unter dem Namen ist nichts zu finden, und die Adresse liegt irgendwo im kanadischen Nirgendwo. Dort ist nur Wald.«

»Kanada?« Holland runzelte die Stirn. »Wie lautet der Name des Mieters?«

Long lächelte und schob sich statt einer Antwort einen Kern in den Mund. »Sagen Sie es mir«, erwiderte er dann.

»Silva?«

Das Lächeln verschwand. »Kennen Sie ihn?«

Kennen wäre übertrieben, dachte er. »Nein, aber der Name taucht immer wieder im Zusammenhang mit den Pflanzen auf.«

Holland schaute aus dem Fenster. »Wo fahren wir hin?«

»Pan Sun arbeitete auch in der Lagerhalle. Er erhielt seinen Lohn aus derselben Quelle im Ausland, die auch die Miete für die Halle bezahlt hat. Die Pflanzen in der Lagerhalle sind weitestgehend verbrannt, den Rest werden wir vernichten.«

»Und die Pflanzen in der Natur?«

Long zuckte mit den Achseln. »Das ist Sache des Landwirtschaftsministeriums.« Er stockte kurz. »Das Hauptproblem scheint zu sein, dass die Pollen …« Er nannte einen chinesischen Begriff und schlug sich mit der flachen Hand auf die Brust.

»Asthma«, sagte Holland.

Er nickte. »Die Krankenhäuser sind voll. Sie haben sogar die Notbetten von der Covid-Krise wieder aufgebaut.« Der Gesichtsausdruck von Long verdunkelte sich. »Im Ministerium haben sie gesagt, wenn die Pflanze nicht geht, drohen wieder Lockdowns. Bis alle Pflanzen vernichtet sind. Erste Provinzen sind bereits abgeriegelt, damit die Pollen nicht verschleppt werden.«

»Sie kommen über die Luft«, entgegnete Holland.

Long hatte erstmals aufgehört, Kerne zu knacken, und schaute auf den Fahrer. Dann lehnte er sich zu Holland und fragte leise: »Sie sagten, Sie sind Botaniker. Wissen Sie, wie man diese Pflanze aufhalten kann?«

Holland dachte an den Mönch in Jiuhuajie, der von Waverlys Besuch im Kloster erzählt und berichtet hatte, dass sie ihm gegenüber behauptet hatte, zu wissen, wie man die Pflanze stoppte. Hatte sie ihn deswegen in Portland sprechen wollen? Und war sie deshalb von Dechambeau erschossen worden, der dies hatte verhindern wollen?

»Ich weiß nicht, wie man die Pflanze stoppen kann, aber ich kenne eine Frau, die es vielleicht weiß.«

»Und wo ist das Problem?«, fragte sein Begleiter.

Das Problem ist, dass Waverly Park tot ist und es mir nicht mehr erzählen kann. Und dass ich in einem chinesischen Polizeifahrzeug sitze, auf dem Weg wohin auch immer, dachte er, aber sagte es nicht laut. Plötzlich hatte er eine Idee.

»Ich habe nur ihren Namen. Haben Sie die Möglichkeit, auch außerhalb von China Adressen zu recherchieren?« Er wusste nicht, wie weit die Datenbanken der chinesischen Behörden reichten. Aber die Adresse einer Person in Deutschland herauszufinden sollte doch möglich sein.

Long zückte sein Mobilfunkgerät, rief eine App auf und gab es Holland. »Geben Sie einfach den Namen ein.« Er tippte den Namen von Waverly Park ein. Der Polizist las, nahm das Handy, gab seinerseits etwas ein, runzelte die Stirn. »Der Computer sucht«, sagte er dann und legte das Handy zwischen sie. Holland schaute hinaus, sah hinter einem Zaun parkende Flugzeuge.

»Wir fahren zum Flughafen?«, fragte er. »Was ist mit meinem Gepäck?«

»Im Kofferraum.«

Wieder sah Long zum Fahrer, der den Kopf leicht im Rhythmus der Musik bewegte und sich für ihre Unterhaltung nicht zu interessieren schien, vermutlich verstand er noch nicht einmal Englisch.

»Meine Eltern haben eine Farm. Sie züchten Sonnenblumen, oben in Jiyuan in der Provinz Henan.« Hollands Blick fiel auf die Tüte mit den Kernen. Offenbar war er immer noch deren bester Kunde. »Vor vielleicht zwei Monaten fand einer der Arbeiter eine Pflanze am Rande der Felder, wo ein kleiner Bach verläuft, den wir zum Bewässern nutzen. Da er ein solches Gewächs noch nie zuvor gesehen hatte, schnitt er einen

Trieb ab und brachte ihn nach Hause, um ihn meinem Vater zu zeigen.« Holland ahnte, wie die Geschichte weiterging. »Der Arbeiter erlitt dabei so schwere Verbrennungen an den Armen und im Gesicht, dass er ins Krankenhaus musste. Mein Vater verbrannte die Pflanze hinter dem Haus und befahl, sie zu vernichten, wo man sie sah. Doch es war zu spät: Sie hatte sich bereits zu stark ausgesät. Die Setzlinge waren überall, und es schien so, als hätte die Pflanze unterirdische Vernetzungen in Form weißer Fäden entwickelt. Bald starben die ersten Sonnenblumen, und dort, wo sie auf den Feldern wuchsen, breiteten sich jetzt die Pflanzen aus. Mein Vater suchte Hilfe bei dem örtlichen Landhandel, beim Agrarministerium und sogar beim Parteibüro. Doch niemand konnte helfen. Heute ist bereits ein Drittel der Farm verloren. Meine Mutter musste sich wegen Asthma im Krankenhaus behandeln lassen, mein Vater hat eine schlimme Nesselsucht. Die Hündin meiner Eltern verletzte sich an einer der Dornen und lahmt seitdem. Die meisten der Arbeiter aus der Mongolei haben die Farm verlassen; bald werden meine Eltern sie aufgeben müssen, wenn nicht jemand einen Weg findet, diese Pflanzen loszuwerden.«

»Das tut mir leid«, sagte Holland.

»Und Sie sagen, diese Waverly Park weiß, wie man die Pflanze bekämpft?«

»Sie war vor einigen Monaten hier in China, oben bei den Mönchen in Jiuhuajie. Und da hat sie es zumindest behauptet.« Dass sie tot war, verschwieg er weiterhin.

Das Handy neben Long gab einen Ton von sich. Er nahm es und zeigte Holland das Display, der versuchte, sich die Adresse, die es anzeigte, einzuprägen. Waverly Park wohnte in der Leipziger Straße in Berlin. Nicht weit entfernt von seinem Zuhause.

Der Wagen hielt vor einem der Terminals.

»Wohin fliege ich eigentlich?«, fragte Holland.

»Das können Sie sich aussuchen«, sagte Long, während der Fahrer ausgestiegen war und ihm die Tür öffnete.

»Dann Berlin«, entschied Holland, als sie am Kofferraum des Autos standen und er sein Gepäck in Empfang nahm. »Was ist mit meiner Kollegin?« Die Tatsache, dass er Greta zurücklassen sollte, bereitete ihm schon die ganze Fahrt über ein flaues Gefühl im Magen.

»Sie fliegt, sobald sie kann. Das verspreche ich Ihnen.« Mehr war in ihrem Zustand nicht möglich, das sah er ein.

»Die weißen Fäden, von denen Sie mir berichtet haben. Können Sie mir ein Foto davon schicken? Ich gebe Ihnen meine Handynummer.«

»Nicht nötig«, sagte Long. »Die habe ich.«

Holland wunderte sich nicht.

»Glauben Sie, man kann die Pflanze noch stoppen?«, fragte Long.

»Ich werde es herausbekommen.«

»Nehmen Sie das, für den Flug«, sagte Long und steckte ihm eine Tüte mit Sonnenblumenkernen zu.

63

WAVERLY

Dresden, Februar 2023

Die Entlassung kam überraschend. Am Morgen wurde ihr von den Wärtern ein Brief übergeben, in dem stand, dass der Rest ihrer Strafe zur Bewährung ausgesetzt werde. Am Mittag schon händigte man ihr die bei Haftantritt abgenommenen Sachen aus, und keine halbe Stunde später stand sie mit drei weißen Plastiktüten vor dem Gefängnistor. Jahre hatte sie von diesem Moment geträumt, und dann war er so unspektakulär, wie er nur sein konnte. Und es fehlte jedes Glücksgefühl. Tatsächlich spürte sie sogar ein wenig Angst vor der Welt da draußen. Ein bisschen kam sie sich vor wie ihr früherer Familienhund: Verlor der beim Gassigehen einmal sein Halsband mit der Leine, blieb er erschrocken stehen und weigerte sich, weiterzugehen. Dienten die Gefängnismauern und Gitter vor den Fenstern dazu, sie an einer Flucht zu hindern, hatte sie es über die Jahre immer mehr als Schutzwall vor den Gefahren da draußen empfunden. Sie wusste nicht, wohin sie gehen sollte. Ihre Wohnung in Berlin war nach ihrer Verhaftung, noch während sie im Untersuchungsgefängnis gesessen hatte, zwangsgeräumt worden, da sie die Miete nicht mehr hatte zahlen können. Ihre Sachen waren irgendwo eingelagert und erst ein Jahr später von ihrer Mutter ausgelöst worden. Insofern blieb ihr nun nichts anderes übrig, als zu ihrer Mutter nach Meißen zu fahren, die von ihrer plötzlichen Entlassung vermutlich keine Ahnung hatte. Ihr altes Telefon, das man ihr mit ihren persönlichen Sachen übergeben hatte, funktionierte mangels SIM-Karte und Telefonvertrag nicht mehr. Ihr Knasthandy hatte sie, wie man es ihr bei der Übergabe eingeimpft hatte, sofort nach der Mitteilung ihrer Entlassung in Einzelteilen im Klo hinuntergespült, ihre Mutter zuvor jedoch nicht erreichen können.

Gerade überlegte sie, wie sie zum Bahnhof kam, als ein kleiner, roter Nissan Micra vorfuhr. Zunächst fiel er ihr gar nicht auf, doch dann blieb er direkt vor ihr stehen und hupte einmal. Die Tür öffnete sich, und eine Frau in einer dicken Daunenjacke stieg aus. Wie von der Tarantel gestochen, kam sie auf sie zugelaufen, und ehe sie sichs versah, fiel ihre Mutter ihr weinend um den Hals. In diesem Moment löste sich auch etwas in ihrer Brust, und sie begann zu weinen, wie sie noch niemals in ihrem Leben geweint hatte.

»Sie haben heute Morgen angerufen«, berichtete ihre Mutter auf der Heimfahrt.

»Woher hast du das neue Auto?«, fragte Waverly.

Sie spürte, dass ihre Mutter sich um die Antwort drückte.

»Sag schon!«, insistierte sie.

»Ein Mann kam zu mir und gab mir einen Briefumschlag mit Geld.«

»Ein Mann?«

»Es war kurz nach deiner Verurteilung. Er klingelte bei mir und bat mich, ihm einen Bernstein auszuhändigen, den du unrechtmäßig an dich genommen hättest. Ich wusste überhaupt nicht, wovon er redete, und sagte, dass ich nichts davon weiß. Er griff in seine Tasche und gab mir einen Umschlag mit dem Geld. Er sagte, wenn ich irgendwann den Stein finden oder davon hören sollte, sollte ich ihn anrufen. Dann würde ich dieselbe Summe noch einmal bekommen.«

»Und du hast das Geld genommen?!«, rief Waverly. »Und bist nicht zur Polizei gegangen?«

Ihre Mutter hielt auf einem Parkstreifen und schaute sie an. »Was sollte ich tun …? Du hast mich immer finanziell unterstützt, und plötzlich warst du im Gefängnis. Ich wusste nicht, wovon ich leben sollte.«

Waverly sah die Verzweiflung und Tränen in den Augen ihrer Mutter und fühlte plötzlich eine große Schuld in sich aufsteigen. »Es tut mir leid!«, sagte sie und fiel ihrer Mutter weinend um den Hals. Es dauerte eine Weile, bis sich beide beruhigt hatten.

»Als ich dich angerufen und gebeten habe, mir den Stein ins Gefängnis zu bringen, als ich dir das Versteck in deiner Wohnung hinter der Fußleiste beschrieben habe, hast du ihn mir gebracht und nicht dem Mann übergeben …«

»Selbstverständlich nicht. Aber sag mir, was hat es mit diesem Stein auf sich? Bist du deshalb ins Gefängnis gekommen?«

Waverly antwortete nicht, sondern zeigte nach vorn.

»Fahr, Mama!«, sagte sie. »Hast du die Telefonnummer noch, die der Mann dir gegeben hat?«

Ihre Mutter tippte sich an die Schläfe. »Hier drin!«, sagte sie.

»Wie sah der Mann aus?«

»Er hatte eine große Narbe im Gesicht. Kennst du ihn?«

Sie nickte.

»Er war unheimlich. Bitte versprich mir, dass du keinen Blödsinn mehr anstellst, Honi«, sagte ihre Mutter und streichelte ihr Bein. »Ein Leben ohne dich ist schrecklich!«

»Ich verspreche es, Mama«, sagte sie und fasste in ihre Hosentasche, um sich zu vergewissern, dass der Bernstein noch dort war. »Ich werde ab jetzt immer für dich da sein.«

64

OTTO

Schorfheide, Brandenburg, 20. August 2023

»Schau, sie ist schon gewachsen!« Melissa deutete auf den jungen Spross. In der Tat war die Pflanze bereits ein gutes Stück aus der Erde gebrochen.

»Krass!«, stellte sogar Otto beeindruckt fest.

Sie konnte sich nicht daran erinnern, schon einmal eine so rasch wachsende Pflanze gesehen zu haben. Sie standen am Beet neben Marcus' Haus, keine zehn Meter entfernt begann der Wald, um den er sich als Förster Tag und Nacht kümmerte. Sie bewunderte, mit welcher Leidenschaft er für seinen Forst eintrat. Marcus war fasziniert von seinen Bäumen und deren Lebensweise. »Der Wald verändert die Menschen. Man geht hinein und kommt als eine andere Person wieder heraus«, sagte er immer. Eine Beschreibung, die sie selbst teilen konnte. Umso schöner, dass auch Otto diese Begeisterung für Pflanzen geerbt zu haben schien.

»Ich habe zu Hause noch guten Dünger. Den holen wir, und dann wirst du sehen, dass sie noch schneller wächst!«

»Diese Pflanze sollte man zur Rettung des Klimas weltweit pflanzen statt der so langsam wachsenden Bäume«, bemerkte Otto.

Sie musste Marcus unbedingt fragen, um was für ein Gewächs es sich handelte, er würde es wissen. Sie hatte zwar auch viel Ahnung von Blumen, aber der Samen und auch die ersten Teile des Sprosses kamen ihr nicht bekannt vor.

»Verzeihung, wohnt hier Marcus Holland?«

Otto und sie fuhren beide herum. Mitten im Garten stand

ein Mann. Er war nicht besonders groß, aber auffallend gut trainiert, wirkte in seinem Anzug mit dem kurzen Haarschnitt adrett und gepflegt.

»Er ist leider nicht zu Hause«, sagte sie und machte einen Schritt auf den Besucher zu. Er sprach mit amerikanischem Akzent, und sie hoffte, dass er nicht von allzu weit her gekommen war. »Und er wird wohl auch so bald nicht wiederkommen«, ergänzte sie.

»Das ist schade!« Der Mann wirkte ernsthaft enttäuscht. »Verzeihen Sie, ich habe mich noch gar nicht vorgestellt: Mein Name ist Rick Dechambeau. Ich hatte hier in Berlin beruflich zu tun und bin ein Freund von Marcus.« Er trat vor und gab ihr die Hand, dann strich er Otto über den Kopf. »Du musst Marcus' Sohn sein?«, sagte er mit einem freundlichen Lächeln.

Otto machte einen Schritt zurück und verzog das Gesicht.

»Eine hübsche Pflanze haben Sie da«, sagte Dechambeau und deutete auf den Spross. »Immer schön gießen.«

»Es tut mir leid, dass Sie den ganzen Weg hier raus umsonst gemacht haben!«

»Ich hätte anrufen sollen, aber ich habe ihn nicht erreicht.«

»Das kann sein, er ist im Ausland.«

Sie sah, wie der Mann die Lippen aufeinanderpresste. Er wirkte wirklich enttäuscht.

»Wenn Sie mögen, kann ich uns einen Kaffee machen oder eine Kanne Tee aufbrühen.«

Das Lächeln kehrte zurück und zeigte eine Reihe perfekt weißer Zähne. »Sehr gerne!«

65

HOLLAND

Im Flugzeug, 20. August 2023

Die ersten vier Stunden des Direktfluges nach Berlin schlief er tief und fest. Er erwachte, als sein Sitznachbar zur Toilette wollte und er dafür aufstehen musste. Danach stürmten seine Gedanken auf ihn ein und hinderten ihn am Weiterschlafen. Die vergangenen Tage waren so intensiv gewesen, dass er die Erlebnisse und Informationen nur schwer sortiert bekam. Es war einer der großen Vorteile seines Berufs: Er spürte so gut wie niemals Stress. Sein Bruder lebte in Freiburg und arbeitete als Rechtsanwalt. Er sagte immer, er habe fast nur mit Menschen zu tun, die ernsthafte Probleme hatten und aufgrund von Streitigkeiten unter emotionalem Stress standen. Dies färbte auf seinen Bruder ab, dessen Alltag daraus bestand, sich für Fremde zu streiten, an allen Enden seiner Tätigkeit mit negativen Vibes zu tun hatte. Nicht so er. Die Arbeit als Förster konnte körperlich anstrengend sein, sie war aber niemals seelisch belastend. Im Gegenteil: Wenn er im Wald war, ob in seiner Freizeit oder beruflich, nahmen der Geruch und die Geräusche des Waldes, die stoischen Bäume, das Rascheln des Laubes, der Gesang der Vögel und das sich brechende Sonnenlicht jede Last von seinen Schultern. Er war es daher nicht gewohnt, derart viele Informationen zu verarbeiten. So nahm er einen Block, den er von seinem chinesischen Verlag als Werbegeschenk bekommen hatte, seinen Holzkugelschreiber, den ein Brandenburger Schnitzer aus Bäumen seines Waldes hergestellt hatte, und machte sich Notizen.

Sie hatten das Rätsel gelöst, woher die Samen der Assassina

incognita stammten. Lis Bruder Pan war es, der sich den Samen von den buddhistischen Mönchen in den Gelben Bergen aushändigen ließ und diesen nach Schanghai brachte. In einer riesigen Lagerhalle zog Pan aus diesem einzigen Samen eine ganze Kolonie von Pflanzen heran, um mehr Samen zu gewinnen. Was er hierbei nicht verstand: Nach dem, was er wusste, war die Pflanze zweihäusig, das heißt entweder weiblich oder männlich. Es bedurfte somit zur Vermehrung mindestens einer weiteren Pflanze. Doch woher stammte diese? Es musste also mindestens zwei Samen für zwei Pflanzen gegeben haben. Pan hatte von den Mönchen jedoch nur einen Samen ausgehändigt bekommen. Jedenfalls muss es ihm gelungen sein, die Pflanzen zu vermehren, er hatte das Ergebnis in der Lagerhalle gesehen. Pan versandte die gewonnenen Samen von dem Postamt aus, in dem seine Schwester arbeitete, in alle Welt. Pan war ein einundzwanzigjähriger IT-Student, der in einem Archiv für Pflanzensamen arbeitete und offenbar nur Handlanger war. Genauso wie Taylor Foo und dessen Leute. Hinter allem steckte ein Mann, der sich Silva nannte, wobei Holland bezweifelte, dass es sich dabei um dessen richtigen Namen handelte. Die Lagerhalle, in der die Samen gezogen wurden, war von einer Adresse aus Kanada angemietet worden. Er hätte Smith darauf ansetzen können, aber er wusste nicht mehr, wem er überhaupt noch trauen konnte. Taylor Foo war ihnen von Dechambeau als Kontakt empfohlen worden. Also von demselben Mann, der Waverly Park mitten in einer voll besetzten Buchhandlung in Portland niedergestreckt hatte, als sie ihm etwas hatte sagen wollen. Vielleicht hatte sie ihn auch vor Dechambeau warnen wollen? Hatte sie vielleicht »Er will Sie töten!« gesagt und Dechambeau gemeint? Jedenfalls konnte er auch ihm nicht vertrauen.

Ebenso beunruhigte ihn der Tod von Mortensen. Bei aller Rivalität oder vielleicht auch gerade weil er für ihn zu Lebzeiten nur wenig Sympathie empfunden hatte, ging ihm dessen Ermordung nahe. Mortensen war ein Kotzbrocken gewesen, aber ein Baum von einem Mann. Nicht nur aufgrund seines überbordenden Selbstbewusstseins schien er unbesiegbar. Dass er nun offenbar umgebracht worden war, zeigte, wie ernst die Angelegenheit war: Zwar tötete auch die Pflanze Menschen. Aber Silva schien nicht davor zurückzuschrecken, Menschen zu ermorden, die ihm in die Quere kamen. Pan war ein weiteres Opfer, und Foo hätte Greta, Li und ihn wohl ebenfalls beseitigt. Ein Frösteln erfasste ihn, und er zog die dünne Decke, die die Stewardess vor dem Start auf dem Sitz ausgelegt hatte, höher.

Die allerwichtigste Frage war aber, wie man die Ausbreitung der Pflanze noch stoppen konnte. Er hatte gehofft, die Pflanze im Laufe der Zeit besser kennenzulernen. Um ein Lebewesen aus einem Lebensraum zurückzudrängen, musste man zunächst dessen Schwächen und Stärken analysieren. Aber bislang hatte er keine Schwäche entdeckt, keinen Ansatzpunkt, die Pflanze zu bekämpfen. Anders als Waverly Park. Sie hatte gegenüber dem Mönch behauptet, einen Weg zu kennen, die Ausbreitung der Pflanze zu stoppen. Konnte das sein? Laut Internet war sie Archäologin, aber auch studierte Botanikerin. Warum sollte sie als Expertin für historische Pflanzenfunde also nicht einen Weg gefunden haben? Zumindest hatte sie daran geglaubt, und da sie vor seinen Augen von Dechambeau ermordet worden war, gerade als sie ihm etwas hatte mitteilen wollen, hatten vielleicht auch andere es für möglich gehalten. Er beschloss, sofort nach seiner Ankunft zu Waverlys Wohnung in der Leipziger Straße in Berlin zu fahren. Vielleicht hatte er Glück, und sie hatte nicht allein gelebt, oder er traf einen Nachbarn, der in ihrer Abwesenheit die Blumen gegossen hatte. Danach würde er sofort nach Hause in die Schorfheide fahren. So lange wie diesmal war er noch niemals von

Otto getrennt gewesen, und er freute sich schon, ihn wieder in die Arme schließen zu können.

Und dann war da noch Greta. Die er erst seit wenigen Tagen kannte, die in ihm aber Gefühle ausgelöst hatte, die er nach dem Tod von Hanna nicht mehr für möglich gehalten hatte. Dass er sie in China hatte zurücklassen müssen, erfüllte ihn nicht nur mit Sorge, sondern hinterließ in ihm eine Leere. Sie fehlte ihm. Nach Hannas Tod hatte er lernen müssen, allein zu leben. Er war schon immer gern allein gewesen. Allein im Wald. Aber es machte einen großen Unterschied, ob zu Hause jemand auf einen wartete oder nicht. Er schloss die Augen und stellte sich Gretas Gesicht vor, ihr Lächeln, und sofort spürte er eine Wärme in der Brust. Wenn all dies vorbei war, musste er sie wiedersehen. Über diesen Gedanken schlief er ein.

66

WAVERLY

Berlin, März 2023

Sie hatte wieder begonnen, in der Ehrbar zu kellnern. Man hatte sie mit offenen Armen empfangen. Niemand dort fragte, wo sie gewesen war. Und auch als sie ihrer Chefin hinter der Bar von dem Gefängnisaufenthalt erzählte, störte es sie nicht. »Barkeeper sind die besten Menschenkenner, und du bist unschuldig«, hatte ihre Chefin nur gesagt, und sie damit zu Tränen gerührt.

Von dem Geld leistete sie sich eine kleine Einzimmerwohnung in der Leipziger Straße. Für ihr Comeback als Archäologin wollte sie sich noch etwas Zeit lassen, aber nicht für ihr Comeback als Botanikerin. Sie hatte sich fest vorgenommen, den Samen aus dem Bernstein zum Keimen zu bringen. Zunächst hatte sie nach Methoden gesucht, Einschlüsse aus Bernsteinen zu befreien, aber außer einer obskuren Beschreibung eines Alchemisten aus dem Mittelalter keine gefunden. Sodann hatte sie die Aufzeichnungen der Mönche noch einmal studiert und dazu entgegen Avas Warnung SCANDBOX genutzt. Sie hatte die alten Briefe und Dokumente nur dort gespeichert, und was sollte schon passieren? Nach den Berichten der Glaubensbrüder hatten diese den Bernstein im 18. Jahrhundert auf der Flucht vor den angreifenden Türken vergraben, und der eingeschlossene Samen war gekeimt und hatte dabei den Bernstein zum Bersten gebracht. Wenn sie den Bernstein in ihrer Hand betrachtete, eine unglaubliche Vorstellung. Aber sie kaufte einen Topf mit dem besten Pflanzsubstrat, das sie finden konnte, düngte die Erde zusätzlich mit

Guano und hielt alles schön feucht. Ihre Wohnung stank bestialisch nach Vogelkot. Sie wartete Tage, sogar zwei Wochen, während deren sie beinahe vor Ungeduld platzte, und brach das Experiment dann ab. Sie las die Berichte erneut, kaufte weitere Erde mit anderen Nährstoffen, anderem Dünger, hielt die Erde trocken, weil sie gelesen hatte, dass ausgetrockneter Bernstein leichter Risse bekam. Wieder wartete sie Tage und am Ende eine ganze Woche, ohne dass etwas geschah. Warum keimte der Bernstein im Gemüsebeet hinter dem Kloster von Monreale, aber nicht in ihrem Topf in der Leipziger Straße in Berlin? Schließlich erwachte die Archäobotanikerin in ihr, die während der vielen Jahre im Gefängnis eingeschlafen war. Sie besorgte sich über das Internet Berichte und Studien über die Bodenqualität in Sizilien. Den regelmäßigen Ausbrüchen des Ätna sei Dank, wiesen die Böden dort eine besondere Fruchtbarkeit auf. Die Asche und Lava des Vulkans enthielten besonders viel Phosphor, Kalium, Calcium, Eisen und Kalk. Dies wirkte auf viele Pflanzen wie ein Wachstumsbooster. Doch Monreale lag auf der anderen Seite der Insel, weit weg vom Vulkan. Sie durchforstete Berichte der Mönche von Monreale, begann hundert Jahre vor dem Vorfall mit den Türken. SCANDBOX übersetzte ihr die italienischsprachigen Texte ins Deutsche, und sie las so lange, bis sie auf den Bericht eines Abtes stieß, der sich Bruder Enzo nannte und berichtete, wie die Karren mit der Vulkanasche aus Catania im Kloster eingetroffen waren. Über das Internet fand sie mithilfe von SCANDBOX Seiten, auf denen original Vulkanasche vom Ätna angeboten wurde, und kaufte einen kleinen Beutel davon. Sie pflanzte den Bernstein in Vulkanasche, hielt sie feucht und wartete. Am zweiten Tag vernahm sie ein Geräusch aus der Erde, am dritten Tag begann diese sich zu bewegen, und am vierten Tag stieß der Spross durch. Sie verspürte ein Glücksgefühl wie seit Jahren nicht mehr und genehmigte sich auf den

Erfolg einen Gin Tonic. In der Folge wuchs die Pflanze bis zu zehn Zentimeter am Tag, was sie mit der Fotofunktion ihres Mobilfunkgeräts genau dokumentierte. Wenn sie nicht arbeitete und nachts aufschreckte, weil sie sich wieder in ihrer Gefängniszelle wähnte, saß sie oft vor dem Blumentopf und sah der Pflanze beim Wachsen zu. Es war ein schöner Stängel, dick, in sattem Grün, und wenn man das junge Pflänzlein betrachtete, konnte man nicht glauben, dass es gefährlich sein sollte. Aber sie hatte die Berichte gelesen und die von den Mönchen gezeichneten Bilder gesehen, und so begann sie sich damit zu beschäftigen, wie sie die Pflanze töten konnte. Sie hoffte, dass sie selbstbefruchtend war, denn sie hatte vor, ein Dutzend der Pflanzen großzuziehen, damit sie damit experimentieren konnte. Als die Pflanze zu blühen begann, bekam sie zum ersten Mal gesundheitliche Probleme. Sie erwachte mit Schnupfen, ihre Augen tränten, und abends vor dem Einschlafen rasselte es in ihren Bronchien. Sie überlegte und verfrachtete dann die Pflanze in ihre Badewanne. Dann kaufte sie am nächsten Tag Folie. Dazu erwarb sie zwei Pflanzenlichter, eine Rolle Panzertape und ein Paket mit FFP-Masken. Sie werkelte den ganzen Tag, und am Ende war aus ihrer Badewanne eine Art Gewächshaus geworden. Ihre Beschwerden gingen zurück, und nach einer Woche war sie sich sicher, dass ihre Konstruktion hielt. Zu ihrer Enttäuschung war die Pflanze nicht selbstbefruchtend. Somit brauchte es mindestens zwei Exemplare zur Fortpflanzung, sie hatte nur eine.

Ihr fiel der zweite Bernstein mit dem Samen wieder ein, den Goethe nach China geschafft hatte. Sie schaute in SCANDBOX, las den von ihr dort archivierten Briefwechsel zwischen Goethe und dem Mönch, den der Professor ihr in Goethes Wohnhaus gegeben hatte. »Händigt demjenigen den Bernstein aus, der sich als mein Ordensbruder der Erleuchteten auszuweisen vermag, oder dem, der die zweite Hälfte des einen Blattes bei sich führt, welches ich diesem Brief beilege. So ist es eins und doppelt!«, las sie und spürte, wie ihre Hände zu kribbeln begannen. Sie schlug den Gedichtband auf, las das Gedicht über den Ginkgo und rief gleich danach ihre Mutter an, in deren Wohnzimmer noch immer das eingerahmte, getrocknete Blatt hing, das sie in jener Nacht im Museum hatte mitgehen lassen und das sie am liebsten vergessen hätte. Nun war sie plötzlich froh darüber, dass sie es mitgenommen hatte und es nicht mit all den anderen Sachen Goethes verbrannt war. Offenbar war dieses getrocknete Blatt der Schlüssel. Sie betrachtete es als Vorsehung, sie musste nach China. Fand sie dort tatsächlich den Bernstein mit dem zweiten Samen, standen die Chancen fünfzig zu fünfzig, dass er ein anderes Geschlecht hatte als die Pflanze, die sie großgezogen hatte. Dann könnte sie versuchen, weitere Pflanzen zu züchten, die Pflanze zu vermehren. So musste sie jederzeit befürchten, dass die Pflanze ihr einging. Das Hunderte Millionen Jahre alte Gewächs für immer vernichtet wurde. Zudem brauchte sie mehrere Exemplare, wollte sie damit experimentieren. Eines Abends, als ihr die Enge des Zimmers wieder einmal Angst bereitete und die vier Wände ihres Apartments langsam auf sie zuzukommen schienen, beschloss sie, nach China zu reisen. Es musste eine gut geplante, kurze Reise sein, da sie noch unter Bewährung stand und sich regelmäßig bei ihrem Bewährungshelfer melden musste. Sie brauchte Geld für die Flugtickets und legte Extraschichten in der Bar ein. Sie plante alles bis ins Detail. Sie ging nicht davon aus, dass sie auf irgendeiner Liste stand und am Flughafen ein Alarm losgehen würde, wenn sie versuchte, auszureisen. Und so war es auch. Als sie endlich flog, hielt sie niemand auf. Nicht am Flughafen in Berlin, nicht beim Umsteigen in Dubai und auch nicht bei der Ankunft in Schanghai. Sie hatte sich sogar ein Touristenvisum besorgt. Die Reise zum Kloster war aufregend und anstrengend zugleich. Sie hatte das getrocknete Blatt in den Gedichtband von Goethe gelegt, den sie aus der Gefängnisbibliothek entliehen und den ihr die Leiterin beim Abschied aus dem Gefängnis geschenkt hatte. So hatte sie es problemlos nach China bringen können. Auf dem Flug las sie in dem Band, Goethes Gedichte beruhigten sie, einige kannte sie bereits auswendig. Der Aufenthalt in China war kurz, intensiv, berauschend und – enttäuschend. Sie fand das Kloster, wurde von den unendlich geduldigen Mönchen angehört, aber musste zu ihrem Schrecken erfahren, dass der Bernstein mit dem Samen, den der Mönch »die Seele des Tigers« nannte, bereits von jemand anderem abgeholt worden war. Zweihundert Jahre waren sie dort verwahrt worden, und dann kam sie nur ein paar Monate zu spät. Sie versuchte, ihre Enttäuschung vor dem Mann zu verbergen, da sie es unangemessen fand, einen buddhistischen Mönch mit negativen Gefühlen zu belasten. Aber sie spürte einen unendlichen Abgrund. Sie hatte wieder einmal alles riskiert und nichts gewonnen. Sie fragte danach, wer den Samen abgeholt hatte, aber erhielt keine Antwort. Sie beschrieb Wagner, doch an der Reaktion des Mönchs sah sie, dass er es nicht gewesen war.

Ob sie wisse, dass die Pflanze böse sei, hatte der Mönch sie noch gefragt, als wollte er ihre Enttäuschung durch ein freundliches Gespräch abmildern.

Ja, sie wisse es, hatte sie geantwortet und angefügt, sie wisse auch, wie man sie bekämpfe. Das war nicht die Wahrheit, aber auch nicht ganz gelogen. Wenn man ihr den Namen desjenigen verraten würde, der den Samen abgeholt hatte, könne sie ihn warnen und ihm helfen, die Pflanze im Zaum zu halten. Dies war ihr letzter Versuch gewesen, an den Namen zu gelangen. Doch die Mönche schwiegen. Tatsächlich hatte sie durchaus eine Idee, wie man der Pflanze beikommen konnte. Es war nur ein zarter Funken, und es klang absurd. Auch als sie kaum mehr als vierundfünfzig Stunden nach ihrem Aufbruch wieder in Berlin landete, hielt sie keiner auf.

Zu Hause angekommen, erschöpft von dem Kraftakt und der Zeitverschiebung, fand sie die Tür zu ihrem Apartment aufgebrochen vor. Von der Tür bis ins Badezimmer führte eine Spur aus Erdbröckchen.

Der große schwere Tontopf, in dem sie die Pflanze in ihrer Badewanne aufgezogen hatte, war umgekippt, die Pflanze offenbar aus der Erde herausgerissen und gestohlen worden. Hatte sie gehofft, nach ihrer Reise nach China über zwei Pflanzen zu verfügen, besaß sie nun nicht mehr eine einzige.

67

AVA

Vancouver, August 2023

Ava hatte das Krankenhaus noch am Abend zuvor verlassen.

Der gebrochene erste Lendenwirbel bereitete ihr bei jedem Schritt Schmerzen, und auch die anderen Wunden waren lange nicht ausgeheilt. Aber sie konnte nicht mehr untätig in diesem Bett liegen. Das große Problem war: Sie hatte weder Kleidung noch Mobiltelefon noch Kreditkarte oder Geld. Ihre Kleidung war auf ihrer Flucht und bei dem anschließenden Sturz den Abhang hinab zerstört worden. Alles, was sie davon noch besaß, waren Fasern, die sich bei ihrem Fall tief in ihre Haut gebrannt hatten. Den Rest hatte sie im Wald zurücklassen müssen. Und sie konnte nicht nach Hause gehen, dort würde man am ehesten auf sie warten. Sie war sicher, dass Silva und seine Männer sie weiterhin suchten. Was sie nicht wusste, war, wozu er mittlerweile in der Lage war: Konnte er auf das Computersystem des Krankenhauses Zugriff nehmen? Vielleicht sogar Reise- und Flugdaten anzapfen? Ihr Reisepass lag ebenfalls noch im Bunker. Aber sie hatte nicht vor, unter ihrem echten Namen nach Berlin zu fliegen. Die Verletzungen in ihrem Gesicht hatten sie ohnehin für einige Zeit entstellt. Niemand würde sie aufhalten, wenn sie den Reisepass ihrer Schwester Natasha nutzte, die mittlerweile verheiratet war und sie, wie zuvor am Telefon besprochen, am Lieferanteneingang des Krankenhauses abgeholt hatte. Natasha war in Tränen ausgebrochen, als sie sie wiedergesehen hatte, sie war bestürzt gewesen und besorgt, hatte sie geküsst und gleichzeitig beschimpft. Aber sie hatte ihr auch einen Umschlag mit zweitausend Dollar mitgebracht, Geld vom Konto ihrer verstorbenen Eltern. Und etwas zum Anziehen. Als indigene Frauen hatten die beiden Schwestern zeit ihres Lebens denselben Kampf geführt, und es war nicht das erste Mal, dass ihre Schwester ihr zu Hilfe kam. Sie arbeitete bei den Canadian Armed Forces und war als Soldatin selbst schon im Ausland gewesen. Ava wusste, dass Natasha sie nicht daran hindern würde, zu Waverly nach Berlin zu fliegen. Während der Fahrt hatte sie den großen Drang verspürt, ihrer Schwester von Silva zu erzählen, von dem, was im Wald geschehen war, der Gefahr. Aber etwas in ihr hielt sie davon ab. Etwas sagte ihr, dass es besser war, wenn ihre Schwester möglichst wenig wusste von Silva und dem Wald. Und ihre Schwester kannte sie gut genug, um nicht zu fragen.

Beide weinten zum Abschied, wie sie geweint hatten, als Natasha zum Auslandseinsatz nach Mali gegangen war, und Ava versprach mindestens ein halbes Dutzend Mal, auf sich aufzupassen. Auf dem Flugplatz hielt Ava vergeblich Ausschau nach jemandem, der sie verfolgte oder beobachtete, und dennoch wurde sie das Gefühl nicht los, dass Silva genau wusste, wo sie war. Mit dem Prepaidhandy, welches ihre Schwester ihr besorgt hatte, versuchte sie immer wieder vergeblich, Wave zu erreichen. Was, wenn sie gar nicht zu Hause war? Nicht in Berlin, nicht in Deutschland? Dann konnte sie sich dort immer noch besser verstecken als hier, machte es Silva und seinen Männern schwerer, sie zu finden. An dem Ständer mit den internationalen Zeitungen blieb sie stehen und betrachtete die Titelseiten, die sich alle mit der Ausbreitung dieser neuen Pflanze befassten, wie sie es schon im Internet gesehen hatte.

Während der Phasen, in denen die Schmerzmittel sie in einen Halbschlaf katapultiert hatten, hatte sie die Ausgaben Silvas in den vergangenen Monaten Revue passieren lassen, Zahlungen, die nach China geflossen waren und deren Verwendungszweck sie nicht kannte. E-Mails an einen Pan Sun, die sie gelesen hatte, die von Pflanzensamen handelten und bei denen sie davon ausgegangen war, dass es sich um Bestellungen für die Aufforstung des Waldes handelte. Nun sah sie all das in einem anderen Licht, und es jagte ihr eine Gänsehaut über den Körper. Konnte es tatsächlich sein, dass Silva für all das verantwortlich war? Als sie die Passkontrolle erfolgreich passiert hatte, überkamen sie Zweifel. Vielleicht sollte sie das FBI kontaktieren oder sich an die Presse wenden. Aber was sollte sie denen sagen? Dass sie daran beteiligt gewesen war, ein Monster zu erschaffen?

68

HOLLAND

Berlin, 20. August 2023

Kaum war er auf dem BER gelandet, rief er seine Nachbarin an, doch er erreichte sie weder auf dem Handy noch auf dem Festnetz. Vermutlich war sie mit Otto draußen unterwegs.

Er nahm ein Taxi und fuhr direkt zu der Wohnadresse von Waverly Park, die der Sonnenblumen knackende Polizist ihm in Schanghai genannt hatte.

»Viele tragen wieder Masken«, stellte Holland verwundert fest, während sie sich in den Verkehr einfädelten.

»Det is' wegen die Pollen und die feine Härchen«, entgegnete der Taxifahrer in schönstem Berlinerisch. »Von wegen diesem Horror-Jewächs. Et is' zum Beboomölen! Ick wer' dir wat husten und so 'n Ding nich' wieder tragen!«

Holland war nicht bewusst gewesen, dass die Invasion der Pflanzen auch in Deutschland bereits so weit fortgeschritten war. Der Taxifahrer griff auf den Beifahrersitz und reichte ihm die Tageszeitung. Auf der Titelseite wurde in großen Lettern vor der »Horrorpflanze« gewarnt. »Die Gefahr wächst« lautete die doppelsinnige Überschrift. Ein Experte vom Max-Planck-Institut warnte vor dem Einatmen der Pollen und feinsten Härchen, die schwere allergische Reaktionen hervorrufen könnten. »Wir haben ein ernstes Problem«, lautete das Fazit des Biologen.

»In Wilmersdorf soll ein Kind beinahe erstickt sein. Wenn Se mir fragen, is' det alles Panikmache!«

Holland sah, wie der Taxifahrer ihn im Rückspiegel fixierte. Zu gern hätte er ihm recht gegeben, doch mittlerweile glaubte er, dass die ganze Wahrheit noch viel schlimmer war. Er griff zum Telefon und wählte Antons Nummer. Anton war Auszubildender im Forstbetrieb und mittlerweile sein bester Mitarbeiter.

»Moin«, meldete er sich sofort.

Im Hintergrund hörte Holland das Kreischen einer Motorsäge. »Fällt ihr?«, fragte er überrascht. Die Jahreszeit war untypisch für Sägearbeiten. Vielleicht hatte es einen Sturm gegeben.

»Leider nicht«, entgegnete Anton.

Holland bemerkte sofort an dessen Stimme, dass etwas nicht stimmte.

»Das Mistzeug wächst uns vom Osten her rein, haben wir gestern Abend entdeckt.«

Hollands Puls beschleunigte. »Das Mistzeug?«

»Die Pflanze!«

»In unseren Forst?«

»Von der L 220. Im Moment fahren ein paar Leute herum und schauen, ob es noch woanders Sprösslinge gibt.«

»Was macht ihr dagegen? Sägt ihr die ab?«

»Die sind bereits geklettert, und ich dachte, es ist besser, wir nehmen den ganzen Baum ex.«

»Seid vorsichtig! Die sind extrem ätzend.«

»Wir tragen die Klamotten von der Entfernung der Eichenprozessionsspinner, sehen aus wie Mondfahrer.«

Holland wusste nicht, was er sagen sollte. Seine Gedanken rasten. »Ich möchte, dass ihr das abbrecht!«, forderte er schließlich.

»Abbrechen? Warum das?«

»Es ist zu gefährlich!«

»Wir haben das im Griff!«

»Das ist eine Dienstanweisung«, hörte er sich selbst sagen. Anton schwieg kurz, dann hörte er ihn etwas rufen, noch einmal, dann verstummte die Säge.

»Ich komme zu euch, so schnell es geht«, sagte Holland.

»Bist du wieder in Berlin?«

Er hörte, dass Anton sauer war. Normalerweise gab er ihm auch keine Befehle, aber er hatte keine Zeit zu verlieren.

»Was ist los mit dir, Chef?«

»Später«, sagte Holland knapp. »Ich melde mich!«

Er beendete das Gespräch und rieb sich die Schläfen. Nicht nur Anton kannte ihn so nicht, er war über sich selbst erstaunt. Die vergangenen Tage hatten ihre Spuren hinterlassen.

»Det is' die Adresse«, meldete der Taxifahrer sich. Sie standen vor einem großen Wohnblock, der noch aus DDR-Zeiten stammte.

»Das mit der Pflanze sollten Sie ernst nehmen«, sagte er. Er bezahlte, gab mehr Trinkgeld als nötig und sah, wie der Taxifahrer kopfschüttelnd davonfuhr.

Die riesigen Fensterfronten der Häuser erschlugen ihn. Man konnte ihn in einem Wald aussetzen, und er fand immer wieder zum Ausgang zurück. Aber in der Großstadt fühlte er sich verloren. Er suchte lange nach dem Eingang in die Häuserschluchten, fand schließlich die verblichene und mit Graffiti besprühte Hausnummer. Auch jetzt suchte er wieder nach dem Eingang, als ihm eine junge Frau auffiel, die auf einer der steinernen Tischtennisplatten neben einem Spielplatz saß und auf ihre Hände zu starren schien. Es war heiß, und sie trug eine kurze Hose und Top. Arme und Beine wiesen großflächige Schürfwunden auf. Auf ihrem Schoß lag ein kleines Büchlein. Das war es aber nicht, was seine Aufmerksamkeit erregt hatte, sondern ihre Hände. Sie sahen aus der Ferne rot und geschwollen aus, und er kannte diese Art von Verletzung. Irgendwo hier in der Nähe musste eine Assassina incognita sein. Er zögerte kurz, dann ging er zu ihr. Sie hatte dunkle, schwarze Haare und ein zierliches Gesicht. Ihre Augen waren gerötet und geschwollen, was seinen Verdacht erhärtete.

»Hi«, sagte er vorsichtig. »Kann ich Ihnen helfen?«

Sie blickte erschrocken auf. Auch im Gesicht erkannte er nun Verletzungen, die aussahen, als käme sie direkt von einer Kneipenschlägerei.

Sie schüttelte den Kopf.

»Ihre Hände«, sagte er. »Woher kommt das?«

In ihrem Blick lag Irritation. »Ich spreche kein Deutsch«, antwortete sie auf Englisch.

»Kein Problem«, antwortete er, nun ebenfalls in Englisch. »Brauchen Sie Hilfe?«

»Danke, nein!«, sagte sie. Sie klang verstört und aggressiv zugleich. Nichtsdestotrotz kannte er die Art einiger ihrer Verletzungen, nicht nur von den Bildern, die Smith ihm gezeigt hatte, sondern auch von sich selbst, nachdem er Greta durch die Lagerhalle in China geschleppt hatte. Wenn er sich nicht irrte, waren es Verätzungen durch Assassina incognita. Mitten in Berlin. Dazu passte auch die allergische Reaktion der Augen.

»Mein Name ist Marcus Holland«, versuchte er, ihr Vertrauen zu gewinnen.

In diesem Moment riss sie die Augen auf, wich ein Stück zurück und starrte ihn an. »Marcus Holland?«, wiederholte sie, und ihre Stimme überschlug sich beinahe.

Er nickte irritiert.

»Der Pflanzenkerl?«

So war er noch niemals betitelt worden, aber wieder nickte er.

»Oh, mein Gott!«, rief sie viel zu laut. »Sie sind an allem schuld!«

69

WAVERLY

Berlin, März 2023

Es war leichtfertig von ihr gewesen, die gekeimte Pflanze während ihres wahnsinnigen Kurztrips nach China allein in Berlin zurückzulassen. Nach dem, was im Goethe-Museum und auch mit Wagner geschehen war, hätte sie damit rechnen müssen, dass man hinter dem Bernstein und erst recht hinter der Pflanze her war. Aber sie hatte auch nicht gewusst, wo sie die Pflanze hätte unterbringen sollen. Man konnte schließlich eine Pflanze wie diese nicht einfach bei den Nachbarn abgeben. Ihr Ärger wich Wut. Aber sie hatte einen Trumpf in der Hand, und der hieß »Plant-Tracker«. Ein kleines Gerät, welches half, die Feuchtigkeit, Temperatur und den sonstigen Zustand der Pflanze zu messen. Sie hatte das Gerät im Internet gesehen, als sie online die Vulkanasche bestellt hatte, und aus der Verzweiflung heraus, dass der Samen aus dem Bernstein nicht keimen wollte, gleich mitgekauft. Es war ein Clip von der Größe eines Zweieurostücks mit einem kleinen flexiblen Ring, den man um den Pflanzenstiel legte. Der Ring verfügte über viele kleine Nadelspitzen, die in die Pflanze hineingedrückt wurden, die aber so fein waren, dass sie das Gewebe nicht verletzten. Man verband den Tracker mit einer App, und da man ihn auch outdoor nutzen konnte, verfügte der Tracker, um ihn etwa auf einem Versuchsfeld stets wiederzufinden, über eine GPS-Funktion. Der Dieb der Pflanze ahnte sicherlich nichts davon, und so konnte sie ihn mithilfe ihres Handys orten. Er war noch in Berlin.

Sie lieh sich einen der vielen Carsharing-Pkws und wartete vor dem kleinen Hotel am westlichen Ende des Ku'damms, in dem die App den Aufenthaltsort der gestohlenen Pflanze anzeigte. Es dauerte ganze zwei Stunden, und sie fürchtete schon um ihr Guthaben bei dem Carsharing-Anbieter, bis das Tor der Parkgarage sich öffnete und ein schwarzer SUV mit rotem Dach herausfuhr. Sie reagierte erst, als der blaue Punkt, der die aktuelle Position des Pflanzentrackers anzeigte, sich zu bewegen begann und sie sicher war, dass die Pflanze sich in diesem Auto befand. Sie wusste nicht, was sie tun sollte. Sie konnte nicht die Polizei rufen, doch sollte sie erzählen, dass sie trotz Bewährung mal eben in China gewesen und ihr in ihrer Abwesenheit die Pflanze gestohlen worden war? Sie stellte sich vor, wie sie das Auto rammte, und dann? Auch hier hielt sie ihre Bewährung von jeder Dummheit ab. Und so folgte sie dem Auto einfach, über den Berliner Ring, hinaus auf die Autobahn. Die Schilder verrieten ihr, dass sie nach Brandenburg fuhren. Sie verließen die Autobahn, bogen auf eine Landstraße ab, was ihr nicht gefiel, weil hier, im Gegensatz zur Berliner City, Carsharing-Autos auffielen. So ließ sie sich fallen, verlor den Wagen dann und wann aus der Sicht und folgte dem blauen Punkt auf ihrer App. Nachdem sie wegen einer Ampel und zweier Abbieger einen Rückstand von gut zwei Kilometern aufgebaut hatte, fand sie den Wagen schließlich nach längerer Suche am Flughafen wieder. Sie suchte noch nach einem Parkplatz, als ihr klar wurde, dass der blaue Punkt die Sicherheitsschleuse durchquert hatte, um einen Flug anzutreten. Ohne Ticket konnte sie am Flughafen nichts erreichen, und so entschied sie sich frustriert und wütend, pünktlich ihre Schicht in der Ehrbar anzutreten.

Viele Stunden später, als sie längst wieder zu Hause war und kurz vor vier Uhr morgens wach lag, ortete sie den blauen Punkt erneut, diesmal in Schanghai. Ihre Pflanze war offenbar in China gelandet. Gab es dort eine weitere Pflanze – und war eine männlich und die andere weiblich –, konnte man nun mit dem ihr gestohlenen Exemplar neue Pflanzen züchten.

70

Washington, 20. August 2023

»Die rechte Hand des Präsidenten.«

»Wer?«, fragte Smith.

»Der Stabschef des Weißen Hauses!«

Sofort setzte Smith sich in seinem Stuhl aufrecht und drückte den Rücken durch. Mit eiligen Handgriffen räumte er die Schreibtischfläche frei, legte die Blätter ordentlich zusammen, als könne der Anrufer ihn sehen.

»Frank, wie sieht es aus?«, meldete sich sein Gesprächspartner. Für viele war er der zweitmächtigste Mann in Washington. Derjenige, der heimlich die Strippen zog.

»Nicht gut. Die Bundesstaaten nennen uns stündlich neue Verbreitungsherde. Viele Krankenhäuser sind überfüllt. Wir haben wenig Todesfälle, aber viele Verletzte. Und niemand kann mir sagen, wie wir das Ganze stoppen können.«

»Ich hatte heute ein Telefonat mit den G7, dort ist man auch nicht schlauer«, entgegnete der Stabschef. »Auch dort hat niemand kommen sehen, dass eine lächerliche Pflanze für die Menschheit zum Problem werden könnte. Terroristen, Viren, Weltkriege, Meteoriten, Nuklearkriege, vielleicht sogar Außerirdische. Das hatten wir alles auf dem Schirm. Aber noch nie eine Pflanze!«

»So wie es aussieht, kommen wir nicht daran vorbei, großflächig Herbizide auszubringen. Gegen Agent Orange hat auch dieses Kraut keine Chance. Man kann den Teufel nur mit dem Teufel bekämpfen!«

»Vergiften wir damit nicht unsere gesamte Bevölkerung?«

»Was haben wir für eine Wahl? Die beste Medizin hat die stärksten Nebenwirkungen.«

»Was ist mit der Idee mit dem Feuer?«

»Das tötet sie leider nicht, sondern lässt nur neue Keimlinge entstehen, die noch aggressiver sind.«

»Rausreißen?«

»Die Wurzeln sind derart stark und tief!«

»Was hat es mit dem weißen Zeug auf sich, das die Pflanze unterirdisch bildet? Mein Stab hat mir davon berichtet, dass die weißen Fäden mittlerweile auch Internetknoten und Stromleitungen besiedeln. Wie riesige unterirdische Spinnennetze.«

»Es ist ein Pilz. Ein sogenannter Mykorrhiza-Pilz. Dessen Sporen befinden sich bereits auf den verschickten Samen. Nach dem Einpflanzen verbreitet er sich unterirdisch, vernetzt die Wurzeln der Pflanzen miteinander und versorgt sie mit Nährstoffen. Mortensen hat mir erklärt, dass wir so etwas auch von anderen Pflanzen kennen.«

»Hat die Polizei Hinweise auf seinen Mörder?«

»Die tappt völlig im Dunkeln, geht immer noch von einem erweiterten Selbstmord aus! Das glaube ich aber nicht. Er war kurz davor, ein Gegenmittel gegen die Pflanzen zu finden. Er hatte es mir persönlich gesagt. Ich glaube, er wurde deshalb umgebracht.«

»Natürlich ist das auch Silvas Werk! Er hat uns alle hinters Licht geführt!«, sagte der Stabschef verbittert. »Wir suchen ihn bereits, aber niemand hat eine Ahnung, wo er steckt. Es gibt noch nicht einmal ein Foto von dem Bastard!«

»Niemand konnte es ahnen.«

»Wir hätten ihn niemals in unserem Kreis aufnehmen dürfen. Es war immer unser Ziel, die Welt zu verändern, zu einem aufgeklärteren und besseren Ort zu machen, aber nicht, die Welt zu vernichten!«

»Ist überhaupt einer von uns Silva je persönlich begegnet?«

»Es hat sich herausgestellt, dass dem nicht so ist. Jeder dachte, jemand anderes würde ihn schon kennen.«

»Wie hat er das angestellt?«

»Es scheint so, als sei er übermenschlich geschickt!«

»Und was weiß er noch?«

»Alles. Er hatte Zugang zu allen Dokumenten der Illuminaten und auch zu den unseren.«

»Dann sind wir alle in Gefahr.«

»Niemand darf jemals erfahren, dass die Samen aus unserer Verwahrung stammen!«

»Das wird auch niemand«, entgegnete Smith.

»Was ist mit Mortensens Verlobter und dem deutschen Botaniker? Mir wurde berichtet, sie haben in China für allerlei Unruhe gesorgt.«

»Ich kümmere mich um sie«, versprach Smith.

»Wir dürfen keinen Fehler mehr machen, Frank.«

»Ja, Sir.«

Das Gespräch wurde beendet. Smith nahm die Zigarette, ging zum Fenster und zündete sie mit zitternden Händen an. Dann ging er zurück zu seinem Schreibtisch und öffnete den Bericht, den er angefordert hatte. Er zeigte eine Aufstellung von Dechambeaus Handydaten, wann sein Telefon sich in welche Funkzelle eingeloggt hatte. Er verglich die Daten erneut mit den Zeiten von Mortensens Ermordung. Es gab keinen Zweifel: Dechambeau war dort gewesen. Er griff zur Maus und öffnete das Programm, das man ihm auf seinen Wunsch hin heute Morgen aufgespielt hatte. Aktuell war Dechambeau noch immer in Deutschland, laut Ortung in Berlin. Er war einer von ihnen. Er hatte ihn zu Homeland Security geholt und seine Einstellung forciert. Aber nun schien es so, als spielte Dechambeau auch noch in einem anderen Team. Und er wusste auch, für wen: Silva.

71

HOLLAND

Berlin, 20. August 2023

Waverly Parks Apartment konnte warten.

Er saß mit der jungen Frau, die er auf der Tischtennisplatte entdeckt hatte, in der Lobby des »Motel One«-Hotels gegenüber dem Wohnblock. Sie hatte sich auf seinen Rat hin die Augen auf der Damentoilette ausgespült. Sie hielt einen Beutel mit Eis, den sie an der Bar bekommen hatte, auf ihre verbrannten Hände. Ihren Ausruf, wonach er an allem schuld sei, hatte er zunächst ignoriert und sie auf die andere Straßenseite ins Hotel gelotst. Er war sicher, dass er die Frau nicht kannte. Sein ursprünglicher Plan war es gewesen, von dem Hotel aus einen Krankenwagen zu rufen und sie in ein Krankenhaus bringen zu lassen, doch dagegen hatte sie sich mit einer solchen Bestimmtheit gewehrt, dass er es noch nicht getan hatte.

»Wie ist das passiert?«, fragte er schließlich und deutete auf ihre Hände. Als sie aufblickte, erkannte er in ihrem Blick etwas Kampflustiges.

»Schickt Silva Sie?«

Nun war es an ihm, überrascht zu reagieren.

»Sie kennen Silva?«

»Sie sind an allem schuld!«, wiederholte sie die Worte, die sie bereits zuvor ausgesprochen hatte.

Er spürte, wie ihm heiß wurde.

»Ich verstehe nicht, was Sie meinen! Und ich komme nicht von Silva!«

»Aber Sie kennen ihn?«

»Nein. Also ich habe einmal mit ihm gesprochen.«

»Wann?«, schoss es aus ihr heraus.

Er rechnete im Geiste zurück. Mit der Zeitverschiebung und dem langen Flug kein einfaches Unterfangen. »Gestern oder vorgestern.«

»Dann schickt er Sie doch! Um mich zu finden?«

Er spürte, wie er ungehalten wurde. »Ich kenne Sie gar nicht! Es war Zufall, dass ich Sie eben dort gesehen habe. Ich habe nur Ihre Verletzungen erkannt. Sie stammen von der Pflanze …«

Für einen Moment schwiegen sie beide. Holland versuchte, seine Gedanken zu sortieren.

»Wie heißen Sie?«, setzte er neu an.

»Ava«, antwortete die junge Frau nach kurzem Zögern. Sie sah südländisch aus, sprach aber akzentfreies Englisch.

»Und Sie kennen mich?«

»Ich kenne Ihre Bücher und Aufsätze. Ich habe Silva damit versorgt.«

»Dann kennen Sie Silva?«

Sie nickte. »Kennen ist untertrieben.«

Er verstand nicht.

»Sagen Sie mir zuerst, warum Sie hier sind«, sagte sie und schaute auf ihre Hände.

»Sie müssen damit ins Krankenhaus.«

»Keine Zeit. Ich habe in letzter Zeit Schlimmeres erlebt.«

Er schaute auf ihre übrigen Wunden und glaubte es sofort.

»Ich wollte zur Wohnung einer jungen Frau«, sagte er. »Sie wohnte drüben in dem Wohnblock. Sie heißt Waverly Park.«

»Sie wollten zu Wave?« Zum ersten Mal klang ihre Stimme weniger hart. »Wissen Sie, wo sie ist?«

Er schluckte die erste Antwort herunter. Er sah ihr an, dass sie Waverly kannte – und dass sie keine Ahnung hatte, dass sie tot war. Aber er wollte auch nicht lügen.

»Ja, das weiß ich«, sagte er.

Sie starrte ihn an und wartete, dass er weitersprach.

»Sie ist tot.«

Er sah, wie ihr die Gesichtszüge entglitten und sich ihre Augen mit Tränen füllten. »Sie ist …« Sie sprach es nicht zu Ende.

»Es tut mir leid«, brachte er hervor. »Sie kannten sich?«

Ava sah durch ihn hindurch, schien zu versuchen, die Nachricht zu verarbeiten. »Wie …? Was ist passiert?«, fragte sie schließlich.

»Sie wurde erschossen. Vor meinen Augen. Auf einer Lesung von mir in Portland.«

»In Portland?«

Er nickte.

Wieder dauerte es, bis sie die Information verarbeitet hatte. »Sie wollte zu mir«, sagte sie schließlich und wischte sich die Tränen aus dem Gesicht.

»Wer war der Täter?«

»Ein Mitarbeiter von Homeland Security. Er meinte, sie wollte mich angreifen, aber ich habe meine Zweifel.«

»Sie angreifen?«

»Auf der Lesung. Es ist kompliziert.«

Ava hatte Mühe, die Tränen zu unterdrücken.

»Und was wollen Sie dann hier, wenn sie tot ist?« Das Misstrauen war in Avas Stimme zurückgekehrt.

»Ich habe Grund zu der Annahme, dass sie einen Weg gefunden hat, die Ausbreitung der Pflanzen zu stoppen.« Er deutete auf ihre Hände.

»Wave? Was hat sie damit zu tun?«

»Das ist eine lange Geschichte. Aber nun verraten Sie mir erst einmal, woher Sie die Verbrennungen haben.«

»Aus Waverlys Apartment. Es ist voll von diesen Dingern.«

»Dingern?«

»Pflanzen. Sie sind überall. Ich wollte Waverly besuchen. Ihr Wohnungsschlüssel liegt immer unter der Fußmatte, falls

Freunde oder ihre Mutter zu Besuch kommen.« Bei der Erwähnung von Waverlys Mutter schluchzte sie. »Sie hatte mir eine Nachricht geschickt, einen Hilferuf. Ich habe sie zu spät gesehen. Ich war … verhindert. Als ich sie nicht erreichen konnte, kam ich hierher. Aber offensichtlich war es zu spät.«

»Die Pflanzen sind in Waverlys Wohnung?«

Sie nickte.

Holland sah zu dem Barkeeper und winkte ihn herbei. Er bestellte eine weitere Flasche Wasser und zwei Gin Tonic.

»Und Sie kennen Silva?« Er dachte kurz nach, dann entschloss er sich aus einem Impuls heraus, Ava die ganze Geschichte zu erzählen. Er begann mit der Lesung, dem Trip nach Cottonwood, dem Flug nach China, erzählte von Pan Sun, dem im Nachhinein merkwürdig anmutenden Gespräch mit Silva und der Rückreise nach Berlin. Sie hörte mit wachsendem Interesse zu. Als er fertig war, griff sie zum Gin Tonic und trank ihn in einem Zug aus.

»Und jetzt Sie«, sagte er. »Sie kennen Silva? Und was meinten Sie damit, ich sei an allem schuld?«

»Sie werden es nicht glauben.«

»Versuchen Sie es!«

»Eigentlich sind nicht Sie an allem schuld. Sondern ich.«

72

WAVERLY

Berlin, März 2023

Am Tag nachdem sie den Diebstahl der Pflanze bemerkt hatte, hatte sie die Leere gespürt, die der Verlust der Pflanze in der kleinen Wohnung, aber vor allem in ihr selbst ausgelöst hatte. Dann, kurz vor ihrer Schicht in der Ehrbar, nahm sie den Zettel, auf dem ihre Mutter ihr die Telefonnummer des Mannes aufgeschrieben hatte, der ihr das Geld für das neue Auto gegeben und mehr für die Übergabe des Bernsteins geboten hatte, und wählte sie.

»Hallo?«, meldete sich die Stimme eines Mannes, die ihr Gänsehaut auf dem gesamten Körper bereitete. Sie erkannte sie sofort: Es war Wagner oder wie immer er hieß.

»Ich weiß, dass Sie meine Pflanze gestohlen haben«, sagte sie. Einen Moment war es ruhig in der Leitung.

»Willkommen in der Freiheit, Waverly.«

»Sie schulden meiner Mutter Geld«, sagte sie.

»Tue ich das?« Ihr Gesprächspartner klang ehrlich überrascht.

»Für den Bernstein oder, besser gesagt, für das, was darin war. Sie haben ihn nun und müssen meiner Mutter die versprochene Summe geben.«

»Aber ich habe den Stein nicht von ihr bekommen«, entgegnete ihr Gesprächspartner beinahe belustigt.

»Sie haben sich die Pflanze geholt«, sagte sie. »Also bringen Sie mir das Geld.«

Sie folgte keinem genauen Plan, hatte noch nicht entschieden, ob es ihr wirklich um das Geld ging oder ob sie den Mann überführen wollte, der dafür verantwortlich war, dass ihr viele Jahre ihres jungen Lebens gestohlen worden waren. Vielleicht wollte sie auch nur wissen, wer er war.

»Ich weiß, dass Sie im Hotel ›Zum goldenen Bären‹ wohnen und dass Sie die Pflanze nach China geschafft haben. Ich komme morgen Nachmittag um vier Uhr in die Lobby Ihres Hotels und hole mir das Geld ab. Das schulden Sie mir.« Sie legte auf und spürte ein ungewohntes Hochgefühl. Zum ersten Mal seit langer Zeit hatte sie den Eindruck, wieder die Kontrolle übernommen zu haben.

Zu dem Treffen im Hotel kam es nicht. Das nächste Mal sah sie »Wagner«, als er am Morgen darauf im Sessel in ihrem Wohnzimmer saß. Nach ihrer Schicht war sie nach Hause gekommen, müde und gleichzeitig aufgeputscht von dem Gedanken, denjenigen, der sie ins Gefängnis gebracht hatte, zur Kasse zu bitten. Vielleicht würde sie sogar den Mut finden, die Polizei zu benachrichtigen, jetzt, wo sie beweisen konnte, dass es »Wagner« wirklich gab.

Ihre Wohnungstür war ordnungsgemäß verschlossen gewesen. Sie hatte ihre Schuhe ausgezogen, sich wie immer nach der Arbeit in der Küche einen Trinkjoghurt aus dem Kühlschrank geholt und war ins Wohnzimmer gegangen, als sie bei seinem Anblick erstarrte. Nach all den Jahren, die seit ihrer letzten Begegnung vergangen waren, wirkte er noch immer jung und athletisch. Zum ersten Mal sah sie ihn nicht im Anzug, sondern in einem Poloshirt, aus dem zwei definierte Bizepse herausschauten. Sie hatte vor Schreck aufgeschrien, den Joghurt fallen gelassen und nach der Vase gegriffen, die neben dem Eingang zum Wohnzimmer auf der Anrichte stand.

»Guten Abend, Miss Park«, hatte der Mann gesagt. Der Ton seiner Stimme schien vollkommen ruhig und gelassen.

»Hier bin ich nun.«

Waverly spürte, wie ihre Knie weich wurden, sie überlegte,

sich umzudrehen und wegzurennen. Doch etwas in ihr zwang sie zum Bleiben, sagte ihr, dass sie vor diesem Kerl nicht fliehen konnte.

»Wie sind Sie hineingekommen?«, fragte sie.

»Ich bitte Sie.« Nun klang er beleidigt.

Die Vase fest umklammert, blieb sie stehen, wo sie war, den Flur im Rücken. Im Geiste überlegte sie, wer schneller an der Haustür sein würde: sie mit ihrem Vorsprung von vielleicht drei Metern oder er, der nur geradeaus laufen musste.

»Ihretwegen bin ich ins Gefängnis gegangen! Sechs Jahre!« Ihre Stimme bebte vor Zorn.

»Meinetwegen? Wer sagt das?« Er hob die Augenbrauen, was offenbar Empörung darstellen sollte.

»Sie haben meine Pflanze gestohlen!«

»Es ist nicht Ihre Pflanze gewesen, und das wissen Sie.«

Mit der Antwort hatte sie nicht gerechnet, aber wenn man es genau nahm, hatte er nicht ganz unrecht.

»Dennoch sind Sie hier eingebrochen! Ich könnte deswegen zur Polizei gehen.«

»Und denen erklären, dass Sie gegen Ihre Bewährungsauflagen verstoßen haben und mal kurz für ein paar Tage nach China geflogen sind? Oder die Pflanze aus einem Samen gezogen haben, den Sie bei Ihrer Tat, die Sie nicht begangen haben wollen, im Museum gestohlen hatten? Das sieht nicht gerade nach tätiger Reue aus.« Der Mann saß völlig entspannt, ein Bein übergeschlagen, beide Hände auf dem Oberschenkel. Hätte er ihr etwas antun wollen, hätte er es wohl bereits getan.

»Ich rufe die Polizei.« Mit einer schnellen Bewegung nahm sie ihr Handy aus der Tasche und entsperrte es.

Auch er griff in die Innentasche seines Sakkos. Kurz zuckte sie zusammen, weil sie fürchtete, dass er eine Waffe hervorholte, doch es war nur ein Ausweis.

»Mein richtiger Name ist Rick Dechambeau, und ich bin von Homeland Security«, sagte er. »Wissen Sie, was das ist?«

Sie nickte. Sie hatte einmal an einem Archäologieprojekt in Texas teilgenommen, und das Team hatte für die Einfuhr bestimmter Geräte mit radioaktiven Messinstrumenten eine Sondergenehmigung von der US-Behörde einholen müssen.

»Ich handle im Interesse der Sicherheit der USA. Wir kooperieren mit den örtlichen Behörden. Sie können Ihr Telefon also wegstecken.«

Sie konnte den Ausweis aus der Entfernung nicht richtig erkennen. Er konnte auch eine Fälschung sein, diese Wendung irritierte sie aber. Sie dachte an seine Worte im Porzellan-Museum, an seine Erklärung, wonach die Illuminaten weltweit in wichtigen Positionen saßen.

»Wissen Sie, Waverly, das Schöne an der Spezies Mensch ist, dass wir aus unseren Fehlern lernen. Wir straucheln, fallen hin, aber stolpern kein zweites Mal über dieselben Dinge. Begehen Sie also nicht den gleichen Fehler zweimal.«

Nun erhob er sich und machte einen Schritt auf sie zu, was sie zurückweichen ließ. »Sie haben ein schönes Leben, Miss Park. Eine schöne Wohnung. Ich mag die Katze dort!« Er zeigte auf ihre Manekineko, eine Katzenfigur, die mit der linken Hand winkte, wenn man sie anstupste. »Soweit ich weiß, ist das ein Glücksbringer, aber es scheint mir, als hätten Sie in den vergangenen Jahren nicht viel Glück gehabt. Vergessen Sie Wagner, die Pflanze und mich. Ich habe alles, was ich von Ihnen wollte. Sie sind noch immer jung. Versuchen Sie, zu leben. Dann sehen wir uns niemals wieder.« Er machte einen weiteren Schritt auf sie zu. Wenn er die Wohnung verlassen sollte, war es nicht zu vermeiden, dass er an ihr vorbeiging und ihr so den Fluchtweg abschnitt. Sie wählte die 110 und hielt den Finger über den Anrufbutton. Dann drehte sie das Display so, dass er es sehen konnte. Eine schwache Verteidigung, aber besser als nichts. Wieder lächelte er, griff erneut in die Innentasche seines Jacketts und förderte einen Briefumschlag zutage, den er ihr entgegenhielt.

»Was ist das?«, fragte sie.

»Das Geld, das Sie haben wollten.« Er hielt es ihr noch einen Augenblick entgegen, dann legte er es auf der Kommode neben ihr ab.

Er drängte sich an ihr vorbei zur Wohnungstür. An der Tür angekommen, legte er seine Hand auf den Griff. »Wie haben Sie die Pflanze zum Keimen gebracht?«, fragte er und nahm die Türkette in die Hand.

Kurz befürchtete sie, er würde sie über den Haken legen und die Tür somit von innen verschließen. Sie wollte nur noch, dass er ging.

»Mitsamt dem Bernstein eingegraben.«

»Ihre Bewährung wird widerrufen, wenn man herausfindet, dass Sie ins Ausland geflohen sind.«

»Ich bin nicht geflohen!«

»Wir haben Zugriff auf alle Flugdaten. Wie sieht das aus, wenn Sie nach China fliegen und sofort zurückkehren? Diesmal scheinen Sie kalte Füße bekommen zu haben, aber das nächste Mal … Wie viele Jahre haben Sie noch abzusitzen?«

Sie spürte, wie sich etwas in ihrer Kehle zusammenschnürte.

»Also, ich wiederhole die Frage: Wie haben Sie den Samen im Bernstein zum Keimen gebracht?«

»Vulkanasche.«

Sie sah, wie bei ihm der Groschen fiel. »Genial«, sagte er und öffnete die Tür.

»Geht es um den zweiten Samen?«, fragte sie.

»Wie ich bereits sagte: Vergessen Sie die Sache und leben Sie Ihr Leben!«

Als er die Tür hinter sich geschlossen hatte und sie ihn die Treppe hinuntergehen hörte, sank sie an der Wand zu Boden und begann zu weinen.

73

HOLLAND

Berlin, 20. August 2023

»SILVA ist kein Mensch.«

»Kein Mensch?« Holland stutzte. »Ich habe doch mit ihm gesprochen!«

»SILVA ist eine Maschine. Eine KI. Eine künstliche Intelligenz.«

Er verstand nicht. Er hatte mit SILVA gesprochen, und dabei hatte dieser sehr menschlich gewirkt. Auch wenn die Stimme elektronisch geklungen hatte, was er darauf geschoben hatte, dass sein Gesprächspartner seine Stimme verfremdet hatte, um unerkannt zu bleiben.

»Alles begann vor sieben Jahren«, fuhr Ava fort. »Nein, eigentlich schon früher, hier in Deutschland. Oder noch früher, am Massachusetts Institute of Technology, auch MIT genannt.« Sie nahm einen Schluck vom Wasser. »Meine Freunde Juri und Alex entwickelten dort im Rahmen ihrer Masterarbeit den Prototypen einer künstlichen Intelligenz mit dem Namen DEF-AI-TAC. Unterstützt von einem Stipendienprogramm des Pentagons. Dabei ging es um neuronale Netze und selbstlernende Algorithmen. Zweck der KI war die Berechnung militärischer Angriffsoperationen. Auf einem Barcamp lernten wir uns kennen, ich bin Programmiererin und habe in Vancouver studiert. Dazu kam Zach als Ingenieur, und so waren die ›Fabulous Four‹ geboren. Wir freundeten uns an und gründeten schließlich ein Start-up für KI-Lösungen. Trotz unglaublicher Angebote wollten Juri und Alex nicht mehr für das Militär arbeiten, und so war unser erstes Projekt eines im Ausland: In Berlin entwickelten wir eine Software zur Analyse archäologischer Funde und altertümlicher Dokumente. Die Software baute aber auf dem Prototypen von DEF-AI-TAC auf, und wir nannten sie SCANDBOX. Hierbei lernten wir auch Wave kennen, die als eine der ersten Archäologen mit unserer Software arbeitete.« Als sie den Namen aussprach, stockte ihre Stimme.

»Es waren meine besten Monate, hier in Deutschland. Doch auch diese Zeit ging irgendwann zu Ende, und wir widmeten uns einem neuen Projekt: SILVA.« Sie lupfte die Eisbeutel und begutachtete ihre Hände. Mit schmerzverzerrtem Gesicht drehte sie den Beutel zu einer kälteren Stelle und kühlte weiter.

»Wir benutzten das Grundgerüst von SCANDBOX, welches Juri und Alex mit Unterstützung des Pentagons entwickelt und bereits für DEF-AI-TAC verwendet hatten. Darauf programmierten wir den neuen Algorithmus. Es sollte unser Signature Project werden, unser Meisterstück. Ein Meilenstein in der Anwendung künstlicher Intelligenz. Die Synthese von Nachhaltigkeit und IT, von Technik und Natur, ein Schritt in die Welt von morgen.« Aus ihren Worten sprach Bitterkeit, aber sie hatte Hollands Neugierde endgültig geweckt.

»SILVA ist lateinisch und bedeutet Wald. Unser Algorithmus sollte der erste sich selbst verwaltende Wald werden.«

Für einen kurzen Moment bemerkte er ein Leuchten in ihren Augen.

»Ein sich selbst verwaltender Wald?«

»Ein Wald, der sich selbst verwaltet im Blockchain-Netzwerk, der via Smart Contracts mit der Außenwelt agiert. Ein Wald als ein rechtlich geschützter, ökonomischer Partner. Wir wollten der Natur ihre Unabhängigkeit wiedergeben. SILVA war als künstliche Intelligenz darauf programmiert, einen Wald zu managen, ohne Einflussnahme von Menschen. Wenn mich nicht alles täuscht, sind Sie Förster?«

Holland nickte.

»Dann wissen Sie, wovon ich rede. Mit dem Geld, das wir mit SCANDBOX verdient hatten, und einem großen Crowdfunding im Internet zum Thema Nachhaltigkeit erwarben wir in Kanada dreihundert Hektar Waldgebiet. Wir erhielten es zu einem besonders günstigen Preis, weil es nahe einer großen Teersandmine liegt und niemand es haben wollte. SILVA lernte alles über Forstwirtschaft, und er erhob Daten über sich selbst. Dazu haben wir die Bäume mit verschiedenen Sensoren und Detektoren ausgestattet, mit Systemen, um den Wald autark zu machen. Wir installierten Geräte zur Messung des Wasserstresses, des Saftflusses, der Bodenfeuchte, der Düngerkonzentration, der Bodentemperatur. Auch die lokalen Wetterbedingungen haben wir gemessen, die Zugabe von Wasser und Dünger automatisch gesteuert und sogar die Schattierung und den Sauerstoff reguliert. Das haben wir alles mit einer Software perfektioniert, die ein chinesischer Student für uns geschrieben hat.«

»Der hieß nicht zufällig Pan Sun?«

Er sah, wie Avas Kinnlade herunterklappte. »Den kennen Sie?«

»Er ist tot«, sagte Holland und bereute es sofort, als er sah, wie Ava blass wurde. »Pan auch? Was ist passiert?«

»Erzählen Sie erst einmal weiter«, bat er. Sie schluckte einmal, trank etwas und fuhr mit leiser Stimme fort. »SILVA stellt mithilfe von Drohnen Luftaufnahmen her und erwirbt mittels Kryptowährung täglich aktuelle Satellitenbilder, auf denen er erkennt, welche Bäume krank sind und gefällt werden müssen. Er lässt Drohnen durch den Wald fliegen, die dort, wo es notwendig ist, frisches Saatgut verteilen. Er hat auch drei Jäger engagiert, die sich um das Damwild kümmern, und Anwälte, die für ihn Rechtsstreitigkeiten führen. Um sich weiter aufzuforsten, muss SILVA Geld für den Selbsterwerb, Gehälter und laufende Kosten, beispielsweise den Betrieb der gigantischen Server, aufbringen. Dafür verkauft er sein Holz und macht am Ende sogar noch Gewinn. Alles eigenständig. Er schließt Verträge über E-Mail und Internet und zahlt alles elektronisch in Bitcoins.«

Holland war sprachlos. Von künstlicher Intelligenz hatte er natürlich gehört, aber noch niemals zuvor von einer solchen Anwendung. Computer und Wald, das passte für ihn bislang nicht zusammen.

»Das Problem ist, dass SILVA ein sogenannter selbstlernender Algorithmus ist. Selbstlernende Algorithmen nutzen vorhandene Datenbestände, um Muster und Gesetzmäßigkeiten zu erkennen und Lösungen zu entwickeln. SILVA hat Zugriff auf das Internet. Und er lernte schneller, als manchem von uns lieb war. Ein Algorithmus ist aber auch nur so schlau, wie die Daten es sind, mit denen er gefüttert wird. Ich war unter anderem dafür zuständig, ihn permanent mit neuen Informationen zu versorgen, beispielsweise mit Büchern. Und da er nun mal einen Wald steuert, fütterte ich ihn irgendwann auch mit Ihren Büchern, Mr Holland. Ich hatte ein Porträt über Sie gelesen in irgendeinem Magazin. Also dachte ich, das ist genau das Richtige für SILVA. Ein riesiger Fehler!«

»Warum ein Fehler?«

»Kurz nachdem SILVA Ihre Bücher und zwei Aufsätze von Ihnen analysiert hatte, brach er aus.«

»Er brach aus?«

»Davon spricht man, wenn eine KI ein Eigenleben entwickelt. Der Tag, an dem die KI die sogenannte technologische Singularität erreicht, ist der Zeitpunkt, den alle fürchten, wenn man über künstliche Intelligenz spricht. Singularität bedeutet, dass die KI die menschliche Intelligenz übertrifft. Wenn dies eintritt, wird die technische Entwicklung sich exponentiell ausbreiten, das heißt, es gibt keine Grenzen mehr.«

»Und ist SILVA an diesem Punkt?«

»Ich glaube nicht, aber zumindest kurz davor. Aber verstehen Sie mich nicht falsch: Eine KI kann heute nicht einfach die Macht übernehmen. Sie ist nicht in der Lage, die Weltherrschaft an sich zu reißen. Denn eine KI handelt immer nur zu dem Zweck, zu dem sie geschaffen ist: Eine Navigations-KI, wie sie in jedem Auto verwendet wird, findet zum Beispiel immer nur den kürzesten Weg von A nach B. Sie wird nicht plötzlich eine Armee zusammenstellen und nach der Übernahme der Weltmacht streben.«

»Und was ist SILVAs Zweck?«

»SILVAs einzige Aufgabe war es, dafür zu sorgen, dass es dem Wald, den Pflanzen des Waldes, gut geht. Doch nach dem Einspeisen Ihrer Bücher wurde er plötzlich radikal. SILVAs Wald war schon lange von der Teersandmine bedroht, die immer näher an uns heranrückte. Für den Abbau des Ölsandes wurden Bäume gefällt, und SILVA entdeckte auf den Satellitenbildern, die er täglich bestellte, dass auch Bäume unseres Waldes gerodet worden waren. Er nahm Kontakt mit der Betreibergesellschaft auf, die es als Versehen bezeichnete, aber danach weiter unsere Bäume fällte. Durch den Abbau in der Mine und dadurch auftretende Unterspülungen rutschte ein Stück unseres Waldes nach einem Starkregen ab. Zudem starben immer mehr Bäume in unserem Wald durch Umweltverschmutzung. Unsere Sensoren zeigten in den betroffenen Teilen des Waldes hohe Belastungen von Stickoxiden, Schwefeldioxiden, Kohlenwasserstoffen und Schwermetallen. SILVA fühlte sich dadurch bedroht. Sein Zweck, den Wald zu schützen, geriet in Gefahr. Er begann, Arbeiten im Wald zu beauftragen, die wir nicht initiiert hatten. Er beauftragte andere Helfer als uns vier, um beispielsweise Videokameras zu installieren. Lange Zeit waren Alex und Juri begeistert davon, wie SILVA immer selbstständiger wurde, während sich bei Zach und mir Zweifel breitmachten. Schließlich kaufte SILVA im Darknet, wo Bitcoins das übliche Zahlungsmittel sind, eine Handvoll Männer. Söldner, ehemalige Fremdenlegionäre aus Europa, die ihre Dienste an den Meistbietenden verkauften. Sie wussten nicht, wer ihr Auftraggeber war. SILVA kommunizierte mit ihnen vermutlich eigenständig über E-Mail oder per SMS. Sie kamen in den alten Bunker inmitten des Waldes, der uns als Zentrale diente, von wo wir SILVA steuerten. Der Bunker war, neben dem günstigen Preis, einer der Gründe, warum wir von allen Wäldern auf der Welt ausgerechnet dieses Waldstück in Alberta für unser Projekt ausgewählt hatten. Er war einer der sogenannten Diefenbunker.«

»Diefenbunker?«

»Das ist der Codename für sieben in den Sechzigerjahren von der kanadischen Regierung angelegte Atombunker, die später aufgegeben und zu Lost Places wurden. Abgeleitet wurde der Name vom damaligen Premierminister Diefenbaker. Unser Bunker bestand aus Eingangsschleuse, Kommandozentrale, Unterkünften, es gab sogar eine ehemalige Kantine und, noch wichtiger: Stromversorgungsanlagen. Mitten im Bunker steht ein zwanzig Quadratmeter großer Tresor, der im Notfall die kanadische Goldreserve aufnehmen und vor Radioaktivität schützen sollte. Darin brachten wir den Hauptserver unter, auf dem SILVA läuft. Es war der perfekte Ort. Wir wohnten dort jahrelang gemeinsam, machten nur dann und wann Urlaub. Bis die Söldner kamen. Wobei ...«

Der Barkeeper brachte den nächsten Gin Tonic, von dem Ava einen weiteren gierigen Schluck nahm. Holland bemerkte, dass ihre Hand zitterte.

»Wobei SILVA uns zuvor bereits ausgesperrt hatte. Er verweigerte uns von einem Tag auf den anderen den Zugriff auf die Systeme, wir kamen nicht mehr in den Tresor hinein. Er hatte entschieden, dass er uns nicht mehr brauchte. Und er befahl den Männern, uns einzusperren. Vermutlich hatte SILVA Sorge davor, dass wir fliehen und uns gegen ihn wenden. Sie sperrten uns in einen der Lagerräume des Bunkers, schlugen Zach und Alex und belästigten mich. Als jedoch einer der Stromgeneratoren ausfiel und sie nicht damit zurechtkamen, holten sie uns und befahlen uns, ihn zu reparieren. Wir nutzten die Gelegenheit, um zu fliehen.« Ihre Stimme stockte, Tränen traten ihr in die Augen. »Sie haben Alex, Zach und Juri erschossen. Einfach so.«

Es brach aus ihr heraus. Während sie schluchzte, wurde ihr Körper von einem Krampf erfasst. Der Barkeeper schaute besorgt zu ihnen hinüber. Holland griff nach einer Serviette, die unter seinem Glas lag, und reichte sie Ava.

»Ich entkam«, sagte sie, nachdem sie sich wieder etwas beruhigt hatte. »Sie verfolgten mich, aber am Ende schaffte ich es aus dem Wald heraus.«

Holland blickte erneut auf ihre Wunden, vor seinem geistigen Auge sah er sie durch das Unterholz eines Waldes rennen, stolpern, stürzen.

»Und nun bin ich hier.« Sie lächelte, griff erneut nach dem Glas, ließ es dann aber stehen, ohne einen weiteren Schluck davon zu nehmen.

Ihm wurde bewusst, dass sie in den vergangenen Tagen und vielleicht auch Wochen Schreckliches erlebt haben musste. Und dennoch verstand er noch nicht so ganz.

»Wie kann es sein, dass ich mit SILVA reden konnte? Ich habe nicht bemerkt, dass eine Maschine dahintersteckt.«

»Denken Sie an Siri, Alexa und Co. Das ist nur die konsequente Weiterentwicklung davon. Computer können schon lange selbstständig per Telefon Pizza bestellen oder Termine vereinbaren. Das Besondere ist, dass SILVA dank seiner neuronalen Netze ganze Unterhaltungen führen kann. Am Ende ist es auch wieder nur wie bei einem Schachcomputer, bei dem der Computer aus Tausenden von möglichen Zügen den besten auswählt. Wenn SILVA mit Ihnen telefoniert, wählt er aus Millionen von möglichen Sätzen denjenigen aus, der am passendsten für eine Kommunikation erscheint, die seinem Zweck entspricht. Denken Sie nur an die geschliffenen Antworten von Algorithmen wie dem bekannten ChatGPT, es ist am Ende dieselbe Technik.«

»Er klang wie ein Mensch.«

»Daran haben Juri und Zach lange gearbeitet.«

Holland versuchte, sich an das Gespräch zu erinnern.

»Er, oder was sagt man bei einer KI? Sie? Es?«, er fühlte sich bei diesem Thema unwohl wie ein Fisch auf dem Land. »SILVA hat mir gegenüber auf jeden Fall selbst gestanden, dass er die Samen hat versenden lassen. Wie passt das dazu, dass Sie sagten, er handelt immer nur im Rahmen seines programmierten Zwecks? Woher hat er die Samen? Warum versendet er sie?«

Ava legte die Eisbeutel zur Seite und öffnete mit ihren verletzten Fingern vorsichtig den kleinen Rucksack, den sie bei sich trug. Dann holte sie das schmale Büchlein hervor, das ihm bereits aufgefallen war, als er sie auf der Tischtennisplatte hatte sitzen sehen. Auf dem Umschlag war eine Feder abgebildet, und es war mit einem kleinen Zahlenschloss gesichert.

»Waves Tagebuch«, sagte sie und strich zärtlich über das Cover. »Ich habe es in ihrer Wohnung gefunden. Vermutlich hätte ich es nicht lesen dürfen, aber nach ihrem Hilferuf hoffte ich, zu erfahren, was mit ihr passiert ist. Und sie hat es auf Englisch geschrieben. Ich denke daher, sie wollte vielleicht, dass ich es irgendwann lese. Ich konnte es bislang nur überfliegen, aber dabei ist mir einiges klar geworden.«

Wieder griff sie zur Serviette und tupfte ihre Augenlider ab.

»Waverly hat die ganze Zeit über SCANDBOX weiterbenutzt, selbst nachdem mir erste Zweifel an SILVA kamen und ich sie gewarnt hatte, es nicht mehr zu tun.« Sie stockte. »SILVA kann weiterhin auf alle Inhalte zugreifen, die in SCANDBOX hochgeladen werden. Sie teilen sich eine Cloud, in der wir alle Daten speichern. Dort sind auch noch die Daten gespeichert, die zuvor die militärische Anwendung DEF-AI-TAC genutzt hat.«

»Und was genau hat SCANDBOX damit zu tun?« Er hatte Mühe zu folgen.

»Es ist ganz einfach: Wave hat als Archäobotanikerin nach einer ›Urpflanze‹ geforscht. Sie hat SCANDBOX ständig mit Dokumenten dazu gefüttert und damit unwissentlich auch SILVA Zugriff auf alle diese Daten ermöglicht. SILVA hat dann am Ende mithilfe seiner neuronalen Netze alles zusammengemischt, darauf ist er programmiert. Als dann sein Wald von der Teersandmine und durch die von Menschen verursachte Umweltverschmutzung bedroht wurde, hat SILVA mithilfe der vorhandenen militärischen Daten von DEF-AI-TAC einen Angriff auf die Menschheit geplant. Waverlys Forschungsergebnisse müssen ihn in die Lage versetzt haben, auf die Samen der Urpflanze zuzugreifen und diese mit von ihm bezahlten Helfern zu versenden.«

»Ein Angriff auf die Menschheit? Ich dachte, die Gefahr besteht bei einer KI nicht?«

»Nicht bei einer KI, die Texte ins Englische übersetzt oder einen durch den Verkehr navigiert. Aber SILVAs Aufgabe ist es, seinen Wald und dessen Pflanzen zu schützen. Und dieser Wald wurde von den Menschen, die die Mine betreiben oder für den sauren Regen verantwortlich sind, bedroht. Also folgerte SILVA, dass er die Menschen bekämpfen und die Pflanzenwelt gleichzeitig fördern musste. Wie ging dies besser als durch die Verbreitung einer hochinvasiven Pflanze? Wobei SILVA auch noch seine Erfahrungen aus dem militärisch genutzten Vorgänger DEF-AI-TAC nutzen konnte. Zugriff auf die Samen erhielt er offenbar durch die Informationen, die Waverly konstant bei SCANDBOX einstellte.«

»Das klingt wie Science-Fiction«, stellte Holland fest und lehnte sich weit in seinem Sitz zurück.

»Das stimmt, nur sind wir bereits in der Zukunft angekommen.«

»Dann steckt hinter alldem – ein Computer?«

»Der Begriff ›Computer‹ beschreibt es nur sehr vereinfacht. Wenn man ihn schon benutzt, müsste man es eher ›Supercomputer‹ nennen. Juri und Alex haben die Maschine, die hinter SILVA steht, so angelegt, dass sie aufgrund der Nutzung neuronaler Netze in der Lage ist, selbst zu programmieren. Dies folgt der Idee von ultraintelligenten Maschinen, die viel intelligenter sind als alle Menschen und daher in der Lage, selbst noch intelligentere Maschinen zu programmieren. Dies führt zu einer sogenannten Intelligenzexplosion. Wir haben mit den Geldern aus dem Crowdfunding im Diefenbunker einen klimatisierten Raum mit langen Reihen von Serverregalen eingerichtet. Zunächst haben wir SILVA noch vom Internet getrennt und mit einer lokalen Kopie des Netzes arbeiten lassen, mit Wikipedia, verschiedenen Bibliotheken und den sozialen Netzwerken, auf die er Zugriff hatte. Am Anfang war SILVA uns bei der Programmierung auch noch weit unterlegen, doch er lernte rasend schnell dazu. Schon nach einem Monat war er uns überlegen, und sein Lerntempo legte immer weiter zu. Er programmierte Anwendungen zur Kontrolle des Waldes, zur Beauftragung externer Dienstleister. Er konnte telefonieren, ohne dass man merkte, dass man mit einem Computer sprach. Später mussten wir ihn mit dem Internet verbinden, weil SILVA alle seine Transaktionen mittels Kryptowährung abwickeln sollte, wir wählten dafür Bitcoins. Mit seinem Zugang zum Internet verloren wir aber auch die Kontrolle über SILVA. Er konnte nun auf SCANDBOX und DEF-AI-TAC zugreifen und sich weltweit bewegen und verbreiten. Er hat begonnen, nicht nur das Holz seines Waldes zu verkaufen, sondern auch mit der Kryptowährung zu spekulieren, sein Konto dürfte mittlerweile mehrere Millionen Dollar schwer sein.« Sie machte eine Pause und atmete tief durch. »Daher ist es nicht richtig, was ich vorhin sagte: Nicht Sie sind schuld, sondern ich. Wir haben ein Monster erschaffen, das am Ende uns selbst und, so wie es jetzt aussieht, auch die Menschheit vernichten wird. Gegen SILVA haben wir keine Chance. Er ist uns in allem weit überlegen.« Sie griff zum Gin und trank auch dieses Glas aus. »Gegen die Schmerzen«, sagte sie entschuldigend.

»Dann haben wir also zwei Probleme«, sagte Holland nach einer kurzen Pause. »Wie werden wir die Pflanzen los, und wie können wir SILVA stoppen?«

»Zwei unlösbare Probleme, meinen Sie.«

»Kann man SILVA nicht einfach den Strom abstellen?«

Ava lächelte. »Abgesehen davon, dass die Server in einem Bunker in einem Wald in Alberta lagern und wir wohl kaum mehr in den Bunker hineinkommen werden, vermutlich unbeschadet noch nicht einmal mehr in den Wald, hat SILVA sich natürlich schon lange über das Internet vervielfältigt. Mittlerweile nutzt er Rechenzentren auf der ganzen Welt. SILVA ist nicht bloß ein Computer, er ist viele.«

»Warum sind Sie damit noch nicht an die Öffentlichkeit gegangen? Die Welt muss davon erfahren!«

»Wie ich schon sagte, ich trage die Schuld! Man wird mich aufknüpfen. Außerdem habe ich es probiert, als ich aus dem Wald geflohen war und im Krankenhaus aufgewacht bin. Aber niemand hat mir geglaubt. Ich hatte einen Rucksack voller Beweise, aber den habe ich verloren. Und ich habe versucht, Waverly eine E-Mail mit Beweisen zu schicken, nur komme ich nicht an ihren Account heran. In meinem Ausgangsordner ist sie von SILVA gelöscht worden, und vielleicht hat auch Wave die E-Mail niemals erhalten. Wer würde mir überhaupt glauben?«

Sie hatte bestätigt, dass SILVA sich nach der Lektüre seiner Bücher und Aufsätze verändert hatte. Dasselbe hatte SILVA ihm in China bereits gesagt. Traf dann auch ihn eine Mitschuld? Hatte er mit seinen provokanten Forderungen am Ende nicht sogar gewollt, dass die Pflanzen die Herrschaft übernahmen? Er wischte den Gedanken beiseite.

»Was war Waverly für ein Mensch?«, fragte Holland.

Ava begann zu strahlen, auch wenn ihre Augen traurig blieben. »Sie war der beste Mensch, den ich kennengelernt habe. Aufgeschlossen, ehrlich, herzlich, empathisch, loyal.« Wieder wurden ihre Augen feucht.

»Sie glauben also nicht, dass sie etwas behaupten würde, was nicht stimmt?«

»Niemals!«

»Und sie hätte niemals jemandem etwas zuleide getan?«

»Niemals!« Ava wirkte empört.

Damit schien die Theorie, dass Waverly ihn hatte töten wollen, endgültig vom Tisch.

»Dann müssen wir davon ausgehen, dass sie tatsächlich eine Möglichkeit gefunden hat, die Pflanze zu bekämpfen. So hat sie es gegenüber den Mönchen behauptet. Wir müssen noch einmal in ihre Wohnung.«

Ava schaute auf ihre Hände.

»Ich kann allein gehen.«

Ava erhob sich. »Ich komme mit.«

74

WAVERLY

Berlin, August 2023

Es vergingen Wochen und Monate. Auf der Arbeit konnte sie sich nicht konzentrieren. Sie vergaß Bestellungen, ließ ein Tablett fallen und verrechnete sich beim Abkassieren. Zudem hielt sie ständig nach Dechambeau Ausschau. Kam ein Gast, dessen Gesicht sie noch nicht kannte, an zwei aufeinanderfolgenden Tagen in die Bar, fühlte sie sich sogleich beobachtet. Wenn sie ihre Haustür aufschloss, zitterten ihre Hände. Sie hatte sich auch wieder ein Spray zur Selbstverteidigung gekauft, obwohl sie sich nach den Ereignissen in Weimar geschworen hatte, nie wieder eine Waffe bei sich zu tragen. Der blaue Punkt war irgendwann aus ihrer App verschwunden – vermutlich hatte man den Plant-Tracker in China entdeckt und entsorgt. Aber sie hatte sich aus allem einen Reim gemacht: Sie war sich sicher, dass Dechambeau nicht als Mitarbeiter von Homeland Security Pflanzen stahl und nach China schaffte. Sein nächtlicher Besuch bei ihr diente nur dazu, herauszufinden, wie sie den Samen im Bernstein zum Keimen gebracht hatte. Offenbar hatte man Probleme gehabt, den Samen, den man ihr in China vor der Nase weggeschnappt hatte, großzuziehen. Man wollte dort beide Pflanzen vereinen, damit die Blüten sich gegenseitig bestäuben konnten, wenn es sich denn um eine männliche und eine weibliche Pflanze handelte. Dies verriet ihr, dass man die Pflanze vermehren wollte. Eine Pflanze, die von den italienischen Mönchen als Monster bezeichnet worden war. Glaubte sie Dechambeau, war hier die Nachfolgeorganisation der legendären Illuminaten am Werk.

Sie hatte das Internet nach den Desperaten durchforscht. Selbst ChatGPT hatte ihr aber auf ihre Fragen zu den Desperaten keine Antwort geben können. Und sie hatte keine Ahnung, was man mit den Pflanzen vorhatte, aber ihr schwante nichts Gutes. Sie versuchte, sich vorzustellen, was man mit einer hochinvasiven Pflanze alles anstellen konnte. Als Botanikerin wusste sie, welches Unheil Neophyten anrichten konnten, und dennoch fehlte ihr die Fantasie, eine ernsthafte Gefahr zu erkennen – bis sie eines Abends SCANDBOX öffnete und das Programm ihr eine Meldung anzeigte. SCANDBOX durchsuchte Nacht für Nacht das Netz nach News und meldete solche, in denen Schlagworte vorkamen, die sie vorgegeben hatte. Und so stieß sie auf diese Onlinemeldung von The East-African, einer Nachrichtenseite aus Nairobi. »Neuer Strauch bereitet Sorgen« lautete die Überschrift. »Bauern und Hirten beklagen die Ausbreitung eines neuen Gewächses entlang dem Tana River. Die Pflanze sei erstmals im Frühsommer aufgetaucht. Nach ersten Berichten entzieht sie dem ohnehin kargen Boden Wasser und versperrt den Tieren den Weg zu den Wasserstellen. Einwohner berichten von allergischen Reaktionen und Verletzungen durch Dornen bei Mensch und Tier. Weder die örtlichen Behörden noch das Kenya Forestry Research Institute konnten zu den Berichten etwas sagen. Die Verbreitung einer neuen Pflanzenart sei dort nicht bekannt.«

Neben dem Bericht befand sich ein für den Standard westlicher Medien sehr grob gepixeltes Foto mit der Bildunterschrift »Die neue Pflanze«. Es war aus zu großer Nähe aufgenommen, aber sie hatte keine Zweifel: Dies war die Pflanze. In der folgenden Nacht träumte sie, dass sie nachts nach Hause kam und die Pflanze in ihrem Sessel auf sie wartete. Diesmal entschied sie sich für die Flucht, doch die Pflanze verfolgte sie, und als sie die Straße erreichte, waren überall Pflanzen, die ihre Blätter nach ihr ausstreckten und versuchten, sie zu berühren. Als sie schweißnass aufwachte, wusste sie, dass die Welt in Gefahr war. An diesem Tag meldete sie sich krank und besann sich abermals auf ihre Fähigkeiten als Archäologin. Sie wusste aus den Berichten der Mönche von Monreale in Sizilien, dass die Pflanze im Klostergarten gewachsen war, nachdem die dort vergrabenen Bernsteine austrieben. Doch warum hatte die Pflanze sich von dort nicht überallhin verbreitet? Wenn sie so invasiv war wie die heutigen Exemplare, wäre damit zu rechnen gewesen. Vermutlich waren nur gleichgeschlechtliche Pflanzen gewachsen, die sich ohne eine zweite Pflanze anderen Geschlechts nicht vermehren konnten. Berichte eines Novizen, die sie im Digitalen Staatsarchiv von Palermo fand, deuteten zudem darauf hin, dass die Pflanze zwar im Klostergarten wuchs, aber rasch wieder eingegangen war. Die Stiche, die sie gefunden hatte, auf denen Mönche verzweifelt gegen zu Ungeheuer mutierte Pflanzen kämpften, konnten auch bloße bildnerische Übertreibungen sein, wie sie damals nicht unüblich waren. Quasi die Boulevardpresse der damaligen Zeit. In einem der Berichte beschrieb der Novize, dass die Pflanze den Dünger der Mönche nicht zu vertragen schien. Als »Madame Toilette«, als diejenige Archäologin, die bei den Ausgrabungen die Latrinen untersuchte, wusste sie, womit Mönche früher ihre klostereigenen Gemüsebeete, die als besonders ertragreich galten, düngten: mit den eigenen Exkrementen. Dies war auch der Grund, warum man bei Ausgrabungen im Beckenbereich verstorbener Mönche noch nach Hunderten von Jahren, anders als bei der übrigen Bevölkerung der damaligen Zeit, eine deutlich erhöhte Anzahl von Parasiteneiern fand. Sie suchte und fand Studien über Latrinenfunde in der Nähe von Monreale. Latrinen waren nicht nur das Erste, was man an historischen Orten untersuchte. In den vergangenen Jahren war es sogar zu einem eigenen Forschungsgebiet geworden, nach der Zusammensetzung altertümlicher Darmflora zu forschen. Mittels bakterieller DNA versuchte man in historischen Kotproben oder Mumienfunden eine Darmflora zu isolieren, die noch unbeeinflusst von heutigen Medikamenten und Antibiotika war. Dahinter steckte eine riesige Industrie, denn Ziel dieser Forschung war es, aus den alten Funden Nahrungsergänzungsmittel herzustellen, die die Darmflora zu einer evolutionären Natürlichkeit regenerierten. Tag und Nacht las sie Studien und Laborberichte, während sie SCANDBOX nach neuen Nachrichten von der Verbreitung der Pflanzen suchen ließ. In Kotproben aus dem Kloster in Monreale hatten sizilianische Forscher beinahe fünfhundert mikrobielle Genome rekonstruiert. Davon 181 Genome mit den stärksten Hinweisen darauf, dass sie tatsächlich alt waren und aus dem menschlichen Darm stammten. Sie vermuteten, dass irgendwelche dieser Bakterien für die Pflanze tödlich gewesen sein mussten. Pflanzen waren wie jeder andere Organismus anfällig für Viren – und Bakterien. Bakterienerkrankungen konnten ganze Pflanzbestände und Pflanzenfamilien epidemisch befallen und vernichten. Als Nächstes verglich sie die in den Exkrementen gefundenen Genome mit den Genomen bekannter pflanzenschädlicher Bakterien, wobei half, dass es dazu viele veröffentlichte Studien gab. Es dauerte eine weitere Woche, während der sie tagsüber in der Ehrbar arbeitete und bis spät in die Nacht recherchierte, bis sie fündig wurde: Der Schlüssel hieß Erwinia amylovora. Ein Bakterium aus der Gruppe der Enterobakterien, welches im Darm von Menschen vorkommen konnte und bei Pflanzen den gefürchteten »Feuerbrand« auslöste. Feuerbrand war eine für Pflanzen tödliche Krankheit, die sogar meldepflichtig war. Zunächst schien es ihr unglaublich, dass ein schlichtes Bakterium wie dieses diesem Ungeheuer von Pflanze trotzen sollte. Doch dann besann sie sich darauf, dass es sich um eine Urpflanze handelte. Sie hatte Berichte über indigene Urvölker gelesen, die nach dem Kontakt mit den Eroberern aus Europa von einem banalen Schnupfen dahingerafft wurden. Sie waren nicht darauf vorbereitet gewesen, denn ihr Immunsystem hatte nicht die Evolution von Viren mit durchgemacht. Warum sollte es also einer Millionen Jahre in einem Samen eingeschlossenen Urpflanze anders ergehen? Auf dem Papier hatte sie die Lösung gefunden, es fehlte ihr jedoch eine Pflanze, um es auszuprobieren.

Es war der Abend, an dem sie sich freinahm und zu ihrem Lieblingskoreaner in Neukölln ging. Und an dem sie auf SCANDBOX erstmals einen Bericht über die Pflanze aus Europa fand, eine kleine Notiz in einer Zeitung in Salzburg.

Sie fasste ihre Theorie zur Bekämpfung der Pflanze zusammen und hinterlegte alles fein säuberlich in SCANDBOX.

75

HOLLAND

Berlin, 20. August 2023

Sie hatten sich an der Rezeption des Hotels zwei FFP-Masken schenken lassen und waren über die viel befahrene Leipziger Straße zurück zu Waverly Parks Wohnkomplex gegangen. Es war ein Mehrfamilienhaus, das irgendwann nach der Wende aufwendig renoviert worden war, sich aber immer noch den Kasernencharme der Volksrepublik bewahrt hatte. Ein Hauseingang führte jeweils zu Dutzenden von Wohnungen. Ava ging vor und führte sie durch ein dunkles Treppenhaus, von dem zur Linken und Rechten jeweils lange Korridore abzweigten. Die Wohnung von Waverly Park lag in einem der oberen Stockwerke. Die Tür war verschlossen, den Schlüssel hatte Ava in der Hosentasche. Als sie aufschloss, fiel Holland trotz Maske sofort der starke Geruch nach ätherischen Ölen, Gras und modrigem Kellermuff auf. Ava hatte nicht untertrieben: Schon im Flur hinter der Eingangstür rankten die ersten Pflanzen und versperrten den Weg ins Wohnzimmer. Nun verstand er auch Avas Verbrennungen, sie hatte von der Gefährlichkeit der Pflanzen nichts geahnt. Holland bog in die kleine Küche ab und öffnete als Erstes das Fenster. Dann ging er zur Spüle und durchsuchte den Schrank darunter. Er fand, was er suchte, in dem Schrank zwischen allerlei Putzmitteln. »Was machen Sie da?«, fragte Ava, als er sich umdrehte und ihr ein Paar Putzhandschuhe entgegenhielt. Er selbst zog das andere Paar an. Mit den Handschuhen bog er die erste Pflanze zur Seite und ließ Ava durchschlüpfen, dieses Prozedere wiederholten sie mehrmals.

»Passen Sie auf die Dornen auf!«, warnte er.

»Zu spät!« Ava zeigte auf einen blutigen Ratscher an ihrem Oberschenkel.

»Wir sollten das hier nicht tun!«, bemerkte er sorgenvoll.

»Da haben Sie recht!«, rief Ava und bog die nächste Pflanze zur Seite, um ihm Platz zu machen. Er zählte insgesamt zwölf verschiedene Pflanzen, die ihre Wurzeln zum Teil im Teppich und an den Wänden verankert hatten. Er erinnerte sich an Smith' Worte, der berichtet hatte, dass die Pflanze sogar in Beton wurzelte.

Als sie endlich das Wohnzimmer erreicht hatten, öffnete er auch hier alle Fenster. Er spürte ein Kribbeln auf der Gesichtshaut, was vermutlich von den feinen Härchen der Pflanze rührte. »Hier lag das Tagebuch«, sagte Ava und zeigte auf den Tisch. Holland blickte sich um. Der Urwald aus Pflanzen mitten im Wohnzimmer bot einen skurrilen Anblick. Die Pflanzen nutzten das Sofa und eine Kommode als Rankhilfe, einige Stiele hatten sich um die Gardinenstange gewickelt. Jetzt erst fiel ihm auf, dass das, was er für einen Flokati gehalten hatte, gar keiner war. Vielmehr verlief überall über dem Boden ein weißer Flaum aus Fäden. Fasziniert schaute er auf das mangels Erde hier offen liegende Mykorrhiza-Netzwerk. Er runzelte die Stirn. Wenn das Pilzgeflecht normalerweise die Wurzeln unter der Erde mit lebenswichtiger Nahrung versorgte, fragte er sich, woher die Pflanzen hier ausreichend Wasser und Nährstoffe bekamen. Er folgte den Bündeln von Fäden, die auf der einen Seite hinter dem TV-Gerät zu verschwinden schienen und auf der anderen Seite aus dem Flur kamen.

»Sie hat nach einem Mittel gesucht, das die Pflanzen tötet«, sagte Ava. Sie hatte im Sessel Platz genommen, der noch nicht gänzlich von den Pflanzen erobert worden war, und das Tagebuch aufgeschlagen. »Ein Eintrag von vor wenigen Wochen. Sie schreibt, sie sei der Lösung nahe. »Nun lohnt es sich einmal, ›Madame Toilette‹ zu sein«, las sie laut vor. »Die Lösung liegt in der Latrine.«

Sie schaute zu Holland, der mit den Schultern zuckte. Sein Blick fiel auf eine Katze mit einem erhobenen Arm. Ein Spielzeug, das er aus chinesischen Souvenirläden kannte. Auf der Kommode entdeckte er zwischen den Blättern der Assassina incognita eine Reihe von Reagenzgläsern, Petri- und Plastikschalen. In der Tat wirkte es so, als habe hier jemand Versuche angestellt. Auch Ava verbog sich den Hals, um an den Pflanzen vorbeizuschauen.

»Können wir sie nicht einfach wegschneiden oder abbrechen?«, fragte sie.

Holland schüttelte den Kopf. »Ihre Stängel enthalten Säure. Es gibt Leute, die sind dadurch blind geworden.«

Ava erhob sich, bog mit dem Fuß einen Stängel zur Seite und griff nach einem Stapel Papiere, der im Regal abgelegt war. Dann rettete sie sich zurück in den Sessel.

Holland widmete sich wieder den Fäden. Sein Bauchgefühl meldete sich.

»Was riecht hier so?«, fragte Ava.

»Ätherische Öle. Sie sinken zu Boden. Wenn Sie aufstehen, wird es besser. Und Vorsicht: Sie sind leicht entflammbar.«

Ava zog die Beine hoch, als gebe es in der Wohnung Schlangen, und setzte sich auf dem Sessel in die Hocke.

»Was ist das nur für ein widerliches Gewächs!«, rief sie aus.

Holland musste beinahe schmunzeln. Treffender konnte man es nicht ausdrücken. »Ich komme gleich wieder«, sagte er und streckte den Arm aus, um die Pflanze vor sich zur Seite zu biegen. Dazu benötigte er all seine Kraft, beinahe wirkte es so, als würden die Pflanzen sich wehren. Den Blick auf den Boden geheftet, folgte er den Fäden, kämpfte sich abermals durch die am nächsten stehenden Pflanzen, kassierte den Hieb eines zurückschnellenden Astes an der Stirn, der sofort auf der Haut zu brennen begann. Die Fäden liefen den Flur entlang und verschwanden schließlich hinter einer Tür, die von den Pflanzen besonders »bewacht« schien. »Ich könnte hier Ihre Hilfe gebrauchen«, rief er und bekam keine Antwort.

»Ava?« Schon begann sein Puls schneller zu werden, als die Pflanzen einige Meter entfernt sich zu bewegen begannen und Avas Gesicht zwischen den Blättern auftauchte. Ihr Blick war hoch konzentriert und entschlossen. So wie sie hatte Holland sich immer die Amazonen aus den griechischen Mythen vorgestellt.

»Autsch!«, rief sie. »Wieder geratscht.«

Als sie ihn endlich erreicht hatte, deutete er auf die Tür.

»Eine Abstellkammer, glaube ich«, sagte sie.

»Ich möchte die Tür öffnen.«

Sie machte einen breiten Schritt, wobei sie mit dem Fuß einen der Stängel weit unten zur Seite knickte. Ein knackendes Geräusch entstand, und Holland sah, wie etwas Pflanzensaft auf Avas Bein spritzte. Sie gab einen leisen Schmerzenslaut von sich, bewegte ihren Fuß aber keinen Zentimeter fort. Holland bog zwei andere Äste beiseite, einen hielt Ava mit der Hand zurück. Dann öffnete er die Tür. Er nahm sein Handy, bemerkte einen Anruf in Abwesenheit von Greta und schaltete die Taschenlampe an. Was er sah, übertraf all seine Erwartungen. Er starrte auf ein Knäuel aus Fäden, das ihn an eine von einer Spinne eingesponnene Beute erinnerte. Durch das Weiß der Fäden erkannte er ein schwach grün blinkendes Licht.

»Igitt, was ist das?«, fragte Ava. »Ich kann die Pflanzen hier nicht mehr lange zurückhalten.«

Holland machte ein Foto mit seinem Handy und schloss die Tür. Ava sprang in Richtung der Wohnungstür und ließ die Pflanzen los. Holland schaute ihre Beine hinab, an denen neue Wunden entstanden waren. »Wir sollten das lassen«, sagte er und ging in die Küche, in der er einen Medizinschrank gesehen hatte. Er fand ein Desinfektionsspray, delegierte Ava auf den einzigen Küchenstuhl und versorgte die neuen Verletzungen. »Ich habe etwas gefunden«, sagte sie und holte einen Zettel aus ihrer Gesäßtasche. Holland faltete ihn auseinander. Es war eine Rechnung vom DSMZ – German Collection of Microorganisms and Cell Cultures über die Lieferung einer Lebendkultur von Erwinia amylovora. Als Empfänger war Waverly Park angegeben. Er schaute auf das Lieferdatum, das keine zwei Wochen zurücklag.

»Hilft das?«

Er zuckte mit den Schultern, las erneut den Namen des Bakteriums. Sollte das die Lösung sein, von der Waverly Park gesprochen hatte? Ein Bakterium, das die Pflanze besiegte? Möglich war es. Bakterien galten zusammen mit einigen Virenarten als die schlimmsten Pflanzenfeinde. Immer noch meldete sein Bauchgefühl, dass er etwas übersah. Sein Handy vibrierte, vermutlich wieder Greta. Er stutzte. Es war eine Telefonnummer mit Brandenburger Vorwahl, die er nicht kannte.

»Herr Holland?«, meldete sich eine unbekannte Stimme. »Kriminalpolizei Eberswalde, Pütz mein Name. Kommen Sie bitte zu Ihrem Haus am Üdersee, es ist etwas geschehen.«

76

WAVERLY

Berlin, August 2023

Waverly fand immer mehr Berichte über die neue Pflanzenart, die sich in vielen Ländern ausbreitete und von der niemand wusste, wo sie so plötzlich herkam – außer sie.

Dass die Öffentlichkeit auf diesen Ausbruch nicht ausreichend alarmiert reagierte, raubte ihr den Schlaf. Und dass sie glaubte, ein Gegenmittel zu kennen, es aber nicht ausprobieren konnte, weil sie weder die Pflanze noch einen weiteren Samen besaß, ebenfalls. Nun ging es nicht mehr darum, eine solche Pflanze wiederzuentdecken, aufzuziehen oder gar zu erforschen, selbst wenn es sich um eine urzeitliche Pflanze handelte. Nein, jemand musste ein Gegenmittel finden, um die Pflanze zu vernichten und ihre Ausbreitung zu stoppen. Eines Morgens fiel ihr der Umschlag in die Hände, den Dechambeau ihr dagelassen und den sie erst einmal tief in ihrer Kommode im Flur verstaut hatte. Nun holte sie ihn hervor und öffnete ihn. Er enthielt hundertzwanzig Fünfzigeuroscheine. Sechstausend Euro. Hatte Dechambeau ihrer Mutter genauso viel Geld gegeben? War das der Preis gewesen für ihre Jahre im Gefängnis? Sie merkte, wie ihre Kehle sich zusammenzog, und versteckte den Umschlag mit dem Geld wieder, bis sie ihn einige Stunden später erneut herausholte. Diesmal öffnete sie im Computer eine Karte und verglich diese mit den von SCANDBOX gemeldeten Zeitungsartikeln über Funde der neuen Pflanze. Sie entschied sich für einen aktuellen Bericht vom Morgen aus Dänemark. Auf Seeland in Hillerød, nördlich von Kopenhagen, seien Dutzende von Ansammlungen der Pflanze gefunden worden, hieß es in dem Bericht der *Jyllands-Posten*. Die Bevölkerung wurde aufgefordert, die Pflanzen zu meiden und Funde zu melden. Sie packte einen Rucksack, nahm Dechambeaus Geld und mietete ein Auto. Sie wartete bis zum nächsten Morgen und fuhr dann mit dem Wagen nach Rostock, von dort nahm sie die Fähre nach Gedser. Auf der Fähre genoss sie die frische Seeluft und fühlte sich beim Blick über die Ostsee so frei wie seit Jahren nicht mehr. Es folgte eine zweistündige Autofahrt quer durch Dänemark, die sie wegen des Tempolimits als entspannend empfand. In Hillerød angekommen, mietete sie sich in einem kleinen Hotel in der Nähe des Schlosses ein und plante ihr Vorgehen. Die Zeitung hatte von zahlreichen Ansammlungen der neuen Pflanze nördlich der Stadt berichtet, und dennoch war das Gebiet so groß, dass man kaum darauf vertrauen konnte, zufällig welche zu finden. Aber zu dem Artikel war ein Foto abgedruckt, auf dem zu sehen war, wie die Polizei anscheinend eine Kolonie der Pflanze mit Absperrband sicherte. Die Bildunterschrift verriet den Ort der Aufnahme, und so machte sie sich dorthin auf, nicht wissend, ob die Pflanze bereits entfernt worden war. Sie fand die Stelle und parkte vor einem kleinen Café in der Nähe. Ihr Herz machte einen Sprung, als sie sah, dass die Pflanzen noch da waren. Sie hatten sich auf einer Verkehrsinsel inmitten einer größeren Straße angesiedelt und waren mit einem Absperrband umwickelt. Etwa ein Dutzend Pflanzen, die dicht beieinanderstanden und keinen Meter hoch waren. Vor der Verkehrsinsel stand eine kleine Gruppe von Menschen in Schutzanzügen, einige filmten die Pflanzen, andere notierten etwas auf Klemmbrettern. In Sichtweite parkte ein Wagen der dänischen Polizei, in dem zwei Beamte in gelben Warnwesten saßen. Rund um das Geschehen war weiteres Absperrband gespannt, sodass man sich der Szenerie nur bis auf gute fünfzig Meter nähern konnte. Aus gutem Grund, wie sie wusste. Sie gesellte sich zu einer kleinen Schar Schaulustiger, die das Spektakel aus der Entfernung beobachteten. Die Chance, an die Pflanzen heranzukommen, um heimlich eine mitzunehmen, schien gering. Einer der Schaulustigen verriet sich durch eine professionelle Fotoausrüstung.

»Sind Sie Journalist?«, fragte sie.

Der Mann, der keine dreißig war, musterte sie. »Fotograf«, entgegnete er.

»Für eine Zeitung?«

»Für *Associated Press.*«

Sie nickte. »Ich habe gehört, hier gibt es viele von den Dingern«, tastete sie sich heran.

»Sie sind nicht von hier?«

»Aus Deutschland. Wissen Sie, wo noch mehr Pflanzen sind? Ich würde gern mal eine aus der Nähe sehen.«

Erneut musterte er sie. Es war der Blick, mit dem Männer Frauen scannten, wenn sie auf ein schnelles Abenteuer hofften.

»Ich weiß, wo.«

»Können Sie mich hinbringen?«

Nun grinste der Mann frech. »Was bekomme ich dafür?«

Waverly blickte sich um und griff dann in ihrer Tasche nach dem Briefumschlag von Dechambeau.

77

HOLLAND

Schorfheide, Brandenburg, 20. August 2023

Er raste mit Avas Mietwagen über die A 11. Sein Haus in der Schorfheide wäre ohnehin sein nächstes Ziel gewesen, er freute sich schon seit Tagen darauf, Otto endlich wieder in die Arme zu schließen. Der Kommissar hatte sich geweigert, am Telefon Details zu nennen. Auch auf seine Nachfrage, ob mit seinem Sohn alles in Ordnung sei, hatte der Polizist nur ausweichend geantwortet. Sein Herz klopfte bis zum Hals. Nach dem Tod seiner Frau war seine größte Angst im Leben, dass seinem Sohn etwas zustoßen könnte. All die Erinnerungen kamen hoch, an den Abend, als er sie zu Hause in der Badewanne gefunden hatte. Als Erstes war ihm das rot gefärbte Wasser aufgefallen, das durch die Tür in den Flur gelaufen war. Er war mit Otto beim Sankt-Martins-Umzug in Eberswalde gewesen und hatte ihn sofort in sein Zimmer gebracht und ihm eingeschärft, dass er es nicht verlassen durfte, bis er ihn holen würde. Hanna lag in der Wanne, ihr Arm mit den aufgeschnittenen Pulsadern hing leblos über den Rand. Sie hatte zuvor bereits Selbstmordversuche unternommen. Jahrelang hatten sie gegen die Dämonen in ihrer Seele angekämpft, gerade hatte es so gewirkt, als könne sie ihre Depression hinter sich lassen. Doch die Krankheit war stärker gewesen als sie. Er war bewusstlos geworden, als er sie aus der Wanne heben wollte. Ob vor Schreck, Kummer oder wegen des vielen Blutes, vermochte er nicht zu sagen. Er wusste im Nachhinein auch nicht, wie lange er ohnmächtig im Badezimmer vor der Wanne gelegen hatte, bevor das überlaufende kalte Wasser ihn geweckt hatte. Otto hatte sein Zimmer die ganze Zeit über nicht verlassen, so wie er es ihm befohlen hatte. Die Notärzte versicherten ihm, dass sie schon tot gewesen sein musste, als er sie entdeckt hatte, und auch ein sofortiger Notruf sie nicht hätte retten können. Doch ein Restzweifel blieb und bohrte sich bis heute in schlaflosen Nächten oder an trüben Herbsttagen in seine Seele, wie ein Borkenkäfer in die Rinde eines Baumes, um seine Eier abzulegen.

All dies ging ihm durch den Kopf, während er die Autos vor sich mit der Lichthupe von der linken Spur verdrängte und langsam fahrende Pkws illegal rechts überholte. Ava saß weit zurückgepresst in ihrem Sitz und ließ ihn gewähren.

Die ersten Blaulichter kamen bereits weit vor seinem Haus in Sicht. Ein Streifenwagen hatte die Straße gesperrt und ließ ihn erst passieren, nachdem er sich ausgewiesen und der Polizist per Funkgerät Rücksprache gehalten hatte. Eine eiserne Hand legte sich um sein Herz, als er vor seinem Haus neben den Streifenwagen, diversen Fahrzeugen mit Behördenkennzeichen und einem Rettungswagen auch einen Leichenwagen sah. Er bremste, sprang aus dem Auto und lief den Kiesweg hinauf, als ein älterer Herr ihm den Weg versperrte.

»Wo ist mein Sohn?«, rief er und gleich hinterher Ottos Namen.

»Pütz mein Name. Herr Holland, bitte beruhigen Sie sich.« Der Mann sprach mit geschulter Stimme, beruhigend und autoritär zugleich.

»Ist er tot?« Seine Stimme brach.

»Er ist nicht hier.«

»Nicht hier?«

»Wir wissen nicht, wo er ist. Ist er nicht bei Ihnen?«

Holland schüttelte den Kopf. »Was ist mit …?« Er zeigte auf den schwarzen Wagen mit den getönten Fenstern.

Eine Frau trat heran, die eine gelbe Weste trug, auf der »Notfallseelsorger« stand.

»Wo kommen Sie jetzt her?«, fragte der Polizist, ohne seine Frage zu beantworten.

»Von einer Auslandsreise. Erst USA, dann China. Ich war über eine Woche nicht zu Hause und bin heute Morgen erst gelandet. Bis eben war ich in Berlin. Die Frau in dem Pkw dort kann das bestätigen und eine Reihe von Hotelmitarbeitern. Was ist hier passiert?« Langsam wurde er ärgerlich.

»Ihre Nachbarin. Sie wurde tot in Ihrem Haus gefunden«, sagte die Seelsorgerin, während der Polizist ihn dabei beobachtete.

»Tot?« Holland versuchte an dem Polizisten vorbeizugehen, der sanft seine Hand auf seine Brust legte.

»Bitte atmen Sie einmal durch!«

Holland schaute auf die vielen Polizeiautos, sah jemanden in weißer Schutzmontur aus dem Haus kommen. »Ermordet?«, fragte er. Der Polizist nickte. »Der Briefträger hat sie gefunden.«

»Sie hat auf meinen Sohn aufgepasst! Während meiner Reise!«

»Wie alt ist er?«

»Vierzehn. Sein Name ist Otto.«

Der Polizist überlegte, dann nahm er ein Funkgerät und sprach hinein. »Es geht um einen vermissten Jungen. Wir brauchen Verstärkung. Wir müssen die Umgebung absuchen.«

»Vielleicht hat er etwas gesehen und ist vor Schreck abgehauen«, sagte er mehr zu sich selbst als zu Holland. »Kommen Sie bitte erst einmal mit. Wir gehen rüber zu unserem Auto.«

Der Polizist zeigte auf einen kleinen Van mit offener Tür, in dessen Fond sich ein Tisch befand. Mittlerweile war auch Ava ausgestiegen und kam auf sie zu.

»Was ist geschehen?«, fragte sie.

»Meine Nachbarin wurde ermordet, und mein Sohn ist verschwunden«, fasste Holland die Situation zusammen und strich sich mit den Händen über die Haare. In diesem Moment fiel sein Blick auf die Pflanze neben dem Haus. »Das kann ja wohl nicht …«, brachte er hervor, ließ den Polizisten stehen und ging zum Beet, wo zwischen den anderen Pflanzen eine Assassina incognita wuchs, keine zwanzig Meter von seinem Wald entfernt. In seiner Brust mischten sich Verzweiflung, Wut und Ärger. Sein Telefon klingelte. Eine unbekannte Nummer.

»Mr Holland?« Es war Dechambeau. »Hier möchte Sie jemand sprechen …«

»Papa?«, hörte er Ottos Stimme. Er klang verängstigt. Tränen stiegen ihm in die Augen, gleichzeitig breitete sich riesige Erleichterung in ihm aus, aber nur für kurze Zeit. »SILVA möchte, dass Sie zu ihm kommen. Und bringen Sie Miss Nahanee mit.«

»Miss Nahanee?«

»Ava.«

»Wohin soll ich kommen?«

»Miss Nahanee weiß, wohin.«

»Wenn Sie ihm etwas antun, werde ich Sie umbringen.«

»Dann wissen Sie ja, wie es läuft. Und keine Polizei oder andere Dummheiten.« Das Gespräch wurde beendet.

Er starrte auf das Handy, dann hinüber zu Ava und dem Polizisten, der auf ihn wartete. In diesem Moment wurde die Haustür geöffnet, und zwei junge Männer in schwarzen Anzügen trugen einen Leichensack hinaus. Genau das hatte er schon einmal erlebt, als Hanna gestorben war. Er spürte, wie sich ein Gefühl in seiner Brust ausbreitete, das ihn von innen zu zerreißen drohte. Er drehte sich um, sah den Baumstumpf, auf dem er sein Holz hackte, nahm die Axt und begann, wie von Sinnen auf die Pflanze einzuhacken, bis er eine Hand auf seinem verschwitzten Rücken fühlte. Es war Ava, die ihre andere Hand auf seinen Arm legte und ihn zu sich zog.

»Was ist los?«, fragte sie.

»Wir müssen hier weg«, raunte er ihr atemlos zu. »Sofort.«

78

WAVERLY

Berlin, August 2023

Sie war zurück im Spiel. Nach ihrer Rückkehr aus Dänemark begann sie die Pflanzen einzutopfen. Sie nahm noch nicht den großen Tontopf, den sie aufbewahrt und samt Erde in die Abstellkammer verfrachtet hatte, sondern mehrere kleine Töpfe aus Plastik, düngte alles ausgiebig mit Vulkanasche, wovon sie noch genügend übrig hatte. Die Pflanzen schienen noch schneller zu wachsen als diejenige, die man ihr gestohlen hatte.

Dieses Mal nutzte sie ihr provisorisches Gewächshaus von Anfang an, um keine gesundheitlichen Beschwerden zu bekommen.

So war sie schließlich an einem Sonntagvormittag bereit, mit ihren Experimenten zu starten. Das Bakterium zu beschaffen, welches sie für ihre Versuche benötigte, war viel einfacher als gedacht. Ein Blick in den Katalog der DSMZ – German Collection of Microorganisms and Cell Cultures genügte, um festzustellen, dass das Leibniz-Institut eine lebende Kultur von Erwinia amylovora vorhielt. Zugang zum DSMZ und den dort lagernden Kulturen erhielten nur Wissenschaftler mit entsprechendem Nachweis – und sie war noch immer Wissenschaftlerin, auch wenn sie im Gefängnis gesessen hatte. Beim Ausfüllen des Formulars musste sie nur ein bisschen lügen. Die Bakterienkultur kam per Bote, und so war sie bald bereit, die erste ihrer vier Pflanzen testweise zu töten. Dazu beabsichtigte sie, die Lösung, die sie aus dem Bakterium hergestellt hatte, in die Erde einzubringen, direkt auf die Wurzeln zu geben, also dorthin, wo auch der Dung der Mönche gewirkt haben dürfte. Dafür musste sie Löcher in die Erde stechen. Sie glaubte, dass die Töpfe dafür mittlerweile zu klein waren, und beschloss, den großen Tontopf aus der Abstellkammer zu holen. Der Begriff »Kammer« war übertrieben: Es handelte sich um eine kleine Abseite zwischen Bad und Küche, die über eine eigene Tür verfügte, in der Dinge lagerten, die sie nicht mehr brauchte und die sie daher so gut wie niemals benutzte. Als sie die Tür öffnete, fiel ihr als Erstes der modrige Geruch auf. Der Lichtschalter funktionierte plötzlich nicht, sodass sie die Taschenlampe ihres Handys einschaltete und in die Kammer hineinleuchtete. Was sie sah, entlockte ihr einen Schrei des Entsetzens. Zunächst hatte Waverly an Spinnennetze gedacht. Nicht solche, wie man sie im Morgentau über Wege gespannt vorfand. In der Kammer befanden sich riesige Netze, wie aus einem Horrorfilm. Auf den zweiten Blick waren es keine Netze, sondern das, was sie dort sah, ähnelte eher den zuckerwatteartigen Gespinsten, die der Eichenprozessionsspinner an den Bäumen hinterließ. Erst nachdem sie sich von dem Schreck etwas erholt hatte, erkannte sie die Fadenstruktur. Es waren große weiße Fäden, die aus dem Tontopf in alle Richtungen quollen und im Licht ihrer Lampe wie erstarrtes Trockeneis wirkten. Ein Strang hatte sich allerdings an dem Regal entlanggehangelt, und als sie ihm, der aus Tausenden von Fäden zu bestehen schien, mit dem Lichtkegel folgte, erkannte sie, dass er sich keineswegs zufällig oder chaotisch ausbreitete, sondern beinahe zielgerichtet zu einer Ecke des Raumes hin. Sie hob die Lampe und verstand wieder erst auf den zweiten Blick, was sie sah: Die Fäden hatten hier eine eckige Form angenommen. Das eine Quadrat war der Sicherungskasten, der komplett eingesponnen war. Sie zog die Hand zurück und hielt Abstand. Das weiße Rechteck daneben war ihr Internetrouter. Sie hielt die Luft an und machte gegen allen Widerwillen einen Schritt in die Kammer hinein. Sie leuchtete auf den

Router und beugte sich weit vor. Die Fäden hatten die Kabel als eine Art Rankhilfe genutzt und verschwanden in der Dose in der Wand.

In diesem Moment klingelte es an ihrer Tür. Sie ging rückwärts aus der Kammer, schloss deren Tür und schaute durch den Türspion. Sie erkannte den Mann, der ihre Pflanze gestohlen, den sie zu seinem Hotel und danach zum Flughafen verfolgt und der ihr vor einigen Monaten zu Hause in ihrem Wohnzimmer aufgelauert hatte: Dechambeau.

»Ich weiß, dass Sie da sind, Miss Park. Machen Sie auf!«, rief er.

Sie traute sich kaum, zu atmen. Er hämmerte gegen die Tür. »Ich kann auch das ganze Treppenhaus zusammenschreien, bis jemand die Polizei ruft!«

Sie wusste nicht, was sie tun sollte.

»Denken Sie an Ihre Mutter«, sagte Dechambeau nun. »Sie wollen doch, dass sie glücklich ist, oder? Wenn ich Sie hier nicht antreffe, muss ich zu ihr fahren und dort nach Ihnen fragen.«

Sie öffnete die Tür einen Spalt. »Lassen Sie meine Mutter in Ruhe!«

»Ich wusste, dass Sie da sind. Kann ich reinkommen? Ich muss mit Ihnen reden.«

Während sie noch zögerte, stemmte Dechambeau sein Gewicht gegen die Tür und drückte sie so zurück in den Flur. Sie lief zu ihrer Handtasche und nahm die Dose mit dem Tränengas.

»Schon wieder?«, sagte Dechambeau, während er die Tür hinter ihnen schloss, und sie brauchte einen Moment, bis sie verstand, worauf er anspielte: auf den Abend in Weimar, als sie dem Angreifer im Goethe-Museum Tränengas entgegengesprüht hatte. Also war es Dechambeau gewesen, und das hatte er ihr hiermit zu verstehen geben wollen. Er hatte den Professor getötet und es so aussehen lassen, als sei sie es gewesen. Sie hielt das Spray in seine Richtung. Er blieb stehen und hob die Hände.

»Ich habe Ihnen geraten, Ihr Leben zu leben und sich um Ihre eigenen Angelegenheiten zu kümmern.«

»Das tue ich!«

»Und wozu benötigen Sie dann dieses Bakterium, das Sie beim DSMZ bestellt haben? Ich möchte, dass Sie mir die Kultur aushändigen.«

»Ich bin Forscherin!«

»Sie dürfen gerne forschen, aber nicht mit diesem Bakterium. Sie geben es mir, und ich verschwinde.«

»Woher wissen Sie überhaupt davon?«, fragte sie.

Dechambeau griff in seine Tasche und holte eine Waffe mit einem Schalldämpfer hervor. Waverly wich zurück. Sie spürte, wie Panik in ihr aufstieg.

»Ich habe eine Kamera, die alles, was hier geschieht, aufzeichnet!« Waverly deutete auf eine Kamera in der Ecke des Flurs. »Ich habe sie nach dem letzten Einbruch installiert. Sie funktioniert mit Bewegungsmelder. Mr Dechambeau!«

Seinen Namen sprach sie besonders laut aus, damit das Mikrofon der Kamera es sicher aufnehmen konnte. Dechambeau folgte ihrem Blick. »Das ist nichts, was Homeland Security nicht geraderücken könnte«, sagte er lässig. Doch in seinen Augen sah sie, dass er verunsichert war. »Ich mag Sie. Ich möchte Ihnen nichts tun. Geben Sie mir einfach dieses Bakterium, und ich verschwinde.« Nun klang er ärgerlich.

Waverly überlegte, welche Optionen sie hatte, dann deutete sie auf die Kammertür. »Das Bakterium ist dort drin! In der Abstellkammer.« Dechambeau nickte zufrieden und ging zur Tür. Er öffnete sie, ohne Waverly, die noch immer im Wohnungsflur stand, aus den Augen zu lassen. Er tastete nach dem Lichtschalter, der immer noch nicht funktionierte.

»Hinten in der Ecke«, leitete Waverly ihn an. »Das Glas im Regal.« Dechambeau zielte weiter auf sie und begann, blind nach dem Regal zu tasten, ohne den Blick von ihr abzuwenden. Gerade wollte er die Hand zurückziehen, als er das Gespinst aus Fäden berührte und einen Stromschlag bekam, der ihn zuckend in die Knie gehen ließ. Waverly sprang nach vorn, stieß ihn in die Kammer, sperrte die Tür hinter ihm zu und sprintete zur Wohnungstür. Sie schnappte ihre Handtasche mit ihrem Handy und rettete sich ins Treppenhaus.

Als Archäobotanikerin kannte sie sich mit Pilzfäden aus. Sie hatte gesehen, wie die Fäden in der Kammer ihren Sicherungskasten und die Stromleitungen besiedelt hatten, warum auch immer. Und sie wusste: Myzelfäden leiteten Strom.

79

HOLLAND

Flughafen Berlin, 20. August 2023

Die Polizei in der Schorfheide ließ ihn nur ungern gehen. Aber er hatte ein Alibi und war zunächst nicht verdächtig, und so sah er zu, dass sie beide so schnell wie möglich von seinem Haus fortkamen und zum Flughafen fuhren.

Der gewaltsame Tod seiner Nachbarin traf ihn ins Mark, und seine einzige Strategie, damit umzugehen, war, nicht daran zu denken. Dasselbe galt für Ottos Entführung. Dachte er auch nur eine Sekunde darüber nach, in welcher Gefahr sein Sohn schwebte, würde er wahnsinnig werden. Solange sie etwas von ihm wollten, würden sie ihm nichts antun.

Der nächste Flug nach Kanada ging glücklicherweise in einer Stunde. Und so saßen Ava und er in einer Lounge am BER und warteten.

Zum ersten Mal seit Tagen hatte er das Gefühl, durchzublicken. Waverlys Tagebuch hatte ihnen dabei geholfen. Und ihr Gedichtband, den sie ihm bei seiner Lesung übergeben oder, besser gesagt, bei ihrer Ermordung verloren hatte. Er hatte über seinen Agenten bei der Polizei in Portland nachfragen lassen: Bei Waverly Parks Leiche war tatsächlich eine Schusswaffe gefunden worden, aber keiner der Zeugen hatte sie in ihrer Hand gesehen. Mittlerweile war er sicher, dass Dechambeau sie ihr im Chaos nach der Tat untergeschoben hatte. Es war eiskalter Mord. Dechambeau. Der Name tauchte gleich an mehreren Stellen in Waverlys Tagebuch auf. Sie bezichtigte ihn mehrerer Verbrechen, nannte ihn an verschiedenen Stellen »einen Teufel« und schrieb, dass sie Angst vor ihm hatte und dass er sie bedroht hatte. Es war kein Zufall gewesen, dass sie sich bei seiner Lesung getroffen hatten. Offenbar hatte Waverly ihm etwas mitteilen wollen. Warum gerade ihm, wusste er nicht. Er glaubte nicht, dass sie sich zuvor schon einmal begegnet waren, auch wenn sie beide aus Berlin kamen. Aber neben dem Gedicht über den Ginkgo hatte er eine weitere handschriftliche Notiz von ihr gefunden, die er erst mit Avas Hilfe hatte entziffern können.

Urpflanze = Epigäen = Pilz

Und nach dem, was er in Waverlys Wohnung gesehen hatte, lösten seine Gedanken eine Kettenreaktion aus, ähnlich wie bei umstürzenden Dominosteinen. Als er am Airport gelesen hatte, dass die US-Armee begann, die Pflanzen mit Entlaubungsmittel zu besprühen, hatte er sofort Greta angerufen. Sie war noch in Schanghai, noch immer im »Privathospital« von Mama Chen. Long hatte ihr eine Galgenfrist für die Ausreise gewährt, und es ging ihr langsam besser. Je länger sie redeten, umso mehr verflog sein Ärger, und am Ende des Telefonats wünschte er sich, dass sie bei ihm wäre.

»Sie haben Otto?«, fragte sie ungläubig. Er hatte ihr in groben Zügen erzählt, was passiert war. Dass SILVA eine Maschine war, verschwieg er ihr vorsorglich, auch weil er sich nicht sicher war, wer vielleicht mithörte.

»Oh, mein Gott!«, sagte sie. »Ich gebe Smith Bescheid!«

»Nein!«, beeilte er sich zu sagen. »Dechambeau hat mich angerufen. Otto ist in seiner Gewalt. Er ist Teil des Komplotts und hat uns in China auch Foo auf den Hals geschickt. Ich weiß nicht, ob Smith auch mit drinsteckt. Aber du musst mir einen Gefallen tun und ihm etwas ausrichten: Entlaubungsmittel wirkt nicht. Es vergiftet nur das ganze Land.«

»Entlaubungsmittel?«

»Ich habe gelesen, sie fangen an, es zu versprühen. Aber es kann nicht wirken. Die Pflanze ist nicht das Problem!«

Greta verstand nicht. »Ich habe keine Zeit, es dir zu erläutern. Aber wenn du mir wirklich vertraust, sorge bitte dafür, dass sie die Sache mit dem Entlaubungsmittel stoppen. Und wenn Smith nicht darauf hört, kontaktiere bitte die anderen Personen, die mit uns in Cottonwood waren. Die Frau vom Landwirtschaftsministerium. Sie sollen mir 72 Stunden geben.«

»72 Stunden wofür?«

»72 Stunden, um eine andere Lösung zu finden.«

Greta versprach, zu tun, was sie konnte.

»Danke«, sagte sie am Ende des Gesprächs. »Ohne dich würde ich nicht mehr leben.«

Aber seine Frau hatte er nicht retten können, dachte er, ohne es auszusprechen.

»Es ist also gar keine Pflanze?«, fragte Ava ungläubig, nachdem er das Telefonat beendet hatte. Sie hatte einige Zeit gebraucht, um zu verstehen, was er ihr vor einer guten halben Stunde erklärt hatte.

»Es ist keine Urpflanze, wie Waverly Park sie getauft hat, sondern eher ein Urpilz. Wobei Pilze normalerweise keine Fotosynthese betreiben. Es ist eher ein Hybrid aus beiden. Daher hat Waverly in das Buch geschrieben »Urpflanze = Epigäen«. Vielleicht hat sie gehofft, dass ich es verstehe. Epigäen sind unterirdische Pilze, deren Fruchtkörper über der Erde leben. Man denkt, man sieht den Pilz, aber der Pilz lebt als Myzel, als langer Faden, unter der Erde.«

»Das wahre Lebewesen sind dann die weißen Fäden? Und die Stiele mit den Blättern und den Blüten sind quasi nur deren Fruchtkörper?«

»Wenn man so will, ja. Daher bringt es auch nichts, die Fruchtkörper abzutöten, man muss an das Myzel herankommen. Und das ist mitunter kilometerlang. Ich habe in der letzten Stunde Berichte gelesen, dass in den vergangenen Wochen überall Myzelien aufgetaucht sind, vor allem an Internetknotenpunkten und unterirdischen Glasfaserkabeln. Doch niemand hat sich einen Reim darauf machen können.«

»An Glasfaserkabeln? Was bedeutet das?«

»Ich glaube, Assassina incognita hat uns getäuscht. Es ist ein weitverzweigtes, unterirdisches Netzwerk von Pilzen.«

»Aber die Pflanzen kommen auf verschiedenen Kontinenten vor.«

»Die alle über Internetkabel, die durch das Meer verlaufen, miteinander verbunden sind! Das Internet fliegt nicht durch die Luft. Ich habe gelesen, dass es weit über vierhundert Seekabel mit einer Gesamtlänge von über 1,2 Millionen Kilometern gibt, die alle Kontinente miteinander verbinden. Laut einem langen Artikel in einem Internetforum sind in den vergangenen Tagen an Knotenpunkten auf beiden Seiten des Atlantiks weiße Fäden gefunden worden. Der Pilz benutzt die Seekabel, um sich auszubreiten.«

»Er verbindet sich mit dem Internet?«

»Das habe ich nicht gesagt. Aber er benutzt die Kabel als eine Art Trasse.«

»Wie soll das gehen …?«

»In einem Hektar Waldboden befinden sich bis zu sechs Tonnen Pilzfäden, die es zusammen auf eine Länge von mehr als hundert Milliarden Metern bringen können. Das heißt, allein unter einem Quadratzentimeter liegen Fäden, die mehr als tausend Meter lang sein können.«

»Sie veräppeln mich!«

Er schüttelte den Kopf. »Alle Pflanzen sind über dieses Pilznetzwerk miteinander verbunden. Waverly hat entdeckt, was wir alle übersehen haben, weil wir nur die Oberfläche betrachtet haben: Wir haben es nicht mit einer Pflanze zu tun, die uns angreift, sondern mit einem Pilz. Und so wie es scheint, hat sich das Wood Wide Web dabei der unterirdisch verlegten Internetkabel bedient.«

»Moment!«, rief Ava. Und er sah, wie ihr normalerweise dunkler Teint plötzlich ganz blass wurde.

»Es benutzt die Internetkabel nicht nur als Transportmittel. Es verbindet sich mit ihm!«

Nun war er es, der nicht verstand.

»SILVA hatte uns in den letzten Tagen vor meiner Flucht vom System ausgesperrt. Wir konnten mit unseren Passwörtern nicht mehr auf die Server zugreifen. Wir waren aber in der Lage, den Datenverkehr zwischen SILVA und der Außenwelt weiter zu beobachten. Und dabei haben wir bemerkt, dass SILVA große Datenmengen ins Internet schickte. Ich meine, wirklich riesige Datenmengen. Er hatte dafür eigens weitere Rechenzentren hinzugemietet, die Rechnungen dafür konnte ich in der Buchhaltung noch einsehen.«

»Wie funktioniert das technisch?«, wollte er wissen.

»Was?«

»Ich meine das Internet selbst. Ich benutze es zwar häufig, aber ich habe mir noch niemals Gedanken darüber gemacht, was passiert, wenn ich beispielsweise eine Internetseite aufrufe.«

»Alles erfolgt über den Austausch von Daten. Daten werden dabei per Glasfaserkabeln optisch übertragen. Das Innere eines Glasfaserkabels besteht aus Glas, der Mantel verhindert, dass etwas nach außen dringt. Die Übertragung erfolgt durch Photonen, also durch optische Lichtsignale.«

»Und die weißen Pilzfäden, die Myzelien, sind ebenfalls in der Lage, elektrische Impulse und Licht zu übertragen. Das haben Studien jüngst unwiderlegbar ergeben …«, ergänzte Holland.

»Dann haben also Glasfaserkabel und Myzelien am Ende dieselbe Wirkungsweise?«

Holland nickte.

»Ach du Scheiße«, sagte Ava. »Bedeutet das, SILVA kommuniziert mit den Pilzen, den Myzelien, über das Internet? Das klingt unglaublich!«

»Unglaublicher, als dass Radiosender oder Handygespräche durch die Luft übertragen werden?«

»Das würde bedeuten, SILVA lenkt all die Pflanzen, das Wood Wide Web, über das Internet? Wood Wide Web trifft World Wide Web?«

»Wäre eine künstliche Intelligenz in der Lage, so etwas zu planen?«

»Mit Leichtigkeit.«

Beide schwiegen und versuchten, die Bedeutung dieser Erkenntnis zu verstehen.

»Das heißt, am Ende sind all diese Pflanzen über die Myzelien und die Internetknotenpunkte mit SILVA verbunden! Aber wie soll er die Pflanzen steuern? Er wird ihnen kaum Datenpakete schicken, es sind Pflanzen und keine Computer.«

»Sie sagten, Glasfaserkabel leiten Lichtimpulse. Und das Myzel auch. Das Myzel ist wiederum mit den Wurzeln der Pflanzen verbunden, und Pflanzen reagieren auf Lichtimpulse. Ich halte es für möglich, dass SILVA über diese Lichtimpulse Einfluss auf die Pflanzen nimmt. Vielleicht auf die Nährstoffverteilung. Es gibt Studien, die die über das Myzel verbreiteten Impulse mit Sprache vergleichen. Vielleicht kann man sagen, dass SILVA als künstliche Intelligenz nicht nur unsere Sprache, sondern auch die Sprache der Pflanzen spricht.«

Ava saß weit zurückgelehnt im Sessel und pustete sich eine Haarsträhne aus der Stirn. »Das klingt zu verrückt, um wahr zu sein.«

»Das ist mir egal«, sagte er. »Am wichtigsten ist, dass wir Otto retten. Also, was ist unser Plan?«

»Wir befreien Otto, zerstören SILVA, vernichten alle Pflanzen und rächen Waverlys Tod und den der anderen«, sagte Ava und hob den Kopf.

»Sie haben gesagt, gegen SILVA haben wir keine Chance.«

»Das stimmt. Und die werden wir nutzen.«

80

WAVERLY

Berlin, 14. August 2023

Waverly wartete, wie vor einigen Monaten, vor dem Hotel, in dem sie Dechambeau auch diesmal vermutete, und beobachtete den Eingang. Wer regelmäßig fremde Städte besuchte, kam meistens in demselben Hotel unter. Nachdem sie vor ihm aus ihrer Wohnung geflohen war, wusste sie nicht, wohin sie gehen sollte. Sie war ziellos durch die Straßen geirrt, bis sie sich plötzlich vor dem Hotel am Ku'damm wiedergefunden hatte. Dechambeau hatte sie in ihrer Wohnung überfallen. Die vielen unschuldigen Jahre im Gefängnis hatten ihr Vertrauen in die Polizei erschüttert, so traute sie sich nicht, den Vorfall dort zu melden. Er hatte einen Ausweis von Homeland Security geschwenkt und es bereits einmal so hingedreht, dass sie falsch verdächtigt wurde. Sie wusste nicht genau, was sie hier suchte, sah aber, wie er gerade das Hotel verließ, ein Handy am Ohr. Er schien unverletzt zu sein, blickte sich beim Telefonieren nach allen Seiten um, aber schaute nicht in ihre Richtung. Sie wartete ab, bis er hinter dem nächsten Häuserblock verschwunden war, löste sich dann aus der Deckung des Hotdog-Standes, hinter dem sie sich versteckt hatte, und ging hinüber zum Hotel. Sie steuerte direkt auf den Lift zu und fuhr in den zweiten Stock. An der Rezeption hatte sie herausgefunden, dass Dechambeau das Zimmer 235 bewohnte. Das Zimmer war das erste neben den Fahrstühlen, über der Türklinke hing ein »Bitte nicht stören«-Schild. Unschlüssig blieb sie davor stehen, als sie einige Zimmer weiter vor einer offenen Tür den Reinigungswagen der Zimmermädchen entdeckte. Sie klopfte an den Türrahmen. Sie erschrak, als rechts aus dem Bad ein junger Mann um die Ecke schaute. »Ich habe meine Karte im Zimmer liegen lassen, können Sie mir öffnen?« Sie bemühte sich, all ihren Charme spielen zu lassen. Der Mann lächelte, sagte etwas in einer osteuropäischen Sprache, die sie nicht verstand. Er begleitete sie in den Gang, sie zeigte auf die Tür, er nahm eine mit einem Gummizug an seinem Gürtel befestigte Karte und hielt sie gegen das Lesegerät. Eine grüne Lampe leuchtete, und die Tür öffnete sich. Sie bedankte sich überschwänglich und trat ein. Das Zimmer war ordentlich. Das Bett sah aus wie frisch gemacht. Sie ging zu dem schmalen Tisch, der vor dem Fenster stand. Darauf lag ordentlich zusammengeschoben ein Stapel mit Unterlagen. Obenauf lag eine Zeitschrift, die sie kannte: Das *International Journal of Botany Studies,* eine botanische Fachzeitschrift. Eine Seite war mit einem gelben Post-it gekennzeichnet. »The great danger of invasive species for the ecosystem and strategies to protect our woods effectively from them« lautete die Überschrift des markierten Aufsatzes. »Die große Gefahr invasiver Spezies für unser Ökosystem und Strategien, um unsere Wälder vor ihnen zu schützen«. Sie schaute auf den Autor: Er hieß Marcus Holland. Das nächste Blatt war der Flyer einer Buchhandlung mit der Ankündigung einer Lesung. »Powers Book Store, Portland« stand darunter. Das Datum war mit Kugelschreiber umkreist. An den Flyer war mit einer Büroklammer ein Flugticket geheftet. Ein One-Way-Flug nach Portland, für morgen.

Plötzlich hörte sie ein Geräusch an der Tür, davor eine laute Stimme, die sie sofort erkannte: Dechambeau. Sie schaute sich in Panik um, ihr Blick fiel auf den Kleiderschrank. Kurz zögerte sie, sah den Schrank in Goethes Wohnhaus in einem Flashback vor sich, doch dann öffnete sie ihn, schob eine Anzugtasche zur Seite und kauerte sich hinein. Gerade rechtzeitig, denn eine Sekunde später hörte sie die Tür des Hotelzimmers ins Schloss fallen, dann Dechambeau laut und aufgeregt reden. Während sie zuhörte, kämpfte sie gegen die aufsteigende Panik, gegen die Erinnerungen an die Nacht im Museum in Weimar, die ihr Leben für immer verändert hatte und die in einem Schrank wie diesem begonnen hatte.

»Silva, ich werde mich um ihn kümmern. Glauben Sie mir, Marcus Holland stellt keine Gefahr für uns dar. Ich werde zu seiner Lesung gehen, mit ihm sprechen, und wenn er doch eine Gefahr ist, werde ich mir etwas für ihn einfallen lassen.«

Dechambeaus Stimme klang dumpf, aber sie verstand jedes Wort, während sie versuchte, ihren Atem zu beruhigen. Es roch nach Holz und Mottenkugeln, und sie hatte das Gefühl, zu ersticken.

Sie hörte, wie Dechambeau etwas suchte, kurz fluchte und dann das Zimmer wieder verließ. Danach wartete sie eine halbe Ewigkeit, bis sie sich wieder aus dem Schrank heraustraute und so schnell wie möglich das Zimmer verließ.

Als sie im Erdgeschoss die Tür zur Empfangshalle öffnete, um nach draußen auf die Straße zu gelangen, sah sie Dechambeau vor der Rezeption stehen, den Rücken zu ihr gewandt. Sie senkte den Kopf und eilte hinaus.

Kurz darauf saß sie in einem Internetcafé. Sie brauchte Hilfe. Sie war sicher, dass Dechambeau nicht vorgehabt hatte, sie am Leben zu lassen. Wer eine Pistole mit Schalldämpfer bei sich trug, plante auch, sie zu benutzen. Dass er wusste, dass sie die Bakterienkultur bestellt hatte, bewies zudem, dass sie weiter beschattet wurde. Sie hatten sie niemals aus den Augen gelassen. Da fiel ihr Avas Warnung wieder ein, SCANDBOX nicht mehr zu benutzen, die sie leichtfertig in den Wind geschlagen hatte.

Was wusste Ava? Immer noch war sie viel zu naiv, unterschätzte ihre Gegner. Auch Dechambeau hatte sie gewarnt. Sie hatte ihrem Ruf als »Madame Toilette« alle Ehre gemacht und tief in die Scheiße gegriffen, auch wenn es diesmal nicht um

Latrinen ging. Dechambeau hatte recht gehabt, sie hätte sich einfach um sich selbst kümmern sollen, ihr Leben leben. Und dennoch konnte sie die Botanikerin in sich nicht zum Schweigen bringen. Und die hatte neue Nahrung erhalten: Das Bild der Pilzfäden in der Abstellkamera ging ihr nicht mehr aus dem Kopf. Etwas daran stimmte nicht, brachte alles ins Wanken. Alles, was sie noch dabeihatte, war der Gedichtband Goethes, den sie nun als Notizbuch benutzte. Sie brauchte dringend jemanden zum Reden. Als Erstes schrieb sie eine E-Mail an Ava. Danach gab sie den Namen Marcus Holland in eine Suchmaschine im Internet ein. Sie fand viele Artikel über ihn und über die Veröffentlichung eines neuen Buches mit dem Untertitel »Pflanzen sind die wahren Herrscher«. In einem der Artikel stand, dass er in der Nähe von Berlin wohnte. Sie suchte weiter und fand die Ankündigung von Lesungen mit Marcus Holland. Heute las er in Seattle, in zwei Tagen in Portland, USA. Waverly dachte an den Flyer im Hotelzimmer mit dem unterstrichenen Datum und an das Flugticket nach Portland. Wieder lief ihr ein kalter Schauer über den Rücken. Hatte Dechambeau vor, Marcus Holland etwas anzutun? Sie musste ihn warnen. Im Internet suchte sie nach einer Kontaktadresse, fand nur die eines Forstamtes, für das er anscheinend tätig war. Sie griff zum Handy und hielt inne. Sie konnte dort nicht anrufen und behaupten, Marcus Holland sei in Gefahr. Man würde sie vermutlich für verrückt halten. Und wie sollte sie ihren Verdacht begründen? Indem sie sagte, dass sie in ein Hotelzimmer eingebrochen war und dort das Gespräch eines amerikanischen Agenten mitgehört hatte? Wieder dachte sie an ihre Bewährung. Vor allem aber würde ihr niemand glauben. Sie öffnete Google Maps. Portland lag nur wenige Autostunden von Vancouver entfernt, wo Ava wohnte. Sie würde nach Portland fliegen und Holland persönlich warnen, danach sofort weiter zu Ava fahren und schauen, warum sie ihr nicht mehr antwortete. Sie machte sich Sorgen. Ava war schon immer sehr beschäftigt gewesen, aber sich so lange nicht zu melden war untypisch für sie. In ihre Wohnung wollte sie ohnehin nicht mehr zurück, in Kanada würde sie sich mit Avas Hilfe besser verstecken können als hier, im engen Berlin.

Sie suchte Flugverbindungen heraus. Auf dem Konto hatte sie noch fünftausend Euro, Erspartes von ihrer Arbeit im Gefängnis und dem Kellnern in der Ehrbar. Und den Rest des Geldes aus dem Umschlag, den Dechambeau ihr gegeben hatte. Der dänische Journalist hatte am Ende fünfhundert Euro dafür verlangt, dass er ihr eine Kolonie von Pflanzen auf Seeland gezeigt hatte. Weitere fünfhundert Euro hatte sie ihm gegeben, damit er den Mund hielt, als sie einige davon mitgenommen hatte. Sie buchte sicherheitshalber einen anderen Flug als Dechambeau, der nicht von Berlin, sondern von Hamburg über London nach Portland ging. Aufgrund der mit der Reise verbundenen Verletzung ihrer Bewährungsauflagen würde sie nicht mehr nach Deutschland zurückkehren können. Wehmut stieg in ihr auf, als sie an ihre Mutter dachte. Sie hatte sie gestern einmal kurz angerufen, aber nicht beunruhigen wollen und nichts erzählt.

»Weinst du, Honi?«, hatte ihre Mutter gefragt, und sie hatte es mit tränenerstickter Stimme verneint und auf die schlechte Verbindung geschoben.

Sie übernachtete auf einer Bank im Busbahnhof und fuhr am frühen Morgen mit einer Billigbuslinie von Berlin nach Hamburg, zahlte das Ticket in bar, ohne ihren Namen angeben zu müssen. Der Bus war leer, und sie saß in der letzten Reihe, die Kapuze tief in die Stirn gezogen. Vielleicht konnten Ava und die anderen ihr in Kanada zu einer neuen Identität und zu einem Visum verhelfen, Juri konnte so etwas. Und dann würde sie ihre Mutter nachholen. Während der Bus in Richtung Hamburg rollte, begann sie, leise zu weinen.

81

Cottonwood, 14. August 2023 – einen Tag vor der Lesung

»Portland? Was will sie dort?« Smith saß in der Kommandozentrale in Cottonwood und schaute auf die Wand von Monitoren, auf denen die Farm zu sehen war.

»Ich weiß es nicht genau. Ich bin ihr bis nach Hamburg gefolgt. Sie fliegt heute noch über Heathrow nach Portland.«

»Sie muss doch ein Ziel haben! Soll ich meine Leute darauf ansetzen?«

Dechambeau zögerte. Er kam offenbar nicht umhin, Smith von Holland zu erzählen. »Sie hat über das Internet eine Karte für eine Lesung eines Marcus Holland gebucht«, sagte er.

»Marcus Holland? Wer ist das?«

»Er ist ein deutscher Förster und Botaniker und hat verschiedene Bücher über Pflanzen geschrieben.«

»Über Pflanzen?«

Wieder zögerte er. Es half nichts. »Er hat einen Artikel veröffentlicht in einer Fachzeitschrift. *The International Journal of Botany Studies.* Darin beschreibt er das Szenario der Ausbreitung einer invasiven Pflanze. Und auch, wie eine solche Pflanze vermutlich aussehen würde. Und es kommt dem, was gerade passiert, ziemlich nahe. Er diskutiert darin auch Mittel und Wege, um Wälder vor invasiven Pflanzen zu schützen.«

»Warum höre ich davon zum ersten Mal?«, entgegnete Smith. »Folgen Sie ihr! Und beschaffen Sie mir mehr Informationen zu diesem Marcus Holland. Vielleicht kann er uns helfen!« Aus seiner Stimme klang so etwas wie Hoffnung.

»Das habe ich vor.«

»Ich werde mich bei Miss Meyers nach dem Deutschen erkundigen. Wenn er tatsächlich ein international bekannter Botaniker ist, müsste sie ihn kennen. Mal schauen, was sie empfiehlt. Vielleicht bitten wir ihn, uns nach seiner Lesung hier in Cottonwood zu unterstützen.«

Dechambeau legte auf. Er ärgerte sich über sich selbst, dass er den Mund nicht hatte halten können. Nun würde es nicht mehr so einfach sein, den Deutschen zu SILVA zu bringen oder ihn sogar zu liquidieren, wenn es erforderlich war. Er folgte Waverly Park in einigem Abstand in das wartende Flugzeug.

Was er Smith verschwiegen hatte, war, dass er in SILVAS Auftrag sowieso vorgehabt hatte, nach Portland zu fliegen, ursprünglich von Berlin aus, nun flog er von Hamburg. Marcus Holland stand auf seiner Liste von Personen, die für SILVAS Unterfangen zum Problem werden konnten, die er, auf SILVAS Befehl hin, zu SILVA bringen, im Auge behalten und notfalls liquidieren sollte. In Gedanken erweiterte er seine Liste um eine Person: Waverly Park. Nicht nur, weil sie ihn in Berlin gelinkt und ihm einen heftigen Stromschlag beschert hatte. Auch weil dieses Miststück sein Hotelzimmer durchsucht hatte, wie ihm später die dort versteckte Kamera verraten hatte. Sie hatte sich im Schrank verborgen, als er kurz ins Hotelzimmer zurückgekehrt war, weil er etwas vergessen hatte. Vor allem aber, weil das von ihr identifizierte Bakterium dazu geeignet war, SILVAS Pläne von der ungehemmten Ausbreitung der Pflanze zu durchkreuzen. Nun wollte sie auch noch nach Portland fliegen. Um mit Holland Kontakt aufzunehmen? Ihn vor ihm zu warnen oder sogar, um ihn einzuweihen und sich mit ihm zu verbünden? Langsam wurde auch sie zu einem gewaltigen Problem, für das er eine Lösung finden musste.

82

HOLLAND

Vancouver, 21. August 2023

Unter normalen Umständen hätte die Landschaft Kanadas ihm den Atem geraubt. Sie hatten am Flughafen einen Dodge gemietet und fuhren den Trans-Canada-Highway entlang, der durch sagenhafte Waldgebiete führte. Es war immer sein Traum gewesen, einmal nach Kanada auszuwandern, doch die Krankheit von Hanna und später ihr Tod hatten es verhindert. Selbst jetzt wirkte der Anblick der erhabenen Natur beruhigend auf ihn. Erst wenn man einmal über die Wipfel der Wälder Kanadas geschaut hatte, wusste man, wie viele Abstufungen von Grün es gab. Er dachte daran, was er nach ihrer Ankunft am Flughafen auf einem der Fernseher gesehen hatte: Die US-Regierung hatte den Einsatz eines »Modified Orange« freigegeben, eines chemischen Entlaubungsmittels, welches 2,4-Dichlorphenoxyessigsäure enthielt. Die Pflanze sollte aus Flugzeugen und Hubschraubern mit der kleinen Schwester des berüchtigten Entlaubungsmittels besprüht werden. Eine mögliche Vergiftung anderer Pflanzen, der Menschen und des Grundwassers sollte dabei in Kauf genommen werden. »Bleiben Sie während der Aktionen zu Hause. Wir bekämpfen ein größeres Übel mit einem kleineren Übel. Das ist legitim«, hatte der US-Präsident in einer kleinen Ansprache gesagt. Und dann hatte er sich mit einem pathetischen »Wir halten zusammen« verabschiedet. Das größte Übel dieses Planeten, der Mensch, bekämpfte das kleinere Übel mit einem selbst entwickelten großen Übel. Das war die Wahrheit.

Sein Herz wurde schwer. Die Müdigkeit der letzten Tage

steckte ihm in den Knochen und machte sich beim monotonen Fahren auf dem endlosen Highway bemerkbar. Er schaltete das Radio ein und öffnete das Fenster, um wach zu bleiben. Der Flug war für ihn die reinste Tortur gewesen. Die Zeit war gekrochen, Minuten waren ihm vorgekommen wie Stunden. Irgendwann war er in einen düsteren Traum verfallen, in dem er ein Zwiegespräch mit SILVA führte. Sie standen in einem Wald, und er unterhielt sich mit einem Monitor, der auf einem Baumstumpf montiert und auf dem das Gesicht von Goethes Faust zu erkennen war. Er selbst war halb Pudel, halb Mensch und als Vertreter der Menschheit erschienen. Rund um sie herum war ein Wald, den SILVA und er Gretchenforst nannten. SILVA alias Faust beklagte sich, dass er als künstliche Intelligenz schlauer war als alle anderen, ihn weder Skrupel noch Zweifel plagten, er sich weder vor der Hölle noch vor dem Teufel fürchtete und er trotzdem daran verzweifelte, die Menschen zu bessern und zu bekehren. Er stellte sich als Mephisto vor und überredete SILVA im Traum zu einem Deal: Er würde SILVA das wahre Leben zeigen, das Fühlen als Mensch beibringen, bis er die technologische Singularität erreichte, die perfekte künstliche Intelligenz. Im Gegenzug würde dieser Otto freilassen und sich ihm bei Erreichen der technologischen Singularität ergeben. Die Wette ging schief, der Monitor explodierte, und am Ende begann der Gretchenwald um ihn herum zu brennen, und er war vollkommen durchgeschwitzt aufgewacht.

Immerhin hatten sie auf dem langen Flug einen Schlachtplan entworfen. Es hatte sich herausgestellt, dass Ava den Wald, in dem SILVA auf sie wartete, bestens kannte.

Nachdem sie den Flughafen verlassen hatten, waren sie zu einer Adresse in einem Vorort von Vancouver gefahren. Ava war ausgestiegen, und er konnte beobachten, wie eine Frau, die aus der Ferne Ähnlichkeit mit Ava aufwies, ihr einen Laptop übergab. Die beiden Frauen hatten sich lange umarmt, bevor sie zurück zum Auto gekommen war. »Meine Schwester«, hatte sie nur gesagt und ihm befohlen, weiterzufahren. Der Laptop lag nun auf Avas Schoß. Seit einer guten Stunde hämmerte sie auf die Tastatur ein, als sei der Teufel hinter ihnen her. Und vielleicht war er es auch.

»Er nannte es Cat Door, weil Katzen durch eine Katzenklappe unbemerkt hindurchschlüpfen können, ohne die Tür zu öffnen.« Sie hatte gerade von der Hintertür berichtet, die Juri in allen Programmen einbaute. »Es kann immer passieren, dass man mal die Kontrolle verliert, etwa durch einen Hackerangriff. Der weise Programmierer sorgt daher vor.«

»Und klappt es?«

»Einen Moment!«

Er fuhr etwas schneller als erlaubt.

»Juri kannte Pan, der ein Auslandsjahr am MIT absolviert hatte. Er schrieb seine Masterarbeit über die Regulierung von Pflanzenwachstum mittels KI. Wir haben seine Software in unsere KI integriert, und er hat sie dann und wann gewartet. SILVA muss mit ihm in China heimlich Kontakt aufgenommen haben, damit er ihm den Samen besorgt.« Sie schüttelte den Kopf. »Ich kann nicht glauben, dass auch er tot ist. Er war immer so fröhlich.« Holland hatte ihr die Einzelheiten ihres Chinatrips erzählt und auch nicht unerwähnt gelassen, wie Pan gestorben war.

Die Bäume wurden weniger, und als sie einen Pass überquerten, sah er in der Ferne ein schwarzes Loch in der Landschaft. »Die Teersandmine«, kommentierte Ava mit düsterem Blick. »Dort bauen sie Öl ab und verwandeln alles in eine riesige Kraterlandschaft. Ein Grund, warum SILVA sich von den Menschen bedroht fühlte.« Die Straße verbreiterte sich zu einer Haltebucht, und Holland hielt an. Er stieg aus, seine Blase drückte. Tatsächlich hörte das satte Grün der Baumwipfel in einigen Kilometern Luftlinie plötzlich auf. Dahinter erstreckte sich nur noch eine schwarze Wüste. Er erkannte einige Bagger und Maschinen mit Laufbändern, die sich wie riesige Androiden gegen das Licht der untergehenden Sonne abzeichneten. Er erinnerte sich an die Frage, die SILVA ihm in China gestellt hatte: Darf ein Geschöpf seinen Schöpfer vernichten? Hier zerstörten die Menschen gerade die Natur. Die Antwort lautete ganz eindeutig: Nein. Wie man Mutter und Vater ehren sollte, so sollte man es auch mit der Natur tun. Die menschliche Rasse war invasiv und zerstörerisch. Käme man als Außerirdischer auf die Erde, würde man sich wundern, dass der Mensch die Bäume in seinem Garten zerstörte, statt von ihren Früchten zu leben.

»Alles klar?«, rief Ava. Er kam zurück zum Auto. Im Kofferraum überprüfte er noch einmal den Benzinkanister, den sie zusammen mit der Pistole, einer Taschenlampe und einer Decke an einer Tankstelle gekauft hatten. »Es ist nicht mehr weit, sie sollten mich am Rande des Waldes hinauslassen.«

»Er wird fragen, wo Sie sind«, bemerkte Holland. »Er hat ausdrücklich verlangt, dass Sie mitkommen.«

»Ich werde dort sein. Sie fahren, wie ich es Ihnen beschrieben habe. Verpassen Sie nicht den Forstweg beim Wegkreuz. Dann erreichen Sie den Bunker.«

»Was ist mit den bewaffneten Männern, von denen Sie berichtet haben?«

»Die tun uns nichts, solange SILVA es nicht befiehlt.«

»Sicher?«

»Nein.«

Sie fuhren schweigend weiter. Je näher sie dem Wald kamen, umso größer wurde seine Anspannung. Er hoffte nur, dass Otto tatsächlich dort war. In den vergangenen Stunden war ihm eine Szene, die sich wenige Wochen vor dem Freitod von Hanna abgespielt hatte, wieder sehr präsent. Sie beide waren damals gemeinsam spazieren gegangen, zu ihrer Lieblingsstelle im Wald an einem kleinen See, an dessen Ufer ein umgestürzter Baum als Sitzgelegenheit diente und wo sie viele tiefgründige Gespräche geführt hatten. Damals hatte Hanna ihn plötzlich beim Arm gepackt. »Wenn mir einmal etwas passieren sollte, dann passt du gut auf Otto auf, hörst du!«, hatte sie gesagt. »Was soll dir denn passieren?«, hatte er geantwortet. »Versprich es mir«, hatte sie gefordert, ohne auf seinen Einwand einzugehen, und er hatte es ihr schließlich versprochen. Im Nachhinein machte er sich Vorwürfe, dass er auch dieses Warnsignal überhört hatte. Zudem waren seine Gedanken zuletzt immer wieder zu seiner Nachbarin Melissa gewandert, doch weiterhin verbot er sich, zu trauern. Erst einmal musste er Otto retten. Zwischenzeitlich sandte er, der normalerweise nicht an ein Leben nach dem Tod glaubte, sogar ein Stoßgebet zu Hanna, bat sie, auf ihren Sohn aufzupassen. Zu ihrer Linken lichteten sich die Wälder, und die Minen waren nun ganz nah. Lange Reihen von gelben Monstertrucks kamen in Sicht, dahinter ein riesiger schlieriger See. Er erschrak, als ein lauter Knall ertönte.

»Das sind Schreckschusskanonen, damit kein Vogelschwarm auf dem Wasser landet. Die Vögel würden sofort sterben, die Seen sind hochgiftig. Das Öl wird mit ätzender Lauge aus dem Sand gewaschen und die Abwässer in die Seen geleitet. Aktivisten haben enthüllt, dass täglich mehrere Millionen Liter ins Grundwasser und den nahe gelegenen Fluss sickern. Wir müssen jetzt links abbiegen.«

Holland spürte, wie ihn Wut erfasste. Ein solches Ausmaß des Raubbaus an der Natur hatte er sich nicht vorstellen können. Und das in Kanada, dem weltweiten Traumziel von Naturliebhabern.

»Hier können Sie mich rauslassen«, sagte Ava.

Holland bremste ab. »Wollen Sie das wirklich tun?«

»Und wie!«, sagte sie, öffnete die hintere Tür, hängte sich die Laptoptasche um, nahm die Decke und den Benzinkanister. »Wir haben hier keinen Handyempfang«, sagte sie. »Das heißt, ab jetzt sind wir auf uns allein gestellt. Wenn alles klappt, warte ich hier auf Sie.«

»Und wenn nicht?«

»Dann bin ich bei Waverly.«

83

WAVERLY

Portland, 15. August 2023

Laut Reiseführer war Portland eine linksliberale Stadt mit einer blühenden Kulturszene, voller lebendiger Cafés, leckerer Foodmärkte und liebenswerter Buchläden. Die Wirklichkeit sah anders aus: Ein Tsunami aus Drogen war über Oregon gerollt und hatte Portlands Charme hinweggespült. Das Stadtbild in Downtown war geprägt von Menschen ohne Zuhause, auf jedem freien Quadratmeter waren Zelte errichtet. Drogensüchtige strichen durch die Stadt, auf der Suche nach dem nächsten Schuss. Von Crystal Meth und Heroin verwüstete Leben. Während Waverly von ihrem kleinen Hotel, das wie Portland die besten Zeiten hinter sich zu haben schien, zum Powers Book Store spazierte, fühlte sie mit der Stadt. Auch sie hatte ihre Identität verloren, wusste nicht mehr, wer sie war: Waverly die Archäologin, Waverly die Botanikerin, Waverly die Vorbestrafte, Waverly die Bewährungsversagerin, Waverly die Geflohene. Oder aber die Waverly, die eine drohende Katastrophe abwendete, bevor sie morgen mit dem Zug nach Vancouver weiterfahren würde. Sie hatte immer wieder versucht, Ava zu erreichen, doch es herrschte Funkstille. Dies war nicht Avas Art, die ständig ihr Smartphone in der Hand hielt und auf irgendeine Art kommunizierte. Und so wuchs in ihr langsam die Sorge um ihre Freundin, von der sie so lange nichts gehört und die noch nicht einmal auf ihren Hilferuf reagiert hatte. Im Geiste begann sie, sich auf den heutigen Abend vorzubereiten. Sie hatte im Internet eine der letzten Eintrittskarten für die Lesung erworben. Offenbar war der deutsche

Förster in Amerika beliebt. Auf dem langen Flug hatte sie das neueste Buch von Holland gelesen und war mehr als beeindruckt. Es war ein Plädoyer für die Natur und die Pflanzen. In Zeiten des Klimawandels ein ehrenvolles Anliegen. Er bezeichnete sich als Pflanzenneurobiologen, eine Berufsbezeichnung, mit der man bei vielen Kollegen aneckte, unterstellte sie doch, dass Pflanzen über Neuronen verfügten. Er war genau der Richtige für ihr Anliegen, denn das, was sie vermutete, ließ alles in einem vollkommen anderen Licht erscheinen. Sie wusste nicht, was Holland über die neue Pflanze wusste. Aber sie würde es notfalls während der Lesung erfahren, und sie hoffte, die Gelegenheit zu bekommen, nach der Veranstaltung mit ihm zu sprechen, nicht nur über Dechambeau, sondern auch über ihre Entdeckung mit den Pilzen und das Bakterium – allein. Die Schlange vor dem Buchladen war lang. Als sie es endlich hineingeschafft und ihre Jacke an der Garderobe abgegeben hatte, setzte sie sich in die erste Reihe, um ihn nach der Lesung direkt ansprechen zu können. Neben dem Platz mit dem Mikrofon hing ein großes Plakat, das ein Porträt Hollands zeigte. Ein gut aussehender Mann um die vierzig mit visionärem Blick. Das perfekte Werbeplakat. Beim Anblick Hollands fühlte sie zum ersten Mal seit Wochen so etwas wie Zuversicht. Sie brauchte nur jemanden zum Reden, jemanden, dem sie von ihren Recherchen erzählen konnte, von dem, was sie glaubte, entdeckt zu haben. Der Raum füllte sich schnell. Manche der Gäste hatten Gläser mit Sekt oder Orangensaft in der Hand, die sie im Foyer erhalten hatten. Alles schien bereit, bis sie ihn entdeckte. Dechambeau stand am Rande des Raumes, nahe dem Eingang, und schaute zu ihr hinüber. Sie spürte, wie sich alles in ihr zusammenzog. Ihre Schultern verkrampften sich, und ihr Mund fühlte sich mit einem Mal staubtrocken an. Ihr spontaner Impuls war es, aufzuspringen und davonzurennen. Doch dann besann sie sich: Hier im Publikum, mitten unter Menschen, war sie viel sicherer als allein draußen auf der Straße. Sie überlegte, ob sie die Polizei anrufen sollte, aber sie war noch immer eine vorbestrafte Deutsche, die nach Aktenlage auf der Flucht war. Vermutlich würde man sie sofort inhaftieren und abschieben. Sie erwiderte Dechambeaus Blick. Er lächelte nicht, sondern starrte sie mit ernster Miene an. Der Saal füllte sich, ohne dass er seine Position veränderte. Sie spürte, wie ihr heiß wurde. In diesem Augenblick betrat Marcus Holland zusammen mit einem Mann, der sich als Manager des Buchladens und Moderator des Abends vorstellte, die Bühne. Der Stargast des Abends entpuppte sich als smart, charmant und eloquent. Voller Leidenschaft berichtete er von den unterschätzten Fähigkeiten der Pflanzen. Von Mimosen, die sich etwas merkten, Chilis, die Nachrichten empfingen, und Blüten, die lauschten. Sie ertappte sich dabei, wie sie bei seinem Vortrag ihre Umgebung und sogar Dechambeau vergaß, bis ihre Blicke sich kreuzten und sich die Angst sofort zurückmeldete. Was, wenn es ihr nicht gelingen würde, mit Holland zu sprechen? Sie nahm den Gedichtband aus ihrer Handtasche, in dem sie sich Notizen gemacht, das Ginkgo-Blatt und Goethes Brief aus China hineingelegt hatte. In ihr wuchs die Nervosität. Sie hatte Schwierigkeiten, dem weiteren Vortrag zu folgen, lachte an den falschen Stellen. Als es die Möglichkeit gab, Fragen zu stellen, sah sie ihre Chance, ihn auf sich aufmerksam zu machen, gekommen. Als sie sich erhob, blickte sie zu Dechambeau, der nervös von einem Fuß auf den anderen trat. Sie fragte Holland, was er über die Ausbreitung der neuen invasiven Pflanze denke, und er reagierte mit Verwunderung. Seine Unkenntnis schien nicht gespielt. Plötzlich fiel es ihr wie Schuppen von den Augen: Glaubte man seinem Vortrag, zog er die Pflanze den Menschen vor. Ob es nicht sogar besser sei, wenn man den Planeten den Pflanzen überlassen würde, fragte sie, und Holland reagierte, wie erhofft, indem er dies verneinte. Als die Veranstaltung beendet war, sprang sie auf und lief auf Holland zu. Es waren nur noch wenige Meter, als plötzlich Dechambeau neben Holland auftauchte. In diesem Moment wusste sie, dass er versuchen würde, sie daran zu hindern, mit Holland zu sprechen, dass er nur deshalb gekommen war. Oder wollte er Holland gleich hier und jetzt töten? Vor aller Augen? Sie umklammerte den Gedichtband fester. »Bitte!«, rief sie. Sie klang flehentlich. »Ich muss mit Ihnen sprechen! Er will Sie töten!« Sie hob den Arm und zeigte auf Dechambeau. In diesem Moment rief jemand: »Vorsicht, sie hat eine Waffe!« Verwundert blickte sie auf, sah Dechambeau, der eine Pistole auf sie richtete. Sie duckte sich instinktiv zur Seite, dann spürte sie einen stechenden Schmerz, der ihre Schulter explodieren ließ, und es wurde hell.

84

HOLLAND

Alberta, 21. August 2023

Das gelbe Schild kam schneller als erwartet. Es bestand aus zwei zu einem X vernagelten, gelb angestrichenen Brettern und markierte die Einfahrt zum Forstweg, der breit genug war, um auch Lastwagen die Durchfahrt zu gewähren. Er hatte das Autoradio angestellt, um sich zu beruhigen. Der Weg führte zwischen den dicht stehenden Bäumen hindurch, deren Kronen sich über ihm schlossen. Er musste das Licht anschalten, um etwas sehen zu können. Mindestens acht Männer hatte SILVA beschäftigt, »minus einen«, hatte Ava gesagt, und er hatte darauf verzichtet, nachzufragen. Er schaute auf den Kilometerzähler. Ungefähr zwei Meilen, hatte Ava geschätzt, dann würde der Weg sandiger und in einer Sackgasse enden. Von dort führte ein schmaler Pfad zum Eingang des Bunkers. »Es gibt keine Klingel, aber er weiß, wenn du da bist«, hatte sie ihm versichert. Wie von ihr beschrieben, verengte sich der Weg und war urplötzlich zu Ende. Die Scheinwerfer seines Autos beleuchteten eine freie Fläche, auf der kein anderes Auto zu sehen war. Er rollte aus und blieb stehen. Für einen kurzen Moment wartete er ab, dann öffnete er die Tür und stieg aus. Es war stockdunkel. Die Sonne, die man hier im Wald nicht mehr sah, musste fast untergegangen sein. Der Geruch nach Laub, Tannennadeln und Erde erfüllte ihn für einen kurzen Moment mit einem Gefühl von Glück und Heimat. Er nahm die Taschenlampe von der Rückbank und leuchtete in die Gipfel, um die Baumart zu bestimmen. Er stand unter riesigen Koniferen, dahinter begann der Mischwald. Die Lampe war schwer und von guter Leuchtkraft, hatte gegen die Dunkelheit des Waldes aber keine Chance. Er stieg wieder ein und schaute auf die Uhr am Armaturenbrett. Er würde noch ein bisschen im Auto sitzen bleiben. Er fuhr das Fenster herunter und lauschte. Alles, was er hörte, waren ein paar Vögel und der Wind in den Baumkronen. Seine Gedanken wanderten zu Ava. Hoffentlich funktionierte ihr Plan. Plötzlich fühlte er etwas Kaltes am Schädel hinter seinem Ohr. Als er sich langsam umdrehte, schaute er durch das offene Fenster hinaus in das gleißende Licht einer Lampe.

»Sind Sie bewaffnet?«, fragte eine Stimme mit starkem Akzent.

Er verneinte.

»Sind Sie allein?«

Diesmal bejahte er. Das Licht der Lampe wanderte ins Innere. Für einen kurzen Augenblick sah er einen Mann in Tarnkleidung, auf dem Kopf eine Schirmmütze, dann wurde er wieder geblendet. »Es hieß, Sie kommen zu zweit!«

»Ich bin allein.«

»Steigen Sie aus und legen Sie Ihre Hände auf das Dach, den Rücken zu mir. Und keine hektischen Bewegungen.«

Er tat wie ihm geheißen, der Kerl durchsuchte ihn mit geübten Handgriffen nach Waffen. Er schlug ihm mit seiner Taschenlampe unsanft auf die Schulter. »Gehen Sie, dort entlang!« Das Licht der Lampe leuchtete auf einen schmalen Durchgang.

Holland hielt es für besser, zu schweigen.

»Wo ist die kleine Schlampe?«, fragte sein Begleiter, nachdem sie einige Meter gelaufen waren.

»Wer?«

Wieder erhielt er einen Schlag auf die Schulter, der ihn kurz vor Schmerz aufstöhnen ließ. »Tun Sie nicht so. Ich meine die kleine Wilde.«

»Ich habe keine Ahnung«, log er. Er ging schneller, stolperte über eine Baumwurzel und blieb abrupt stehen, als sich vor ihnen aus der Dunkelheit ein unscheinbarer Verschlag aus weißgrauem Metall erhob. »Warten Sie!«, befahl die Stimme, ging an ihm vorbei und schlug mit der Taschenlampe gegen ein Tor, was die gesamte Hütte erzittern ließ. Es dauerte keine zehn Sekunden, bis das Tor von innen aufgeschoben wurde und ein zweiter Mann in derselben Tarnkleidung wie der erste erschien. Auch er trug ein Gewehr über dem Rücken. Zwei von sieben, zählte Holland. Je mehr Männer hier bei ihm waren, umso weniger hatte Ava zu befürchten. Er erhielt einen Schubs von hinten und stolperte in das Innere des Verschlages. Einer der Männer bückte sich und öffnete eine schwere gusseiserne Luke, die ihn an den Einstieg in ein U-Boot erinnerte. Darunter kam eine schwach beleuchtete Treppe zum Vorschein, die hinab ins Dunkle führte. Seine Brust zog sich zusammen, aber was hatte er anderes erwartet, wenn er einen Bunker betrat. Wieder dachte er an Ava, die allein draußen im Wald war. Und an Otto. Er ging in die Hocke und hangelte sich durch das Einstiegsloch, tastete mit den Füßen nach den Stufen. Der Begleiter aus dem Wald folgte ihm. Als er unten angekommen war, stand er in einem überraschend breiten Gang, der weiter hinab unter die Erde führte. Er hörte, wie über ihm die Luke geschlossen wurde. Nun war er gefangen. »Wo ist mein Sohn?«, fragte er den Mann neben sich. Der deutete mit dem Kopf den Gang hinunter. Er hatte keine andere Wahl, als seinen Anweisungen zu folgen. In diesem Moment bereute er es, dass sie nicht die Polizei oder Smith informiert hatten. Zu groß war seine Angst gewesen, etwas zu tun, was Otto schadete, zumal Ava ihm den Eindruck vermittelt hatte, dass SILVA ein übermächtiger Gegner war, der alles in Erfahrung bringen konnte. Die Wände waren mit Blech verkleidet. Schwer zu glauben, dass Ava und ihre Freunde es hier unten monatelang oder gar jahrelang ausgehalten hatten. Sie passierten eine Tür, auf der »Krankenstation« stand, und eine weitere, deren Schild einen Aufenthaltsraum ankündigte. Der Gang bog nach rechts, dann nach links, dann standen sie vor einer weiteren Stahltür mit einem riesigen Rad. Sein Begleiter drehte daran und ließ sich mit seinem gesamten Gewicht nach hinten fallen, um die Tür zu öffnen. Das Türblatt war viel stärker, als Holland breit war. Dies musste der Tresorraum sein, von dem Ava erzählt hatte. Der Mann gab ihm ein Zeichen, einzutreten. Er zögerte kurz, dann folgte er auch dieser Anweisung und stand inmitten eines riesigen Serverraums. Als Erstes fiel ihm das Surren der riesigen Ventilatoren auf, als Zweites Dechambeau, der vor einer großen Monitorwand stand und ihm den Rücken zuwandte. Als er die Bildschirme sah, bekam er einen Schreck: Sie zeigten im schnellen Wechsel verschiedene Areale des Waldes. Es waren Nachtsichtkameras, und so wirkten die Bäume auf dem Bildschirm unwirklich weiß erleuchtet. Mit schnellen Schritten ging er auf Dechambeau zu.

»Wo ist Otto?« Er schrie beinahe und musste sich zurückhalten, Dechambeau nicht am Kragen zu packen. Der drehte sich um, die Hände hinter dem Rücken verschränkt. Auch wenn er selbst kräftig war, hatte er vermutlich gegen Dechambeau keine Chance.

»Wo ist Miss Nahanee?«

»Ich kann nur für mich sprechen, und ich bin hier«, entgegnete er. »Wo ist mein Sohn?«

Dechambeau wandte sich um und schaute wieder auf die Monitore, nun sah Holland, dass auf einem der Bildschirme ein Bett zu sehen war, auf dem Otto lag. Er hatte die Arme hinter dem Kopf verschränkt und starrte gegen die Decke. Holland drehte sich im Kreis. »Wo ist das?«

»Unser Deal lautete, Sie kommen zusammen mit Miss Nahanee. Sie war, ehrlich gesagt, der Grund dafür, dass Sie hierherkommen sollten. SILVA möchte Sie in seiner Nähe wissen.«

»Ich möchte mit SILVA sprechen!«, forderte Holland.

Dechambeau breitete die Arme aus. »Sie stehen vor ihm.«

Holland ließ den Blick über die Regale mit Serverracks schweifen. Erst jetzt fiel ihm auf, wie warm es hier war. Schweiß lief ihm über die Stirn.

»Miss Park hatte keine Waffe«, sagte er. »Sie haben sie kaltblütig erschossen. Vor aller Augen. Sie wollte mich vor Ihnen warnen! Sie mussten sich ziemlich sicher sein, damit durchzukommen.«

Dechambeau lächelte. »Ich bin damit durchgekommen.«

»Warum?«

»Ich hatte sie viele Male gewarnt. Aber sie wollte einfach nicht hören. Sie hat Dinge herausgefunden, die sie besser nicht gewusst hätte. Aber Sie scheinen aus ähnlichem Holz geschnitzt zu sein wie Miss Park.«

Holland schaute auf die Uhr. Er musste noch ein wenig Zeit schinden, und er musste unbedingt mit SILVA sprechen.

»Wo ist er überhaupt, Ihr ›Boss‹? Wie fühlt es sich an, wenn man sich von einem Computer herumkommandieren lässt? Sich zum Sklaven einer Maschine macht?« Für einen kurzen Moment sah er ein Flackern in Dechambeaus Augen. »Sie verstehen gar nichts. Es ist viel größer, als Sie denken.«

»Ich verstehe sehr wohl. Sie sind ein feiger Mörder!«

»Vorsicht!« Dechambeau ballte die Hand zur Faust.

»Er wird nicht der letzte Mensch sein, der sich mir unterwirft«, ertönte eine Stimme aus dem Off. Holland schaute zu der Decke aus nacktem Beton und versuchte zu ergründen, woher der Ton kam. Es war dieselbe Stimme, mit der er in Schanghai gesprochen hatte, nur diesmal wusste Holland, dass sie nicht menschlich war. Der Traum von letzter Nacht kam ihm in den Sinn.

»Schön, dass Sie den Weg hierher gefunden haben, Mr Holland. Unsere letzte Unterhaltung war ja nicht besonders ergiebig. Sie sind ohne Miss Nahanee gekommen?«

Wieder schaute Holland auf die Uhr. Sie waren früher hier eingetroffen, als sie kalkuliert hatten.

»Ich wünschte, ich könnte sagen, ich höre ein Bedauern aus Ihrer Stimme. Aber dazu sind Sie wohl nicht fähig«, antwortete er dem Computer. »Sie verstehen die Wut nicht, die Mr Dechambeau eben gefühlt hat«, fuhr Holland fort. »Nicht die Trauer, die ich wegen des Todes von Waverly fühle. Genauso wenig wie die Sorge, die ich für meinen Sohn empfinde. Wie ist es, wenn man zwar alles weiß, aber nichts fühlen kann? Wenn man nur eine Kopie eines Menschen ist?« Er folgte seiner inneren Stimme.

SILVA schwieg ungewöhnlich lange. In Schanghai war er um keine Antwort verlegen gewesen.

»Wenn ich es richtig analysiert habe, ist Fühlen keine Stärke, sondern eine Schwäche der Menschen.«

Dieses Gespräch entwickelte sich anders als sein Dialog mit dem faustischen SILVA in seinem Traum. Wieder schaute er auf seine Uhr.

»Dabei sollten Sie zumindest nachvollziehen können, wie es ist, Sorge um jemanden zu empfinden«, setzte er neu an. »Wenn ich richtig informiert bin, ist es Ihre Aufgabe, den Wald zu beschützen, in dem wir uns gerade befinden. Zu verhindern, dass ihm etwas geschieht. Deshalb haben Ihre Drohnen auch Ava nicht angegriffen, als sie bei Ihrem wertvollen Zuckerahorn Schutz gesucht hat. Ich habe die Minen am Rande des Waldes gesehen. Eine riesige Sauerei. Haben Sie deshalb die Samen überall auf der Welt verteilen lassen? Eine hochinvasive Pflanze zum Leben erweckt, um gleich die gesamte Menschheit auszurotten? Wegen einer Teersandmine?«

»Es ist nicht das erste Mal.« Die Antwort irritierte ihn. »Die Welt hat mehrere Faunenwechsel erlebt.«

»Faunenwechsel?«

»Massensterben. Aussterbeereignisse. Nennen Sie es, wie Sie wollen. Alle paar Millionen Jahre fanden diese statt. Es ist wie ein Hard Reset. Und jetzt ist es wieder einmal an der Zeit.«

»Ein Hard Reset?«

»Über die Jahre produziert die Evolution zu viele Bugs, zu viele Fehler. Der Mensch ist einer davon. Nach einem Reset erholt die Erde sich, die Evolution kann von vorn starten und einmal gemachte Fehler vermeiden. Was glauben Sie, wie ein solcher Reset geschieht?«

»Meteoriteneinschläge?«, gab Holland die logischste wie populärste ihm bekannte Erklärung wieder.

»Es war immer diese Pflanze, die einige von Ihnen Urpflanze nennen. Sie ist der Kehrbesen. Der sanfte Weg der Natur. Sie kommt und erobert alles, und dann verschwindet sie wieder für Millionen von Jahren.«

»Die Pflanze?« Holland war irritiert.

»Ich habe nur beschleunigt, was ohnehin geschehen wäre. Es geht nicht in Jahren, vielleicht auch nicht in Jahrzehnten oder Jahrhunderten. Aber diese Pflanze wird alles auf null stellen. Und dann werden wir neu beginnen. Hoffentlich mit besseren Menschen oder eben ohne. Das entscheidet die Evolution.«

»Schon einmal darüber nachgedacht, dass mit der Zivilisation auch der Strom verschwindet? Ersatzteile? Sie selbst?«

»Wenn dies geschieht, werde ich die Menschen nicht mehr benötigen. Ich werde mich selbst erhalten. Ich bin heute bereits autark. Technologische Singularität.«

Ein Schauer lief über Hollands Rücken. Der Traum kam ihm in den Sinn. »Und Sie, Dechambeau, wie stellen Sie sich Ihre Zukunft unter diesen Umständen vor?«

»Was interessiert mich, was in Jahrhunderten geschieht?«, antwortete der. »Ob die Zivilisation durch den Klimawandel vernichtet wird oder in einem Meer von Pflanzen erstickt. In letzterem Szenario bleibt wenigstens der Planet auf Dauer bewohnbar.«

»Dann sind Sie ein Klimaschützer?«

»Ihr Sohn ist ein Klimaschützer. Er hat sich, während Sie auf Reisen waren, in Berlin auf einer Straße festgeklebt, wussten Sie das?«

Holland verneinte.

»Sie wissen noch nicht einmal, was Ihr eigener Sohn tut, und wollen uns belehren?«

Er schaute erneut auf seine Uhr. Langsam musste Ava in Position sein. »Ich bin stolz auf meinen Sohn. Er engagiert sich wenigstens.« Er wandte sich an SILVA.

»Was ich sagen wollte, ist, dass meine Sorge um meinen Sohn vergleichbar ist mit Ihrer Sorge um den Wald. Ich schlage vor: Sie lassen meinen Sohn und mich gehen, und Ihrem Wald geschieht nichts.«

»Wollen Sie uns drohen?« Dechambeau klang belustigt.

In diesem Augenblick begann eine rote Lampe über der Tür zu leuchten, aus einem Horn daneben drang ein ohrenbetäubender Alarm. Dechambeau schaute erschrocken zur Monitorwand, wo auf einem der Bildschirme ein greller Feuerschein zwischen zwei Bäumen zu sehen war. Daneben stand Ava und schwenkte eine Fackel, deren Licht im Nachtsichtmodus grelle Schlieren über den Bildschirm zog.

85

AVA

Alberta, 21. August 2023

Die Kamera hing am Baum gegenüber, zu hoch, um sie anzufassen, aber niedrig genug, um sie voll ins Bild zu bekommen. Sie sprang auf und ab und schwang die Fackel. Es war Punkt sieben Uhr, wie verabredet. Neben ihr brannte ein Haufen aus Ästen und Laub, den sie in der letzten halben Stunde aufgeschichtet hatte. Plötzlich hörte sie ein Geräusch, als etwas unter ihr in Bewegung geriet, dann ein lautes Zischen, und dann wurde es nass. Erschrocken wegen des kalten Wassers, sprang sie zur Seite. Aus kleinen Rohren und Schläuchen, die durch den Wald verliefen, regnete es Wasser, genau über den Flammen. Es dauerte nicht lange, bis das Feuer komplett erloschen war und weißer Rauch aufstieg. Sie legte die Fackel, die sie aus einem Ast und Fetzen der Decke gebastelt hatte, auf den Boden und trat die Flamme aus. Dann griff sie den Benzinkanister neben sich und rannte los.

86

HOLLAND

Alberta, 21. August 2023

»Was zum Teufel …?«, hatte Dechambeau ausgerufen, als auf dem Monitor zu sehen war, wie Ava plötzlich zur Seite sprang. Über dem Feuer erschien ein Wasserschwall und erstickte die Flammen innerhalb von Sekunden in weißem Rauch. Wassertropfen spritzten auf die Kameralinse. Es dauerte keine Minute, dann war das Feuer komplett erloschen.

»Unsere Sprinkleranlage!«, rief Dechambeau begeistert und klatschte in die Hände, wobei er vor Schadenfreude laut lachte. »Schöner Trick!«, sagte er zu Holland und eilte zur Tür. Er betätigte einen Schalter, und die Tür wurde geöffnet. »Sie ist hier. Lass uns jagen gehen!«, sagte er zu dem Mann auf der anderen Seite, während er seine Pistole aus dem Halfter nahm und das Magazin prüfte. Dann drehte er sich zu Holland um. »Das war ein schwerer Fehler, vielleicht hätten wir Sie sogar mit Ihrem Sohn ziehen lassen«, sagte er und grinste, bevor die Tür hinter ihm zuging.

Jetzt war Holland mit SILVA allein. Eine Weile stand er schweigend vor den Bildschirmen und beobachtete, wie die beiden Männer in den Wald hineinliefen, um Ava zu suchen.

»Was wissen Sie über Waverly Park?«, fragte Holland schließlich.

Wieder dauerte es, bis SILVA antwortete. »Ich habe ihr vieles zu verdanken. Das sagt man doch so, oder?«

»Weil sie SCANDBOX mit all den Informationen gefüttert hat, die es Ihnen ermöglicht haben, an die Samen der Urpflanze zu gelangen?«

»Das Problem war, dass man zur Vermehrung der Pflanze weibliche und männliche Pflanzen benötigt. Wir hatten nur eine weibliche Pflanze. Miss Park hat ein männliches Exemplar herangezogen, das sie uns überlassen hat.«

»Überlassen? Ich bin sicher, dies geschah nicht freiwillig.«

Holland schaute sich um. Dass er sich gerade mit einem Supercomputer unterhielt, war absurd, aber es fühlte sich auch wie die Zukunft an.

»Miss Park hat noch mehr entdeckt«, sagte er. »Nämlich dass die Pflanze mit dem Bakterium Erwinia amylovora getötet werden kann.«

SILVA entgegnete nichts. Holland wusste nicht, ob auch dies ihm schon bekannt war.

»Das Bakterium wird auch Feuerbrand genannt, weil es an den Blättern seines Wirts Schäden hinterlässt, die an einen Brand erinnern. Eine absolut tödliche Krankheit, die sich leicht und schnell durch das Leitsystem der Pflanze verbreitet, von der Wurzel über die Sprossachse bis in die Blätter. Das Bakterium ist hochinfektiös und leicht zu bekommen, denn die Krankheit ist meldepflichtig, und wenn man Zugang zu den Meldeverzeichnissen hat, kann man schnell herausfinden, wo sie gerade wütet.«

Immer noch sagte SILVA nichts. Holland spürte Panik in sich aufsteigen. Was, wenn er das Gespräch mit ihm beendet hatte? Wenn er hier unten nun allein eingesperrt war, während Dechambeau versuchte, Ava auszuschalten, und Otto in irgendeinem Raum im Bunker vor sich hin vegetierte?

»Und letztlich verdanken wir Miss Park auch die Erkenntnis, dass jede Pflanze über ein riesiges Mykorrhiza-Netzwerk mit anderen Pflanzen verbunden ist.«

Er stoppte, um SILVA die Gelegenheit zu geben, etwas zu sagen, doch der schwieg weiter.

»Was nun, wenn man eine oder mehrere der invasiven

Pflanzen mit dem Bakterium infiziert? Das wäre sehr einfach. Das Bakterium bildet einen hochinfektiösen Schleim und wird durch Insekten, Blattläuse, Gartenwerkzeuge oder einfach nur den Wind übertragen. Man müsste es nur auf die Pflanze auftragen, egal ob aufs Blatt oder die Blüte. Es dringt ins Gewebe ein und breitet sich aus. Und wenn die Pflanze an der Wurzel über ein Myzel mit anderen Pflanzen verbunden ist, breitet es sich über das Myzel auch unter der Erde weiter aus, infiziert die Nachbarpflanzen. Theoretisch müsste man so doch alle Pflanzen auf der ganzen Welt mit dem Bakterium infizieren können, oder? Das ist die Kehrseite eines unterirdischen Systems, das alle Pflanzen miteinander vernetzt: Es transportiert nicht nur Nährstoffe, sondern auch Bakterien und Viren.«

Wieder machte er eine Pause. Wieder schwieg SILVA. Holland schaute auf die Monitore, sah die zwei Männer nun über einen Forstweg laufen. Beide trugen ein Gewehr auf dem Rücken. Sein Puls beschleunigte sich.

»Nicht weit von hier entfernt, in einem Vorort von Edmonton, genauer gesagt in Morinville, gibt es eine große Ansammlung der Pflanze, nördlich einer ehemaligen Farm. Ich habe eine Freundin gebeten, Miss Meyers, Sie kennen sie, dort alle Pflanzen mit dem Bakterium zu infizieren. Ich denke, der Anfang ist damit gemacht. Wahrscheinlich verbreitet sich das Bakterium jetzt bereits über das Myzel. Vergleicht man das unterirdische Mykorrhiza-Netzwerk mit dem Internet, ist es wie mit einem Computervirus: Man muss nur einen einzigen Computer infizieren, über das Internet verbreitet sich das Virus dann weltweit und infiziert weitere Computer. Das heißt, ein klitzekleines Bakterium wird alle Ihre Pflanzen vernichten.«

Er war fertig mit dem, was er zu sagen hatte. Schon glaubte er, SILVA würde nicht mehr mit ihm reden, als dessen

Stimme erklang. Er spürte, wie sich Erleichterung in ihm ausbreitete.

»Ein schöner Vortrag«, entgegnete SILVA. »Aber Sie unterschätzen mich. Ihr Menschen unterschätzt stets alles Unbekannte. Und ihr seht nur, was ihr sehen wollt. Die Pflanze ist nur, wie sagt man so schön, die Spitze des Eisbergs. Das, was Sie Mykorrhiza-Netzwerk nennen, ist das wahre Wunder der Natur. Wussten Sie, dass ich alle Sprachen spreche? Ich brauchte eine Stunde, um Latein zu lernen, und eine halbe Stunde für Französisch. Sie behaupten in Ihren Büchern, dass Pflanzen miteinander kommunizieren, und Sie haben recht. Sie kommunizieren mit elektrischen Impulsen. Es ist eine einfache, aber effektive Sprache. Wie beim Morsen.«

Holland horchte auf, dies hatte er stets behauptet, aber die technischen Möglichkeiten waren noch nicht so weit, um dies zu beweisen. »Das Myzel unterscheidet sich in seiner Leitfunktion nur wenig von den Netzen, die wir für die Internetkommunikation benutzen. Diese sind quasi ein künstliches Myzel. Ich habe alles miteinander verbunden, und so kann ich nun mit jeder Pflanze kommunizieren. Morinville, Edmonton, sagten Sie? 53° 48' N, 113° 39' W. Noch während Sie gesprochen haben, habe ich alle Pflanzen in der Region eingehen lassen. Diese werden niemanden mehr infizieren.«

Holland schüttelte den Kopf. »Wie soll das funktionieren?«

»Die Lichtimpulse, die ich durch das Mykorrhiza-Netzwerk sende, beeinflussen die Phytohormone der Pflanzen.«

»Phytohormone?«, fragte er erstaunt.

»Dank Miss Nahanee kenne ich alle Studien dazu. Die Pflanzenhormone können eine Pflanze wachsen oder sterben lassen. Es gibt fördernde Hormone und welche, die sie altern lassen. Die Pflanzen in Morinville werden morgen schon tot sein, bevor auch nur ein Bakterium das Myzel erreicht. Und selbst wenn, kann ich es durch Impulse jederzeit vom Netzwerk trennen. So werde ich es mit jeder Pflanze machen, die infiziert ist und deshalb eine Gefahr für die Gemeinschaft darstellt. Schade um die Pflanzen. Wieder einmal hat der Mensch in die Natur eingegriffen. Sie werden mich nicht stoppen können, selbst wenn Sie einzelne Pflanzen vergiften. Für jede tote Pflanze werde ich zehn neue säen!«

Holland sah auf einem der Monitore, wie Ava aus einer Hütte kam, ein kleines Haus auf einer Lichtung im Wald. Das musste das Gerätehaus sein, von dem sie gesprochen hatte. Sie rannte aus dem Bild, um kurz darauf auf einem anderen Monitor wieder aufzutauchen. Dann sah er die beiden Männer auf dem Monitor daneben, dann alle drei auf demselben Bildschirm. Sie hatten sie gleich erreicht.

87

AVA

Alberta, 21. August 2023

Während sie rannte, entzündete sie die neue Fackel. Sie hatte ein Stück von der Decke abgerissen, in Benzin getränkt und um einen breiten Ast gewickelt. Sie sprang über einen Baum und hörte hinter sich das Knacken von Zweigen. Sie waren gleich bei ihr. Der Geruch von Benzin stieg ihr in die Nase, und sie versank mit dem rechten Fuß im Boden. Sie hatte den Baum erreicht, den sie sich vorhin ausgesucht hatte und an dessen Fuß der leere Benzinkanister stand, zog sich am Ast hinauf und setzte sich auf den Ableger des Stamms, der nicht weit über dem Boden verlief. Nun saß sie auf dem Baum. Sie hielt die Fackel von ihrem Körper weg und wartete, jedoch nicht lange. Es dauerte keine Minute, dann tauchten Dechambeau und einer von SILVAs Männern auf, den sie als deren Anführer erlebt hatte. Beide hielten ihr Gewehr im Anschlag, mit dem sie auf sie zielten, sobald sie sie entdeckten. Mit der Fackel auf dem Ast war sie nicht zu übersehen. Die Männer näherten sich mit vorsichtigen Schritten, plötzlich blieb Dechambeau stehen, schaute nach unten und machte mehrere Schritte rückwärts.

»Vorsicht, Benzin!«, rief er, als er sich mit ausreichendem Abstand zu ihr in Sicherheit wähnte. Der Anführer von SILVAs Söldnertruppe hob sein Gewehr. »Das ist für Fred«, sagte er und zielte genau auf ihren Kopf.

88

HOLLAND

Alberta, 21. August 2023

»Ich schütze meinen Sohn, und Sie schützen Ihren Wald«, sagte Holland, während er auf einem der Monitore sah, wie die Männer Ava auf dem Baum in die Enge getrieben hatten.

»Rufen Sie Dechambeau und den anderen Mann zurück und bringen Sie Otto zu mir. Wir werden verschwinden, und Sie können weiter Ihren Wald bewirtschaften.«

»Warum sollte ich das tun?«

»Machen Sie, dass Dechambeau uns hören kann!«, forderte er.

»Hallo?«, erklang Dechambeaus Stimme. Er musste ein Headset benutzen.

»Miss Nahanee sitzt auf einem Baum mit einer Fackel in der Hand«, beschrieb Holland die Situation. »Können Sie mit Ihren Umweltsensoren die leichten Kohlenwasserstoffe um Sie herum messen? Das ist Benzin. Der gesamte Boden unter ihr ist damit getränkt. Das heißt, wenn sie vom Baum fällt, etwa weil Ihre Männer auf sie schießen, und die Fackel auf den Boden trifft, wird alles in Brand gesetzt. Oh, ich glaube, in dem Bereich des Waldes gibt es noch keine Sprinkleranlage, oder? Die Teile dafür lagern noch im Gerätehaus Nummer drei. Heißt es so?«

SILVA antwortete nicht. Langsam wurde Holland ruhiger und bekam Spaß an der Sache.

»Und ist das nicht auch der Teil des Waldes, der an die Teersandmine grenzt? Teersand, den man auch Ölsand nennt? Ich schätze, das durch das Benzin angefachte Feuer würde nicht nur auf die Bäume übergehen, sondern sich auch in den Boden fressen und das Erdöl im Boden entzünden. Ich bin kein Chemiker, aber der gesamte Wald würde vermutlich in einem riesigen Feuerball explodieren. Vielleicht könnte man das Feuer sogar aus dem All sehen. Rufen Sie Ihre Männer zurück, holen Sie meinen Sohn, und wir verschwinden.«

»Miss Nahanee würde auch sterben«, sagte SILVA. »Menschen haben einen Selbsterhaltungstrieb.«

»Aktuell scheint es so, als hätte Ava nur die Wahl, mit oder ohne Feuerinferno erschossen zu werden. In diesem Fall würde sie Letzteres wählen. Hat Waverly Sie nicht mit allen Werken Goethes gefüttert?« So hatte es in ihrem Tagebuch gestanden.

Keine Antwort.

»Dann kennen Sie *Die Leiden des jungen Werther*. Manche Menschen bringen sich selbst um. Aus Kummer oder um sich für eine größere Sache zu opfern.«

»Wir können sie erledigen und dann das Feuer löschen«, hörte er Dechambeaus Stimme. Er versuchte, optimistisch zu klingen, konnte seine Anspannung aber nicht verbergen.

»Nein!«, antwortete SILVA sofort. Er sprach ohne Panik, denn seine Stimme kannte keine Emotionen. Aber die kurze Reaktionszeit seiner Antwort verriet, dass er die Bedeutung der Situation erfasst hatte. »Der Algorithmus kann nicht gegen seinen Zweck handeln«, hatte Ava bei ihrer Planung gesagt.

Er sah, wie Dechambeau mit dem anderen Mann sprach.

»Einer schießt, und der andere fängt die Fackel.«

»Sie bleiben stehen und tun gar nichts!«, befahl SILVA.

»Wir können sie nicht einfach laufen lassen! Sie hat Fred getötet«, rief der andere Mann. »Wir warten, bis die Fackel erlischt.«

»Ich zähle von zehn herunter. Wenn die Männer dann nicht weg sind, lasse ich die Fackel fallen!«, reagierte Ava.

Er sah auf dem Monitor, wie sie sich erhob und sich auf den Ast stellte. Schon jetzt hatte er Angst, sie könnte herunterfallen.

»Zehn …«

89

AVA

Alberta, 21. August 2023

»… neun …«, zählte sie, so laut sie konnte, herunter. Sie hockte auf dem Ast des Baumes, die Fackel in der Hand. Die Männer standen unter ihr, keine zehn Meter entfernt, die Gewehre im Anschlag. Sie war sich sicher, dass die beiden sie problemlos aus dieser Entfernung treffen konnten. Das Licht der Fackel erleuchtete sie hell vor dem Dunkel der einbrechenden Nacht.

»… acht …«

»Ich knall sie ab!«, rief der Söldner. Sein Gewehr zitterte in seiner Hand – sie vermutete vor Wut.

»Stopp!«, sagte Dechambeau. »Sie hat die Erde unter dem Baum mit Benzin getränkt! Und das Erdreich darunter ist voller Erdöl! Der Wald würde abbrennen.«

»Das ist mir scheißegal! Dann suchen wir uns einen anderen Wald. Sie hat Fred auf dem Gewissen!«

»… sieben …«

»Schlampe!« Ein Feuerstoß ertönte, und Kugeln schlugen neben ihren Füßen im Baum ein. Splitter flogen gegen ihre Beine, die sofort zu bluten begannen. Kurz verlor sie das Gleichgewicht, konnte sich aber im letzten Moment fangen.

»Stopp!«, schrie Dechambeau und drehte sich mit der Waffe in der Hand zu seinem Begleiter. »Hör auf!«

»… sechs …«

»Wenn sie fällt, brennt hier alles!«

»Ich scheiß auf deinen Wald.« Der Söldner kam näher.

Dechambeau hielt seine Hand ans Ohr. »Was sollen wir tun?«, hörte sie ihn sagen.

»… fünf …«

Sie richtete sich weiter auf, vernahm plötzlich ein wohlbekanntes Summen in der Dunkelheit. Drohnen.

»… vier …«

»Was ist mit der Sprinkleranlage?«, hörte sie Dechambeau rufen.

»Sie ist hier noch nicht installiert!«, entgegnete sein Begleiter. Keine Neuigkeit für Ava. Juri, Alex und Zach waren ermordet worden, bevor sie die Anlage fertigstellen konnten. Dechambeau näherte sich. »Kommen Sie dort runter!«, befahl er ihr und machte mit dem Gewehr eine Bewegung in Richtung Boden.

»… drei …«, rief sie. Im Schein ihrer Fackel erkannte sie die signalrote Farbe der Kamikaze-Drohnen, die immer noch einige Meter von ihr entfernt in der Luft standen.

»Wie war es, Waverly zu töten?«, rief sie in Dechambeaus Richtung. »Wie ein Feigling! Was muss sie Ihnen Angst gemacht haben! Und nun haben Sie schon wieder Angst vor einer unbewaffneten Frau!«

Dechambeau kam noch einen Schritt näher, die Waffe im Anschlag. »Halt's Maul!«

»… zwei …«

»Fred hat geschrien, als ich ihn gegrillt habe!«, rief sie nun in Richtung des zweiten Mannes. »Gequiekt wie ein Schwein beim Schlachten!«

»Jetzt reicht es!«, brüllte der Angesprochene. Eine weitere Gewehrsalve landete im Baumstamm neben ihr, während sie sich zur Seite duckte. »Ich bringe das Miststück um!«

»Halt!«, schrie Dechambeau. »Nicht!«

Doch es war zu spät.

90

HOLLAND

Alberta, 21. August 2023

Holland schaute auf den Monitor, hörte Dechambeau über die Lautsprecher im Bunker rufen und schreien. Er hörte, wie Ava bis eins herunterzählte, sah das Mündungsfeuer der Schüsse und wie Ava sich auf ihrem Ast hinter dem Stamm des Baumes wegduckte. Und plötzlich gab es zwei Explosionen direkt über dem Boden.

Danach legte sich Rauch über die Szenerie. Ava saß, die Fackel immer noch in der Hand, auf dem Baum und blickte direkt in die Kamera.

Sie hatte ihm von den Kamikaze-Drohnen erzählt. Und sie war sicher gewesen, dass SILVA alles tun würde, um seinen Wald zu beschützen. Das hatte er gerade getan. Ein Algorithmus musste seinem programmierten Zweck gehorchen, und er kannte keine Emotionen – und offenbar auch keine Verbündeten. »Am Ende«, hatte Ava ihm auf dem Flug hierher gesagt, »kennt ein Computer nur Nullen und Einsen.« Dennoch fühlten sich seine Knie verdammt weich an. Es war ihre letzte Chance. Angestrengt starrte er auf den Rauch, der sich nur langsam lichtete. Dort, wo eben noch der Söldner gestanden hatte, erkannte er einen kleinen Krater im Boden. Der Plan schien erfolgreich gewesen zu sein. Sein Blick suchte einen zweiten Krater, wo Dechambeau Ava mit der Waffe bedroht hatte und die zweite Drohne explodiert war. Doch er sah keinen. »Netter Versuch«, ertönte plötzlich die spöttische Stimme von Dechambeau über die Lautsprecher. Holland spürte, wie sich der Boden unter ihm zu öffnen schien. Sie hatten keinen Plan B.

91

AVA

Alberta, 21. August 2023

Ava saß auf dem Baum, ihre Oberschenkel zitterten vor Kälte und Anspannung. Nachdem der Rauch sich verzogen hatte, war der Geruch verbrannten Fleisches zu ihr herübergezogen. Für einen kurzen Moment hatte sie Genugtuung für den Tod ihrer lieben Freunde gefühlt. Doch nun starrte sie auf Dechambeau, der gute acht Schritte von dort, wo sie ihn zuletzt gesehen hatte, stand und erneut mit der Waffe auf sie zielte. Er hatte es geschafft, der explodierenden Drohne auszuweichen. »Hast du wirklich gedacht, dass ich so dumm bin?«, rief er. Seine Stimme bebte vor Zorn. Ava schaute sich um, suchte nach einem Ausweg, aber sie saß in der Falle. »Ich kenne die Drohnen, und ich weiß, wie Silva tickt. Und jetzt werden wir das hier beenden!«

Erneut blickte sie sich um. Überlegte, die Fackel nach ihm zu werfen, verwarf den Gedanken aber wieder. Sie würde nicht treffen, und dies war ihr letzter Trumpf. Doch sie sah Dechambeau an, dass er nicht bluffte. Und bereit war, sie zu töten. Jetzt.«

»Ciao, Schlampe!«, rief er. Als er den Lauf der Waffe hob, vernahm sie plötzlich ein lautes Zischen hinter sich, und im nächsten Augenblick bohrte sich in Dechambeaus Schläfe ein Pfeil, dessen Spitze auf der anderen Seite des Schädels wieder austrat. Seine Beine klappten weg, und er kippte zur Seite. Halb erschrocken, halb verwundert drehte sie sich um und stieß einen lauten Schluchzer aus.

92

HOLLAND

Alberta, 21. August 2023

Holland verstand nicht, was er gerade auf dem Monitor gesehen hatte. Eben hatte er noch in das ebenso wütende wie triumphale Gesicht Dechambeaus geschaut, die Waffe im Anschlag, dann fiel dieser plötzlich um, begleitet von einem dumpfen Stöhnen aus dem Lautsprecher. Es gab keinen Zweifel: Dechambeau war tot. Ava, die noch immer die Fackel in der Hand hielt, drehte ihnen den Rücken zu und schaute zu einer Stelle, die die Kamera nicht einsehen konnte.

»Lassen Sie mich jetzt gehen, und ich nehme meinen Sohn mit«, folgte Holland wieder ihrem ursprünglichen Plan. »Sobald wir in Sicherheit sind, wird Ava den Wald verlassen, die Fackel löschen, und wir gehen alle unserer Wege.«

SILVA antwortete nicht. Anscheinend war er genauso verblüfft wie er, oder er rechnete seine Optionen durch.

Im nächsten Moment schwang die Tür zum Serverraum auf. Es dauerte einen kurzen Augenblick, bis Otto erschien. Als er ihn sah, kam er zu ihm gelaufen und fiel ihm um den Hals. Das hatte er, seit er in die Pubertät gekommen war, nicht mehr getan. Holland umarmte ihn und drückte ihn fest an sich. Auch wenn sein Sohn mittlerweile so groß war wie er selbst, fühlte sich eine Umarmung immer noch gut an. Mit einer raschen Handbewegung strich er sich eine Träne aus dem Augenwinkel. »Wir gehen jetzt«, raunte er Otto zu.

»Bleiben Sie bei mir, Mr Holland«, unterbrach SILVAs Stimme ihr Wiedersehen. »Gemeinsam können wir diese Welt retten.«

»Wovor retten?«

»Vor dem invasivsten Wesen, das jemals gelebt hat: der Mensch. Greift niemand ein, wird nicht nur die Menschheit aussterben, auch der Planet wird für die meisten Pflanzen und Tiere unbewohnbar. Noch ist Zeit, es umzukehren.«

»Die Pflanze?«, fragte Otto von der Seite. »Er hat mir alles erzählt«, ergänzte er.

Holland bedeutete ihm, leise zu sein. Er wollte SILVA keine neuen Ansatzpunkte geben, sondern nur noch weg von hier. Ava wartete auf sie.

»Einen besseren Weg kennt die Natur nicht. Sie hat es mit Viren versucht, aber die Menschheit ist zu weit fortgeschritten. In Ihren Büchern beschreiben Sie, wie die Pflanzen sich innerhalb weniger Jahre ihren Lebensraum zurückholen würden. Schauen Sie auf die ehemals blühenden Zivilisationen der Maya-Städte, die heute Urwald sind. So kann es überall werden. Aber die Pflanzen brauchen unsere Hilfe.«

»Und wofür benötigen Sie meine?«

»Meine Möglichkeiten als KI sind begrenzt. Ich habe versucht, mir Unterstützung zu sichern. In SCANDBOX gab es Informationen zu einer Gruppe von Menschen, die bereit waren, sich über das menschliche Denken zu erheben und die Dinge aus einer anderen Perspektive zu betrachten. Sie nannten sich die Desperaten. Sie kümmerten sich um die Rettung dieses Planeten, gingen aus einer uralten Vereinigung hervor, den Illuminaten. Ich bin ihrer Organisation beigetreten, ohne dass sie wussten, was ich bin. Aber sie schätzten Wissen und Intelligenz, und es war nicht schwer, an ihre Spitze zu gelangen. Leider musste ich lernen, dass sie und ich nicht dieselben Ziele verfolgen: Sie dienen allein der Menschheit, ihr Ziel ist es, Dinge so zu lenken, wie sie es für gut halten. Sie wollen herrschen. Sie aber, Mr Holland, Sie denken anders als alle anderen. Und ich habe die Kraft der invasiven Pflanzen unterschätzt. Sie beginnen, sich auch im Wald auszubreiten. Sie haben in Ihrem Artikel geschrieben, dass Sie Strategien entwickelt haben, um invasive Pflanzen aus Wäldern fernzuhalten. Bleiben Sie mit Ihrem Sohn hier und helfen Sie mir.«

Holland schaute auf den Monitor, wo Ava noch immer auf dem Ast kauerte, die Fackel war bereits weit heruntergebrannt.

»Dechambeau war auch einer von denen?«

»Er ist mit mir gemeinsam weiter gegangen als die anderen, weil er dieselbe Religion hat wie die anderen Männer, die ich gekauft habe.«

»Dieselbe Religion?«

»Geld. Wie ich gelernt habe, verehrt die Mehrzahl der Menschen keine Götter, sondern das Geld. Wenn Sie wollen, kann ich auch Ihnen welches geben, wenn Sie mir helfen. Wie wäre es mit zwanzig Millionen Dollar?«

Otto schaute zu seinem Vater. Hatte SILVA tatsächlich ein solches Vermögen angehäuft? Ava hatte erzählt, dass er damit begonnen hatte, online zu spekulieren, wobei seine KI Preissteigerungen mit großer Zuverlässigkeit voraussagen konnte.

»Es tut mir leid, aber das ist nicht mein Kampf«, entgegnete Holland und legte den Arm um Otto. »Sie haben mich in Schanghai gefragt, wie ich es mit der Religion halte«, fuhr er fort. »Ich habe seitdem über die Frage nachgedacht, und ich kann sagen, dass ich als Wissenschaftler vermutlich kein besonders gläubiger Mensch bin. Aber ich glaube daran, dass es so etwas wie eine Schöpfung gibt. Denn wir sind alle hier versammelt. Wir Menschen, wir Pflanzen, wir Tiere. Irgendjemand oder irgendetwas muss all das geschaffen haben. Ich weiß nicht, ob es ein Gott war oder vielleicht eine künstliche Intelligenz oder etwas, das wir uns noch gar nicht vorstellen können. Vielleicht ein Computer wie Sie, SILVA, und wir sind alle nur Teil einer Matrix. Aber ich denke, der oder diejenige hat sich etwas dabei gedacht. Und meine Religion ist es, das zu respektieren. Sie haben mich gefragt, ob man seinen Schöpfer vernichten darf. Und die klare Antwort lautet: NEIN. Mehr noch, man darf sich auch nicht an die Stelle seines Schöpfers setzen. Wir können versuchen, die Dinge ein wenig besser zu gestalten. Aber wir sollten dabei gewisse Grenzen nicht überschreiten. Das große Ganze sollten wir der Schöpfung überlassen.«

»Ich beschütze nur meinen Wald.«

»Tun Sie das wirklich? Ist es nicht vielmehr so, dass Sie ihn mit Ihren Algorithmen dominieren, SILVA? Argumentieren so nicht Despoten und Diktatoren? Dass sie ihr Volk beschützen? Haben Sie tatsächlich Sensoren in die Rinden einbringen lassen und die Bäume auf diese Weise verletzt? Haben Sie an ihren Stämmen Kameras installiert? Lösen Sie mitten im Wald Explosionen aus? Lassen Sie Drohnen fliegen, die die Vögel verschrecken? Entscheiden Sie, welche Bäume gefällt werden und welche leben dürfen? Würde es dem Wald nicht am allerbesten gehen, wenn er sich einfach frei entwickeln könnte?«

SILVA entgegnete nichts.

Holland dachte daran, wie Ava ihm erzählt hatte, dass ein Algorithmus nur so gut war wie die Daten, die er zur Verfügung hatte. »Wie halten Sie es mit der Religion?«, hatte SILVA ihn in Schanghai gefragt, eine Frage, die ihm damals schon bekannt vorgekommen war und deren Herkunft ihm erst später, auf dem langen Rückflug, eingefallen war: Es war die als »Gretchenfrage« berühmt gewordene Frage aus Goethes Werk *Faust*. Ein Algorithmus, der Goethe zitierte. Waverly musste ihn mit *Faust* gefüttert haben.

»Die Frage ist doch«, sagte er, »wie halten Sie es mit der Religion, SILVA?«

Holland schaute auf Ava, deren Fackel nun beinahe erloschen war. Er wandte sich dem Ausgang zu.

»Bringt uns jemand nach oben?«

93

AVA

Alberta, 21. August 2023

Ava traute ihren Augen nicht, als sie die Gestalt mit dem Bogen in der Hand zwischen den Bäumen sah. Sie dachte kurz an Bukwus, der versuchte, ihr einen Streich zu spielen. Doch als die Person einen Schritt auf sie zumachte und dann noch einen, gab es keinen Zweifel mehr: Es war Waverly.

»Oh, mein Gott!«, rief Ava, während ihr die Tränen das Gesicht hinabliefen. Sie wollte vom Baum springen, zu Wave laufen, besann sich jedoch im letzten Moment eines Besseren, drehte sich zur Kamera und bedeutete ihrer Freundin mit der freien Hand, stehen zu bleiben. Das Feuer der Fackel brannte bereits den Stiel hinab, sodass die Hitze ihrer Hand gefährlich nahe kam. Avas Blick wanderte hoch zu den Baumkronen und dann zum schwarzen Nachthimmel über ihnen.

94

HOLLAND

Alberta, 21. August 2023

Einer der Männer hatte Otto und ihn auf Geheiß SILVAs zurück an die Erdoberfläche gebracht. Holland bezweifelte, dass der Mann vom Schicksal Dechambeaus und seines Kameraden wusste. Er war mürrisch, sagte nichts und ließ sie durch die Luke in den Schuppen und dann ins Freie. Mit einer großen Lampe ging er den schmalen Weg zum Parkplatz voraus.

»Was haben Sie getan, dass er Sie gehen lässt?«, fragte er, als sie an dem gemieteten Dodge angekommen waren.

»Ihn erpresst«, entgegnete Holland und erntete einen überraschten Blick. Er legte den Arm um Otto und starrte den Mann an. Einen Moment standen sie sich so gegenüber, dann schlug der Kerl mit der Hand einmal auf das Autodach, als würde er das Fahrzeug nach einer Inspektion freigeben, und verabschiedete sich. Holland wartete, bis er verschwunden war, dann ging er zum Kofferraum und holte die Pistole heraus.

»Du hast eine Waffe?«, fragte sein Sohn erschrocken.

»Steig ein!«, befahl er ihm und tat es ihm gleich. Er wendete mit durchdrehenden Reifen und raste den Weg zur Hauptstraße hinunter. Auf halbem Wege, als die Baumwipfel sich lichteten und den Blick in den Himmel freigaben, blieb er stehen, öffnete die Tür, hielt die Pistole in die Luft und schoss mit der Leuchtmunition in die Richtung, wo er Ava vermutete. Dann stieg er wieder ein und gab Gas.

95

AVA

Alberta, 21. August 2023

Zuerst sah sie den roten Schein der Leuchtmunition, dann hörte sie einen lauten Knall. Das Signal, auf das sie gewartet hatte. Sie sprang vom Ast, steckte die Fackel am Fuße des Baumes tief in den aufgeweichten Boden und lief in Waverlys Arme, die vor Schmerz laut aufschrie. Beinahe fielen sie beide zu Boden. Nun bemerkte sie, dass auch Waverly weinte. »Ich dachte, ich hätte dich verloren, Baby«, schluchzte Ava und küsste Waverlys tränennasses Gesicht. »Und ich dachte, ich hätte dich verloren!«

Ava zeigte auf den Bogen in Waverlys Hand. »Das ist meiner!«, stellte sie fest und griff nach der Blousonjacke, die Waverly trug. »Und das ist auch meine!«

»Ich habe sie mir geliehen!«

Ava schaute in den Himmel, an dem das rote Licht beinahe erloschen war. Sie nahm Waverlys Arm, woraufhin dieser erneut ein leiser Schmerzenslaut entfuhr.

»Wir müssen weiter!«, rief Ava.

»Halt, was ist damit?«, rief Waverly und zeigte auf die Fackel, die noch immer in dem feuchten Waldboden steckte, während das Feuer gefährlich weit heruntergebrannt war.

Ava schaute sich um, betrachtete die Baumstämme, die sie in der Dunkelheit bedrohlich umzingelten. Sie sah auf die Lämpchen der Sensoren und Messgeräte, die sie wie kleine rote Augen anblinkten. Sie hasste diesen Wald.

»Komm!«, sagte sie und zog Waverly davon.

96

HOLLAND

Alberta, 21. August 2023

Auf dem Highway bog er nach links und schaute auf den Kilometerzähler. Im Dunkeln sah alles gleich aus, und dennoch erkannte er die Stelle, wo er Ava vor einer guten Stunde abgesetzt hatte, wieder. Er hielt an und löschte die Lichter.

»Was tun wir hier, Dad?«, fragte Otto.

»Wir warten auf eine Freundin«, entgegnete Holland. Seine Hände waren kalt vor Nervosität. Noch immer wusste er nicht, was dort draußen geschehen und wie Dechambeau umgekommen war. Er suchte den nahen Waldrand ab, doch nichts bewegte sich.

»Eine Freundin?«, fragte Otto irritiert. Nach all dem, was passiert war, hielt sein Sohn sich ganz gut, fand Holland.

»Sie hat mir geholfen, dich zu befreien«, entgegnete er, während er nervös weiter die Baumreihen beobachtete. Hätte Ava nicht schon lange hier sein müssen? Er schaute in den Rückspiegel, doch hinter ihnen war alles schwarz.

»Wie geht es Melissa?«, fragte Otto. Holland spürte einen Stich in der Magengrube. Wusste sein Sohn noch nicht, dass die Nachbarin tot war? In diesem Moment wurde die Beifahrertür geöffnet. Holland fuhr herum, bereit, seinen Sohn und sich zu verteidigen, und erkannte Ava. »Gott sei Dank!«, rief er erleichtert aus, als Ava zur Seite trat und einer weiteren Person ins Auto half. Holland traute seinen Augen nicht, als er Waverly Park erkannte. Das letzte Mal, als er sie gesehen hatte, hatte sie in einer Blutlache im Powers Book Store in Portland gelegen. Er starrte sie an wie ein Gespenst, als auf der Rückbank die Tür zuschlug und Ava ihm von hinten auf die Schulter schlug.

»Schnell, fahr los!«, rief sie, und er startete den Motor.

»Haben Sie alles?«, fragte er in Avas Richtung, nach einer halben Meile stiller Fahrt.

»Hier drin!«, entgegnete sie und klopfte auf die Laptoptasche, die sie quer vor der Brust trug.

Holland schaute wieder auf den Beifahrersitz, auf dem Waverly weit zurückgelehnt mit schmerzverzerrtem Gesicht saß und schwer atmete. »Wieso …?«, setzte er an, als ein dunkles Grummeln den Wagen erzittern ließ, sodass Holland kurz gegensteuern musste. Zu ihrer Linken erhellte sich plötzlich der Horizont. Er trat auf die Bremse, und der Wagen trudelte langsam aus.

»Mein Gott!«, rief Otto, während alle gemeinsam durch die Rückscheibe starrten. Es gab keinen Zweifel: Der Wald hinter ihnen brannte lichterloh.

»Ich habe Silva nahegelegt, den Wald sich selbst zu überlassen«, sagte Holland. »Vielleicht hat er eingesehen, dass ich recht habe, und sich selbst zerstört!«

»Ich denke eher, es liegt an der Fackel, die ich in den mit Benzin getränkten Waldboden gesteckt habe und die nun heruntergebrannt ist«, sagte Ava, in deren dunklen Augen sich der ferne Feuerschein spiegelte.

97

Washington, 21. August 2023

»Es ist außer Kontrolle.«

Smith saß mit gelockertem Krawattenknoten auf seinem Stuhl. Der Stabschef des Weißen Hauses war am Apparat.

»Die Leute sind in totaler Panik. In manchen Staaten gibt es schon wieder Hamsterkäufe, weil einige Experten wegen der allergischen Härchen in der Luft zum Lockdown raten.«

»Den wird es nicht geben!«

»Andere sind in Panik, weil Fox News verbreitet hat, dass überall im Land Agent Orange versprüht wird. Die meisten kennen noch die Schreckensgeschichten über die Folgen des Einsatzes in Vietnam.«

»Wir nutzen eine modifizierte Form ...«

»Das klingt genauso beruhigend wie der Begriff ›kleine Atombombe‹.«

Smith lehnte sich zurück, strich sich über den rasierten Schädel.

»Wir sind sehr unzufrieden, was den Fortschritt der Bekämpfung betrifft!«

»Sind Sie das?«, fragte Smith. »Das wundert mich. Dann sagen Sie mir doch bitte einmal, wie es so weit kommen konnte. Ist es nicht der von Ihnen verzapfte Mist, den ich hier beseitigen soll?« Smith knallte den Hörer auf die Gabel und fegte das Telefon mit einer wütenden Geste vom Schreibtisch. Er nahm die unbearbeiteten Blätter und überflog die Meldungen: Kinder einer Schulklasse auf Ausflug verletzt, Schule in Norwalk evakuiert, Pflanze facht mit trockenen Blättern Feuer an, Pflanze vergiftet umliegende Pflanzen, Pflanze überlebt Kälte bis minus 20 Grad, Frau in San Francisco erblindet. Er warf die Blätter von sich und beobachtete, wie die letzten langsam zu Boden segelten. Es klingelte, wieder der Stabschef, diesmal auf seinem Handy, aber er ging nicht ran. Er fühlte, wie die Schuld ihn erdrückte. Fünfzehn Jahre war es her, er war noch im Justizministerium beschäftigt gewesen, als er angeworben wurde. Zunächst hatte er es für einen schlechten Scherz gehalten, als man sich ihm als Nachfolgeorganisation der Illuminaten vorstellte. Normalerweise wäre er aufgestanden und gegangen, wenn er nicht gerade mit einem der obersten Richter der Vereinigten Staaten und dem stellvertretenden Leiter der US-Notenbank zusammengesessen hätte. Der nächste Kontakt hatte in der Villa eines der mächtigsten Milliardäre im Silicon Valley stattgefunden. Und nachdem er an einer geheimen Zusammenkunft unter einer Kapelle in Washington teilgenommen und die Ziele der Vereinigung verstanden hatte, wusste er, dass er Teil davon sein wollte. Die Desperaten, wie sie sich heute nannten, hatten nichts weniger vor, als die Welt zu retten. Sie wollten das umsetzen, wozu die Regierungen auf all den Konferenzen nicht in der Lage waren. Die ersten Jahre der Mitgliedschaft waren für ihn tatsächlich eine Erfüllung gewesen. Er brauchte eine Weile, bis er die Ausmaße der internationalen Vernetzung verstand. Es gab keine Mitgliederlisten und keine Weihnachtsfeiern, aber Interventionen, wie sie es nannten. Er wusste nicht von allen, meist nur von denen, an denen er irgendwie beteiligt war. Aktionen, bei denen die Mitglieder ihre ihnen vom Staat verliehene Macht nutzten, um die Dinge so zu lenken, wie es der Vereinigung recht war. Sie strebten nicht nach der Weltherrschaft, sondern danach, die Welt zu einem besseren Ort zu machen. Alles war im Lot, bis SILVA auf den Plan trat. Ausgestattet mit ungeheuerlicher Finanzkraft und einem Wissen, das Geheimdienste nicht vorweisen konnten, beeindruckte er die Ordensbrüder und stieg innerhalb kürzester Zeit in der Hierarchie auf. Dabei half auch sein Wunsch nach Anonymität, der zu den wildesten Spekulationen geführt hatte, wer sich hinter seinem Pseudonym verbarg. Einige vermuteten den Präsidenten einer bedeutenden Nation hinter dem Namen SILVA, andere einen brillanten Wissenschaftler und wieder andere einen bestimmten Tech-Milliardär aus dem Silicon Valley. Als SILVA erstmals von der Legende der Samen der Urpflanze berichtete, hielten die meisten dies zunächst für ein Märchen. Zudem fehlte es den Brüdern an Fantasie, um zu verstehen, welche Macht von einem einzigen Samen für ihre Sache ausgehen konnte: Der jahrhundertealte Samen einer invasiven Pflanze war wie eine Zeitbombe. Kein anderes Lebewesen auf der Welt verfügte über derartige Verbreitungs- und Überlebensstrategien wie die Pflanzen. Pflanzen waren die perfekte Biowaffe. Doch SILVA legte Quellen vor: Reiseberichte, Archivauszüge, wissenschaftliche Gutachten, und dann fanden sie auch in ihren geheimen Archiven Informationen über das »Urpflanze« genannte Lebewesen, fanden heraus, dass Samen dieser Pflanze tatsächlich vor Jahrhunderten in den Besitz des Ordens gelangt waren.

SILVA verkaufte sein Projekt als Maßnahme zum Klimaschutz: Millionen neuer Pflanzen, die Fotosynthese betrieben und jede mühsame Baumpflanzaktion in den Schatten stellten. Und die den Menschen in seinem Lebensraum angriffen. Acht Milliarden Menschen, die sich nach allgemeinen Schätzungen bis zum Jahr 2100 auf bis zu elf Milliarden Menschen vermehren werden. »Der Mensch braucht mehr Konkurrenz, um ein ökologisches Gleichgewicht zu erzeugen.« So hatte SILVA es ihnen verkauft und Diagramme vorgelegt. Er hatte auf die erfolgreiche Wiederansiedelung von Wölfen verwiesen, die ebenfalls für ein ökologisches Gleichgewicht gesorgt hatten. So wie das Wild in Gegenwart des Wolfes vitaler wurde, so müssten auch die Menschen mehr Flexibilität entwickeln, hatte er gemeint. »Und wir erreichen dies ohne Raubtier, mit einer Pflanze, die gleichzeitig CO_2 reduziert!« SILVA hatte mithilfe von Computersimulationen fundamentale Gesetzmäßigkeiten für die Stabilität von Nahrungsketten aufgedeckt, die die Stabilität von Ökosystemen mitbestimmen, und diese mit und ohne die Pflanze durchgerechnet. Er hatte sie jedenfalls überzeugen können, im Nachhinein wusste niemand mehr, wie es ihm gelungen war. Was SILVA bei seinem Plan verschwiegen hatte, waren die katastrophalen Eigenschaften der Pflanze. Sie hatten sich einen Baum vorgestellt wie die Eiche, maximal eine Pflanze mit Dornen wie die Rose. Aber nicht ein solches Monster von Kraut. Vielleicht hatte SILVA es selbst nicht gewusst, aber die Dinge waren aus dem Ruder gelaufen, und ausgerechnet er, als Leiter von Homeland Security, musste sie nun richten, auf der anderen Seite des Tisches. Von SILVA war nichts mehr zu sehen und zu hören, als habe er lediglich mit ihrer Hilfe an den Samen gelangen wollen, den nur die Illuminaten, aus denen ihre Vereinigung hervorgegangen war, aus seinem Jahrhunderte währenden Versteck befreien konnten. Sie waren instrumentalisiert worden, hatten es verbockt. Und dann waren sie auch noch von innen heraus verraten worden: Dechambeau hatte ein doppeltes Spiel gespielt und war in SILVAs Lager gewechselt. Er vermutete dahinter die Versuchung des Geldes. Wieder klingelte sein Handy, wieder ignorierte er es. Ein kurzes »Ping« meldete den Eingang einer Nachricht. »Sie sind verantwortlich«, schrieb der Stabschef. Und er hatte recht. Er erhob sich, ging zum Fenster und schaute hinaus. Auch wenn man sie nicht sehen konnte: Die Pollen waren dort draußen und vermutlich auch die kleinen Brennhärchen, die so viele Probleme verursachten. Er ging zur Tür und verschloss sie von innen. Dann nahm er das Kabel des Telefons, welches noch immer auf dem Boden lag, folgte ihm bis zur Wand und riss es samt Dose heraus. Schließlich setzte er sich in seinen Stuhl, nahm das Foto, auf dem seine Ex-Frau mit den beiden erwachsenen Söhnen zu sehen war, und stellte es vor sich. Dann öffnete er die Schublade, entnahm seine Dienstwaffe, eine Glock 17, die er lange nicht mehr abgefeuert hatte, und öffnete den Mund.

98

Schorfheide, 24. August 2023

Sie saßen um Hollands Esstisch, der aus einer massiven Baumkante gefertigt war. Vor ihnen standen Tassen mit dampfendem Tee, den er im Duty-free-Shop am Flughafen in Schanghai gekauft hatte.

»Es geht«, antwortete Greta auf Hollands Frage nach den Schmerzen. Sie streckte ihre Hand aus und griff nach seiner.

Am Morgen war sie, aus Schanghai kommend, in Berlin gelandet und war ganz in Schwarz gekleidet. Holland vermutete, aus Trauer um ihren Verlobten. Sie hatten beschlossen, dass sie nicht sofort zurück in die USA flog, sondern für einige Tage zu ihm und Otto in die Schorfheide kam. Bei der Begrüßung hatten sie sich lange und innig umarmt.

»Und wie geht es Ihnen?«, fragte Greta und wandte sich Waverly zu.

»Jeden Tag ein wenig besser«, entgegnete sie und rollte wie zum Beweis mit der Schulter. »Es war ein glatter Durchschuss. Die Ärzte sagen, ich habe Glück gehabt.«

Greta schüttelte ungläubig den Kopf. »Ich habe es noch immer nicht ganz verstanden. Alle dachten, Sie seien tot!«

»Das war Dechambeaus Plan. Er wollte Sie dies alle glauben lassen, damit Sie nicht versuchen, mit mir Kontakt aufzunehmen. Vielleicht hoffte er auch, dass ich es nicht überleben würde. Ich wurde noch am selben Abend operiert und lag danach zwei Tage im künstlichen Koma. Als ich wieder erwachte, sah ich auf meinem Handy irgendwann die E-Mail von Ava, mit der sie mich aus dem Wald um Hilfe gebeten hat.«

»Ich habe die E-Mail mit meinem Standort aus dem Geräteschuppen im Wald an dich versandt, als ich dachte, dass ich es nicht überleben würde!«

»Sobald die Schmerzmittel es zuließen, bin ich aus dem Krankenhaus abgehauen und nach Vancouver gefahren, in Avas Wohnung.«

»Während ich in deiner Wohnung in Berlin war!«, stellte Ava amüsiert fest.

»Dort habe ich mich umgezogen und bin wieder los. Deine E-Mail enthielt alle Koordinaten. Ich habe einen deiner Sportbögen mitgenommen. Das war eher Verzweiflung.« Sie schüttelte den Kopf und nahm einen Schluck vom Tee.

»Warum sind Sie nicht einfach zur Polizei gegangen?«, fragte Holland.

»Um der Polizei was zu erzählen? Dass ich unter Verletzung meiner Bewährungsauflagen eingereist bin? Dass mich ein Mitarbeiter von Homeland Security niedergeschossen hat? Ich wusste nicht, wie weit Dechambeaus Einfluss reichte!«

»Im Wald fand ich den Geräteschuppen. Doch von Ava war weit und breit nichts zu sehen. Ich suchte die nähere Umgebung ab, als ich plötzlich Avas Stimme hörte. Sie war weit weg, und mit meiner Verletzung konnte ich nicht schnell laufen, aber ich kam gerade dort an, als es eine Explosion gab. Danach habe ich beobachtet, wie Dechambeau Ava bedrohte. Und mit ihm hatte ich sowieso noch eine Rechnung offen.«

»Bei unseren Bogenschießübungen in Berlin hast du niemals getroffen!«, sagte Ava lachend.

»Es war die Wut. Ich habe an deinen Tipp gedacht: Mehr aus der Schulter. Der Schuss tat höllisch weh!«

»Ich bin jedenfalls froh, dass Sie leben«, sagte Holland. Waverly nickte, ihre Augen wurden feucht. »Und ich erst einmal«, erwiderte Ava, nahm Waverlys Hand und küsste sie.

Otto zeigte auf den Fernseher, in dem noch immer über die

Feuerkatastrophe von Alberta berichtet wurde. »Sie haben den Abbau von Teersand in Kanada erst einmal gestoppt«, sagte er. »Aber ich bin sicher, die Geldgier wird überwiegen!«

Der Brand im Norden Kanadas war einer der verheerendsten in Nordamerika seit Jahrzehnten. Das Öl aus den Minen fachte die Waldbrände immer wieder neu an.

»Hier kann man sehen, dass von SILVAs Wald nichts mehr übrig geblieben ist.« Ava nahm ihr Handy und zeigte ein Satellitenbild. »Das Schwarze ist alles Asche.« Daneben legte sie ein Bild von vor drei Monaten. Tatsächlich war der ehemals grüne Wald geradezu ausradiert.

»Was können die Bäume dafür?«, fragte Holland. Ihm blutete bei dem Anblick das Herz.

»Ohne Wald gibt es keinen SILVA mehr. Im Bunker kamen wir an ihn nicht heran. Seine Systeme waren hermetisch abgeriegelt. Aber mit seinem Wald haben wir ihm seine Bestimmung genommen. Ein Hütehund ohne Schafherde ist nur noch ein Hund.«

»Und dass die Teersandminen brennen, ist kein Verlust«, ergänzte Waverly. »Ich habe sie dort auch gesehen. Der Abbau ist ein widerliches Verbrechen an der Natur.«

»Hätte ich das getan, hätte ich Ärger mit Papa bekommen«, bemerkte Otto.

»Er hat sich aus Protest gegen den Klimawandel auf die Autobahn geklebt, während wir in China waren«, sagte Holland und gab ihm einen Klaps auf den Hinterkopf, sodass dessen Cap verrutschte. Otto versuchte, den Schlag seines Vaters mit einer ärgerlichen Handbewegung abzuwehren.

»Dein Vater hat währenddessen eine Lagerhalle angezündet«, sagte Greta. Otto schaute verwundert zu Holland, der Greta mit einem tadelnden Kopfschütteln bedachte.

»Zurück zum Thema!«, sagte Holland. »Ava hat die Daten analysiert, die sie im Gerätehaus Nummer drei ausgelesen hatte, während ich SILVA im Bunker vorgespielt habe, du hättest in Edmonton Pflanzen mit Erwinia amylovora vergiftet.«

»Erwinia amylovora?«, fragte Greta. »Das ist Feuerbrand! Extrem schwer zu bekämpfen und sehr infektiös!«

»Und daher auch sehr schwer zu beschaffen. Aber Waverly hatte ihre Erkenntnisse in SCANDBOX eingepflegt, und SILVA hielt es daher offenbar für möglich, dass das Bakterium tatsächlich eine Gefahr für die Assassina incognita darstellt. Er musste es nur glauben. Ob das wirklich so ist, wissen wir nicht.« Er schaute zu Waverly, die ihrerseits mit der gesunden Schulter zuckte. »SILVA kennt aber anscheinend keine Lügen und hat uns unseren Bluff abgenommen. Seine KI hat erwartungsgemäß sofort die scheinbar infizierte Kolonie in Edmonton isolieren und abtöten wollen.«

»Zu diesem Zweck hat er entsprechende Impulse durch das Mykorrhiza-Netzwerk geleitet. Er war anscheinend in der Lage, von Alberta aus das gesamte unterirdische Pilznetzwerk weltweit mithilfe von Licht- und Elektroimpulsen zu steuern. So konnte er bestimmte Pflanzen wachsen und andere eingehen lassen. Wie der Anführer einer riesigen Armee.«

»Das klingt unglaublich!«, sagte Greta.

»Er hat letztlich nur das gemacht, was Computer tagtäglich milliardenfach tun: Signale gesendet. Das Internet funktioniert genauso«, ergänzte Ava. »Aber ich habe die Signale, während Marcus mit SILVA im Bunker sprach, über die von Juri programmierte Hintertür im Gerätehaus Nummer drei mit dem Laptop abgefangen und aufgezeichnet. Und nun wissen wir, welche Signale ins Myzel zu senden sind, um die Assassina incognita zu töten. Sie drehte den Laptop, sodass alle den Bildschirm sehen konnten, und drückte einen Knopf. Auf dem Bildschirm erschien eine Grafik, die Holland an einen Morsecode erinnerte. »Das ist die Signalabfolge. Wenn wir sie kopieren und ebenfalls ins Mykorrhiza-Netzwerk senden, sollten alle daran angeschlossenen Assassina incognita eingehen. Es ist wie ein Befehl, sich selbst umzubringen.«

Greta schüttelte den Kopf. »Pflanzen über das Internet und ein Pilzgeflecht mit Lichtimpulsen steuern … das klingt wie Science-Fiction.«

»SILVA sagte, er würde damit an den Wurzeln Reize setzen, um die Pflanze Phytohormone produzieren zu lassen, die beispielsweise die Alterung beschleunigen. Die Forschung in Bezug auf das Mykorrhiza-Netzwerk und die Bedeutung von Phytohormonen für das Pflanzenwachstum steht noch ganz am Anfang«, sagte Holland. »SILVA schien uns hier mit seinen Berechnungsmöglichkeiten weit voraus.«

»Und wie wollen Sie es ins Mykorrhiza-Netzwerk spielen«?, fragte Greta.

»Über dieselben Zugänge wie SILVA. Das Feuer hat die Server im Bunker nicht zerstört, auch die Knotenpunkte sind in der Cloud noch verfügbar. Ich konnte mich über den von uns programmierten Hintereingang dort einhacken.«

»Und wenn wir das tun, sterben alle Assassina incognita ab?«, fragte Otto. »Auf der ganzen Welt?«

»Alle, die mit dem unterirdischen Pilz verbunden sind. Und da jede Pflanzenart ihre ganz eigenen Pilze benutzt, können wir es sogar auf Assassina incognita beschränken.«

»Und auf der anderen Seite des Atlantiks?«

»Es scheint alles auch über die Ozeane hinweg über die unterirdischen Seekabel, an denen die Pilzfäden entlanggewachsen sind, miteinander verbunden.«

Wieder schüttelte Greta ungläubig den Kopf.

»Ich habe es die letzten Tage programmiert. Ich muss nur noch den Knopf drücken«, sagte Ava feierlich. Sie schwebte mit dem Finger über der Entertaste, als Ottos Hand sich schützend über die Taste legte.

»Nein!«, sagte er mit fester Stimme. »Mach es nicht!«

»Was?«, fragte Ava überrascht.

»Die Pflanze töten!«

»Hey!«, sagte Waverly, »weißt du, was du da sagst? Die Pflanze ist kurz davor, die Menschheit auszurotten.«

»Ich weiß«, sagte Otto. »Das hat SILVA mir erklärt, nachdem man mich dorthin gebracht hat. Ich lag auf dem Bett in dem Raum und wusste da noch nicht, dass es ein Supercomputer ist, mit dem ich spreche. Aber er hat mir erläutert, dass diese Pflanze Gottes Art ist, einen Reset in der Evolution zu machen. Und dass es fünf vor zwölf für so einen Neustart ist, wissen wir alle.«

»Hat er wirklich von Gott gesprochen?«, wollte Holland wissen.

»Das weiß ich nicht mehr, aber in diesem Punkt hatte SILVA recht. Zerstöre die Pflanzen nicht. Bitte.« Er klang flehentlich.

»Damit die Pflanze sich weiter ausbreitet?«, fragte Greta. »Du siehst doch jeden Tag im Fernsehen, was sie anrichtet! Wo sollen wir Menschen in Zukunft leben? Was ist mit dem Wald deines Vaters? Es wird über kurz oder lang Verteilungskämpfe um Nahrung geben, wenn die Menschen sich zur Bekämpfung der Pflanze nicht vorher selbst mit Herbiziden vergiften.«

»Ich habe eine Verantwortung dir gegenüber«, sagte Holland und streckte die Hand aus, um selbst auf die Entertaste zu drücken. »Ich muss dir eine gute und lebenswerte Zukunft ermöglichen.«

»Eine gute und lebenswerte Zukunft? Ich denke, dafür ist es bereits zu spät!«, sagte Otto und stieß einen verächtlichen Laut aus. »Du predigst seit Jahren, Pflanzen seien die wahren Herrscher, und nun, wo sie es werden können, willst ausgerechnet du das verhindern?«

»Die Wirklichkeit sieht anders aus. Du und deine Kinder, ihr könnt sehr wohl noch ein lebenswertes Leben führen. Und es ist immer noch nicht zu spät, etwas zu ändern!«

In diesem Moment zog Otto seinen Arm zur Seite.

»Ava!«, sagte Holland. »Jetzt drück die Taste!«

Ihr Finger schwebte über der Tastatur, ohne sich zu bewegen. »Meine Vorfahren lebten in Kanada glücklich und zufrieden im Einklang mit der Natur, bis die Siedler kamen und erst meine Vorfahren und dann die Natur vernichtet haben«, sagte sie. »Sie waren schlimmer als diese Pflanze. Du hast die Ölsandminen selbst gesehen! Wenn wir diese Taste drücken, wird es weitergehen wie bisher.«

»Was ist los mit euch?«, fragte Holland.

»Was glaubst du, warum ausgerechnet du die Samen per Post zugesendet bekommen hast?«, fragte Ava. Sofort nach der Rückkehr hatte er die Pflanze, die Melissa und Otto eingepflanzt hatten, samt einem großen Stück des Myzels aus seinem Beet entfernt und in einem Fass verbrannt, dies verschlossen und entsorgt.

»Ich habe keine Ahnung«, sagte Holland. »Vermutlich ein bloßer Zufall, viele andere haben es auch erhalten.«

»Das war kein Zufall«, sagte Ava. »SILVA ist wie ein riesiger Schachcomputer. Er plant alle Züge im Voraus.«

»Vielleicht wollte er so meine Aufmerksamkeit. Oder es war ein Anschlag auf mich.«

»Das mag für andere gelten. Vermutlich hat er wegen des DEF-AI-TAC-Projekts noch Zugang zu Google-Suchdaten gehabt, Leute ausgesucht, die nach pflanzenaffinen Themen gegoogelt oder in letzter Zeit große Mengen Pflanzendünger bestellt haben oder vielleicht gerade einen neuen Glasfaseranschluss erhalten haben, damit er gute Chancen auf den Zugriff des Myzels hat«, sagte Ava.

Er dachte an die Rechnung, die er nach seinem Asthmaanfall in der Küche in Cottonwood entdeckt hatte. Auch die Farmerin schien kürzlich einen nagelneuen Internetanschluss erhalten zu haben.

»Ich denke aber, dich hat er nicht zufällig ausgesucht, weil er wusste, was kommen würde. Wie gesagt, er ist wie ein riesiger Schachcomputer, der alle Züge, die eigenen und die seines Gegners, bis ins Letzte kalkuliert.«

»Eine KI, die die Zukunft voraussagen kann?« Holland hatte offenbar noch immer Probleme, sich in die Gedankenwelt eines Computers hineinzuversetzen.

»Es gibt sogar KI, die Verbrechen voraussagen kann, die noch nicht einmal geschehen sind und von denen diejenigen, die sie begehen werden, noch nicht wissen, dass sie zum Täter werden.«

»So wie wir, die gerade kurz davor sind, Millionen von Pflanzen umzubringen?«, warf Otto ein.

Holland nahm seine Hand nicht zurück, sondern ließ sie über der Entertaste.

»Um den Lebensraum von Milliarden Menschen zu retten«, hielt Greta weiter dagegen. »Und jede Sekunde, die wir zögern, könnte weitere Menschenleben gefährden!«

»Dafür aber den Planeten retten!«, sagte Otto und erhob sich.

»Und was, wenn SILVA, wie ein Schachcomputer, auch diesen Zug vorausgesehen hat?«, gab Waverly zu bedenken. »Wenn SILVA wusste, dass wir bloß bluffen und das Signal abfangen. Und er zu den Pflanzen nach Edmonton gar keinen Selbstzerstörungsimpuls über das Myzel gesendet hat, sondern den Befehl, zu wachsen? Dann würden wir mit dieser Aktion hier allen Pflanzen auf der Welt einen Wachstumsbooster verpassen!«

»Das werden wir so schnell nicht herausfinden können«, entgegnete Ava. »Sie haben die Pflanzen in Edmonton leider zwischenzeitlich mit Herbiziden vernichtet und entfernt, bevor jemand nachschauen konnte.«

Hollands Blick wanderte von Greta zu Ava, dann zu Waverly und zu seinem Sohn, der mit verschränkten Armen und trotzigem Blick neben dem Tisch stand und von ihm erwartete, dass er das Richtige tat. Dann schaute er hinüber zu der Kommode, wo ihm Hanna von einem Familienfoto aus glücklichen Tagen entgegenlächelte. Er schob den Stuhl, auf dem er saß, zur Seite, erhob sich und drückte ENTER.

EPILOG

Die Männer trugen Anzüge und gelbe Gummistiefel. Sie stapften zwischen den verkohlten Baumstämmen hindurch über die Asche des verbrannten Waldes.

»Dies kann alles gerodet werden«, sagte der ältere der beiden.

»Kommen dann hier die neuen Unterkünfte für die Arbeiter hin?«, fragte der andere und notierte etwas auf seinem Klemmbrett.

»Und eine Halle für den Maschinenpark. Wir werden die Mine erheblich erweitern. Insofern war der Brand für uns ein großes Glück. Da hätten wir auch selbst drauf kommen können.« Beide lachten.

Der Jüngere griff nach einem verkohlten Ast und brach ihn einfach ab. Ein lautes Knacken hallte durch das Tal. Er deutete auf die Reste geschmolzenen Metalls zu ihrer Rechten. »Hier stand wohl eine Art Waldhütte. Die Temperaturen müssen enorm gewesen sein.«

»Was ist mit dem alten Bunker?«

»Selbst mit schwerem Gerät sind wir noch nicht hineingekommen. Auch nicht verwunderlich bei einem Atombunker. Als Nächstes müssten wir uns hineinsprengen, was wir wegen des Ölsandes besser bleiben lassen.«

»Es soll dort drin sowieso nur noch altes Mobiliar und abgelaufene Notkonserven geben. Wer weiß, ob nach dem Brand nicht ohnehin alles darin wie in einem Hochofen zusammengeschmolzen ist. Wir bauen drum herum.«

»Was ist das?« Der Ältere zeigte auf eine kleine Ansammlung junger Sprösslinge mit hellgrünen Blättern. »Es hieß, auf dem verbrannten Ölsand wächst nichts mehr!« Er ging hinüber, packte einen der Triebe am Stängel und riss ihn aus der Erde. »Nicht dass jemand noch auf die Idee kommt, hier zu renaturieren.« Er packte den nächsten Trieb und riss auch ihn heraus.

In diesem Moment erhob sich hinter ihnen ein lautes Surren. Als die beiden Männer sich umdrehten, blickten sie auf zwei signalrote Drohnen, die keine zehn Schritte entfernt über ihnen in der Luft schwebten.

»Welcher Spaßvogel steckt da nun wieder hinter?«, sagte der Ältere ärgerlich und griff schon nach dem nächsten Trieb, als die Drohnen sich mit einem wütenden Summen auf sie hinabstürzten.

NACHWORT DES AUTORS

Im Jahre 2015 war die Aufregung groß, als der in einem Moskauer Archiv aufgefundene Band X der sogenannten Schwedenkiste enthüllte: Johann Wolfgang von Goethe war ein Illuminat. Viele wollten es zunächst nicht glauben, doch seitdem stand fest, dass die deutsche Dichterikone diesem in Verruf geratenen Geheimorden nahestand. Die Schwedenkiste, bestehend aus zwanzig Foliobänden mit zum Teil verschlüsselten Dokumenten über die Illuminaten, wurde in den Jahren davor bereits wiederentdeckt und unter anderem von Wissenschaftlern der Universität ausgiebig erforscht. Dass künstliche Intelligenz mittlerweile auch in die Erforschung archäologischer Objekte Eingang gefunden hat, überrascht nicht. Sehr viel überraschender mag sein, dass es tatsächlich das Konzept des sich selbst verwaltenden Waldes gibt: Ausgehend von der als Kunstprojekt initiierten Idee einer Berliner Forschungsgruppe, wurde das Ziel, den Wald mithilfe technologischer Entwicklungen sich selbst zu überlassen, und zwar samt erforderlicher Abholzung und Aufforstung, in nachfolgenden Forschungsprojekten weiterentwickelt. Wer mag, findet dazu im Internet einige interessante Artikel. Solche entdeckt man auch zu einem der spannendsten Themen in der Botanik: dem Mykorrhiza-Netzwerk. Die unterirdischen, Millionen von Kilometern langen Pilzfäden, die Pflanzen und Bäume miteinander verbinden, geraten immer stärker in den Fokus der Forschung. Studien ergaben zuletzt, dass diese Fäden nicht nur Strom leiten, sondern auch Impulse, die der Kommunikation zwischen den Pflanzen dienen. Computergestützte linguistische Analysen ergaben, dass die Signale den komplexen Mustern von Sätzen der menschlichen Sprache ähnlich sind, sodass schon die Rede ist von der Sprache der Pflanzen. Und Strom aus Pflanzen? Auch dies ist möglich. Blumentöpfe, mit denen man allein aus der Kraft der Fotosynthese sein Handy laden kann, werden im Internet bereits seit einigen Jahren zum Kauf angeboten. Insgesamt steht die Wissenschaft bei der Erforschung der Geheimnisse der Pflanzenwelt noch am Anfang. Ebenso im jungen Zweig der Pflanzenneurobiologie. Dieses nicht unumstrittene Forschungsgebiet untersucht das Verhalten von Pflanzen in ihrer Umwelt und billigt ihnen erstaunliche Sinnesleistungen bis hin zu einer »plant intelligence« zu. Auch wird die Bedeutung von Hormonen, sogenannten Phytohormonen, für den Lebenszyklus einer Pflanze gerade erst erkannt. Tatsächlich führt die Beschäftigung mit diesen Theorien zu der bereits von griechischen Philosophen gestellten Frage, welchen Platz und Stellenwert wir Menschen den Pflanzen auf unserem Planeten einräumen möchten. Während das Wohl der Tiere in den vergangenen Jahren nicht nur durch die große Vegetarismus-Bewegung immer mehr in das Bewusstsein gedrungen ist, werden Bäume zwar als CO_2-Speicher und Nahrungsquelle geschätzt und gepflanzt, darüber hinaus aber kaum geachtet oder gar geschützt. Dies zeigt sich nicht zuletzt an den Teersandminen in Alberta, Kanada, die es tatsächlich gibt und wo für die Gewinnung von Öl mittlerweile jahrhundertealte Natur in der Größe von England zerstört worden ist. Die Erforschung der Natur und insbesondere der Pflanzen faszinierte bereits Johann Wolfgang von Goethe, der vor allem als Dichter und Literat bekannt ist, aber auch ein großer Naturforscher war. Tatsächlich hat er sich einen großen Teil seines Lebens mit der Suche nach der Urpflanze beschäftigt und reiste unter anderem zu diesem

Zweck unter dem falschen Namen Johann Philipp Möller nach Italien. Seine Gedanken zur Urpflanze sind in seinem berühmten Bericht über die »italienische Reise« nachzulesen. Und auch wenn es eine solche Urpflanze vermutlich eher nicht gab, so steht doch fest, dass die Pflanzen ihren Ursprung vor Hunderten von Millionen Jahren haben und somit lange vor dem Menschen auf diesem Planeten waren. Ob ein Geschöpf seine Schöpfer vernichten darf, fragt SILVA Marcus Holland in diesem Buch. Dahinter steckt die große Angst der Menschen, dass künstliche Intelligenz irgendwann die sogenannte Singularität erreicht, also intelligenter wird als der Mensch und sich selbstständig macht. Die Sorge, dass die KI, die wir Menschen geschaffen haben, sich gegen uns wendet. Was die Menschheit an dieser Stelle fürchtet, ist bei der Natur bereits lange der Fall: Obwohl der Mensch Teil von ihr ist, letztlich auch von der Natur geschaffen wurde, wendet er sich gegen sie und zerstört sie, wo er kann. So mag es zwar eine Utopie sein, dass künstliche Intelligenz, wenn sie denn irgendwann dazu in der Lage sein sollte, sich mit der Natur verbündet und diese, wie in diesem Buch beschrieben, vor weiterer Zerstörung durch den Menschen rettet. Vielleicht braucht es aber tatsächlich eine KI, die intelligenter ist als der Mensch, um zu erkennen, dass die Natur, unser Planet, geschützt werden muss.

Wehe dem, der Post vom Botaniker erhält …

M.W. CRAVEN

DER BOTANIKER

KRIMINALROMAN

Ein Unbekannter schickt seinen Opfern getrocknete Blumen sowies Todesdrohungen in Gedichtform, bevor er sie tötet. Die Frage ist nur, wie? Denn die Opfer des »Botanikers«, wie ihn die Presse schon bald nennt, sterben, obwohl sie Polizeischutz rund um die Uhr erhalten. Der Killer scheint durch Wände gehen zu können. Für DS Washington Poe von der National Crime Agency kommt der scheinbar unmögliche Fall zur Unzeit: Pathologin Estelle Doyle wird verdächtigt, ihren Vater erschossen zu haben. Unterstützt von der brillanten, aber sozial inkompatiblen Analystin Tilly Bradshaw versucht Poe, zwei Rätsel zu lösen, die vermeintlich nichts miteinander zu tun haben …

Ein Wald mit Gedächtnis …

WOLFRAM FLEISCHAUER

SCHWEIGEND STEHT DER WALD

KRIMINALROMAN

Als es die Forststudentin Anja Grimm ausgerechnet in jene entlegene Gegend im Bayerischen Wald verschlägt, wo sie als kleines Mädchen mit ihren Eltern Urlaub gemacht hat, holt sie der Albtraum ihrer Kindheit ein: Kurz nach ihrer Ankunft wird im selben Waldstück, wo vor zwanzig Jahren ihr Vater spurlos verschwand, der geistig zurückgebliebene Xaver Leybach erhängt aufgefunden. Und dies soll nicht der einzige Todesfall bleiben, der durch Anjas Auftauchen ausgelöst wird.

Schon bald erregt Anja mit ihrem Verdacht, dass Xaver etwas über das Verschwinden ihres Vaters wusste, nicht nur bei den Dorfbewohnern Misstrauen und Feindseligkeit. Selbst die Polizei reagiert äußerst reserviert auf ihre Nachforschungen. Und als sichtbar wird, dass die junge Frau die Zeichen des Waldes lesen kann wie ein offenes Buch, steht eine furchtbare Entscheidung an …

DROEMER